数字平板电视机维修笔记

杨成伟　编著

金盾出版社

内 容 提 要

本书涵盖了近十年来我国家电市场先后出现的数字平板电视机的故障检修方法与技巧，主要包括长虹、康佳、创维、海信、海尔、TCL王牌、SVA上广电、索尼、东芝、飞利浦等国内外众多品牌的检修实例。

本书的主要特点是图文并茂，理论联系实际，可作为社会维修人员长期使用的参考书。

图书在版编目(CIP)数据

数字平板电视机维修笔记/杨成伟主编. —北京：金盾出版社，2014.1
ISBN 978-7-5082-7843-8

Ⅰ.①数… Ⅱ.①杨… Ⅲ.①数字电视—平板电视机—维修 Ⅳ.①TN949.197

中国版本图书馆CIP数据核字(2012)第193026号

金盾出版社出版、总发行

北京太平路5号(地铁万寿路站往南)
邮政编码:100036 电话:68214039 83219215
传真:68276683 网址:www.jdcbs.cn
封面印刷:北京印刷一厂
正文印刷:双峰印刷装订有限公司
装订:双峰印刷装订有限公司
各地新华书店经销
开本:787×1092 1/16 印张:20.25 字数:493千字
2014年1月第1版第1次印刷
印数:1～5 000册 定价:50.00元

前　言

随着电视技术的快速发展，数字平板彩电已取代CRT彩电，社会维修又增加了一个热点和难点。热点主要表现在维修行业的扩大和维修人员的增多；难点主要表现在整机电路工艺复杂、精度高，不易检修操作，同时又无随机图纸。因此，社会维修人员及电子爱好者正面临着数字平板彩电维修难的严峻考验。

为帮助广大社会维修人员及电子爱好者能够尽快掌握平板彩电的维修技术，经作者和编辑深入调查及反复探讨后依据维修员笔记汇编了这本维修实例书。

本书的主要特点是：不同于以往的故障检修若干例，也不同于过去的原理分析与模拟检修，而是根据实际故障分析电路的工作原理，并且根据社会维修工及初学者没有经过系统培训就独立工作的实际情况，用不拘一格的电路分析和故障检修的积累方式，逐渐体现出整体机心的工作原理和检修方法，从而使读者“既见树木，又见森林”，既能够在实践工作中摸索经验、了解原理，同时又起到触类旁通、举一反三的作用。

因此，本书特别适合广大独立工作的维修人员及初学者用于维修参考。

参加本书编写人员还有滕素贤、杨雅丽、杨长武、韩晓明、滕艳玲、李晓丹、杨丽娟、滕艳丽、王庆喜、李爽、李洋、胡仲衡。由于作者水平有限，不妥之处还望读者批评指正。

作　者

目　录

第1章 长虹数字平板电视机维修笔记

长虹数字平板电视机是我国平板电视机市场中的主流品牌之一，其系列产品较多，型号纷繁，如长虹LS10P机心系列有LT3712、LT3288、LTT4288、LT3219P、LT3719P、LT4028等型号；LS12机心系列有LT37600、LT40600、LT47600、LT4219P、LTT4619（L04）、LT47588、LT37700、LT42700、LT47700、LT32866、LT37866等型号；PS12机心系列有PT32600、P32700、PT4217、PT4217NHP、PT42600NHD、PT42700NHD、PT4288(P02)等型号；此外，还有LS23机心、LS29机心系列的LT32710等。因此，了解和掌握长虹数字平板电视机的机心结构和检修技术，对维修众多品牌型号的数字平板电视机有着十分重要的指导意义。本章将依据维修笔记介绍长虹数字平板电视机的检修实例，以供维修者参考。

1. 长虹LT32710液晶电视机不能二次开机，蓝色指示灯亮

检查与分析：长虹LT3270液晶电视机不能二次开机、蓝色指示灯亮，一般有两种情况：一种是电源部分电路异常；另一种是待机控制电路不良或保护功能动作。为区分这两种情况，检修时首先检查主板中用于连接电源板的CON1和CON2插座引脚的电压值和电阻值，以从中发现引起故障的原因。CON1和CON2插座引脚在电路正常情况下的电压值、电阻值分别见表1-1和表1-2。

开机后，经检查，发现CON2的①脚电压在0.1V左右微抖动，正常开机时应为5.0V，说明该电视机处于待机保护状态，维修时应先注意检查待机控制接口电路，其实物元件组装及印制输出线路如图1-1和图1-2所示，电路原理如图1-3所示。

表1-1 CON1插座引脚功能及正常状态下的电压值、电阻值

引脚	符号	功能	U(V)		R(kΩ)			
			待机状态	开机状态	断开插座		接通插座	
					正向	反向	正向	反向
①	24V	+24V电源	0.5	24.0	2.9	2.9	3.0	3.0
②	GND	接地	0	0	0	0	0	0
③	24V	+24V电源	0.5	24.0	2.9	2.9	3.0	0.5
④	24V	+24V电源	0.5	24.0	2.9	2.9	3.0	0.5
⑤	GND	接地	0	0	0	0	0	0
⑥	GND	接地	0	0	0	0	0	0
⑦	VSEL	用于SEL控制	0	3.6	1.0	1.0	1.2	1.2
⑧	GND	接地	0	0	0	0	0	0
⑨	ON/OFF	用于BLON控制	0	5.0	1.6	1.6	2.0	2.0
⑩	P1S	接地	0	0	∞	∞	0	0
⑪	BRI-ADJ	用于I-PWM控制	0	1.7	∞	∞	100.0	110.0
⑫	BRI-ADJ	用于E-PWM控制	0	2.6	6.5	6.5	7.0	7.0

表 1-2　CON2 插座引脚功能及正常状态下的电压值、电阻值

引脚	符号	功能	U(V)		R(kΩ)			
			待机状态	开机状态	断开插座		接通插座	
					正向	反向	正向	反向
①	STB	开关机信号	0.1	5.0	6.5	14.0	1.6	2.5
②	GND	接地	0	0	0	0	0	0
③	GND	接地	0	0	0	0	0	0
④	5V/ALL	+5V 电源	0	5.0	2.5	2.5	0.5	0.5
⑤	5V/ALL	+5V 电源	0	5.0	2.5	2.5	0.5	0.5
⑥	5V/STB	+5V 电源	5.0	5.0	5.5	13.1	0.5	2.0
⑦	GND	接地	0	0	0	0	0	0
⑧	GND	接地	0	0	0	0	0	0
⑨	24V	+24V 电源	0.5	24.0	2.9	2.9	3.0	3.0
⑩	24V	+24V 电源	0.5	24.0	2.9	2.9	3.0	3.0

注：表中数据用 MF47 型表测得。

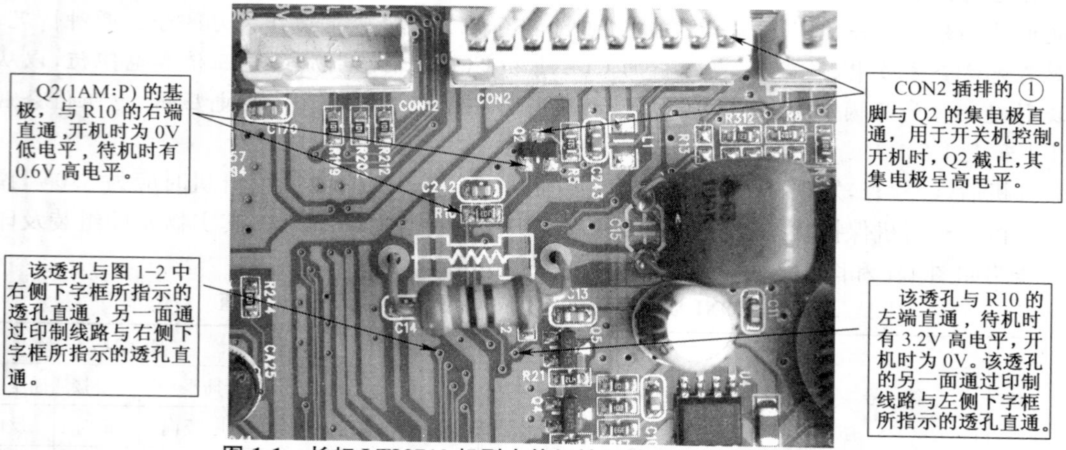

Q2(1AM:P) 的基极，与 R10 的右端直通，开机时为 0V 低电平，待机时有 0.6V 高电平。

CON2 插排的①脚与 Q2 的集电极直通，用于开关机控制。开机时，Q2 截止，其集电极呈高电平。

该透孔与图 1-2 中右侧下字框所指示的透孔直通，另一面通过印制线路与右侧下字框所指示的透孔直通。

该透孔与 R10 的左端直通，待机时有 3.2V 高电平，开机时为 0V。该透孔的另一面通过印制线路与左侧下字框所指示的透孔直通。

图 1-1　长虹 LT32710 机型中待机控制接口元件实物组装图

Y1(12MHz) 晶体振荡器，其左侧脚与 U13 的154脚直通，正常工作时电压 1.6V，异常时，电视机不工作。

该条印制线路往右与图 1-1 中左下字框所指示的透孔直通，往下与下面字框所指示的透孔直通。

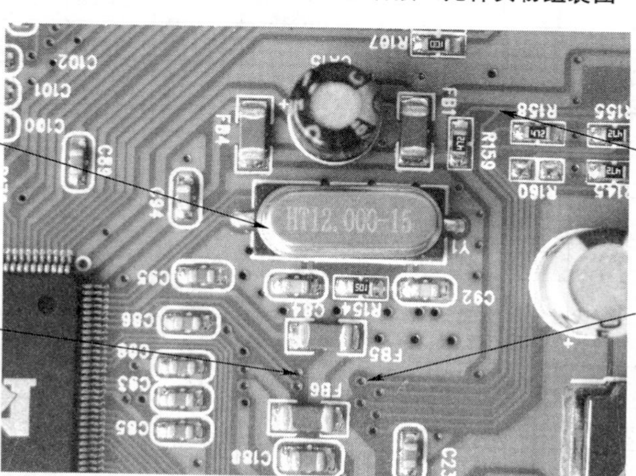

该透孔与 U13(MST721DU-LF) 的152脚直通，用于输出 STB 信号，另一面通过印制线路与左侧下字框所指示的透孔直通。

该透孔往右与图 1-1 中左下字框所指示的透孔直通，另一面通过印制线路与左侧下字框所指示的透孔直通。

图 1-2　长虹 LT32710 机型中待机控制输出线路实物图

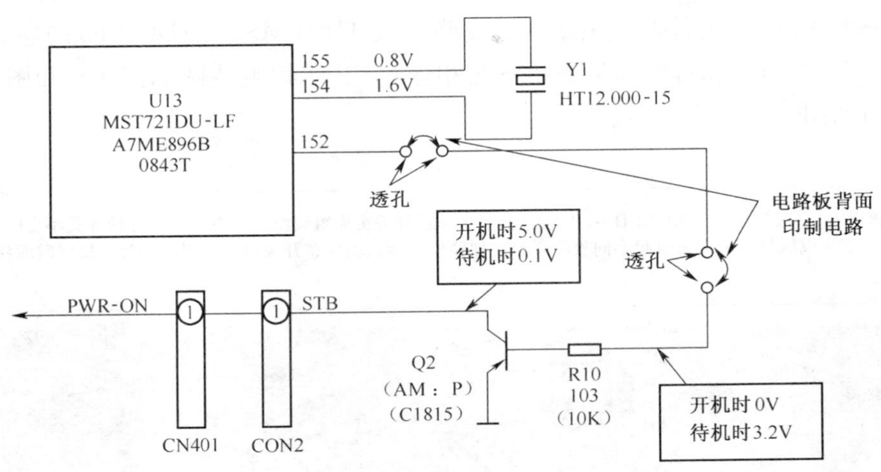

图1-3　长虹LT32710机型中待机控制接口电路原理图

图1-3中，U13(MST721DU-LF)是一种多功能贴片式集成电路，其⑮②脚用于电源开关控制。当⑮②脚输出0V低电平时，通过透孔连接线使Q2截止，CON2(CN401)的①脚输出5.0V高电平，整机进入正常工作状态；当⑮②脚输出3.2V高电平时，Q2导通，CON2(CN401)的①脚被钳位于0.1V低电平，整机处于待机状态。

进一步检查，发现遥控器开/关机时，U13的⑮②脚有0V/3.2V的转换电压输出，Q2的基极也有0V/0.6V的变化电压，但其集电极始终为0.1V低电平，且不稳定。改用R×1kΩ电阻挡测Q2的极间电阻值时，发现ce极间的正反向电阻值均小于0.5kΩ，正常时，其ce极间的正向阻值(红笔接c极，黑笔接e极)为1.0kΩ，反向阻值(黑笔接c极，红笔接e极)为4.0kΩ。因而判断Q2的ce极已呈击穿性损坏，将其更换后，故障排除。

小结：图1-1中，Q2是一种型号为“1AM：P”的贴片式NPN型小功率晶体管，损坏时可用2SC1815分立式晶体管代换，但要注意极性不能接错。

在精度很高的主板故障检修中，常需要测一些主要工作点的电压值，但测量时，对引脚密集之处的工作点电压不能直接测量，而是要选择与工作点直通的透孔或远离工作点的较大面积焊点进行测量，以避免测量时有碰极事故发生。在检修过程中应使用不小于5倍的放大镜，以保证线路清晰可见。

另外，在维修拆卸和安装元件时，要有很好的焊接技术，并使用吸锡烙铁、热风枪、尖头烙铁等专用工具，以确保良好的工艺水平。

2. 长虹LT32710无规律自动关机，但又能自动开机

检查与分析：根据检修经验，在自动关机时，可试着操作遥控器的开机键，结果无效，但在自动开机后，按遥控器上的待机键可实现关机，因而怀疑键扫描输入电路故障。

在该电视机中，键扫描输入电路由电视机键盘和键控线路两部分组成。其中，电视机键盘由6只微型轻触开关及少量贴片式电阻组成，并组装在一个独立的小板上，通过JK1

插座和排线与主板连接，其实物组装如图 1-4 和图 1-5 所示；键控线路主要由 D38、D39、R200、R203 等贴片式元件和透孔、印制线路以及 U13（MST721DU-LF）的⑮、⑯脚等组成，并通过 CN10 插座和排线与电视机键盘相连接，其实物组装图如图 1-6 和图 1-7 所示，电路原理图如图 1-8 所示。

KK6(POWER),KK4(VOL−)、KK7(CH+)、KK2(MENU) 轻触开关实物组装图，其中有一只轻触开关不良时，都会使 KEY−1 输出信号电压异常，进而引起不同故障现象，如菜单功能误动作、开关机功能误动作等。检修时应将其全部换新。

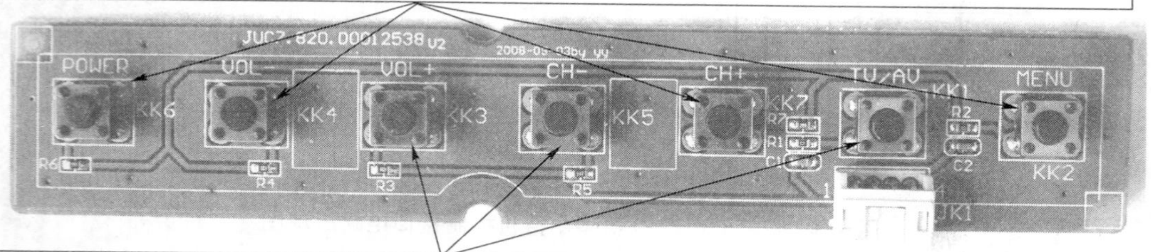

KK3(VOL+)、KK5（CH−）、KK1（TV/AV）轻触开关实物组装图，其中有一只轻触开关不良时，都会使 KEY−0 输出信号电压异常，进而引起不同故障现象，如 TV/AV 功能误动作、节目选择功能误动作等。检修时应将其全部换新。

图 1-4　长虹 LT32710 机型中键盘按钮实物组装图

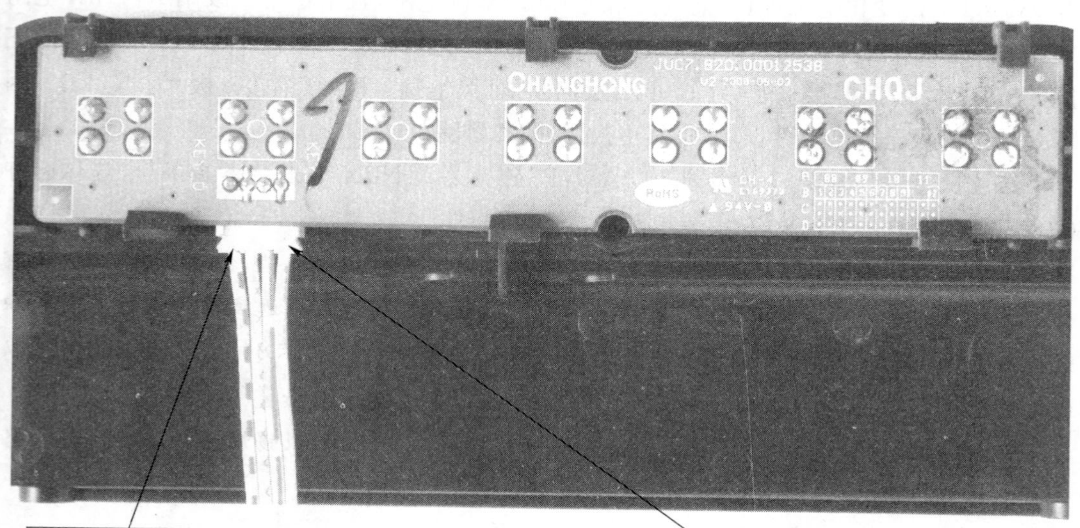

JK1 插件的左侧引出线用于 KEY−1 键扫描信号输出，其输出信号通过主板中CN10的④脚送入U13(MST721DU−LF)的⑯脚。

JK1 插件的右侧引出线用于 KEY−0 键扫描信号输出，其输出信号通过主板中CN10的①脚送入u13(MST721DU−LF)的⑮脚。

图 1-5　长虹 LT32710 机型中键盘印制线路实物图

图 1-6　长虹 LT32710 机型中键扫描信号输入电路实物图

根据检修经验，可逐一检测 JK1 引脚在按动键盘按钮时的电压值、电阻值，以进一步判断故障的产生部位。其正常状态下的电压值、电阻值见表 1-3。

经检查，发现松开音量减键时，JK1④脚仍有波动阻值。进一步检查，发现 KK4（VOL－）的引脚有 30～15kΩ 的漏电阻值，因而判断 KK4 轻触开关不良。将其换新后，故障排除。

小结：检修该种故障时，可先拔下主板上的 CN10 插件，断开电视机键盘电路，此时若故障现象消失，则可直接判定键盘电路不良，这时应将键盘中的所有轻触开关全部拆下检查。

技法与经验：透孔检测法，是一种相对安全的检测方法。在平板电视机中，主板为双面电路，且有较多引脚密集的贴片式集成电路和十分精细的印制线路及连接双面电路的透孔，因此，在检测集成电路引脚电压时，由于表笔的笔头较粗，极易出现混极或碰极现象，造成人为短路

U13(MST721DU-LF) 的 ㊹ 脚用于 KEY-1 键扫描控制信号输入，当按动菜单键或音量减键、节目加键时，该脚电压会在 0~3.1V 之间变化，无变化时，应检查透孔电路。

用于连接 KEY-1 键扫描信号输入电路的两个透孔，正常时，两透孔间的阻值为零，检测时，若两透孔间的阻值大于零，则说明透孔与印制线路接触不良。

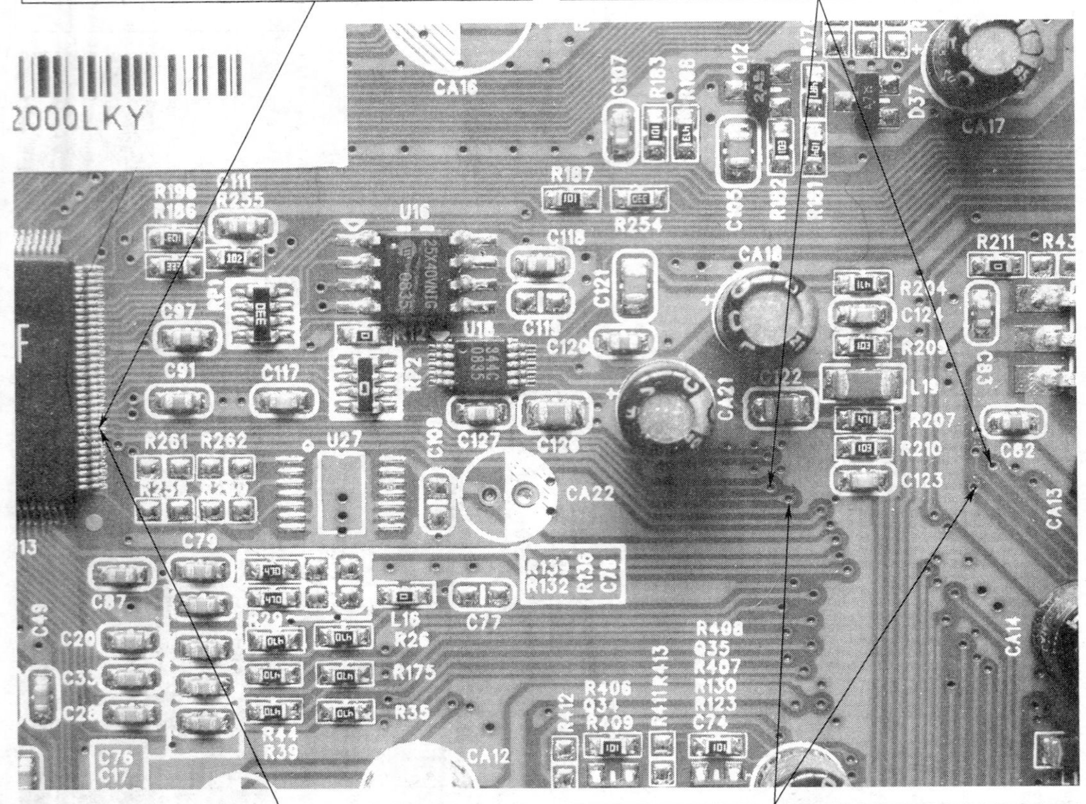

U13(MST721DU-LF) 的 ㊺ 脚用于 KEY-0 键扫描控制信号输入，当按动节目减键或音量加键时，该脚电压会在 2.4～1.6V间变化。

用于连接 KEY-0 键扫描信号输入电路的两个透孔，接触不良时，键控功能紊乱或失效，检修时可注意加焊或并接短路线。

图 1-7 长虹 LT32710 机型中键控线路实物图

表 1-3 逐一按动键盘按钮时 JK1④、①脚电压值、电阻值变化情况

符 号	功 能	JK1④脚(KEY-1)			JK1①脚(KEY-0)		
		U(V)	R(kΩ)		U(V)	R(kΩ)	
		按动键钮时	正向	反向	按动键钮时	正向	反向
KK1	TV/AV 转换控制	3.1	7.5	6.5	0	0	0
KK2	菜单选择	0	0	0	3.1	7.5	6.5
KK3	音量控制加	3.1	7.5	6.5	1.6	5.5	5.0
KK4	音量控制减	1.6	5.5	5.0	3.1	7.5	6.5
KK5	节目选择减	3.1	7.5	6.5	2.4	7.0	6.0
KK6	待机控制	2.4	7.0	6.0	3.1	7.5	6.5
KK7	节目选择加	1.0	2.8	2.8	3.1	7.5	6.5

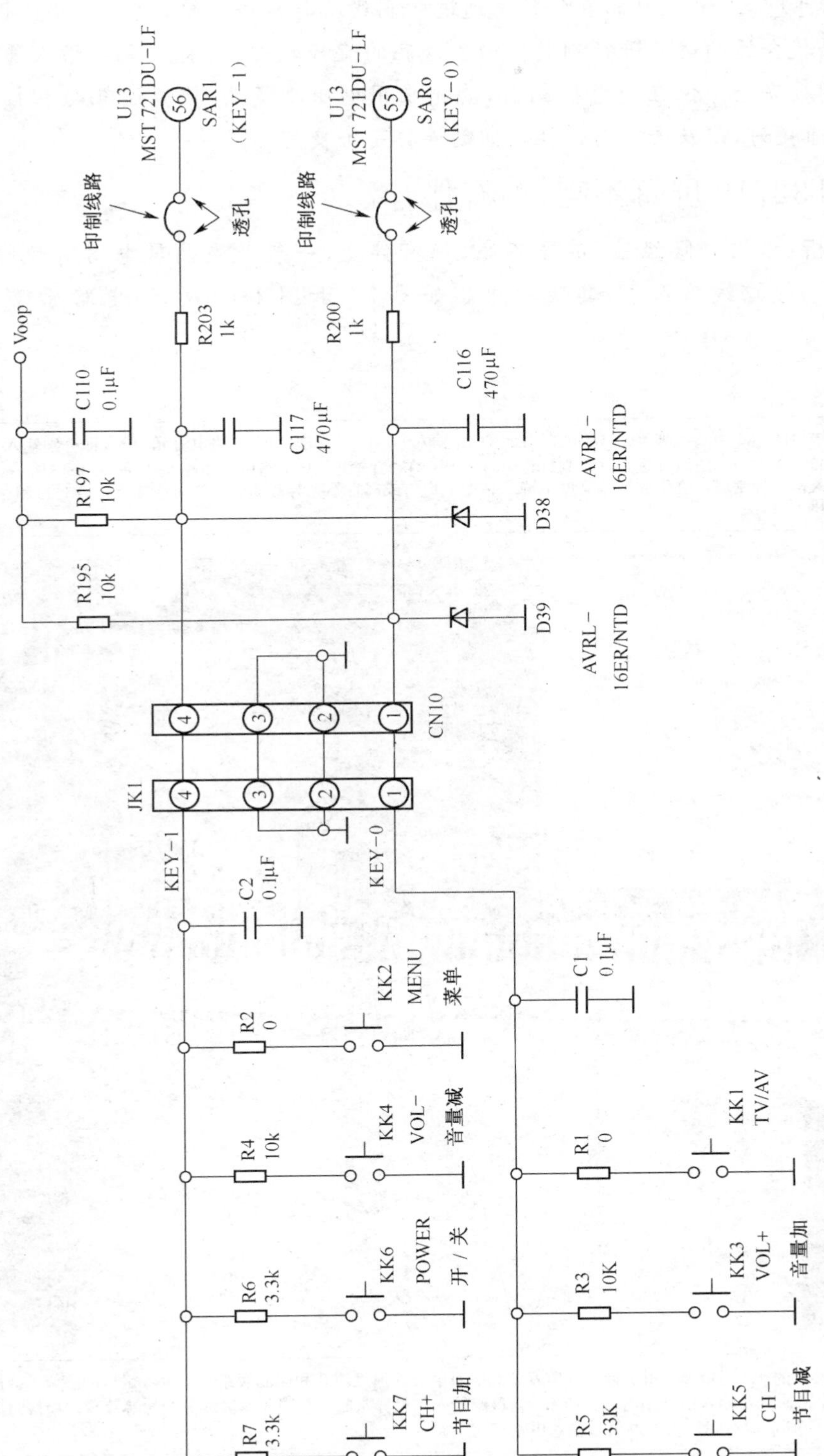

图 1-8　长虹 LT32710 机型中键扫描电路原理图

故障，其后果不可想象。但由于透孔往往是通过印制线路与集成电路的引脚直通，因此，在检测电压时，可寻找合适的透孔进行测量。由于透孔的直径较粗，且将表笔尖搭入透孔时不易滑脱，所以检测较安全。但在通电检测前，要先采用电阻测量法，检查透孔与相接集成电路的引脚是否接通良好，以及透孔与透孔之间的连接是否良好。

3. 长虹 LT32710 屏幕不亮，但有伴音

检查与分析：根据检修经验，屏幕不亮，但有伴音，一般是液晶屏电路有故障，可先从检查液晶屏驱动接口线路入手，其实物组装如图 1-9 和图 1-10 所示，电路原理如图 1-11 所示。

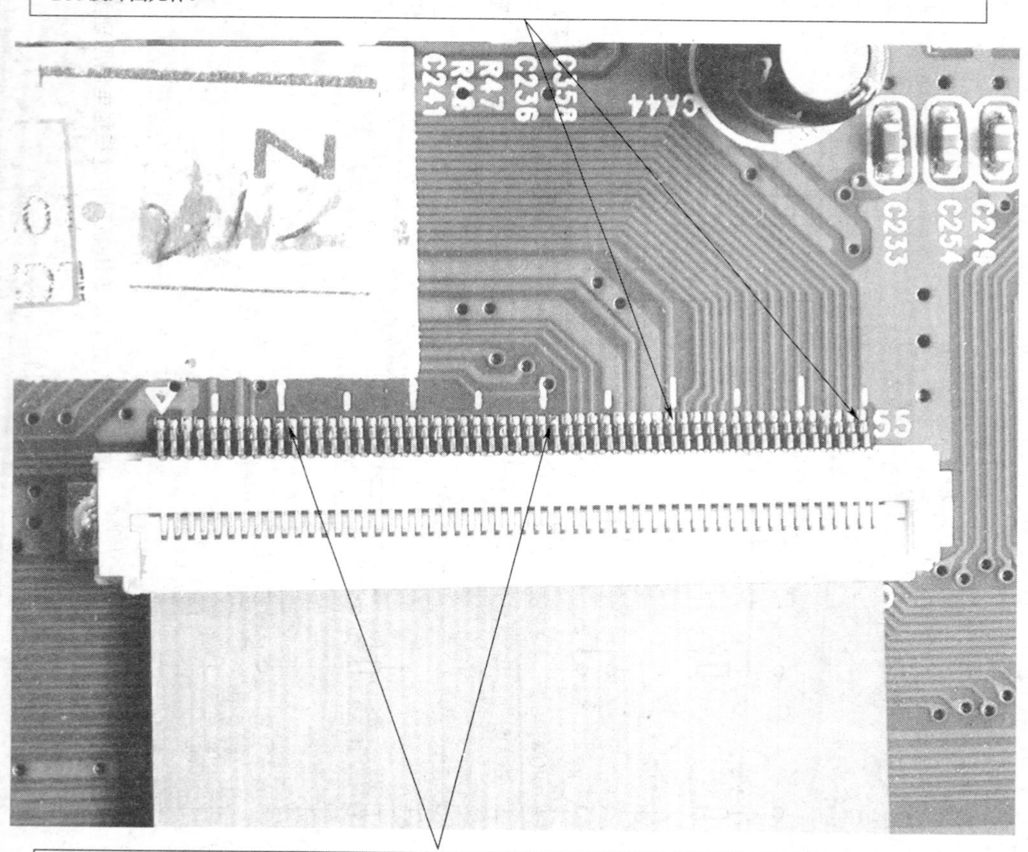

图 1-9　长虹 LT32710 机型中液晶屏驱动接口 CON5 实物组装图

由于液晶屏驱动接口线路十分细密，检修时首先采用电阻测量法。经检查，未见有明显异常现象。通电检查时，CON5 的㊵～㊿④脚和 CON6 的㊳～㊿②脚均无电压，说明信道灰度控制电路有故障。

在该机中，信道灰度控制电路主要由 U23（ISL24822IRTZB845S58）及 D56（431AC-8BM-A376G4）等组成，其实物组装如图 1-12 所示，电路原理如图 1-13 所示。其中，U23 和 D56 的引脚功能及正常状态下的电阻值见表 1-4 和表 1-5。

经检查，发现 U23 的㉜脚正反向阻值均在 1.2kΩ 左右，进一步检查外围元件，发现 CA46 严重漏电，其实物组装位置如图 1-12 所示，将其换新后，故障排除。

CON6 接口的⑨～㉘脚，用于输入低压差分数字对信号，由 U13（MST721DU−LF）提供，当该组输入信号异常时，会引起花屏（即马赛克）、无图像等故障，检修时应注意检查外接印制线路及 U13 的外围元件，但检测时要采用电阻测量法。若一定要测量电压时，避免在测量时出现碰极事故。

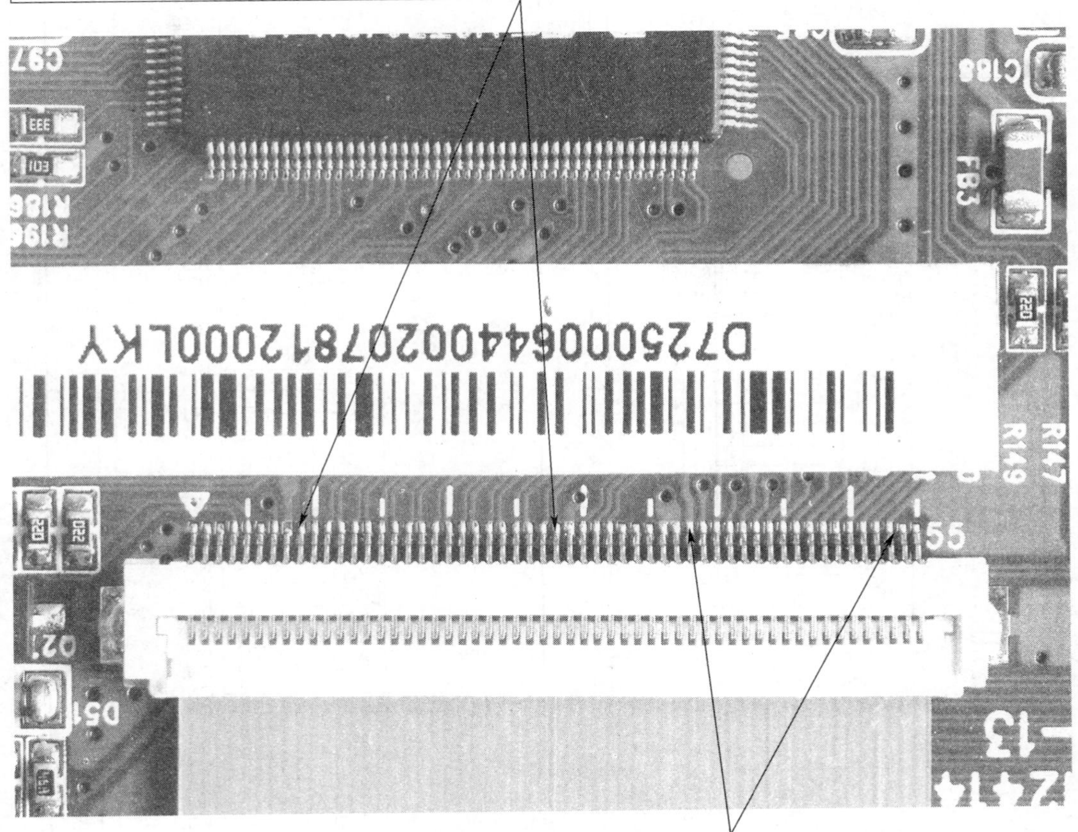

CON6 接口的㊳～㊿②脚，其中㊳脚用于输入 VCM 信号，㊴～㊿②脚用于14路电流元输入，即分别输入GM1～GM2。但㊴～㊿②脚通过透孔及印制线路与CON5 接口的㊶～㊿④脚并联，其电路原理如图 1−11 所示。当该组输入电压异常时，会引起屏幕亮度下降、亮度不均匀或屏幕不亮等故障，检修时应注意检查透孔电路。

图 1-10　长虹 LT32710 机型中液晶屏驱动接口 CON6 实物组装图

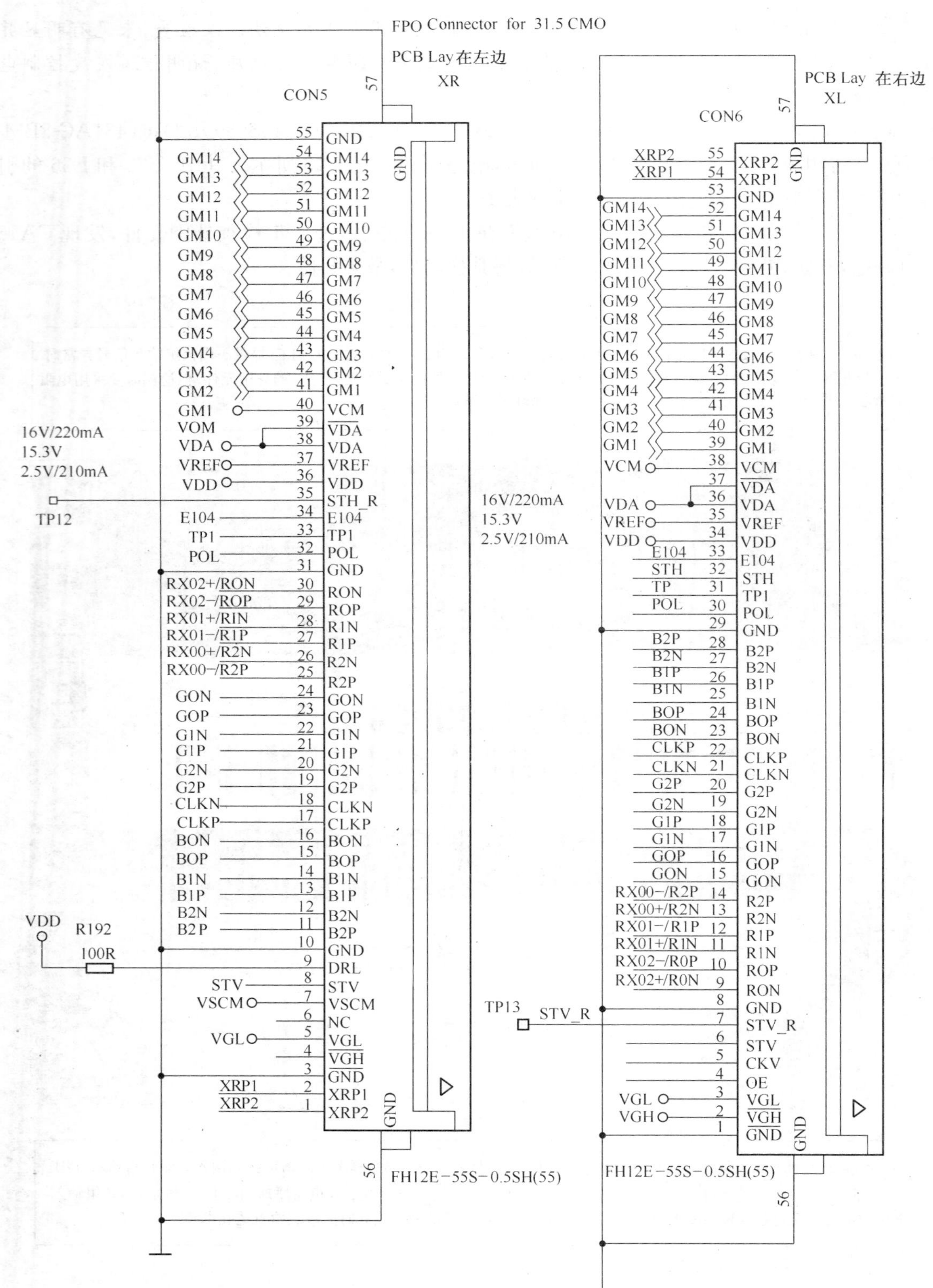

图 1-11 长虹 LT32710 机型中液晶屏驱动接口线路原理图

D56(431AC－8BM－A376G4)为参考电压输出电路，主要为U23(ISL24822IRTZB845S58)㉜脚提供参考电压。正常时其电压值约为15.4V;异常时,U23不工作或不能正常工作,从而造成屏幕不亮等故障。

该组透孔通过印制线路与CON5、CON6的㊶～(54)脚（或㊴～(52)脚）直通，用于输出GM1～GM14电压信号。该组透孔通过背面印制线路与下面一组透孔相通，其中有一个透孔接触不良，都会引起无光等故障。

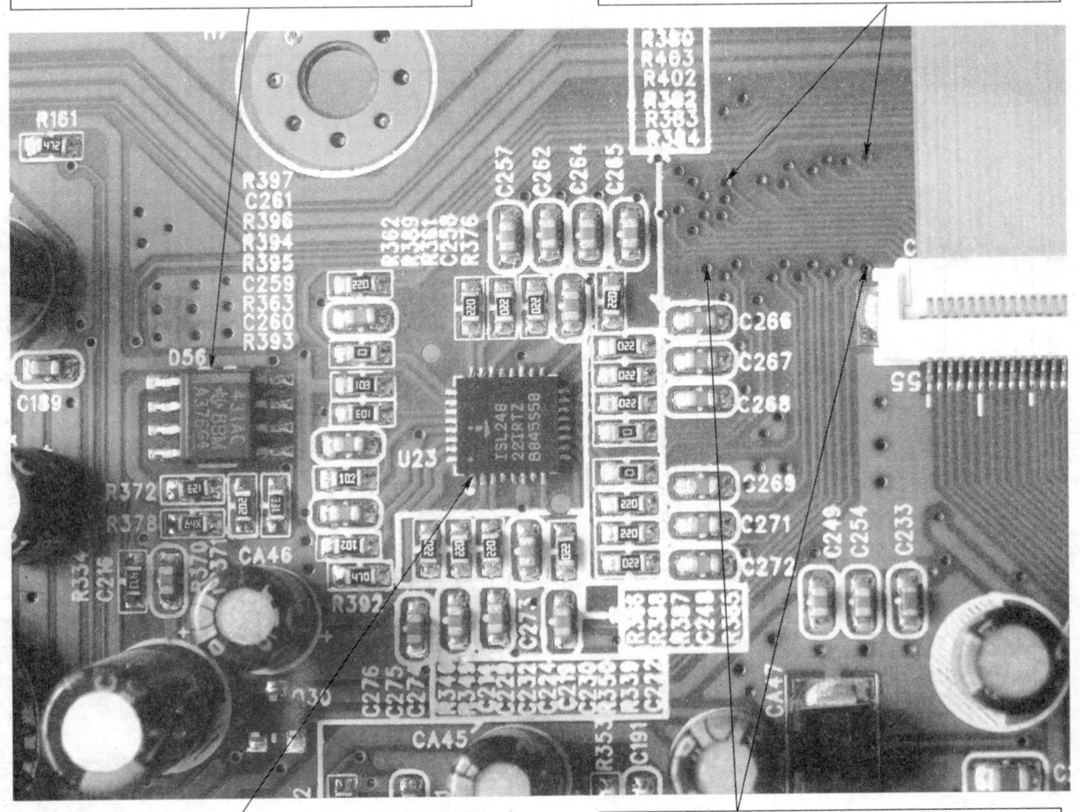

U23的引脚，逆时针方向排列为①～㉜脚,其中①～③脚、⑧脚、⑨～⑪脚、⑭～⑰脚、㉒～㉔脚用于输出GM1～GM14电压信号,信号不良时会引起光暗或无光栅故障。

该组透孔通过印制线路与U23的OUT1～OUT14输出端直通，用于输出GM1～GM14信号，当其中某个透孔接触不良时，会引起光暗或无光栅等故障。

图 1-12　长虹 LT32710 机型中信道灰度控制电路元件实物组装图

小结:图 1-12 和图 1-13 中,CA46 为 10μF/50V 电解电容器,用于参考电压滤波,当其严重漏电时,U23 的㉜脚无正常电压输入,使 U23 无输出。

图 1-12 中,U23 有 14 路电流元输出,即 GM1～GM14,它们通过 CON5、CON6 送入液晶板电路,以形成稳恒磁场,并在 I^2C 总线控制下保持有一定的磁感应强度,从而使液晶屏有一定的亮度。调整磁感应强度,即可调整信道灰度的等级,也就控制了液晶屏的亮度。

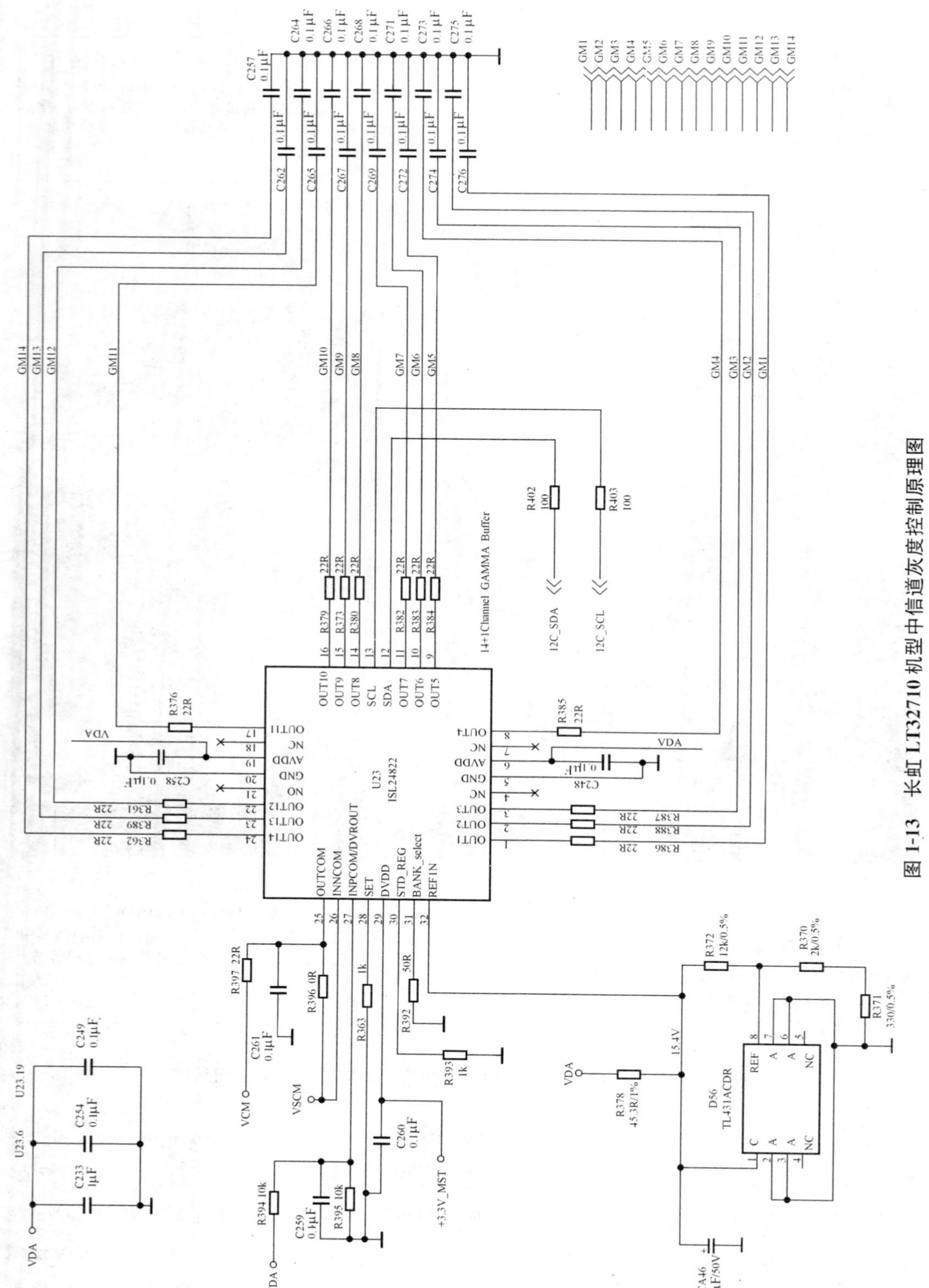

图 1-13 长虹 LT32710 机型中信道灰度控制原理图

表 1-4　U23(ICL24822IRTZB845S58)引脚功能及正常状态下的电阻值

引脚	符　号	使用功能	R(kΩ)		引脚	符　号	使用功能	R(kΩ)	
			在线					在线	
			正向	反向				正向	反向
①	OUT1	用于 GM1 信号输出	9.0	11.5	⑲	AVDD	VDA(16V)电源输入	6.5	6.5
②	OUT2	用于 GM2 信号输出	9.0	11.5	⑳	GND	接地	1.3	1.3
③	OUT3	用于 GM3 信号输出	9.0	11.8	㉑	NC	未用	1.0	1.1
④	NC	未用	4.5	6.0	㉒	OUT12	用于 GM12 信号输出	1.3	1.3
⑤	GND	接地	4.8	6.0	㉓	OUT13	用于 GM13 信号输出	0	0
⑥	AVDD	VDA(16V)电源输入	8.5	13.0	㉔	OUT14	用于 GM14 信号输出	4.0	4.0
⑦	NC	未用	8.1	13.0	㉕	OUTCOM	用于 VCM 输出,主要控制 CON5 ㊵脚和 CON6 ㊳脚	9.5	12.0
⑧	OUT4	用于 GM4 信号输出	8.0	13.0					
⑨	OUT5	用于 GM5 信号输出	8.0	13.0	㉖	INNCOM	用于 VSCM 控制	9.5	11.5
⑩	OUT6	用于 GM6 信号输出	∞	∞	㉗	INPCOM/DVROUT	外接偏置电路	9.5	11.5
⑪	OUT7	用于 GM7 信号输出	3.8	4.0					
⑫	SDA	I^2C 总线数据线	0	0	㉘	SET	外接 1kΩ 下拉电阻	∞	∞
⑬	SCL	I^2C 总线时钟线	∞	∞	㉙	DVDD	+3.3V－MST(3.3V)电源	∞	∞
⑭	OUT8	用于 GM8 信号输出	8.0	13.0					
⑮	OUT9	用于 GM9 信号输出	8.5	13.0	㉚	STD-REG	外接 1kΩ 下拉电阻	4.0	4.0
⑯	OUT10	用于 GM10 信号输出	8.5	13.0	㉛	BANK-select	外接 50Ω 下拉电阻	∞	∞
⑰	OUT11	用于 GM11 信号输出	2.8	2.8	㉜	REF IN	参考电压输入	9.5	11.5
⑱	NC	未用	2.8	2.8					

注:表中数据用 MF47 型表的 R×1kΩ 挡测得,仅供参考。

表 1-5　D56(431AC-8BM-A376G4)引脚功能及正常状态下的电阻值

引脚	符　号	使用功能	R(kΩ)		引脚	符　号	使用功能	R(kΩ)	
			在线					在线	
			正向	反向				正向	反向
①	C	电源,外接 CA46 滤波电容	4.0	4.0	⑤	NC	未用	∞	∞
②	A	接地	0	0	⑥	A	接地	0	0
③	A	接地	0	0	⑦	A	接地	0	0
④	NC	未用	∞	∞	⑧	REF	参考电压输出	2.4	2.4

4. 长虹 LT32710 液晶屏不亮,但有电源指示灯

检查与分析:液晶屏不亮,一般是背光灯电路不良,检修时应首先注意检查背光灯电源驱动电路,但经检查未见异常,再检查液晶屏驱动接口 CON5、CON6 的引脚(如图 1-11 所示),发现 VGL、VGH 端子及 VCM、GM1～GM14 端子等均无电压,接着进一步检查 U26(TPS65161)液晶面板控制电路,其实物组装如图 1-14 所示,电路原理如图 1-15 所示。

U26(TPS65161)主要是用于输出 VDA、VGHP、VGL 等液晶屏控制信号,其引脚功能及正

常状态下的电阻值见表 1-6。经检查，发现 U26 的⑳～㉒脚正反向阻值均为 2.1kΩ，而正常时其正向阻值为 8.0kΩ，反向阻值为 22.0kΩ，因而判断 U26 的⑳～㉒脚内电路或外接元件不良。进一步检查，发现 U4(993.3B-B/M-X87A)损坏，其实物组装如图 1-16 所示，电路原理如图 1-17 所示，引脚功能及正常状态下的电阻值见表 1-7 所示。将 U4 换新后，故障排除。

小结：图 1-16 中，U4(993.3B-B/M-X87A)用于输出 VCC-PANEL 电压，主要为 U26(TPS65161)供电。当 U4 无输出时，U26 和 U23(如图 1-12 中所示)不工作，液晶屏不亮，这就需要注意检查②、④脚外接的 Q4、Q5 等元件，以及加到 R22 的 PANEL-ON/OFF 开关信号。PANEL-ON/OFF 开关信号由 U13(MST721DU-LF)的⑮脚输出，用于液晶面板控制。

U26(TPS65161) 的⑭脚用于输出 VGHP 信号，经接口控制电路作为VGH 信号送入液晶板电路。电路正常时，该脚对地正向电阻值约12.5kΩ，反向电阻值约24.0kΩ。

U26(TPS65161) 的⑨脚用于输入 PWR-ON 信号，由U13(MST721DU–LF) 的 ⑭ 脚输出。电路正常时，该脚对地正向阻值为6.0kΩ,反向阻值为 5.5kΩ。异常时，液晶屏不亮，此时应注意检查U13 的 ⑭ 脚电路。

U26(TPS65161) 的㉒ 脚为 VCC-PANEL 电源输入端，无电压输入时，液晶屏不亮。电路正常时，该脚对地正向阻值为 8.0kΩ，反向阻值为22.0kΩ。异常时应首先检查 VCC-PANEL 电源电路。

U26(TPS65161) 的㉗脚为 GD 控制输出，以使 Q30 (A03401) 输出 VDA 电压（如图1–15 中所示），为 U23 (ISL24822) 提供参考电压。电路正常时该脚对地正向阻值约11.0kΩ，反向阻值约 300.0kΩ。

图 1-14 长虹 LT32710 机型中液晶面板控制电路元件实物组装图

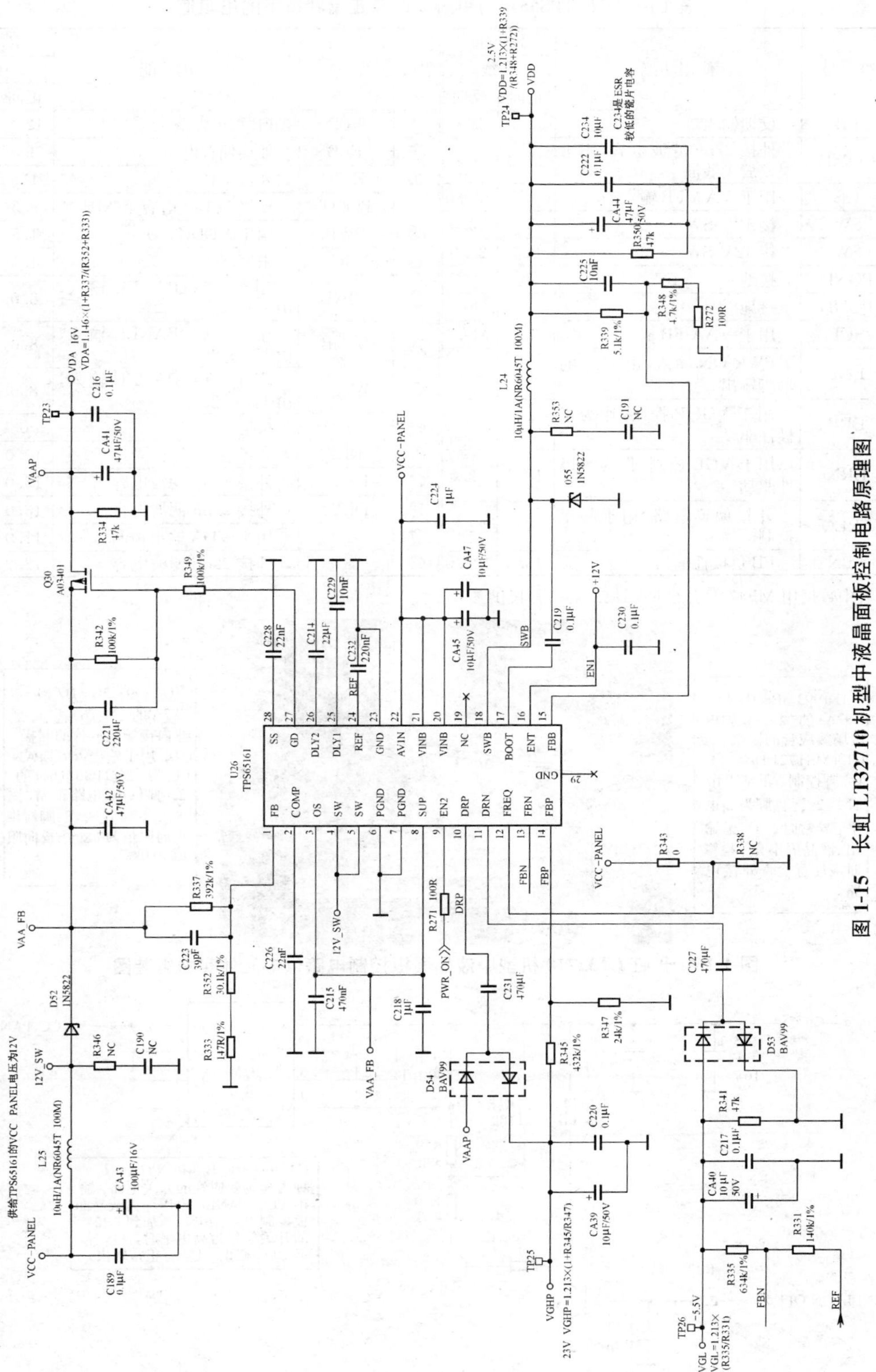

图 1-15　长虹 LT32710 机型中液晶面板控制电路原理图

表 1-6　U26(TPS65161)引脚功能及正常状态下的电阻值

引脚	符　号	使用功能	R(kΩ) 在线 正向	R(kΩ) 在线 反向
①	FB	反馈输入	13.0	28.0
②	COMP	外接 22nF 滤波电容，用于误差放大滤波	13.0	75.0
③	OS	用于 VAA-FB 输入	8.5	180.0
④	SW	接 12V-SW	8.0	22.0
⑤	SW	接 12V-SW	8.0	22.0
⑥	PGND	接地	0	0
⑦	PGND	接地	0	0
⑧	SUP	用于 VAA-FB 输入	8.5	180.0
⑨	EN2	PWR-ON 输入，由 U13 的⑭脚输出	6.0	5.5
⑩	DRP	用于 VGHP 控制，作为正极性驱动	10.0	300.0
⑪	DRN	用于 VGL 控制，作为负极性驱动	10.0	42.0
⑫	FREQ	外接偏置电路，用于频率控制	8.0	22.0
⑬	FBN	FB 负极性输入	13.0	120.0
⑭	FBP	FB 正极性输入	12.5	24.0
⑮	FBB	外接偏置电路	3.0	3.5
⑯	ENT	外接+12V 电源	1.5	9.0
⑰	BOOT	外接 0.1μF 电容至⑱脚	9.5	∞
⑱	SWB	用于 VDD(2.5)	1.5	7.0
⑲	NC	未用	1.5	∞
⑳	VINB	用于 VCC-PANEL 输入，由 U4 提供	8.0	22.0
㉑	VINB	用于 VCC-PANEL 输入，由 U4 提供	8.0	22.0
㉒	AVIN	用于 VCC-PANEL 输入，由 U4 提供	8.0	22.0
㉓	GND	接地	0	0
㉔	REF	参考电压滤波	10.0	18.0
㉕	DLY1	外接 10μF 滤波电容	13.0	65.0
㉖	DLY2	外接 22nF 滤波电容	13.0	120.0
㉗	GD	用于 VDA 输出控制	11.0	300.0
㉘	SS	外接 22nF 滤波电容	12.2	∞

注：表中数据用 MF47 型表的 R×1kΩ 挡测得，仅供参考。

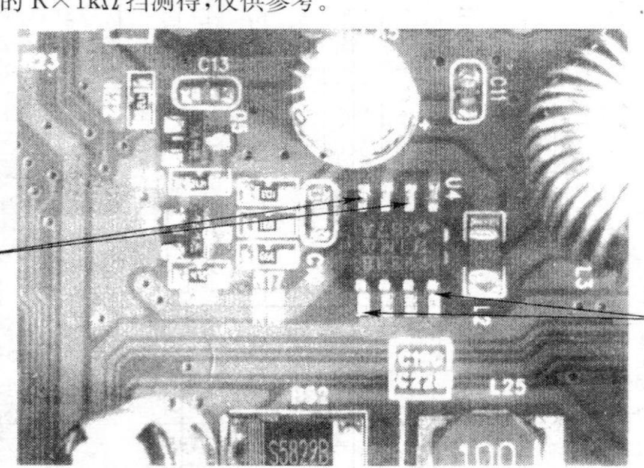

图 1-16　长虹 LT32710 机型中液晶面板控制电路供电元件实物组装图

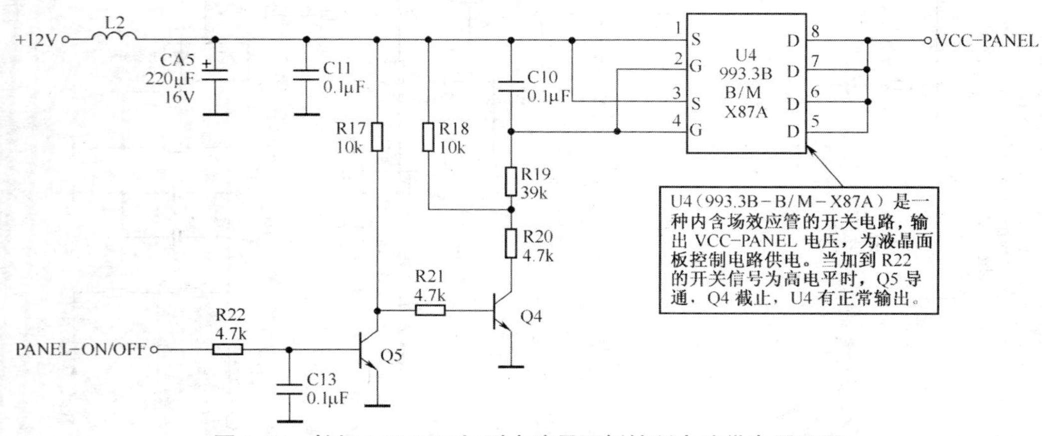

图 1-17　长虹 LT32710 机型中液晶面板控制电路供电原理图

表 1-7　U4(993.3B-B/M-X87A)引脚功能及正常状态下的电阻值

引脚	符号	功 能	R(kΩ) 在线 正向	R(kΩ) 在线 反向	引脚	符号	功 能	R(kΩ) 在线 正向	R(kΩ) 在线 反向
①	S	用于源极输入 12V 电源	1.2	8.5	⑤	D	用于漏极输出,为 U26 供电	7.8	20.0
②	G	用于栅极控制,受 U13 控制	50.0	70.0	⑥	D	用于漏极输出,为 U26 供电	7.8	20.0
③	S	用于源极输入 12V 电源	1.2	8.5	⑦	D	用于漏极输出,为 U26 供电	7.8	20.0
④	G	用于栅极控制,受 U13 控制	50.0	70.0	⑧	D	用于漏极输出,为 U26 供电	7.8	20.0

注:表中数据用 MF47 型表的 R×10kΩ 挡测得,仅供参考。

5. 长虹 LT32710 电源指示灯不亮,无图无声

检查与分析:电源指示灯不亮、无图无声,一般是电源逆变板电路有故障,检修时应首先检测 CN401、CN402 的引脚电压值、电阻值,以判断故障的损坏原因,其实物组装如图 1-18 所示,引脚功能及正常状态下的电压值、电阻值见表 1-8 和表 1-9。

图 1-18 中,CN402 与主板中的 CON1 相接,其电路原理如图 1-19 所示;CN401 与主板中 CON2 相接,其电路原理如图 1-20 所示。

经检查,发现 CN402 的①、③、④脚正反向电阻值仅有 1.1kΩ,而正常时应为 3.0kΩ。为确定故障原因,拔下 CON1(或 CN402)再测 CN402 的①、③、④脚正反向电阻值,结果仍在 1.1kΩ 左右,因此说明+24V 输出电路有故障。

经进一步检查,发现 Q19 不良,将其换新后,故障排除。

小结:Q19 为 IRFZ44V-747P 三端器件,主要用于电源控制,维修更换时要保持型号一致。

表 1-8　CN401(电源插座)引脚功能及正常状态下的电压值、电阻值

引 脚	符 号	功 能	U(V) 待机状态	U(V) 开机状态	R(kΩ) 断开插头 正向	R(kΩ) 断开插头 反向	R(kΩ) 连接插头 正向	R(kΩ) 连接插头 反向
①	PWR-ON	待机控制信号输入	0.1	5.0	160.0	140.0	1.6	2.5
②	GND	接地	0	0	0	0	0	0
③	GND	接地	0	0	0	0	0	0
④	5VDC	+5V 输出,用于小信号电路	0	5.0	0.5	0.5	0.5	0.5
⑤	5VDC	+5V 输出,用于小信号电路	0	5.0	0.5	0.5	0.5	0.5
⑥	5VS	+5V 输出,用于控制系统	5.0	5.0	1.0↑	3.5↑	0.5	2.0
⑦	GND	接地	0	0	0	0	0	0
⑧	GND	接地	0	0	0	0	0	0
⑨	+24VD	+24V 输出	0.5	24.0	4.0	4.0	3.0	3.0
⑩	+24VD	+24V 输出	0.5	24.0	4.0	4.0	3.0	3.0

注:表中数据用 MF47 型表测得,仅供参考。

D7(116BR20A 200 CTFP)为双整流二极管。正常时，①、③脚对地正反向阻值为0kΩ,②脚正向阻值为3.5kΩ反向阻值为3.5kΩ。

D33(488－SP2060)为双整流二极管。正常时，①、③脚对地正反向阻值为0kΩ，②脚正向阻值为1.0kΩ，反向阻值为3.0kΩ。

Q19(IRFZ 44V－747P)电源控制电路，正常时，①脚正反向阻值为4.0kΩ；②脚正向阻值为7.8kΩ，反向阻值75kΩ；中间脚正向阻值为3.5kΩ，反向阻值为9.5kΩ。

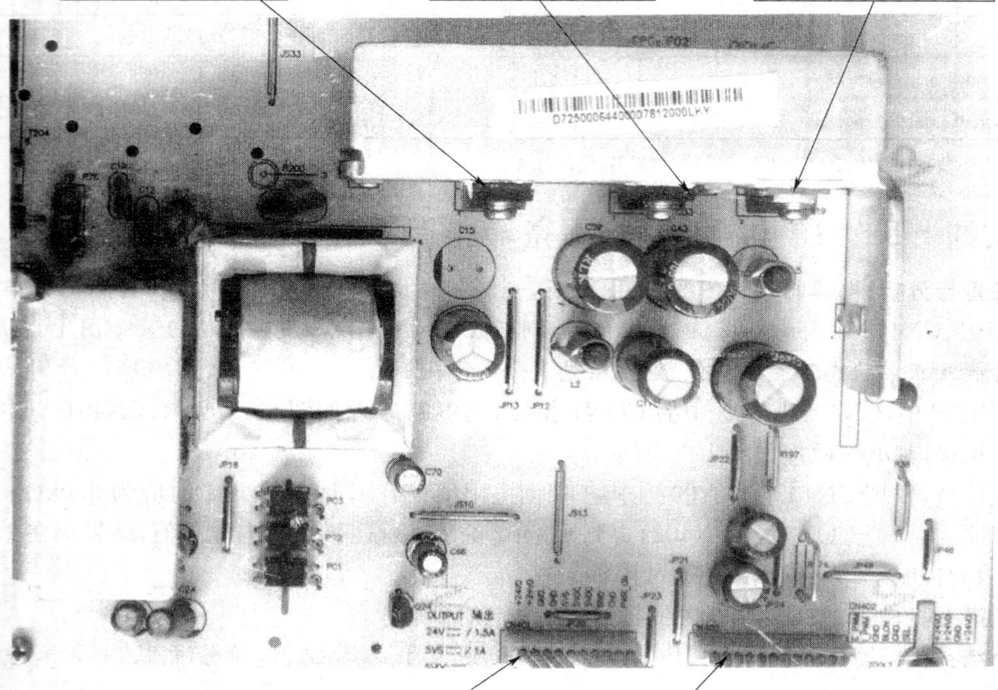

CN401 插座通过排线与主板中的 CON2 插座相接，主要用于输出+5V 电压及输入待机控制信号，接触不良时，整机不工作。

CN402 插座通过排线与主板中的 CON1 插座相接，主要用于输出+24V 电压和 I－PWM、E－PWM 控制信号，接触不良时，整机不工作。

图 1-18　长虹 LT32710 机型中 CN401、CN402 插座及部分电源元件实物组装图

表 1-9　CN402(电源插座)引脚功能及正常状态下的电压值、电阻值

引 脚	符 号	功 能	U(V)		R(kΩ)			
			待机状态	开机状态	断开插头		连接插头	
					正向	反向	正向	反向
①	＋24VD	＋24V 输出	0.5	24.0	4.0	4.0	3.0	3.0
②	GND	接地	0	0	0	0	0	0
③	＋24VD	＋24V 输出	0.5	24.0	4.0	4.0	3.0	3.0
④	＋24VD	＋24V 输出	0.5	24.0	4.0	4.0	3.0	3.0
⑤	GND	接地	0	0	0	0	0	0
⑥	GND	接地	0	0	0	0	0	0
⑦	SEL	接至 TP32	0	3.6	55.0	55.0	1.2	1.2
⑧	GND	接地	0	0	0	0	0	0
⑨	BLON	用于 BRI-ON/OFF 控制输入	0	5.0	100.0	80.0	2.0	2.0
⑩	GND	接地	0	0	0	0	0	0
⑪	I-PWM	用于 BRI-ADJ 控制输入	0	1.7	95.0	100.0	100.0	110.0
⑫	E-PWM	用于 BRI-ADJ 控制输入	0	2.6	1M	1M	∞	7.0

注：表中数据用 MF47 型表测得，仅供参考。

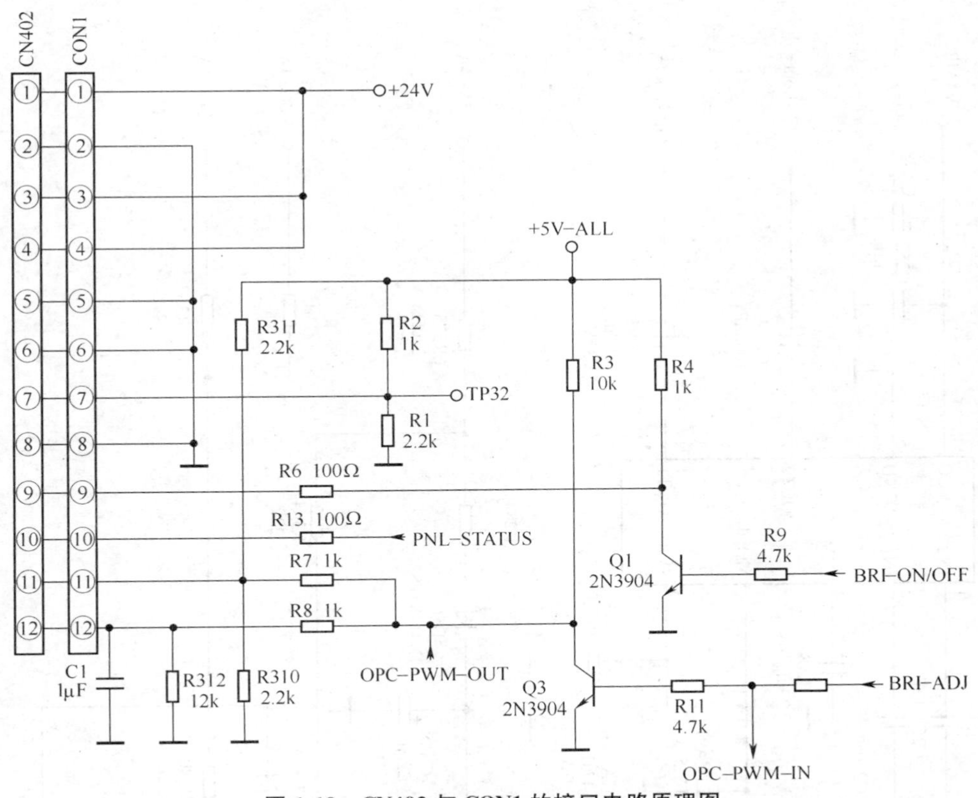

图 1-19　CN402 与 CON1 的接口电路原理图

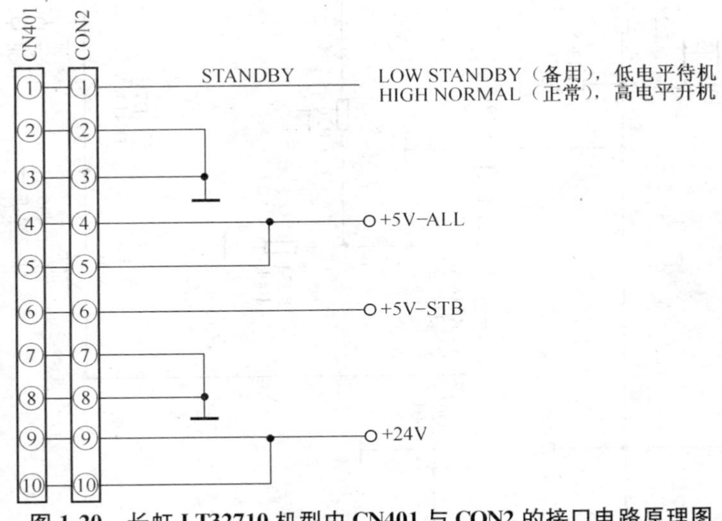

图 1-20　长虹 LT32710 机型中 CN401 与 CON2 的接口电路原理图

6. 长虹 LT32600 有图像无伴音

检查与分析：根据检修经验，有图像无伴音，一般是伴音功放电路有故障，检修时应首先从伴音功放电路入手。但在该机中，伴音功放电路主要由 U33（TFA9842FJ）及少量外围元件等组成，其电路原理如图 1-21 所示。

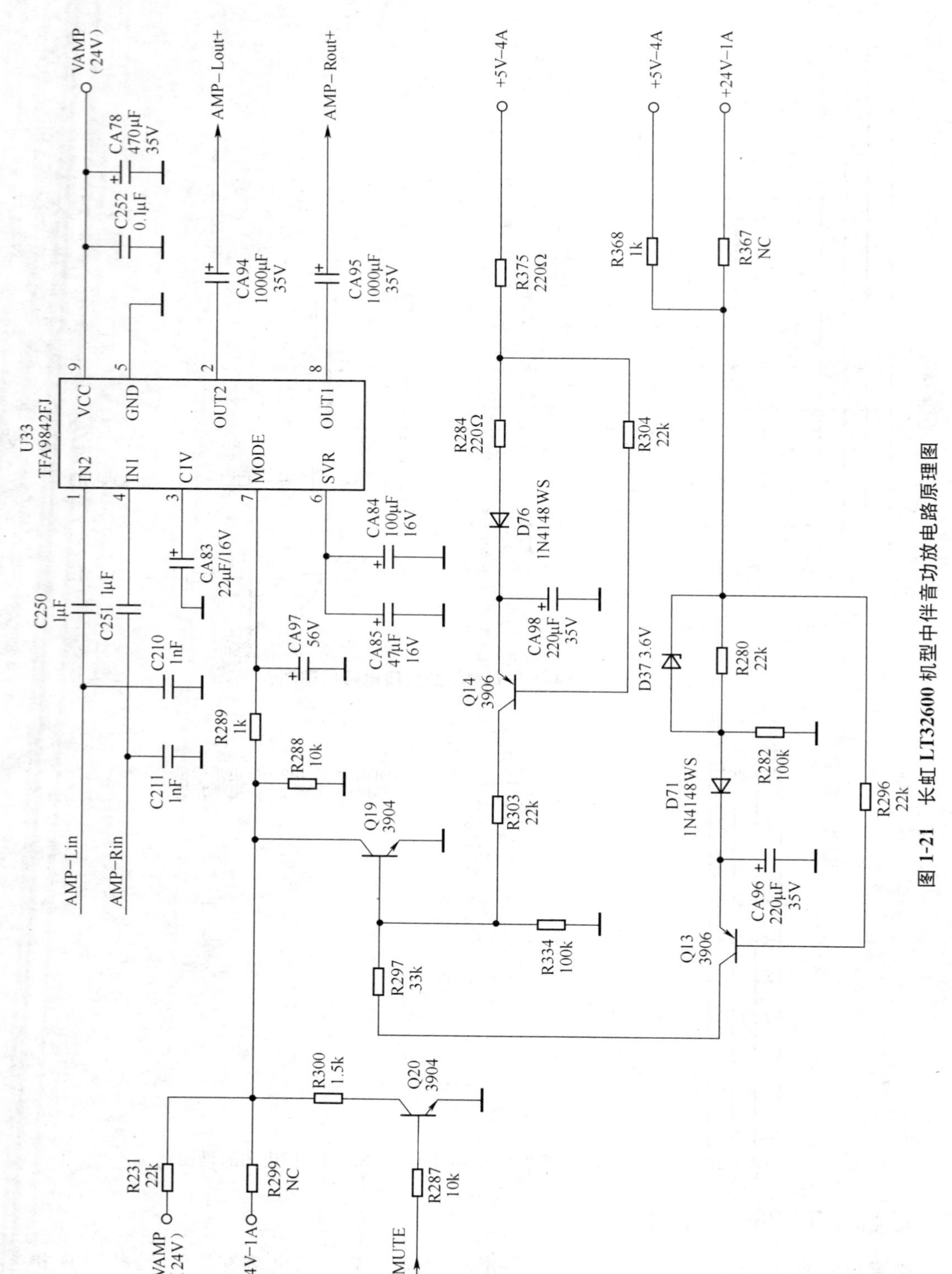

图 1-21 长虹 LT32600 机型中伴音功放电路原理图

经检查，发现 U33 的⑦脚对地正反向阻值均约为 0.7kΩ，检查⑦脚外接电路元件均正常，因而判断 U33 损坏，将其换新后，故障排除。

小结：图 1-21 中，U33 的⑦脚用于静音控制，正常工作时有 12V 高电平，当外接静音电路动作时，⑦脚为低电平。因此，当 U33 的⑦脚为低电平时，应注意检查外接静音控制电路。

7. 长虹 PT32600 图像正常，但无右声道伴音

检查与分析：根据检修经验，无右声道伴音时，可先转换输入 AV2/AV3 等外部音频信号，看是否仍无右声道伴音，以判断故障产生的大致部位。经转换外部音频信号后，右声道仍无伴音，这时应重点检查音频信号转换电路，其电路原理如图 1-22 所示。

经检查，U19(74HC4052)基本正常，检查外围元件也未见异常。通电，检测 U19⑨、⑩脚的转换电压正常。改用示波器观察，发现 Q28 的发射极在开机时有音频信号波形，但很快波形消失，此时观察 U19 的③脚发现有幅度较低的音频信号波形，判断 Q28 不良(软击穿故障)，将其换新后，故障排除。

小结：图 1-22 中，Q27、Q28 分别用于输出左右音频信号，当其不良或损坏时，会造成 TV/AV 状态均无伴音故障。当 Q27 或 Q28 软击穿损坏时，在线冷态检测阻值不易被发现。因此，检修时最好将其焊下检查，或将其直接换新。

8. 长虹 LT32600 有电源指示灯，但不开机

检查与分析：有电源指示灯，说明电源电路基本正常，检修时应注意检查待机控制电路，首先采用电阻检查法，看是否有击穿短路或开路元件。经检查，没有异常现象。根据检修经验，检查中央控制系统的“四要素”，发现高频调谐器的⑦脚对地正反向阻值均为零，断开外接线路后再测⑦脚阻值仍为零，因而判断高频头损坏，将其换新后，故障排除。

小结：在该机中，高频调谐器(U28)采用 I^2C 总线控制技术，其⑦、⑧脚用于 I^2C 总线时钟线和数据线输入，其电路原理如图 1-23 所示。

图 1-23 中，Q33 和 Q32 用于总线激励输出，其输入端与微控制器相接，构成中央控制系统的“四要素”之一。中央控制系统的“四要素”主要由 CPU 的供电源、时钟振荡器、复位电路和 I^2C 总线接口电路组成，其中有一项异常或不良都会引起不开机故障。

9. 长虹 LT37600 有时正常，有时马赛克图像

检查与分析：根据检修经验，马赛克图像一般是视频解码、格式变换或动态随机存储器不良，检修时应先检查视频解码、格式变换等电路。在该机中，视频解码、格式变换等功能主要包含在具有 256 个引脚的贴片式超大规模集成电路 U9(MST9X88L)内部，而动态随机存储功能则由引脚较少(66 个引脚)的 U11(DDR 128Mb TSOP66)来完成。根据先易后难的原则，检修时可先从检查 U11(DDR 128Mb TSOP66)入手，其电路原理如图 1-24 所示，引脚使用功能见表 1-10。

经检查，没有明显异常，但将其换新后，故障不再出现。

小结：图 1-24 中，U11(DDR 128Mb TSOP66)是一种具有 128MB 存储容量的双倍速率同步动态随机存储器，其故障率较高，故障时常表现为马赛克、静像或白光栅等。因此，检修时应首先加以注意，必要时将其直接换新。

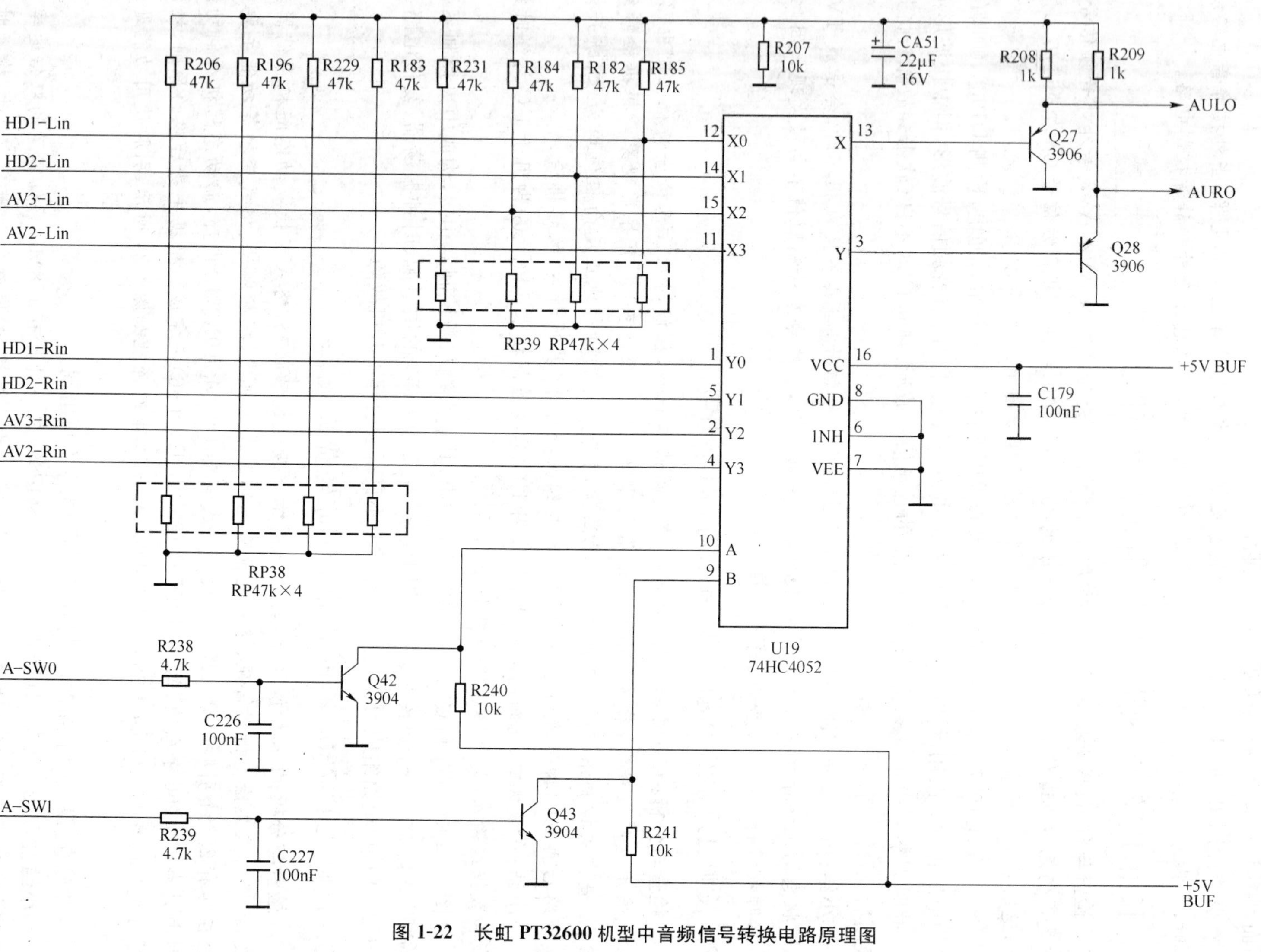

图 1-22 长虹 PT32600 机型中音频信号转换电路原理图

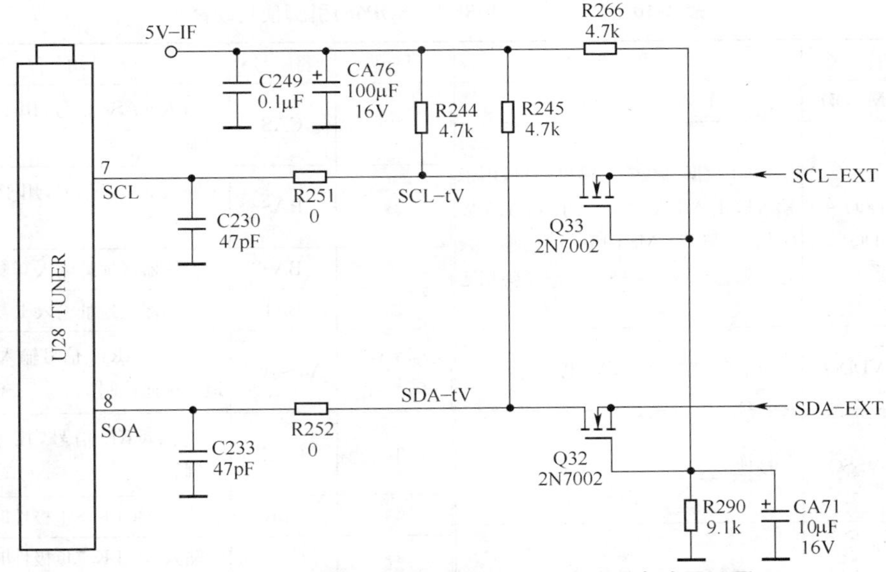

图 1-23　长虹 LT32600 机型中调谐器总线控制电路原理图

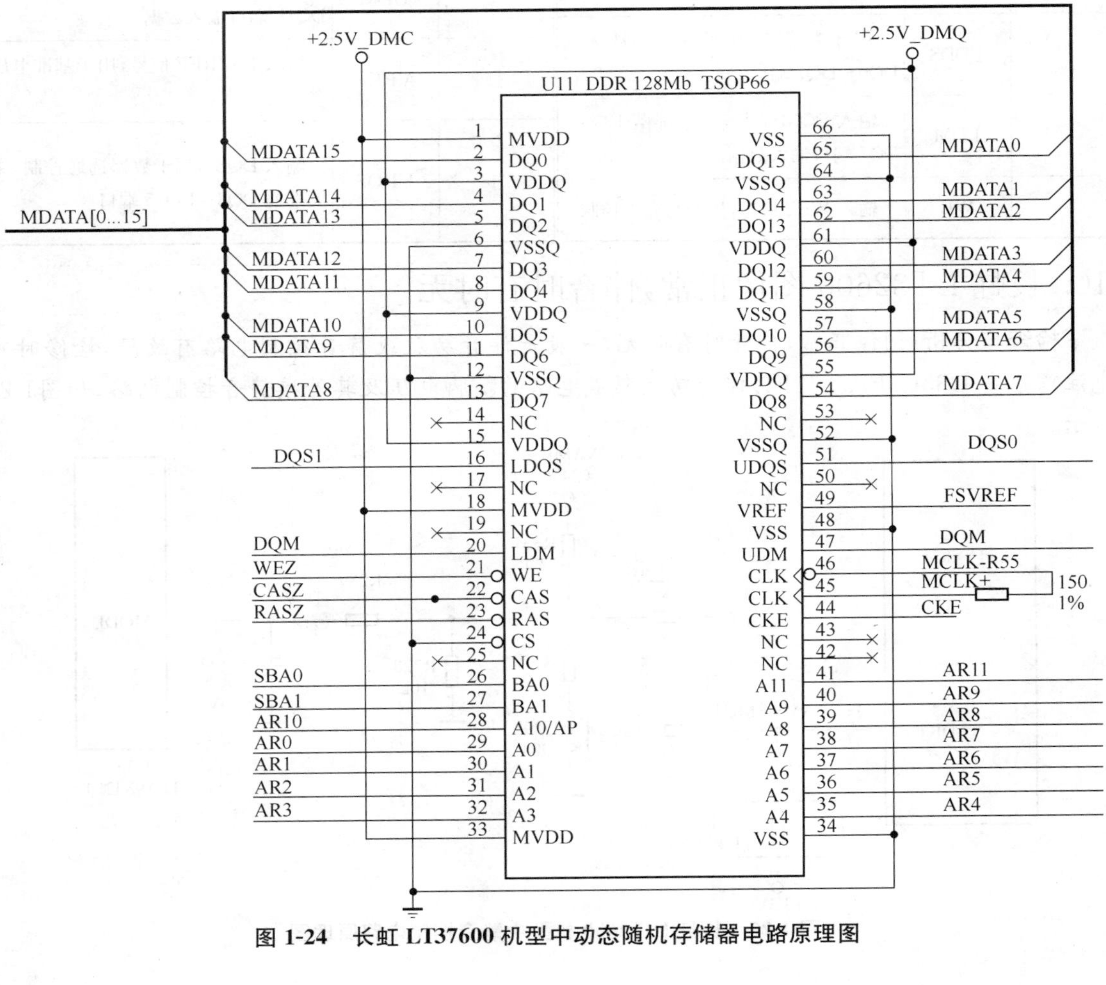

图 1-24　长虹 LT37600 机型中动态随机存储器电路原理图

表 1-10 U11(DDR 128Mb TSOP66)引脚使用功能

引 脚	符 号	功 能
①、⑱、㉝	MVDD	+2.5-DMC(2.5V)电源输入
②、④、⑤、⑦、⑧、⑩、⑪、⑬、(54)、(56)、(57)、(59)、(60)、(62)、(63)、(65)	DQ0～DQ15	16bit数据总线输入输出端口，用于输入输出MDATA0～MDATA15数字信号，与U9(MST9X88L)的(101)、(102)、(104)、(105)、(107)～(110)、(113)～(116)、(118)～(121)脚相通
③、⑨、⑮、(61)、(55)	VDDQ	+2.5V-DMQ(2.5V)电源输入
⑥、⑫、㉔、㉞、㊽、(52)、(58)、(64)、(66)	VSSQ	接地
⑭、⑰、⑲、㉕、㊷、㊸、㊿、(53)	NC	未用
⑯	LDDS	用于数据选通控制，主要选通DQ0～DQ7端口
⑳	LDM	输入DQM信号，用于屏蔽DQ0～DQ7端口输入数据
㉑	WE	输入WEZ信号，用于写允许控制

引 脚	符 号	功 能
㉒	CAS	输入CASZ信号，用于列地址选通控制
㉓	RAS	输入RASZ信号，用于行地址选通控制
㉖	BA0	存储器区地址输入0
㉗	BA1	存储器区地址输入1
㉘～㉜ ㉟～㊶	A0～A11	AR0～AR11信号输入，用于12位地址选通控制
㊹	CKE	输入CKE信号，用于时钟允许控制
㊺	CLK	输入MCLK+正极性时钟信号
㊻	CLK	输入MCLK−负极性时钟信号
㊼	UDM	输入DQM信号，用于屏蔽DQ8～DQ15端口输入数据
㊾	VREF	输入FSVREF信号，用于基准电压参考
(51)	UDQS	输入DQS0，用于数据选通控制，主要选通DQ8～DQ15端口

10. 长虹LT32600图像正常，伴音时有时无

检查与分析：图像正常，伴音时有时无，一般是伴音功放或静音控制电路有故障，检修时可先注意检查U33(TFA9842FJ)伴音功放集成电路的⑦脚电压及其外接静音控制电路，如图1-25所示。

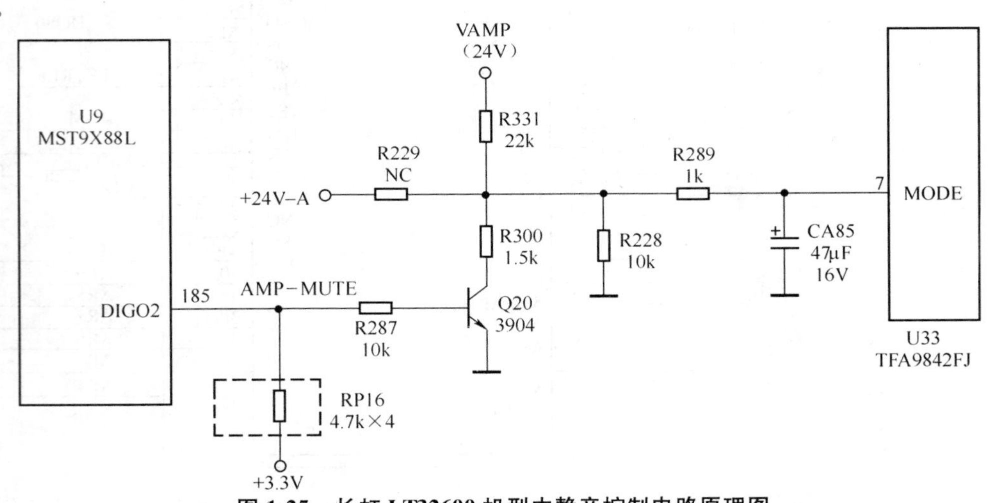

图 1-25 长虹LT32600机型中静音控制电路原理图

经检查,发现U33的⑦脚电压有伴音时约8.9V,无伴音时约2.7V,且抖动。检查Q20转换输出正常,因而怀疑U33的⑦脚内电路不良,进一步检查,发现CA85(47μF/16V)有轻度漏电现象,将其换新后,故障排除。

小结:图1-25中,U33的⑦脚用于静音控制,通过Q20受控于U9(MST9X88L)的⑱⑤脚。当U9的⑱⑤脚输出高电平时,Q20导通,U33的⑦脚被下拉为低电平,静音功能动作;当U9的⑱⑤脚输出低电平时,Q20截止,U33的⑦脚呈高电平,伴音功放电路正常输出。因此,当U33的⑦脚电压异常时,应注意检查U9的⑱⑤脚输出的转换电压是否正常。

11. 长虹LT3212无图像,但有伴音

检查与分析:无图像,有伴音,一般是视频通道故障,因此,主要检查视频信号传输电路。其视频信号流程如图1-26所示。

图1-26,MTV电视主画面信号及AV视频信号等均是通过编码后送入U105(MST5151A数字处理器),因此,检修时首先转换输入AV视频信号或HDTV、PC RGB信号,以判断故障部位。经初步试验,在任何输入状态下均无图像,说明故障点是U105(MST5151A)及其后继电路。但检修时应首先检查U105(MST5151A)的时钟振荡电路及BUD〔0…7〕控制电路,其原理如图1-27所示。

经检查,发现C1102漏电,将其换新后,故障排除。

小结:图1-27中,C1102与Z100、C1103与U105(MST5151A)⑳②、⑳③脚组成时钟振荡电路。其中,Z100为14.318MHz晶体振荡器,为U105提供基准时钟频率;C1102用于振荡输出滤波;C1103用于振荡输入滤波。当Z100或C1102、C1103不良时,时钟振荡电路不能正常工作或不工作,导致U105不工作,从而形成无图像故障。

12. 长虹LT3212不能开机,但电源指示灯亮

检查与分析:根据检修经验,不能开机,但电源指示灯亮,一般是控制系统有故障,检修时,先注意检查U800(MTV412)的供电电压及时钟振荡电路和复位电路,其电路原理如图1-28所示。

经检查,发现C714无容量,将其换新后,故障排除。

小结:图1-28中,C714(1μF/16V)与D700(IN4148)、R720组成复位电路,若其中有一个元件不良或失效时,U800(MTV412)的⑦脚的复位功能失效,从而形成不能开机故障。

13. 长虹LT3212有图像,无伴音

检查与分析:在长虹LT3212机型中,伴音通道和图像通道是分开独立的,因此,在有图像、无伴音时,主要检查伴音通道,从伴音信号的流程入手。该机的伴音信号流程如图1-29所示。

图1-29中,AV1、AV2、TV等音频信号均是通过U700(NJW1142)进行音频前置处理后再分为三路输出,其中一路从U700的⑤、㉖脚输出左右声道音频信号,经Q502、Q501后,由AV插口向机外输出,为其他音响设备提供左右声道音频信号源;另一路从U700的⑨、⑩脚输出左右声道音频信号,经U603(TPA6110)立体声放大后,由JP500插口为耳机提供驱动信号;第三路从U700的㉑、㉒脚输出左右声道音频信号,经双伴音功率放大后推动左右扬声器发出声音。因此,在检查音频信号传输电路时,首先检查AV音频输出插口是否有AV音频信号输出,JP500耳机插口是否输出正常,从而进一步判断故障的产生部位。

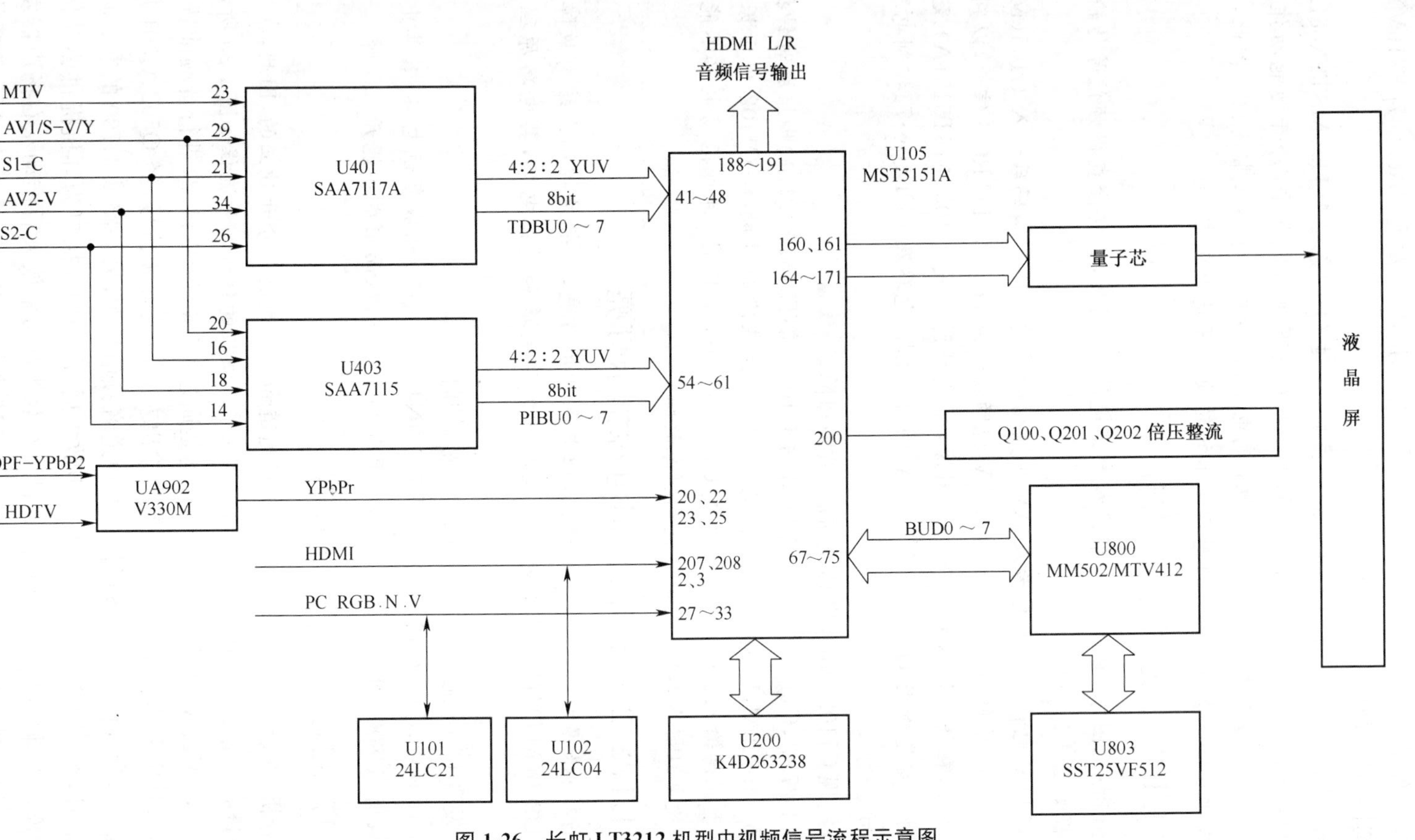

图 1-26 长虹LT3212机型中视频信号流程示意图

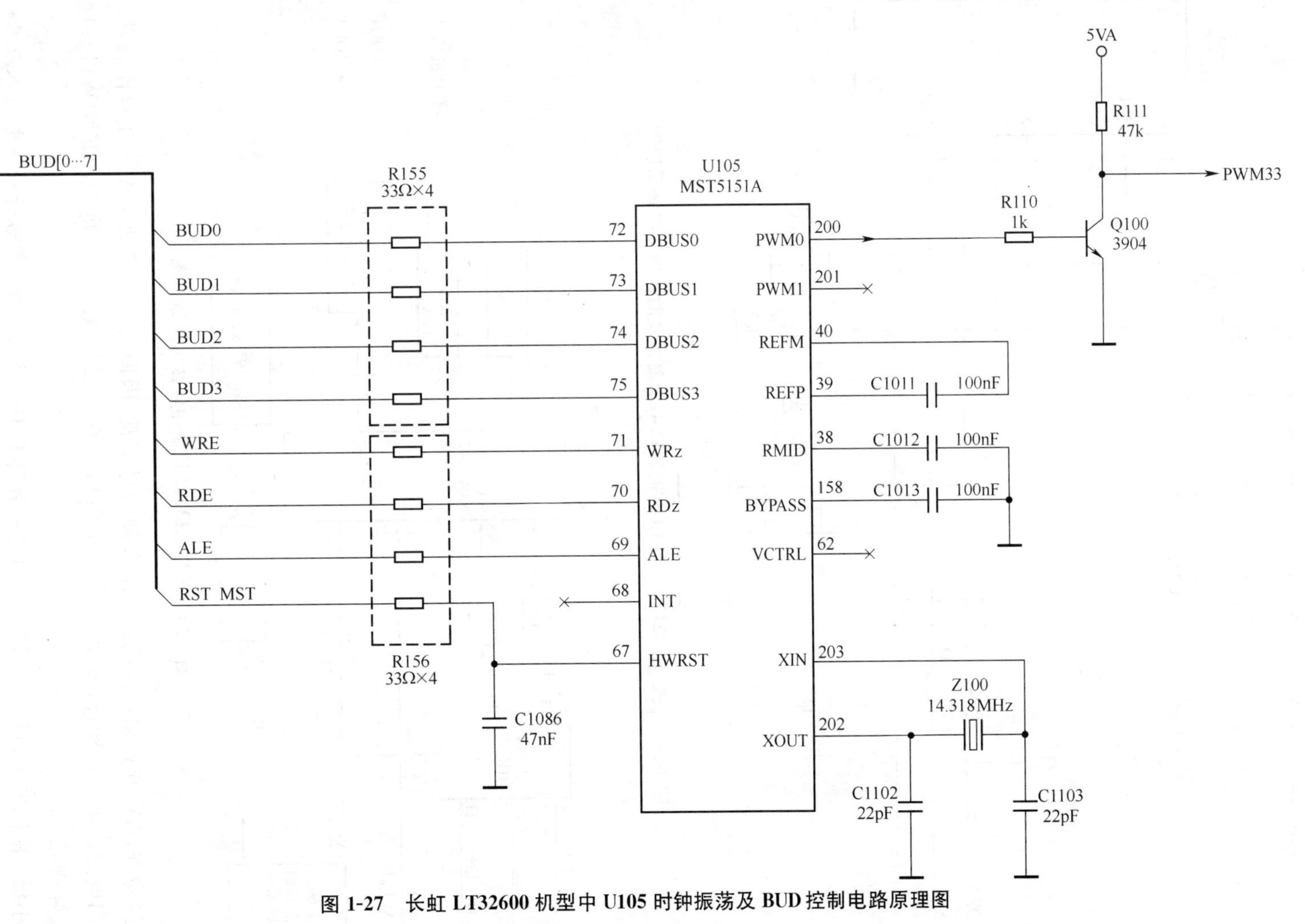

图 1-27 长虹 LT32600 机型中 U105 时钟振荡及 BUD 控制电路原理图

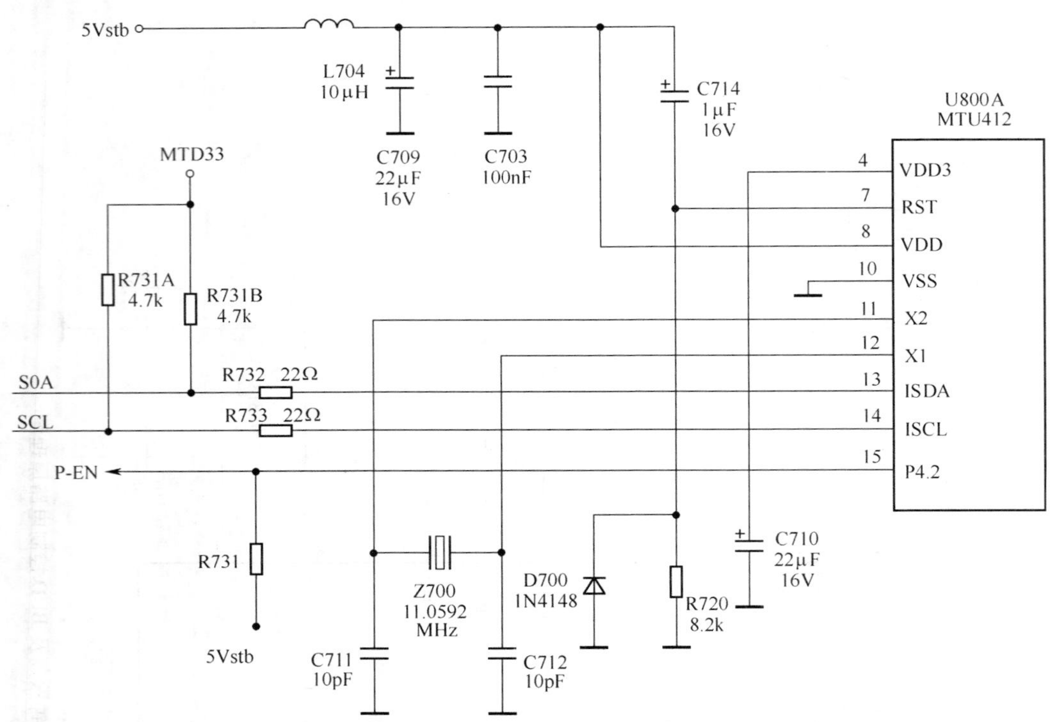

图 1-28 长虹 LT3212 机型中 U800(MTV412)复位及时钟振荡电路原理图

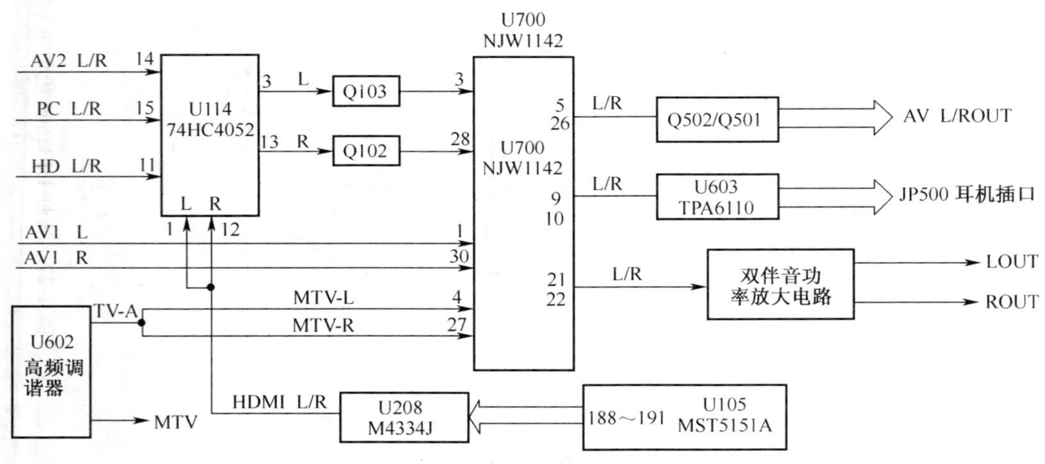

图 1-29 长虹 LT3212 机型中伴音信号流程图

经检查，AV 音频和耳机插口输出音频信号正常，因而初步判断故障发生在双伴音功率放大输出电路。进一步检查，发现 U700(NJW1142)的㉑、㉒脚无输出。将 U700(NJW1142)换新后，故障排除。

小结：图 1-29 中，U700(NJW1142)是一种具有 I^2C 总线控制、多路音频信号输入及模拟立体声和环绕声处理功能的音频前置处理器。在有图像、无伴音时，应特别注意检查 U700，必要时将其换新。

14. 长虹 PT32600 自动由 TV 状态转换为 AV 状态,或突然声音增大

检查与分析:根据故障现象和检修经验,检修时首先检查键扫描信号输入电路,其电路原理如图 1-30 所示。

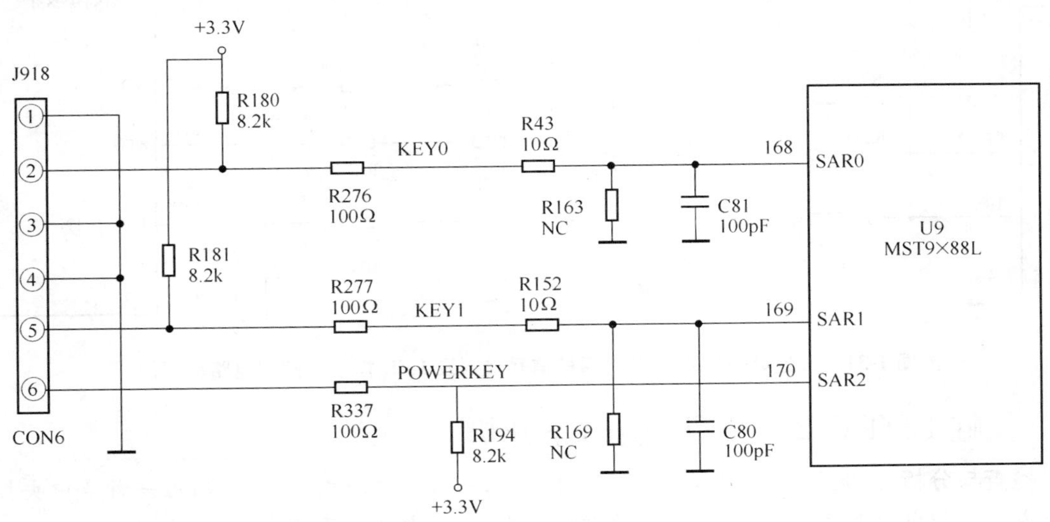

图 1-30　长虹 PT32600 机型中键扫描信号输入电路原理图

图 1-30 中,U9(MST9X88L)的⑯⑧、⑯⑨脚分别用于 KEY0 和 KEY1 键扫描信号输入,其外接电路通过 J918(CON6)与本机键盘相接,检修时首先注意检查 U9 的⑯⑧、⑯⑨脚与 J918(CON6)之间的阻容元件是否正常,是否有焊接不良、脱焊、虚连等现象,此时 U9 的内部电路是正常的。

经检查,没发现异常元件,将本机键盘中的微型触发开关全部换新,故障彻底排除。

小结:键扫描电路故障时,往往会出现一些不固定的故障现象,检修时常易误认为中央控制器不良,此时,只要断开本机键盘的连接插头,即可准触判断故障原因。在断开键盘插头后,若故障消失,则是键盘中的触发开关粘连,此时应将触发开关全部换新;若断开键盘插头后,故障依旧,则应检查 U9(MST9X88L)的⑯⑧～⑰⓪脚的外接元件,一般是外接元件有漏电、变值等现象,必要时可将阻容元件换新。

15. 长虹 PT32600 遥控功能失效,不开机

检查与分析:遥控功能失效,不开机,一般有两种情况:一种是遥控器不良或损坏;另一种是遥控信号输入电路有故障。检修时首先操作本机键盘按钮,若仍不能开机,则应进一步检查中央控制器电路;若能开机,则说明遥控器或遥控信号输入电路有故障。

经检查,发现 U9(MSTX88L)的⑰⑨脚外接遥控信号输入滤波电容漏电,其电路原理如图 1-31 所示。用 100pF 瓷片电容代换后,故障排除。

小结:在遥控功能失效时,可用数码相机观看遥控发射管是否有光亮发出,若无光亮,则可准确判断遥控器损坏;若有光亮,则是遥控信号输入电路故障。

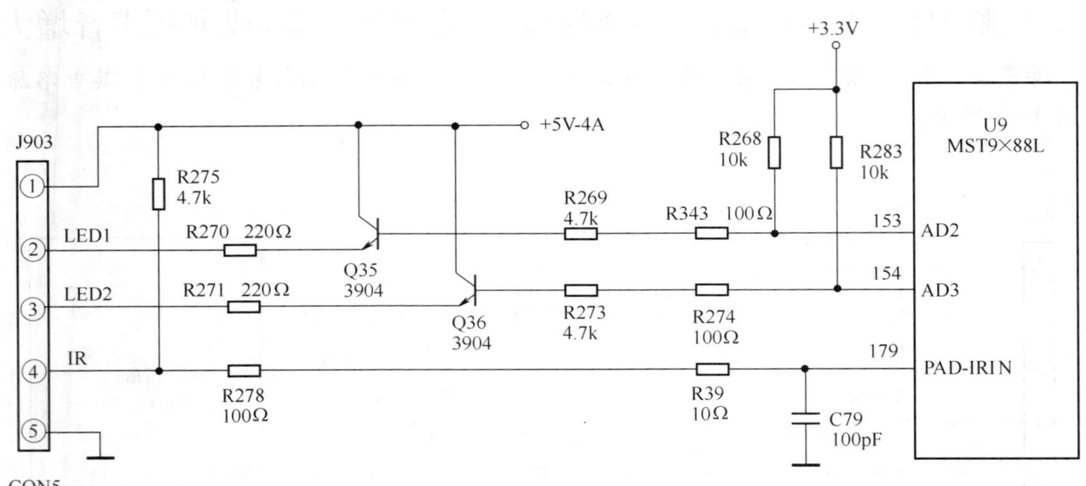

图 1-31 长虹 PT32600 机型中遥控信号输入及 LED 指示灯控制电路原理图

16. 长虹 LDTV42876F 无光栅，不开机

检查与分析：无光栅，不开机，一般有两种原因，一种是电源电路有故障；另一种是中央控制系统或其受控电路异常，检修时应首先注意检查+3.3V 电压是否正常。

经检查，发现 N39(MST6M68FQ)的⑬⑨脚外接复位电路中的 Q23(3906)呈软击穿损坏，其电路原理如图 1-32 所示。将 Q23 换新后，故障排除。

小结：图 1-32 中，Q23 与 C320、C331 等组成复位电路，为 N39(MST6M68FQ)的⑬⑨脚提供复位电压。N39(MST6M68FQ)为主芯片电路，内含中央控制系统。当 Q23 等组成的复位电路故障时，中央控制系统不工作，从而导致无光栅，不开机故障。

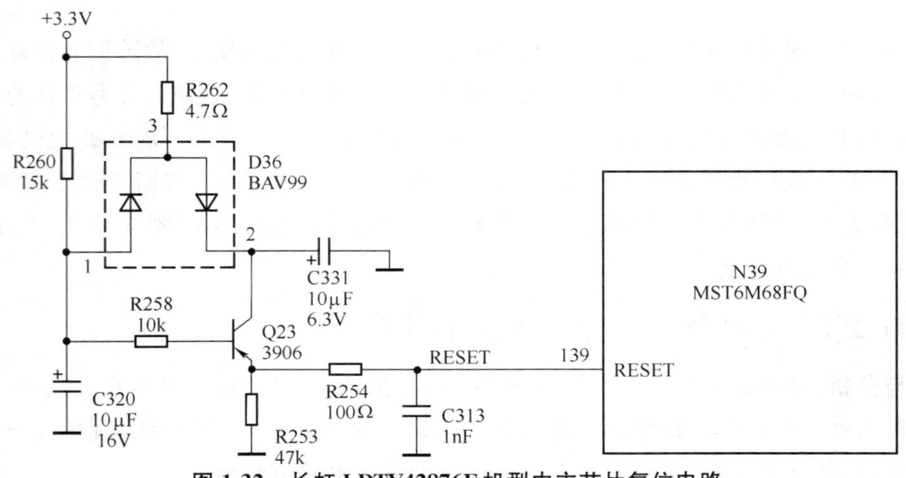

图 1-32 长虹 LDTV42876F 机型中主芯片复位电路

17. 长虹 LDTV42876F 无 AV 视频输出，但 AV 音频输出正常

检查与分析：无 AV 视频输出，但 AV 音频输出正常，说明主机心电路正常工作，故障主要在 AV 视频输出电路，其电路原理如图 1-33 所示。

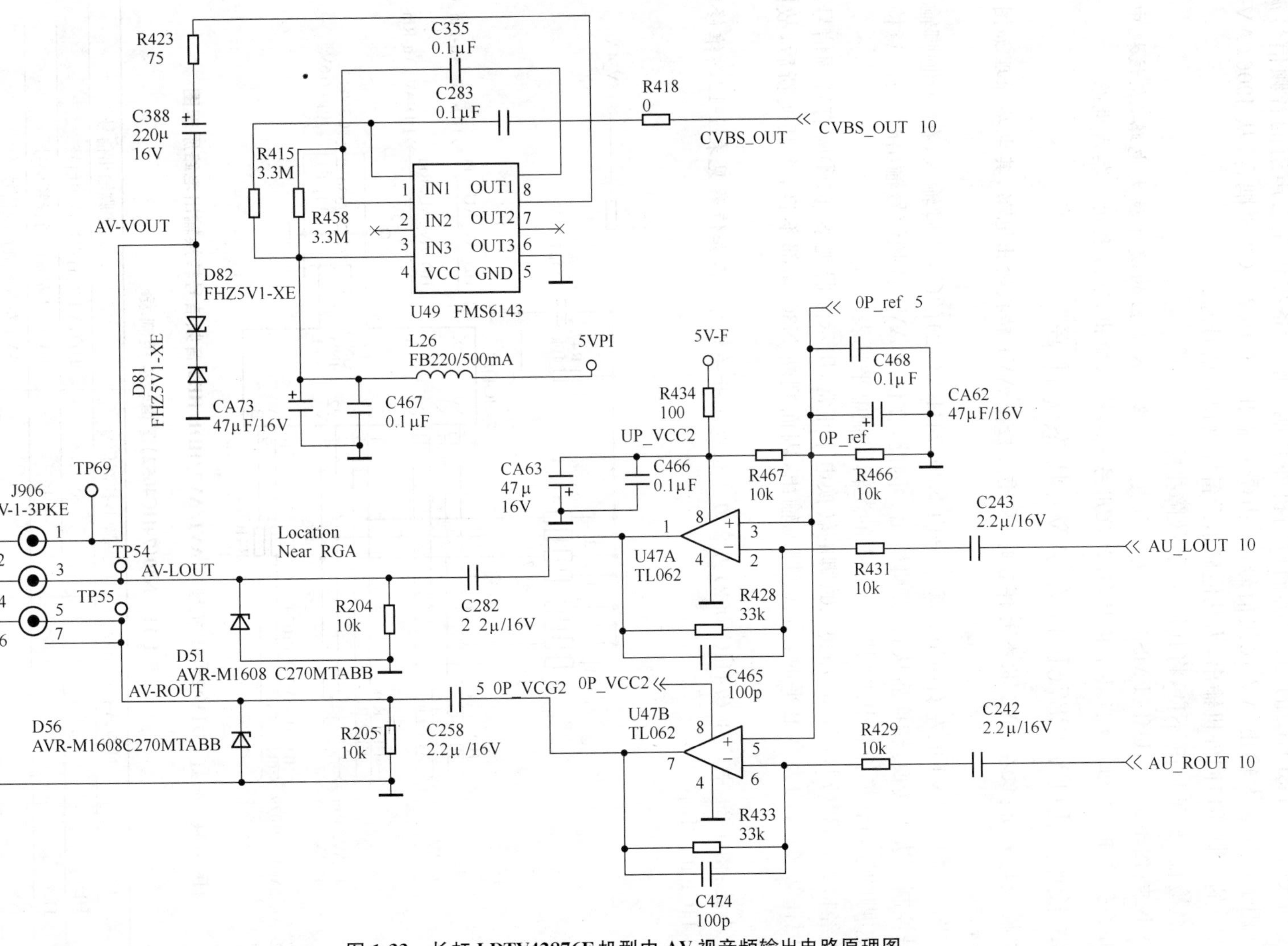

图 1-33　长虹 LDTV42876F 机型中 AV 视音频输出电路原理图

图 1-33 中，U47A、U47B 分别用于缓冲放大 AV 左右音频信号，并通过 C282、C258 耦合输出，经 J906(AV-1-3PKE)的③、⑤脚插口向机外其他音响设备提供左右声道的音频信号源；U49 用于选择放大输出 AV 视频信号，并由⑦脚输出，经 R423、C388 耦合，从 J906(AV-1-3PKE)的①脚插口向外机输出，为其他显示设备提供视频信号源。

经检查，发现 U49 不良，将其换新后，故障排除。

小结：图 1-33 中，U49(FMS6143)是一种具有 3 路输入输出的缓冲放大电路，在该机中只使用了一路输入输出，故当其不良时，可试改用另一路输入输出，继续利用该集成电路。

18. 长虹 LDTV42876F 仅在 AV1 状态无伴音

检查与分析：仅在 AV1 状态无伴音时，应重点检查 AV1 转换输出电路，其电路原理如图 1-34 所示。

图 1-34 中，AV1 的左右声道音频信号由 N30(74HC4052)的⑪、④脚输入，在⑨、⑩脚输入信号控制下进行转换，转换后从⑬、③脚输出。因此，在仅无 AV1 音频信号输出时，可注意检查⑨、⑩脚的逻辑转换控制电平，其正常状态的逻辑控制电平见表 1-11。

经检查，N30(74HC4052)的⑨、⑩脚的转换电平正常，用示波器观察⑪、④脚有音频信号波形，但在⑨、⑩脚均为高电平时，⑬、③脚无输出，因而判断 N30 局部不良，将其换新后，故障排除。

小结：图 1-34 中，N30(74HC4052)为 2 刀 4 位电子开关电路，其真值表见表 1-12。维修时可用 HCF4052B 代换。

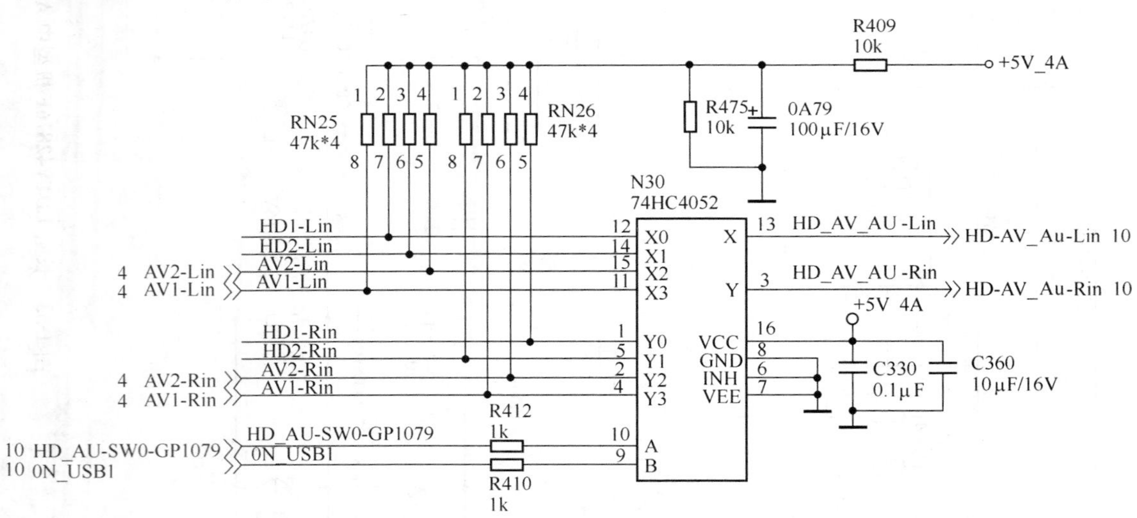

图 1-34 长虹 LDTV42876F 机型中 AV1/AV2/HD1/HD2 音频信号转换输出电路原理图

表 1-11 N30(74HC4052)逻辑转换控制表

输入信号	⑩脚 A 控制信号	⑨脚 B 控制信号	⑬、③脚输出信号
HD1	0	0	HDTV1 左右声道音频信号
HD2	0	1	HDTV2 左右声道音频信号
AV1	1	1	AV1 左右声道音频信号
AV2	1	0	AV2 左右声道音频信号

注：表中"1"为高电平，"0"为低电平。

表 1-12　N30(74HC4052)真值表

INH(⑥脚)	B(⑨脚)	A(⑩脚)	Y(③脚输出)	X(⑬脚输出)
0	0	0	Y0(①脚信号)	X0(⑫脚信号)
0	0	1	Y1(⑤脚信号)	X1(⑭脚信号)
0	1	0	Y2(②脚信号)	X2(⑮脚信号)
0	1	1	Y3(④脚信号)	X3(⑪脚信号)
1	×	×	无输出	无输出

19. 长虹 LT26810U 不开机,但指示灯亮

检查与分析:根据检修经验,不开机,但指示灯亮,一般是控制电路有故障,而开关电源基本正常,检修时可首先从检查 DC-DC 转换电路入手,并重点检查 3.3V 电源电压。

经检查,发现 U7(NCP5662)的④脚无输出,正常时应有 3.3V 电压,再查 U7 的②脚有 5V 电压,检查外围元件均正常,其电路原理如图 1-35 所示。试将 U7(NCP5662)换新后,故障排除。

小结:在该机中,DC-DC 转换电压,主要由 U_3、U_{11}、U_7、U_8 等完成,其中有一只电路异常或无输出,均会引起不开机故障,检修时应逐一检查,必要时将其直接换新。

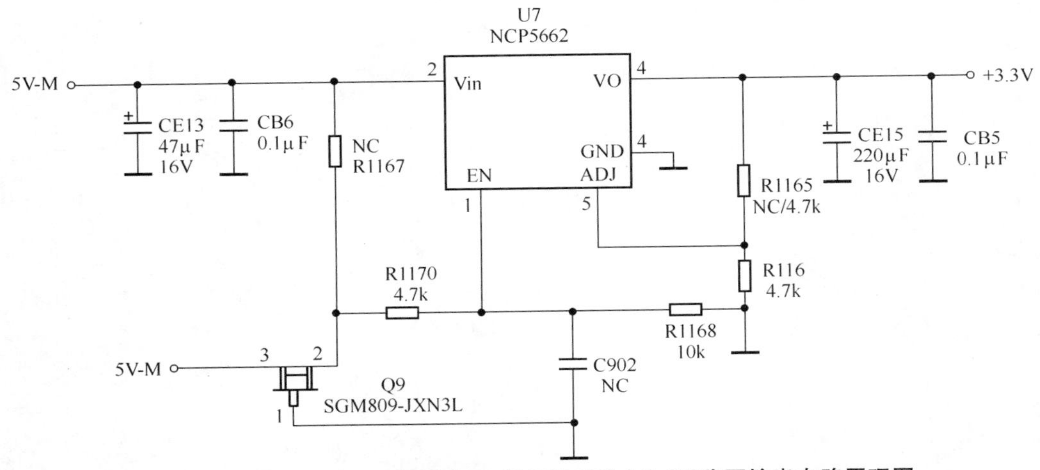

图 1-35　长虹 LT26810U 机型中 U7(NCP5662)+3.3V 稳压输出电路原理图

20. 长虹 LT26810U 图像正常,无伴音

检查与分析:图像正常,无伴音,应重点检查伴音输出电路,检查 U101(R2A15112FP)伴音功放集成电路及其外围元件均正常,再进一步检查 U38(CS4334)的①～④脚有正常的数字音频信号,但⑧、⑤脚无模拟音频信号输出,其电路原理如图 1-36 所示。因而判断 U38 不良或损坏。将其直接换新后,故障排除。

小结:图 1-36 中,U38(CS4334)主要用于将 U34(MT8222)㊼～㊿脚输出的数字音频信号转换成模拟音频信号,并由⑤、⑧脚输出。因此,当 U38 不良或损坏时会引起伴音失真、无伴音等故障。

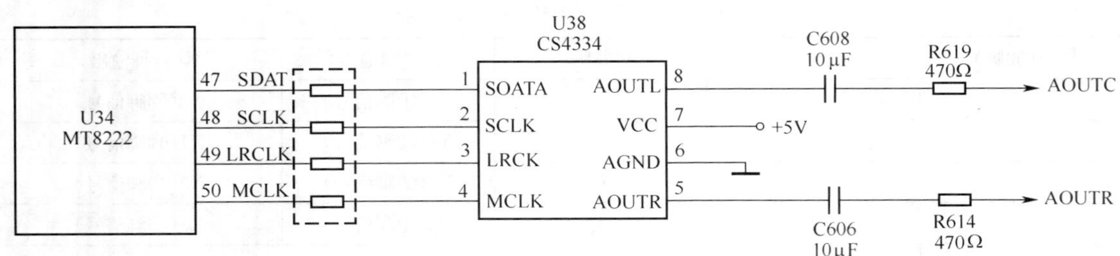

图 1-36 长虹 LT26810U 机型中数字音频模拟转换电路原理图

第 2 章　康佳数字平板电视机维修笔记

康佳数字平板电视机，是我国平板电视机市场中的主流品牌之一，其系列产品较多，型号也比较纷繁，如 DS 系列有康佳 LC-1520T、康佳 LC-TM2008、康佳 LC-TM3719、康佳 LC-TM2018S、康佳 LC37BT20、康佳 LC-TM4211、康佳 LC-TM3216、康佳 LC-TM2718、康佳 LC-TM1708P、康佳 PDP4618、康佳 PDP4218、康佳 PDP4217G、康佳 LC-TM3008、康佳 LC-1700T、康佳 LC32DS60C 等；AS 系列有康佳 LC26BT11、康佳 LC26AS12 等；此外，还有康佳 LC32ES62、康佳 LC47DT08AC 等。因此，了解和掌握康佳数字平板电视机的机心结构和检修技术，对维修众多品牌型号的数字平板电视机有着十分重要的指导意义。本章将依据维修笔记介绍一些康佳数字平板电视机的检修实例，以供维修者参考。

1. 康佳 LC-1520T 在 TV 状态无图像

检查与分析：在 TV 状态无图像，一般是 TV 视频信号输出电路故障，但在该机中，TV 视频信号由高频头直接输出，其电路原理如图 2-1 所示。

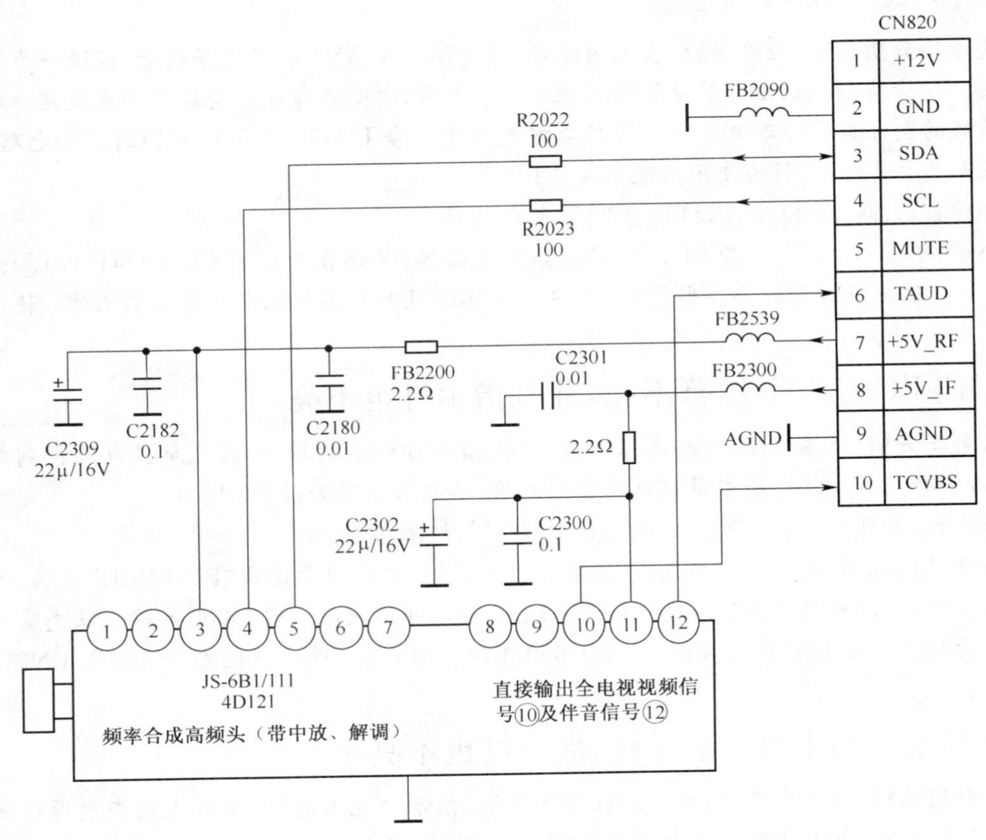

图 2-1　康佳 LC-1520T 机型中高频头引脚电路原理图

图 2-1 中，JS-6B1/111(4D121)为高中频二合一调谐器，在 I^2C 总线控制下由⑩脚输出全电视视频信号，并通过 CN820 插口的⑩脚送入多制式视频解码器。因此，检修时首先用示波器直接观察 JS-6B1/111(4D121)的⑩脚和 CN820 的⑩脚是否有全电视视频信号波形。经检查，发现 CN820⑩脚有正常的全电视视频信号波形，说明故障原因在多制式视频解码电路。

在该机中，多制式视频解码电路主要由 U800(SAA7114H)及一些外围分立元件等组成，其电路原理如图 2-2 所示。其中，U800(SAA7114H)是解码器的核心器件，它主要是将 TV、AV、S 端子等多路视频模拟信号转换为统一的 8bit 数字信号，并从㉜～㊾脚、㊼～㊹脚输出，直接送入 U400(gm5010)集成电路做进一步图像数字处理。因此，当 U800(SAA7114H)内电路局部不良时，会形成无图像故障。在 TV 状态无图像时，可转换输入 AV1 视频信号，看是否无图像，以判断 U800 是否正常。经检验，在输入 AV1 信号时，屏幕上有图像出现，说明仅是 TV 视频信号输入电路故障，这时，可重点检查 CN820⑩脚至 U800(SAA7114H)⑩脚之间的电路元件。

进一步检查，发现 R819 输入端有信号波形，而 R819 输出端无信号波形，焊下 R819 进行测量，发现阻值已无穷大，用 18Ω 电阻更换后，故障排除。

小结：图 2-2 中，R819(18Ω)为限流电阻，用于输出 TV 视频信号，并同时具有过电流保护作用。因此，当 R819 断路时，还应进一步检查 D800(BAT54/S)钳位电路。

2. 康佳 LC-1520T 无图像

检查与分析：根据检修经验，在无图像时，可转换输入 AV1 和 S 端子信号，以进一步判断故障原因。经检验，在 AV1 和 S 端子输入状态均无图像，说明故障原因是在多制式视频解码电路或是后级的图像数字处理电路。检修时应首先注意检查 U800(SAA7114H)的引脚电路，其电路原理如图 2-2 所示，引脚使用功能见表 2-1。

经检查，发现 X800 不良，将其更新后，故障排除。

小结：图 2-2 中，X800 为 24.576MHz 晶体振荡器，并接在 U800(SAA7114H)的⑥、⑦脚，为 U800 提供基准时钟频率。当 X800 不良或损坏时，U800 不能正常工作或不工作。检修时应特别注意。

3. 康佳 LC-1520T 屏幕不亮，开机指示灯也不亮

检查与分析：根据检修经验，屏幕不亮，开机指示灯也不亮时，一般是屏显电源控制电路有故障，检修时应首先注意检查屏显电源控制电路，其电路原理如图 2-3 所示。

经检查，发现 U600(9435A)不良，将其换新后，故障排除。

小结：图 2-3 中，U600(9435A)内含场效应开关管，主要用于输出“PPOWER”电压，为显示屏电路供电；同时也用于点亮发光二极管 LED2，指示开机状态。因 U600 的输出状态受微控制器输出的“PANEL-EN”信号控制，故当 U600 无输出时，还应进一步检查“PANEL-EN”信号是否正常。

4. 康佳 LC-TM2008 不开机，指示灯也不亮

检查与分析：根据检修经验，在该机不能开机，指示灯也不亮时，应首先检查电源适配器是否正常。经检查，电源适配器正常输出 12V 直流电压，说明故障原因在直流电压变换电路，其电路原理如图 2-4 和图 2-5 所示。检修时应首先检查开关降压稳压电路。

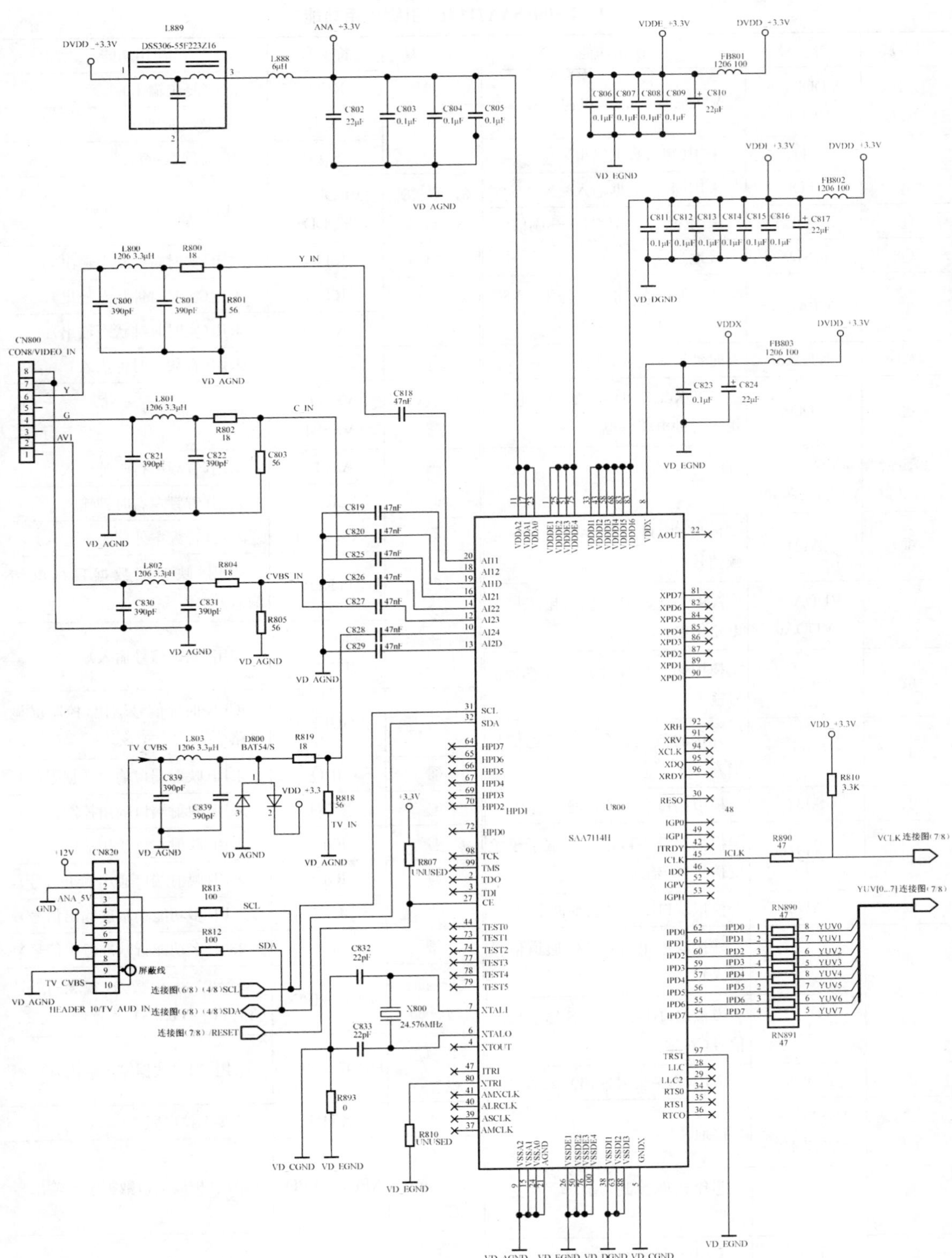

图 2-2　康佳 LC-1520T 机型中多制式视频解码器电路原理图

表 2-1 U800(SAA7114H)引脚使用功能

引 脚	符 号	使用功能
①、㉕、(51)、(75)	VDDE1～VDDE4	VDDE－＋3.3V 电源
②	TD0	未用(测试数据输出)
③	TDI	未用(测试数据输入)
④	XTOUT	未用(晶振输出信号——副信号)
⑤	GNDX	接地
⑥	XTALO	时钟振荡输出，外接 X800(24.576MHz)晶体振荡器
⑦	XTALI	时钟振荡输入，外接 X800
⑧	VDDX	VDDX(DVDD _＋3.3V)电源，用于时钟电路供电
⑨、⑮、㉔、㉑	VSSA2～VSSA0、AGND	接地
⑩	AI24	模拟端 D2-4，用于输入 TV 视频信号
⑪、⑰、㉓	VDDA2～VDDA0	ANA _＋3.3V 电源，用于模拟电路供电
⑫	AI23	模拟端口 2-3，用于 AV_1 视频信号输入
⑬	AI2D	外接滤波电容(ADC 通道信号输入)
⑭	AI22	模拟端口 2-2，外接滤波电容
⑯	AI21	模拟端口 2-1，用于 S 端子子色度信号(C)输入
⑱	AI12	模拟端口 1-2，外接滤波电容
⑲	AI1D	外接滤波电容(ADC 通道信号输入)
⑳	AI11	模拟端口 1-1，用于 S 端子亮度信号(Y)输入
㉒	AOUT	未用(模拟信号输出)
㉖、㊿、(76)、(100)	VSSDE1～VSSDE4	接地
㉗	CE	芯片允许控制，用于输入复位信号
㉘	LLC	未用(行锁系统时钟输出)
㉙	LLC2	未用(行锁时钟输出)
㉚	RES0	未用(复位输出)
㉛	SCL	I^2C 总线时钟线
㉜	SDA	I^2C 总线数据线
㉝、㊸、(58)、(68)、(83)、(93)	VDDD1～VDDD6	VDD1－＋3.3V 电源
㉞	RTS0	未用(实时时钟状态输出)
㉟	RTS1	未用(实时时钟状态输出)
㊱	RTC0	未用(实时时钟状态输出)
㊲	AMCLK	未用(音频主时钟输入)
㊳、(63)、(88)	VSSDI1～VSSDI3	接地
㊴	ASCLK	未用(音频串行时钟输入)
㊵	ALRCLK	未用(音频左右时钟输入)
㊶	AMXCLK	未用(音频主外部时钟输入)
㊷	ITRDY	未用(映射端数据目标就绪输入)
㊹、(73)、(74)、(77)～(79)	TEST0～TEST5	未用(测试信号输入)
㊺	ICLK	ICLK 时钟信号输出，控制屏显电路
㊻	IDQ	未用(映射端口输出数据限制)
㊼	ITR1	未用(映射端口输出控制信号)
㊽	IGP0	未用(映射端口通用输出信号)
㊾	IGP1	未用(映射端口通用输出信号)
(52)	IGPV	未用(多功能场基准输出信号)
(53)	IGPH	未用(多功能行基准输出信号)
(54)～(57)、(59)～(62)	IPD7～IPD0	输出 8bit 数字视频信号(YUV0～YUV7)
(64)～(67)、(69)～(72)	HPD7～HPD0	未用(端口数据输入输出)
(80)	XTR1	外接下拉电阻
(81)、(82)、(84)～(87)、(89)、(90)	XPD7～XPD0	未用(扩展端口数据输入输出)
(91)	XRV	未用(扩展端口场基准信号输入输出)

续表 2-1

引　脚	符　号	使用功能	引　脚	符　号	使用功能
⑨②	XRH	未用(扩展端口行基准信号输入输出)	⑨⑥	XRDY	未用(扩展端口标志或就绪信号)
			⑨⑦	TRST	接地(测试复位输入)
⑨④	XCLK	未用(扩展端口时钟输入/输出)	⑨⑧	TCK	未用(测试时钟输入)
⑨⑤	XDQ	未用(扩展端口数据限制)	⑨⑨	TMS	未用(测试模式选择输入)

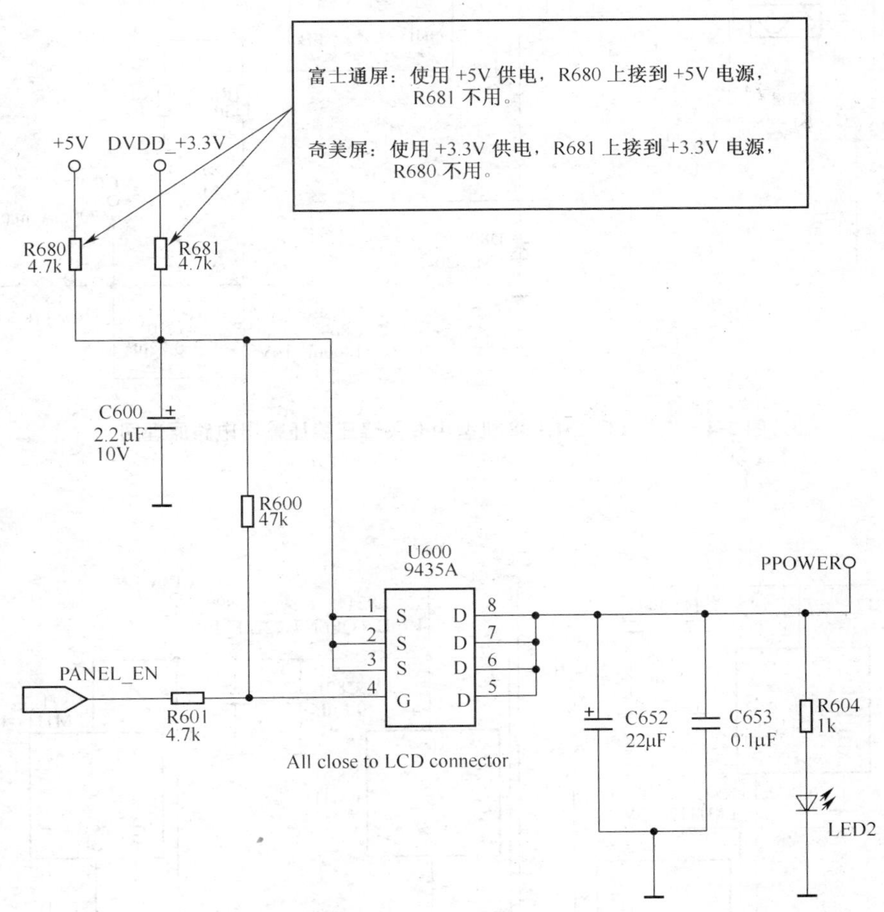

图 2-3　康佳 LC-1520T 机型中屏显电源控制电路原理图

图 2-4 中，N815(MP1410ES)为开关式降压稳压器，其引脚功能见表 2-2。经检查，发现 N815 的③脚无输出，但②脚 12V 电压正常，再查外围元件未见异常，说明 N815 内电路损坏，将其换新后，故障排除。

小结：图 2-4 中，N815(MP1410ES)内部电源开关管为 MOSFET，其导通电阻仅有 0.18Ω，故其输出电流较大，一般可高达 2A，因此其故障率较高，检修时应特别注意。

另外，在不开机、指示灯也不亮的故障检修中，若 N815(MP1410ES)的③脚输出 5V 电压正常，则应进一步检查+3.3V、+1.8V 电压，其中有一组电压输出异常或无输出都会引起不开机故障。通常是 3.3V 稳压器或 1.8V 稳压器不良，必要时应将其换新，如图 2-5 所示。

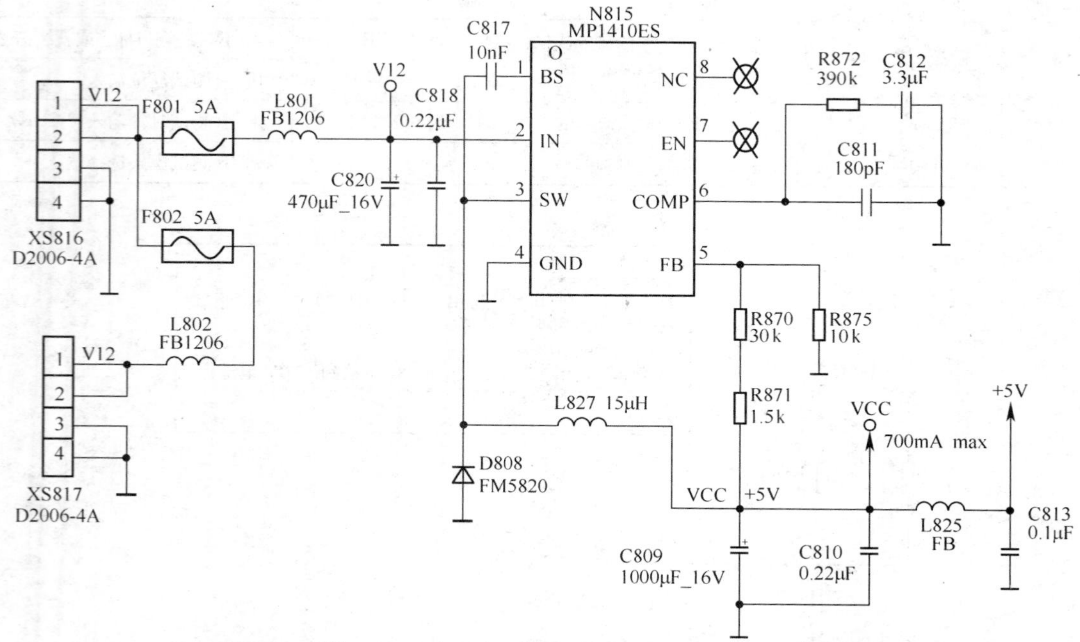

图 2-4 康佳 LC-TM2008 机型中开关降压稳压输出电路原理图

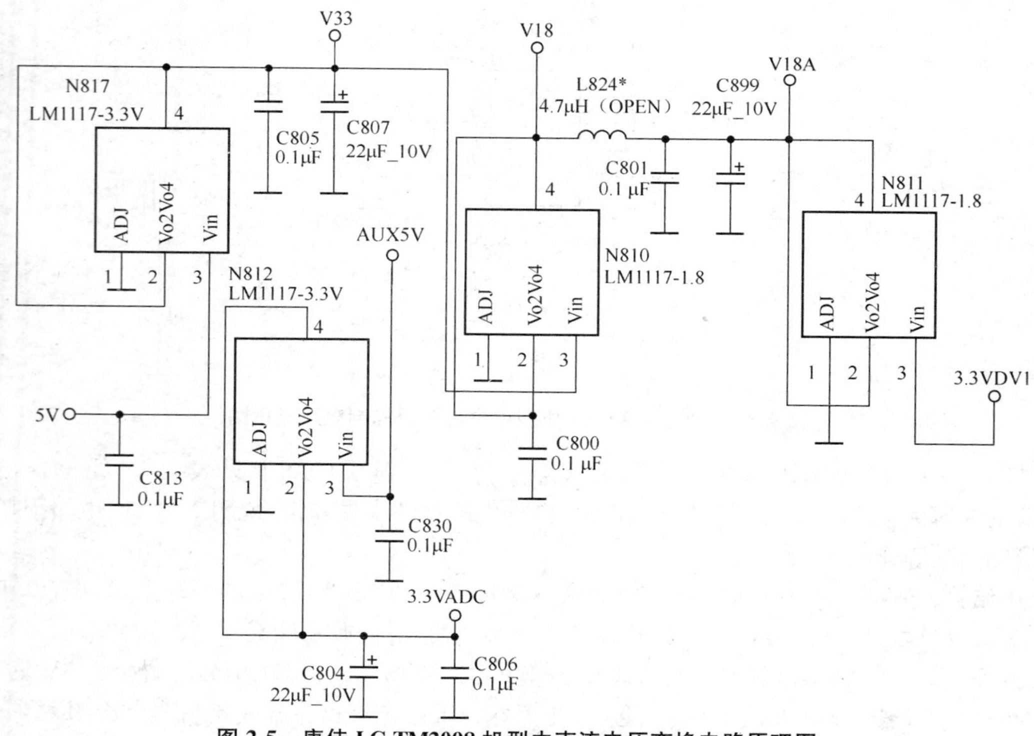

图 2-5 康佳 LC-TM2008 机型中直流电压变换电路原理图

表 2-2　N815(MP1410ES)引脚使用功能

引　脚	符　号	使用功能
①	BS	外接10nF电容,用于IC内部场效应管栅极驱动提升
②	IN	12V直流电压输入
③	SW	开关电源输出(+5V)
④	GND	接地
⑤	FB	反馈电压输入(阈值为1.2V)
⑥	COMP	稳压补偿,外接双时间常数滤波电路
⑦	EN	输入使能,空置未用
⑧	NC	空脚

5. 康佳LC-TM2008有时花屏,有时黑光栅

检查与分析:花屏即马赛克现象,一般是数字解码、格式变换或程序存储器等有故障;黑火栅是没有视频信号送入屏显电路所导致的,因此,检修时应首先注意检查数字视频信号处理电路。

在该机中,数字视频信号处理主要由N404(PW130)和N307(AM29LV800BT)完成。其引脚功能分别见表2-3和表2-4。检修时应重点检查N307(AM29LV800BT)及与N404(PW130)相关的部分电路,其电路原理如图2-6和图2-7所示。

经检查,未见有明显不良的元件,在更换N307(AM29LV800BT)后,故障彻底排除。

小结:图2-6中,N307(AM29LV800BT)是一种采用并行总线形式的FLash ROM存储器,不良或损坏时会引起花屏或黑光栅故障,检修时可将其直接换新。

表 2-3　N404(PW130数字视频处理器)引脚使用功能

引　脚	符　号	使用功能
①、③、⑳	DVDD11～DVDD13	PVDD(1.8V)电源,用于数字电路供电
②、④、⑲、㉑、㉕、㉗、㉚、㉛	DGND11～DGND13 PGND11～PGND13 ALGND11、ALGND12	接地
⑤	RTERM	外接下拉电阻
⑥、⑱	DVDD31 DVDD32	3.3V电源,用于数字电路供电
⑦	RX2P	数字端口,未用
⑧	RX2M	数字端口,未用
⑨、⑫、⑮、(69)、(84)、(105)、(123)、(134)、(172)、(187)、(76)、(96)、(136)、(147)、(174)、(185)、(166)、(168)	DGND31～DGND33 VSSQ31～VSSQ37 VSS11～VSS16 DPLLVSS1 MPLLVSS1	接地
⑩	RX1P	数字端口,未用
⑪	RX1M	数字端口,未用
⑬	RXOP	数字端口,未用
⑭	RXOM	数字端口,未用
⑯	RCP	数字端口,未用
⑰	RCM	数字端口,未用
㉓	FILTER	外接双时间常数波电路
㉜、㉝、㊱、㊴、㊶、㊻、㊽、(52)	AVDD31～AVDD38	3.3VADC(+3.3V)电源,用于模数转换电路供电
㉞、㉟、㊳、㊵、㊷、㊺、㊼、㊾、(51)	AGND31～AGND39	接地
㊲	RED	RAIN模拟红信号输入
㊸	GREEN	GAIN模拟绿信号输入
㊹	SOG	模拟绿色同步信号输入,用作识别信号
㊿	BLUE	BAIN模拟蓝信号输入
(53)	RXD	用于串行接口接收数据
(54)	TXD	用于串行接口发送数据

续表 2-3

引脚	符号	使用功能
55	VPEN	视频端口使能输入，高电平时输入像素数据有效
56～63	V656-7～V6560	用于 V656 格式 8bit 数字信号输入
64	VS	AVSYNC 模拟场同步信号输入
65	HS	AHSYNC 模拟行同步信号输入
66、67、70、71、73、74、77、78	DB7～DB0	用于输出 DBE0～DBE7 偶数位蓝色子像素数据，只限于双像素输出模式。在单像素输出模式下，输出蓝色子像素数据
72	VCLK	视频端口像素时钟输入
79～82、85～88	DG7～DG0	用于输出 DGE0～DGE7 偶数位绿色子像素数据，只限于双像素输出模式
89～94、97、98	DR7～DR0	用于输出 DRE0～DRE7 偶数位红色子像素数据，只限于双像素输出模式
99、100、108、109～113	DGB7～DGB0	用于输出 DBO0～DBO7 奇数位蓝色子像素数据，只限于双像素输出模式，单像素输出模式下不工作
114～121	DGG7～DGG0	用于输出 DGO0～DGO7 奇数位绿色子像素数据，只限于双像素输出模式，单像素输出模式下不工作
124～131	DGR7～DGR0	用于输出 DRO0～DRO7 奇数位红色子像素数据，只限于双像素输出模式，单像素输出模式下不工作
101	DVS	显示场同步输出
102	DHS	显示行同步输出
103	DEN	显示像素使能控制
106	DCLK	显示像素时钟输出
107	DCLKNEG	显示像素时钟使能控制
132	RESETB	总复位，输入高电平初始化所有内部逻辑电路
137	TESTEN	测试使能控制
138	TD0	测试端口数据输出
139	TD1	测试端口数据输入
140	TMS	用于测试模式选择
141	TCK	测试数据时钟
142	TRST	测试复位
143～145、148～160	D15～D13、D12～D0	用于 16bit 数据总线，输入输出 D0～D15 数字信号，主要与 N307（AM29LV800BT）联系
161～164 175～183 188～193	A19～A16 A15～A7 A6～A1	19 位地址总线输出，用于控制 N307（AM29LV800BT）程序存储器
194	NM1	用于发出不可屏蔽中断信号（高电平输入时有效）
169、170	X1、X0	用于时钟振荡输入、输出，外接 Z402(14.31818MHz)晶体振荡器
196	RD	RDn 用于读使能控制，低电平时从 ROM 读入数据
195	WR	用于写使能控制
197	ROMOE	ROMOEn 用于 ROM 输出使能控制
198	ROMWE	ROMWEn 用于 ROM 写入使能控制
199	CS0	综合芯片选择 0
200	CS1	综合芯片选择 1
201	PORTA7	通用 I/O 端口 7，输出 PWM 调宽脉冲信号，用于液晶屏亮度控制

续表 2-3

引　脚	符　号	使用功能	引　脚	符　号	使用功能
202	PORTA6	通用 I/O 端口 6,用于 LED2 开机指示灯控制	205	PORTA3	用于 BKLON 控制(背光灯开关控制)
203	PORTA5	用于 IRRCVR 红外接收器输入	206	PORTA2	用于 LCDON 控制(显示屏供电控制)
204	PORTA4	用于 LED1 待机指示灯控制	207	PORTA1	用于 SCL 时钟线
			208	PORTA0	用于 SOA 数据线

表 2-4　N307(AM29LV800BT 程序存储器)引脚使用功能

引　脚	符　号	使用功能	引　脚	符　号	使用功能
①～⑧、⑱～㉕、⑯、⑰、㊽	A15～A8、A7～A0、A18～A17	用于 19 位地址总线输入,与 N404(PW130)的161～164、175～183、188～193脚直通	㉗	GND2	接地
⑪	WE	ROMWEn 信号输入,用于写允许控制	㉙、㉛、㉝、㉟、㊳、㊵、㊷、㊹、㉚、㉜、㉞、㊱、㊴、㊶、㊸、㊺	D1～D16	用于 16bit 数据总线输入输出,与 N404(PW130)的160～148、145～143脚直通
⑫	RP	RESETn 信号输入,用于复位控制			
⑬、㊲	VPP、VCC	+33V 电源			
⑭	WP	页写功能,但外接偏置电阻	㊻	GND1	接地
㉖	CE	FCEn 信号输入,用于片选控制	㊼	BYTE	接入 3.3V 电源

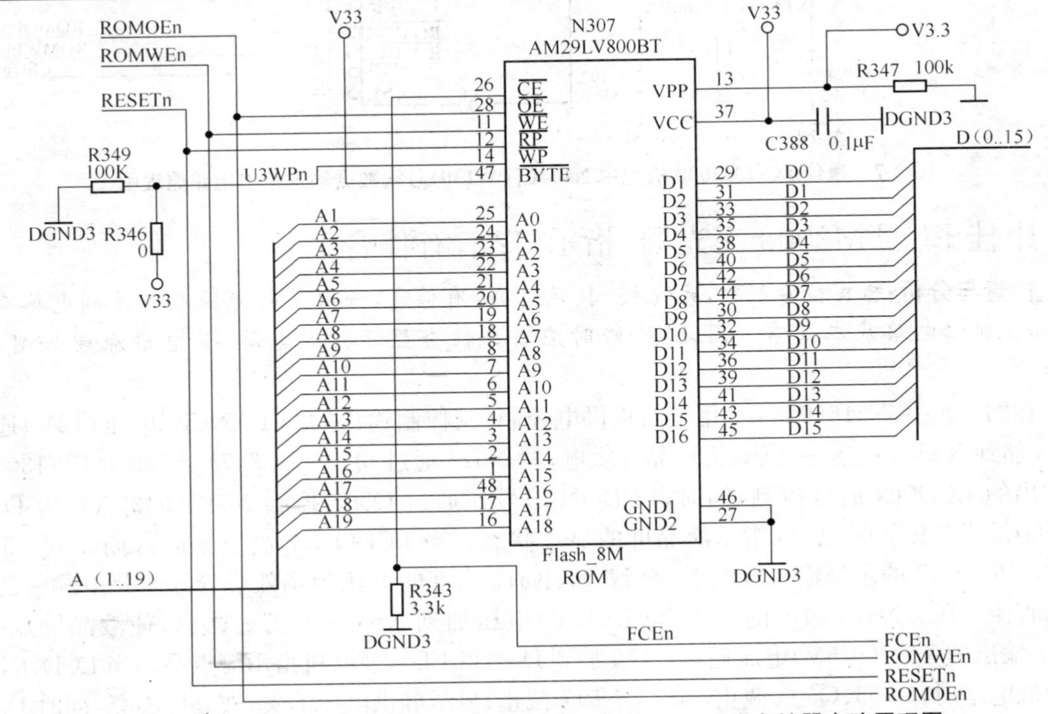

图 2-6　康佳 LC-TM2008 机型中 N307(AM29LV800BT)程序存储器电路原理图

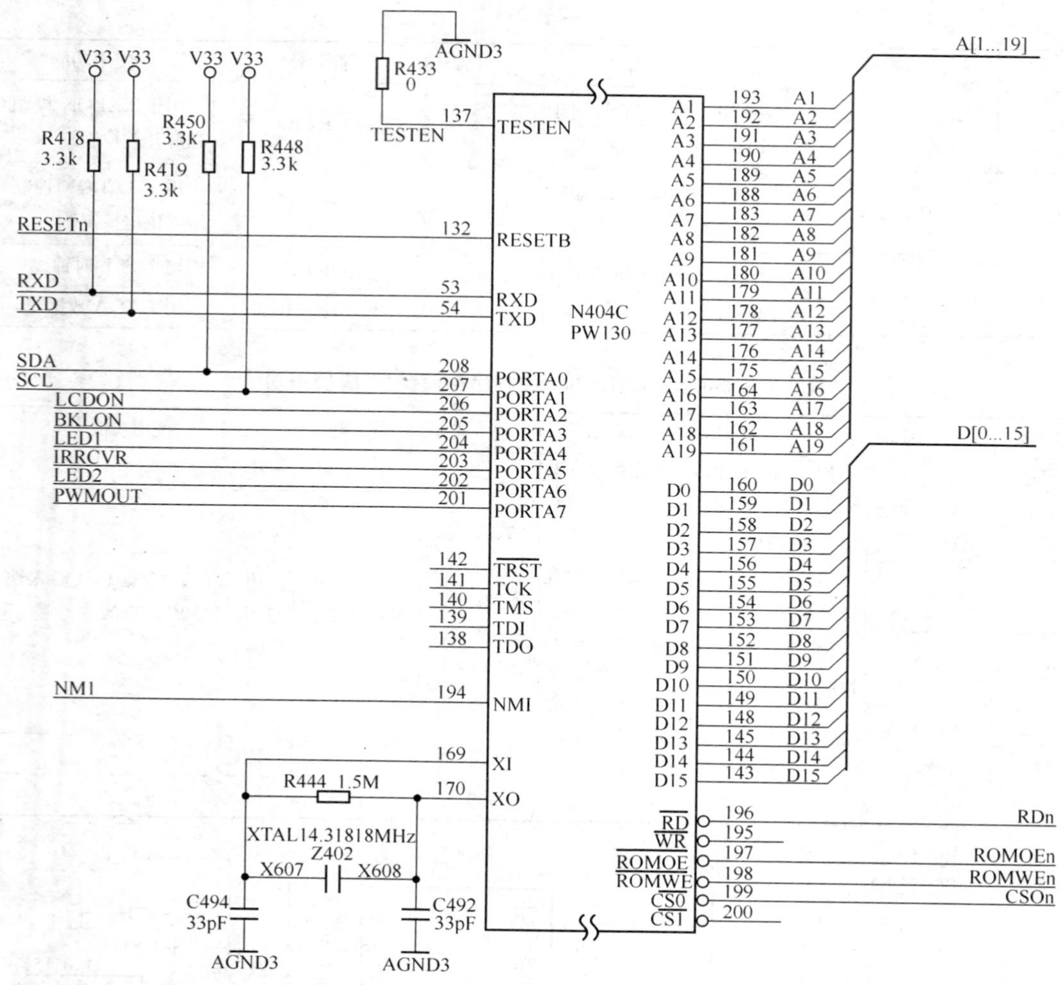

图 2-7　康佳 LC-TM2008 机型中 N404C(PW130)总线数据输入输出电路原理图

6. 康佳 LC-TM2008 无光栅，指示灯亮，有伴音

检查与分析：根据检修经验，无光栅，指示灯亮，有伴音，一般是背光源及其控制电路有故障，而主机心电路基本正常。因此，检修时应首先检查显示控制电路，其电路原理如图 2-8 所示。

在图 2-8 中，N516(9435A)用于面板供电控制，其控制输出的“VPANEL”电压(12V)通过 L503 加到 XS504 的①～④脚，为液晶屏供电，但 N516 通过 Q503(BC847)受 N404(PW130)㉖脚输出的 LCDON 信号控制，同时，LCDON 信号还通过 Q505 控制 N517(9435A)，为 D507(LED)发光二极管供电，以指示液晶屏的显示状态。当 LCDON 为高电平时，Q503、Q505 导通，N516、N517 的④脚输入低电平，使 N516、N517 内部的 P 沟道场效应管导通并由⑤～⑧脚输出直流电压。N516 输出的 VPANEL(12V)电压加到 XS504 的①～④脚，使液晶屏点亮；N517 输出的 VCC(＋5V)电压通过 R575 加到 D507(LED)，使开机指示灯点亮。当 LCDON 信号为低电平时，Q503、Q505 截止，N516、N517 截止，显示屏供电压消失，液晶屏不亮，同时 D507(LED)不亮。

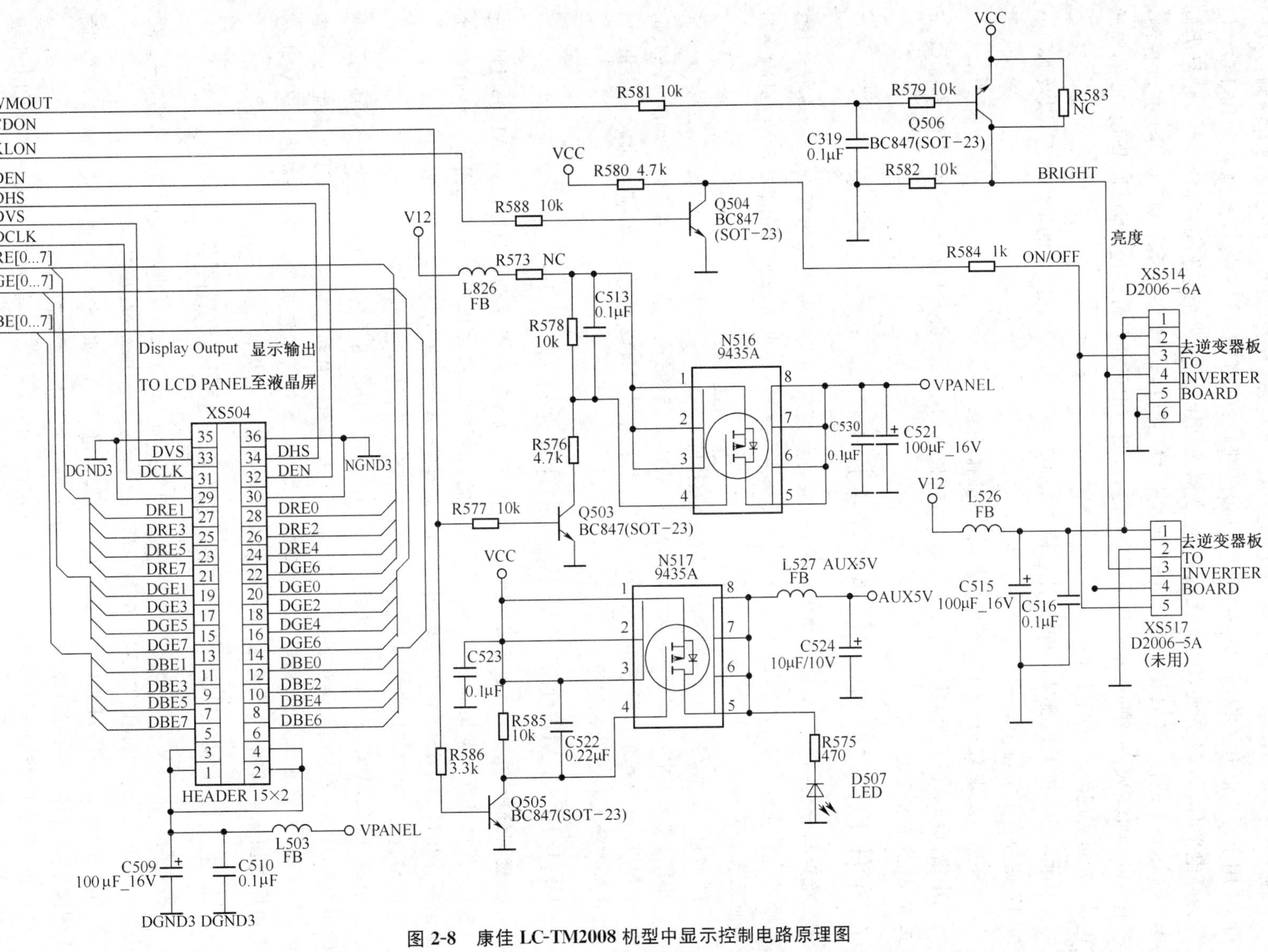

图 2-8　康佳 LC-TM2008 机型中显示控制电路原理图

图 2-8 中，Q504、Q506 用于控制逆变器电路，以实现背光灯开关和亮度调节控制。其中 Q504 用于背光灯开关控制，受 N404(PW130)㉀5脚输出的 BKLON 信号控制。当 BKLON 信号为高电平时，Q504 导通，R584 无输出，逆变器无高压输出，背光灯不亮；当 BKLON 信号为低电平时，Q504 截止，R584 输出 5V 电压，逆变器输出高压，背光灯点亮。Q506 用于亮度控制，受控于 N404(PW130)的⑳1脚输出的 PWM 信号，调节 PWM 脉冲宽度，即可调节 Q506 的导通电流，进而实现液晶屏的亮度控制。

因此，当该机无光栅时，应首先注意检查 Q503、Q505、Q504、Q506 的工作状态，以及 N516、N517 是否有正常输出。

经检查，发现 Q503 不良，将其换新后，故障排除。

小结：Q503 不良时，将始终处于导通状态，使 N516 无输出，但由于 LCDON 信号和 Q505 正常，故应有指示灯点亮。

7. 康佳 LC-TM3719 TV/AV 状态均无图像

检查与分析：TV/AV 状态均无图像，一般是视频解码或视频图像增强处理电路有故障。检修时应首先检查 N412(VPC3230D)视频解码集成电路，其电路原理如图 2-9 所示，引脚使用功能见表 2-5。

经检查，发现 Z403 不良，将其换新后，故障排除。

小结：图 2-9 中，发现 Z403 为 20.25MHz 晶体振荡器，连接在 N412(VPC3230D)的㊷、㊸脚，为 N412 提供基准时钟频率。当 Z403 不良或损坏时，N412 的㉛～㉞、㊲～㊵脚无输出，因此，在所有输入状态均无图像。

8. 康佳 LC-TM2018S TV 状态无图像无伴音

检查与分析：在康佳 LC-TM2018S 机型中，TV 全电视信号主要由 N401(TDA15063H1)进行处理，其电路原理如图 2-10 所示，其引脚功能见表 2-6。在该机 TV 状态无图像无伴音时，主要检查 N401(TDA15063H1)多种制式(图像及伴音)数字处理电路。

经检查，发现 N401 的⑱脚外接 C182 漏电，将其换新后，故障排除。

小结：图 2-10 中，N401 的⑱脚外接 0.01μF 电容 C182，用于射频 AGC 滤波。N401 的⑱脚输出射频 AGC 送入高频调谐器的 AGC 端子，实现高放级自动增益控制。当 C182 漏电或短路时，不仅无 AGC 电压输出，同时也会使高频放大级不工作或不能正常工作，进而造成 TV 状态无图像或图像不清晰，检修时应加以注意，必要时将其直接换新。

9. 康佳 LC-TM2018S TV 状态无图像，AV1 状态图像正常

检查与分析：TV 状态无图像，AV1 状态图像正常，一般是 TV 视频信号输入电路有故障。检修时应重点检查 N401(TDA15063H1)的⑩4、⑩5脚及其外接电路，如图 2-10 所示。

图 2-10 中，N401(TDA15063H1)的⑩4、⑩5脚外接 T101(M3953M)声表面波滤波器，主要输入图像中频信号。经检查，发现 R113(1.2kΩ)开路，将其换新后，故障排除。

小结：图 2-10 中，R113(1.2kΩ)主要为 T101 和 T102 的②脚提供偏置电压。当 R113 开路时，T101 和 T102 均无输出，因此，在 TV 状态将无图无声。

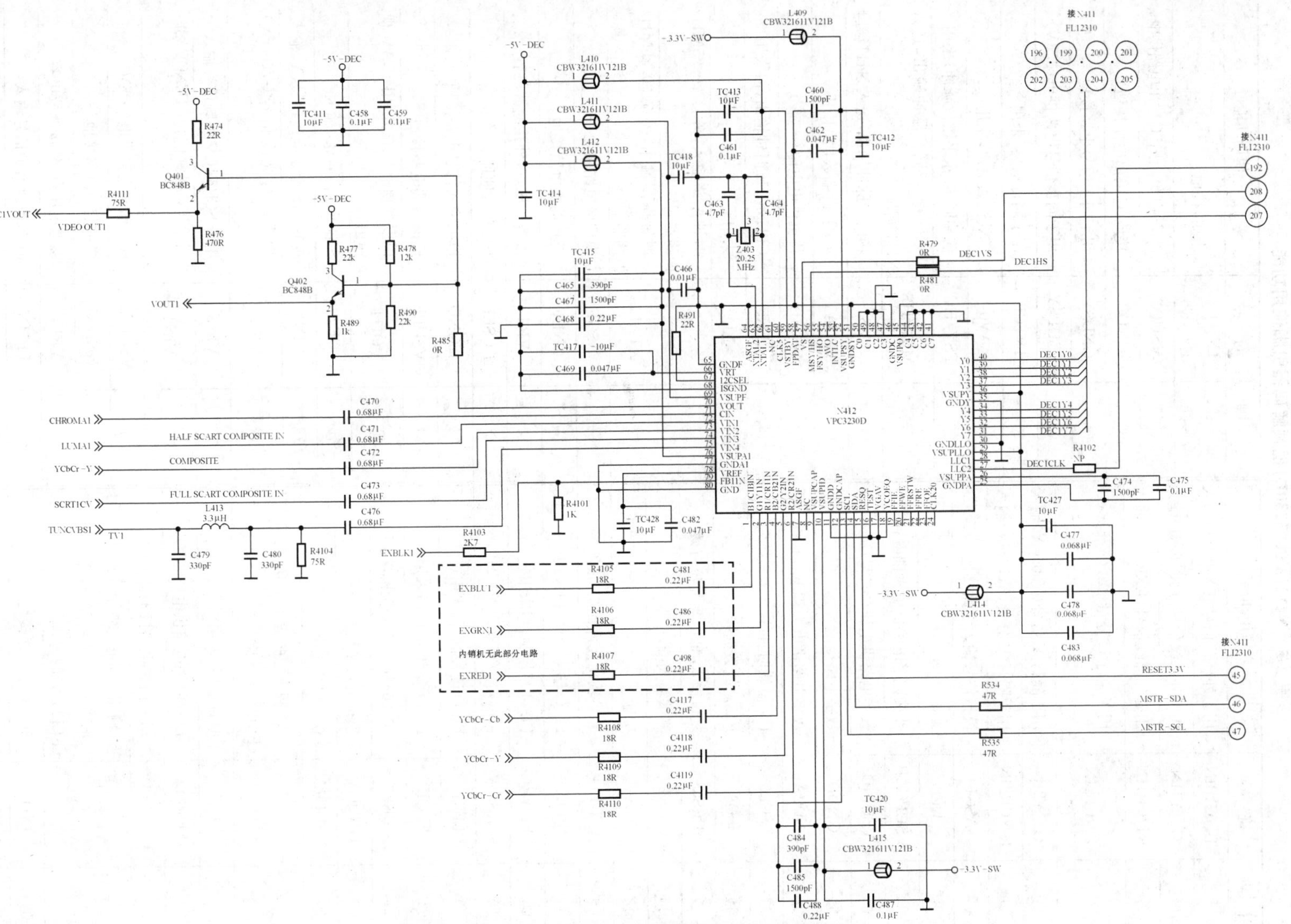

图 2-9　康佳 LC-TM3719 机型中视频解码器电路原理图

表 2-5 N412(VPC 3230D)视频解码器引脚使用功能

引脚	符号	使用功能
①	B1/C1BIN	用于外部蓝信号(EXBLU1)输入
②	G1/Y1IN	用于外部绿信号(EXGRN1)输入
③	R1/CR1IN	用于外部红信号(EXRED1)输入
④	B2/CB2IN	用于隔行 U 分量信号(Ycbcr-cb)输入
⑤	G2/Y2IN	用于隔行 Y 信号(Ycbcr-Y)输入
⑥	R2/CR2IN	用于隔行 V 分量(Ycbcr-cr)输入
⑦	ASGF	模拟信号输入电路接地
⑧	NC	未用
⑨	VSUPCAP	外接数字电路供电去耦电容
⑩	VSUPID	数字电路供电压(3.3V)输入
⑪	GNDD	数字电路接地
⑫	GNDCAP	数字电路供电去耦电容接地
⑬	SCL	I^2C 总线时钟线
⑭	SDA	I^2C 总线数据线
⑮	RESQ	复位输入,低电平复位有效
⑯	TEST	测试输入端,接地
⑰	VGAV	接地
⑱	YCOEQ	Y/C 输出允许控制,接地
⑲	FFIE	FIFO 输入允许,但未用
⑳	FFWE	FIFO 写控制,但未用
㉑	FFRSTW	FIFO 读/写复位,但未用
㉒	FFRE	FIFO 读控制,但未用
㉓	FFOE	FIFO 输出允许,但未用
㉔	CLK20	20.25MHz 时钟输出,未用
㉕	GNDPA	模拟电路接地
㉖	VSUPPA	模拟电路供电
㉗	LLC2	倍频时钟输出,送入 N411(FLI2310)(192)脚
㉘	LLC1	时钟输出,未用
㉙	VSUPLLC	LLC 时钟电路供电(3.3V)
㉚	GNDLLC	LLC 时钟电路接地
㉛～㉞、㊲～㊵	Y7～Y4 Y3～Y0	输出 8bit 数字视频信号(DEC1Y0～DEC1Y7),送入 N411(FLI2310)的(196)、(199)～(205)脚
㉟	GNDY	8bit 数字电路接地
㊱	VSUPY	8bit 数字电路供电(3.3V)
㊶～㊹、㊼～㊿	C7～C4 C3～C0	未用,接地
㊺	VSUPC	3.3V 电源,用于 C 输出电路供电
㊻	GNDC	接地(C 输出电路接地)
(51)	GNDSY	用于同步信号电路接地
(52)	VSUPSY	用于同步信号电路供电(3.3V)
(53)	INTCL	用于隔行输出,未用
(54)	AV0	有效视频输出,未用
(55)	FSY/HC	前端同步/水平钳位脉冲,未用
(56)	MSY/HS	主同步/行同步脉冲输出,送入 N411(207)脚
(57)	VS	场同步脉冲输出,送入 N411(208)脚
(58)	FPDAT	前端/后端数据,未用
(59)	VSTBY	待机供电电源(+5V)
(60)	CLK5	CPU5MHz 时钟输出,但未用
(61)	NC	未用
(62)	XTAL1	时钟振荡输入,外接 20.25MHz 振荡器
(63)	XTAL2	时钟振荡输出,外接 20.25MHz 振荡器
(64)	ASGF	模拟区电路接地
(65)	GNDF	模拟前端电路接地
(66)	VRT	参考电压点,外接滤波电容
(67)	I^2CSEL	I^2C 总线地址选择
(68)	ISGND	模拟输入信号电路接地
(69)	VSUPF	模拟前端电路接地
(70)	VOUT	模拟视频信号输出(用于 AV 视频输出)
(71)	CIN	S 端子色信号(C)输入
(72)	VIN1	视频 1/S 端子亮度信号(Y)输入
(73)	VIN2	用于隔行亮度信号(Ycbcr-y)输入
(74)	VIN3	用于 SCRT1CV 视频信号输入
(75)	VIN4	用于 TV 视频信号(TUNCVBS1)输入
(76)	VSUPA1	模拟前端电路供电(+5V)
(77)	GNDA1	模拟前端电路接地
(78)	VREF	参考电压点,外接滤波电容
(79)	FB1IN	RGB 快速消隐信号输入
(80)	GND	模拟电路接地

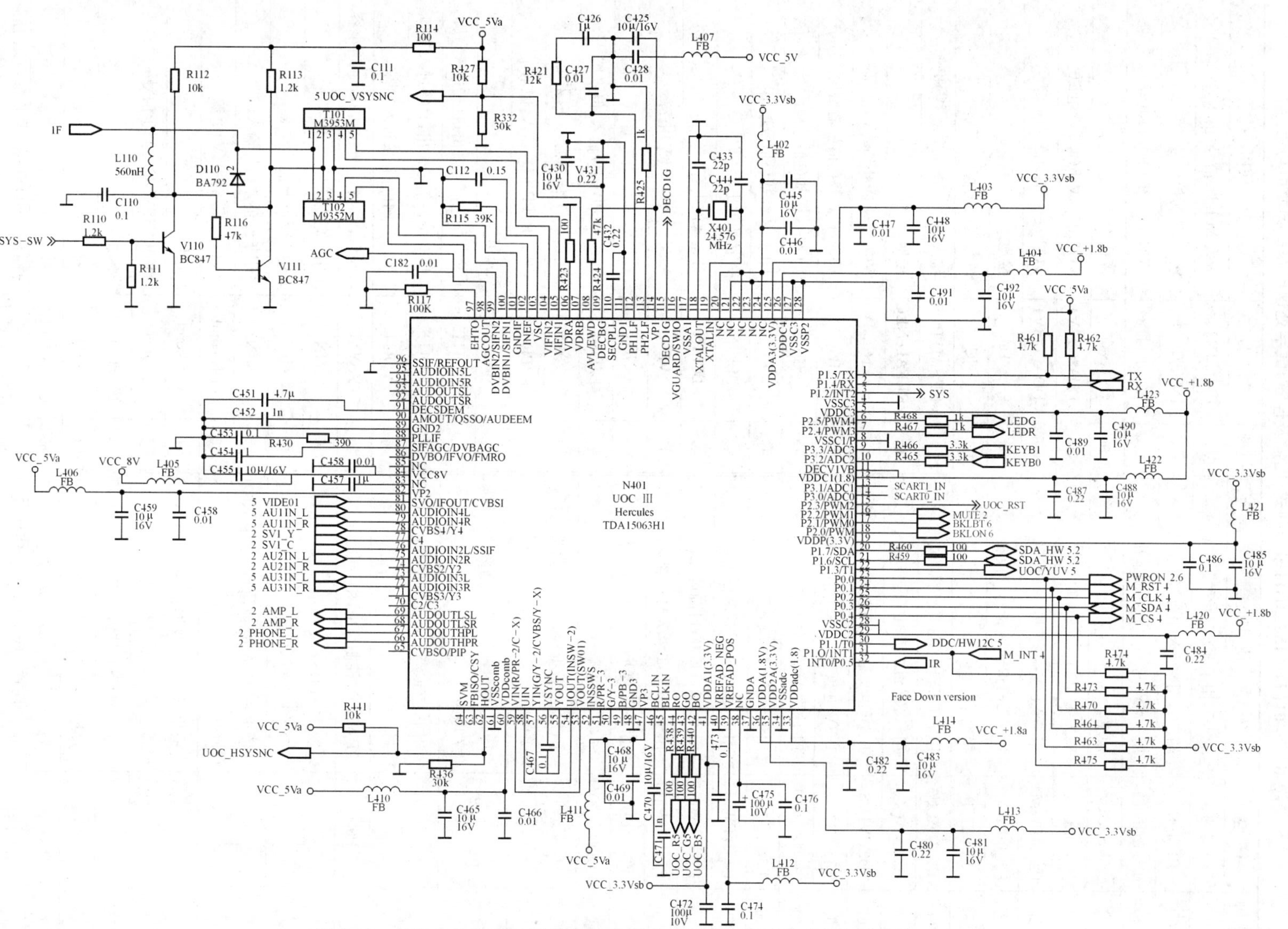

图 2-10　康佳 LC-TM2018S 机型中多制式(图像及伴音)数字处理电路原理图

表 2-6 N401(TDA15063H1)多种制式(图像及伴音)数字处理电路引脚使用功能

引脚	符 号	使用功能	引脚	符 号	使用功能
①	P1.5/TX	端 1-5,用于 TX 串行发送数据	㉛	P1.0/INT1	输入 M-INT 信号,由 N501 输出
②	P1.4/RX	端 1-4,用于 RX 串行接收数据	㉜	INT0/P0.5	输入 IR 遥控信号
③	P1.2/INT2	用于 SYS 系统制式控制输出	㉝	VDDadc(1.8)	VCC _+1.8a(1.8V)电源
④	VSSC3	接地 3	㉞	VSSadc	接地
⑤	VDDC3	VCC-1.8b(1.8V)电源	㉟	VDDA2(3.3V)	VCC _ 3.3Vsb(3.3V)电源
⑥	P2.5/PWM4	用于 LEDG 绿色指示灯控制	㊱	VDDA(1.8V)	VCC _+1.8a(1.8V)电源
⑦	P2.4/PWM3	用于 LEDR 红色指示灯控制	㊲	GNDA	接地
⑧	VSSC1/P	接地 1	㊳	NC	外接滤波电容
⑨	P3.3/ADC3	用于 KEYB1 键扫描信号输入 1	㊴	VREFAD-POS	接入 VCC _ 3.3sb(3.3V)电源
⑩	P3.2/AOC2	用于 KEYB0 键扫描信号输入 0	㊵	VREFAD-NEG	接地
⑪	DECV1V8	1.8V 电源输入	㊶	VDDA1(3.3V)	VCC _ 3.3Vsb(3.3V)电源
⑫	VDDC(1.8)	1.8V 电源输入	㊷	B0	UOC-B 蓝基色信号输出
⑬	P3.1/ADC1	用于 SCART1 输入	㊸	G0	UOC-G 绿基色信号输出
⑭	P3.0/ADC2	用于 SCART0 输入	㊹	R0	UOC-R 红基色信号输出
⑮	P2.3/PWM2	用于 UOC-RST 控制输出	㊺	BLKIN	外接滤波电容
⑯	P2.2/PWM1	用于 MUTE 静音控制输出	㊻	BCLIN	外接滤波电容
⑰	P2.1/PWM0	用于 BKLBT 背光灯控制输出	㊼	VP3	VCC _ 5Va(+5V)电源
⑱	P2.0/PWM	用于 BKLON 显示电源控制	㊽	GND3	接地
⑲	VDDP(3.3V)	+3.3V 电源	㊾	B/PB-3	用于 B/PB 信号输入,但未用
⑳	P1.7/SDA	I^2C 总线数据线,用于高频头和视频开关电路	㊿	G/Y-3	用于 G/Y 信号输入,但未用
			51	R/PR-3	用于 R/PR 信号输入,但未用
㉑	P1.6/SCL	I^2C 总线时钟线,用于高频头和视频开关电路	52	INS SW3	未用
			53	VOUT	V 分量色信号输出,直接进入59脚
㉒	P1.3/T1	用于 UOC/YUV 视频开关电路转换控制	54	UOUT	U 分量色信号输出,直接进入58脚
			55	YOUT	Y 信号输出,直接进入57脚
㉓	P0.0	PWRON 控制输出,用于电源控制	56	YSYNC	同步信号输入,外接 0.1μF 耦合电容
㉔	P0.1	输出 M-RST 复位信号,用于 N501(MST518)复位	57	YIN	用于亮度信号(Y)输入
			58	UIN	用于蓝色差信号输入
㉕	P0.2	输出 M-CLK 时钟信号,用于 N501 控制	59	VIN	用于红色差信号输入
			60	VDD comb	VCC _ 5Va(+5V)电源
㉖	P0.3	输出 M-SDA 数据信号,用于 N501 控制	61	VSS comb	接地
			62	HOUT	输出 HSYNC 行同步信号
㉗	P0.4	输出 M-CS 片选信号,用于 N501 控制	63	FBISO/CSY	未用
㉘	VSSC2	接地	64	SVM	未用
㉙	VDDC2	VCC _+1.8b(1.8V)电源	65	CVBSO/PIP	未用
㉚	P1.1/T0	输出 DDC/HW12C,用于外部接口控制	66	AUDOUTHPR	输出 PHONE-R 耳机右声道音频信号

续表 2-6

引脚	符　号	使用功能	引脚	符　号	使用功能
67	AUDOUTHPL	输出 PHONE-L 耳机左声道音频信号	94	AUDOUT5R	右声道音频信号输出，但未用
			95	AUDOUT5L	左声道音频信号输出，但未用
68	AUDOUTLSR	输出 AMP-R 右声道音频信号	96	SSIF/REFOUT	接地
69	AUDOUTLSL	输出 AMP-L 左声道音频信号	97	EHTO	高压检测，但未用，外接 100kΩ 下拉电阻
70	C2/C3	未用（用于色信号输入）			
71	CVBS3/Y3	未用（用于亮度信号输入）	98	AGCOUT	射频 AGC 输出，送入高频头的 AGC 端子
72	AUDIO IN3R	AV3 右声道音频信号输入			
73	AUDIOIN3L	AV3 左声道音频信号输入	99	DVBIN2/SIFIN2	用于伴音中频信号输入 2
74	CVBS2/Y2	未用（用于视频/亮度信号输入）	100	DVBIN1/SIFIN1	用于伴音中频信号输入 1
75	AUDIO IN2R	AV2 右声道音频信号输入	101	GNDIF	伴音中频电路接地
76	AUDIO IN2L	AV2 左声道音频信号输入	102	IREF	外接下拉电阻，用于场基准电流
77	C4	用于输入 S 端子 1 的色度信号（SV1-C）	103	VSC	外接 0.15μF 电容，用于场锯齿波形成
78	CVBS4/Y4	用于输入 S 端子 1 的亮度信号（SV1-Y）	104	VIFIN2	用于图像中频输入 2
			105	VIFIN1	用于图像中频输入 1
79	AUDIO IN4R	用于输入 AV1 右声道音频信号（AU1IN-R）	106	VDRA	场同步信号输出 A，但未用，外接 100Ω 下拉电阻
80	AUDIO IN4L	用于输入 AV1 左声道音频信号（AU1IN-L）	107	VDRB	用于输出 UOC-VSYNC 场同步信号
81	SVO/IFOUT/CVBS1	用于输入 AV1 视频信号	108	AVL/EWD	用于自动音量电平/东西枕校输出，但未用，外接上拉电阻
82	VP2	VCC_5Va（+5V）电源	109	DECBG	外接滤波电容
83	NC	外接 1μF 滤波电容	110	SECPLL	外接滤波电容
84	VCC8V	VCC_8V（+8V）电源	111	GND1	接地
85	NC	未用	112	PH1LF	锁相环滤波 1，外接双时间常数滤波电路
86	DVBO/IFVO/MFRO	未用	113	PH2LF	外接下拉电阻
87	SIFAGC/DVBAGC	中频 AGC 滤波，外接 1μF 滤波电容	114	VP1	VCC_5V（+5V）电源
			115	DECDIG	输出 DECDIG
88	PLLIF	中频锁相环滤波，外接 RC 串联滤波电路	116	VGUARD/SWIO	未用
			117	VSSA1	模拟电路接地
89	GND2	接地	118	XTALOUT	时钟振荡输出，外接 24.576MHz 晶体振荡器
90	AMOUT	外接 1nF 滤波电容			
91	DECSDEM	外接 4.7μF 滤波电容	119	XTALIN	时钟振荡输入，外接 24.576MHz 晶体振荡器
92	AUDOUTSR	右声道音频信号输出，但未用			
93	AUDOUTSL	左声道音频信号输出，但未用	120	NC	VCC_3.3Vsb（3.3V）电源输入

续表 2-6

引脚	符 号	使用功能	引脚	符 号	使用功能
⑫①	NC	接地	⑫⑤	VDDA3(3.3V)	VCC _ 3.3Vsb(3.3V)电源
⑫②	NC	VCC _ 3.3Vsb(3.3V)电源输入	⑫⑥	VDDC4	VCC _ 1.8b(1.8V)电源
⑫③	NC	接地	⑫⑦	VSSC4	接地
⑫④	NC	VCC _ 3.35b(3.3V)电源输入	⑫⑧	VSSP2	接地

10. 康佳 LC-TM2018S 马赛克图像，伴音正常

检查与分析：在该机中，马赛克图像，一般是加到液晶屏的数字信号异常，检修时应首先注意检查液晶屏控制器电路。在该机中液晶屏控制电路主要由 N501(MST518-PQF160)及少量外围分立元件等组成，其电路原理如图 2-11 所示，其引脚使用功能见表 2-7。

经检查，未见有明显不良元件，但更换 X501(14.318MHz)振荡器后，故障排除。

小结：图 2-11 中，X501(14.318MHz)为时钟振荡器，主要为 N501(MS7518-PQF160)提供基准时钟频率，不良或损坏时，N501 不工作或不能正常工作，一般表现为黑光栅，表现为花屏马赛克现象不多见，检修时应注意，必要时可将 N501 换新。

11. 康佳 LC-TM2018S TV/AV/S 端子输入状态无图像，但 VGA 输入状态图像正常

检查与分析：在康佳 LC-TM2018S 机型中，TV/AV/S 端子的视频信号首先输入到 N401(TDA15063H1)内部，经处理后从㊹、㊸、㊷脚输出 R、G、B 信号，如图 2-10 所示。

由 N401㊹、㊸、㊷脚输出的 R、G、B 信号，经 R438、R439、R440 送入 N303(P15V330A)的③、⑥、⑩脚，经转换后从④、⑦、⑨脚输出，如图 2-12 所示，然后经 RC 耦合，并送入 N501(MST518-PQF160)的⑮、⑫、⑩脚，如图 2-11 所示。

在该机中，VGA 视频信号直接送入 N501 内部，如图 2-11 所示。因此，当有 VGA 图像时，说明 N501 工作正常，而 TV/AV/S 端子输入状态无图像的故障在 N401(TDA15063H1)及 N303(P15V330A)电路。经检查，N401㊹、㊸、㊷脚有正常的 R、G、B 信号波形，再查 N303 的③、⑥、⑩脚也有正常的信号波形，但④、⑦、⑨脚始终无输出，因而说明故障在 N303(P15V330A)视频转换电路。将 N303 换新后，故障排除。

小结：图 2-12 中，N303(P15V330A)是一种 4 通道 2 选 1 高性能视频模拟开关，具有低导通电阻(3Ω)、宽频带(200MHz)、低串扰(10MHz/58dB)等特点，其引脚功能见表 2-8，内部结构如图 2-13 所示。因此，当 N303 的④、⑦、⑨脚无输出时，应注意检查①、⑮脚是否正常，必要时将其直接换新。

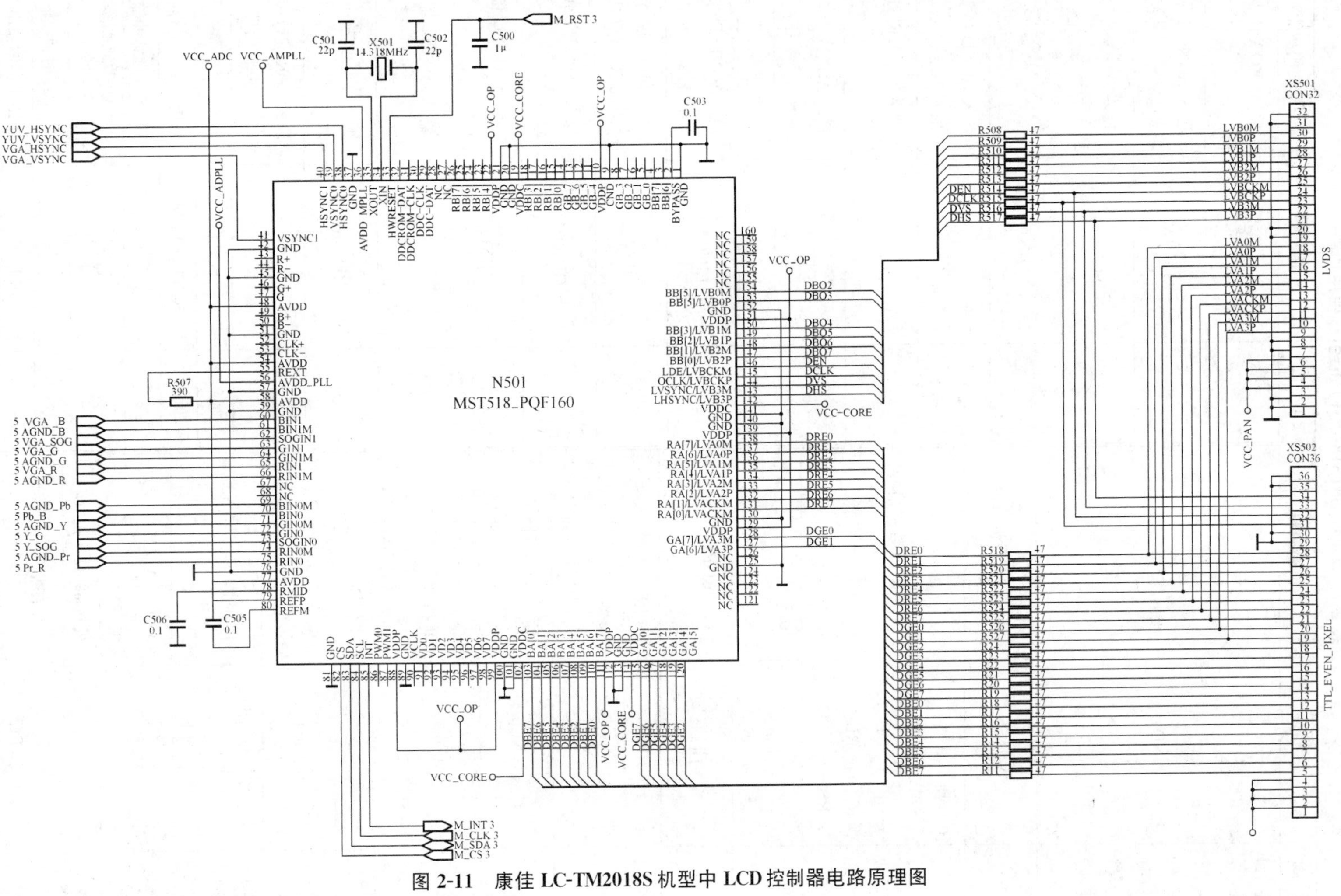

图 2-11　康佳 LC-TM2018S 机型中 LCD 控制器电路原理图

表 2-7　N501(MST518-PQF160)引脚使用功能

引脚	符号	使用功能
①、⑨、⑳、㉑、㊲、㊷、㊺、(51)、(57)、(59)、(76)、(81)、(89)、(100)、(101)、(112)、(113)、(125)、(130)、(140)、(141)、(152)	GND	接地
②	BYPASS	外接0.1μF滤波电容
③～⑧、⑪～⑱、㉓～㉖	BB[6]、BB[7]、GB_0～GB_3、GB_4～GB_7、RB[0]～RB[3]、RB[4]～RB[7]	用于RGB数字信号输出，未用
⑩、㉒	VDDP	VCC-OP（3.3V）电源输入
⑲	VDDC	VCC-CORE（1.8V）电源输入
㉝	HWRESET	M-RST复位输入
㉞、㉟	XIN、XOUT	时钟振荡输入输出，外接14.318MHz晶体
㊳	HSYNC0	输入YUV-HSYNC行同步信号
㊴	VSYNC0	输入YUV-VSYNC场同步信号
㊵	HSYNC1	输入VGA-MSYNC行同步信号
㊶	VSYNC1	输入VGA-VSYNC场同步信号
㊸、㊹、㊻、㊼、㊾、㊿、(52)、(53)	R+、R−、G+、G− B+、B−、CLK+、CLK−	RGB信号、时钟信号输入，未用
㊽、(54)、(58)、(77)	AVDD	VCC_ADC（3.3V）电源输入
(55)	REXT	外拉390Ω上拉电阻
(56)	AVDD-PLL	输入VCC_ADPLL（3.3V）电源
(60)	BIN1	输入VGA-B蓝基色信号
(61)	BIN1M	接入AGND-B蓝信号蔽屏地
(62)	SOGIN1	输入VGA-SOG绿同步信号
(63)	GIN1	输入VGA-G绿基色信号
(64)	GIN1M	接入AGND-G绿信号蔽屏地
(65)	RIN1	输入VGA-R红基色信号
(66)	RIN1M	接入AGND -R红信号蔽屏地
(67)、(68)	NC	未用
(69)	BINOM	接入AGND-Pb蓝色差信号蔽屏地
(70)	BINO	输入Pb -B逐行U分量信号或蓝基色信号
(71)	GINOM	接入AGND-Y亮度信号蔽屏地
(72)	GINO	输入Y-G亮度信号或绿色信号
(73)	SOGINO	输入Y-SOG绿同步信号
(74)	RINOM	输入AGND-Pr信号蔽屏地
(75)	RINO	输入Pr-R逐行V分量信号或红基色信号
(76)	GND	接地
(79)、(80)	REFP、REFM	外接0.1μF电容
(82)	CS	M-CS片选脉冲输入
(83)	SOA	I^2C总线数据线输入输出
(84)	SCL	I^2C总线时钟线输入
(85)	INT	M-INT控制输出
(86)、(87)	PWM0、PWM1	未用

续表 2-7

引　脚	符　号	使用功能
(88)、(99)、(111)、(129)、(139)、(151)	VDDP	VCC-OP(3.3V)电源
(90)～(98)	VCLK、VD0～VD7	时钟信号和 8bit 数字信号输入，未用
(102)、(114)、(142)	VDDC	VCC-CORE（3.3V）电源
(103)～(110)	BA[0]～BA[7]	8bit 数字 B 信号（DBE0～DBE7）输出
(115)～(120)、(127)、(128)	GA[0]～GA[7]	8bit 数字 G 信号（DGE0～DGE7）输出
(121)～(124)	NC	未用
(131)～(138)	RA[0]～RA[7]	8bit 数字 R 信号（DRE0～DRE7）输出
(143)	LHSYNC/LVB3P	输出 DHS 行同步信号，送入屏显电路
(144)	LVSYNC/LVB3M	输出 DVS 场同步信号，送入屏显电路
(145)	OCLK/VBCKP	输出 DCLK 时钟同步信号，送入屏显电路
(146)	LDE/LVBCKM	输出 DEN 数据使能信号，送入屏显电路
(147)～(150)、(153)、(154)	BB[0]～BB[3]、BB[4]、BB[5]	输出 DB02～DB07 数字信号，但实际输出的是数字对信号
(155)～(160)	NC	未用

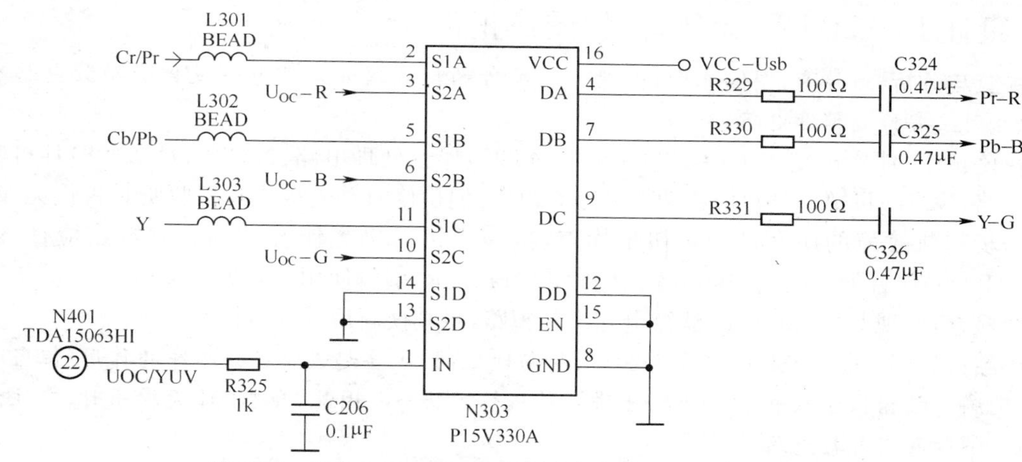

图 2-12　康佳 LC-TM2018S 机型中视频转换开关电路原理图

表 2-8　N303（P15V330A 视频转换开关）引脚使用功能

引脚	符　号	使用功能
①	IN	转换控制信号输入，低电平时②、⑤、⑪、⑭脚输入有效
②	S1A	用于输入隔行或逐行 V 分量信号（Cr/Pr）
③	S2A	用于输入 u_{oc}-R 红基色信号，①脚高电平时输入有效
④	DA	用于②、③脚信号选择输出
⑤	S1B	用于输入隔行或逐行 U 分量信号（Cb/Pb）
⑥	S2B	用于输入 u_{oc}-B 蓝基色信号，①脚高电平时输入有效
⑦	DB	用于⑤、⑥脚信号选择输出
⑧	GND	接地
⑨	DC	用于⑪、⑩脚信号选择输出
⑩	S2C	用于输入 u_{oc}-G 绿基色信号，①脚高电平时输入有效
⑪	S1C	用于输入隔行或逐行亮度信号（Y）
⑫	DD	用于⑭、⑬脚信号选择输出，未用，接地
⑬	S2D	未用，接地
⑭	S1D	未用，接地
⑮	EN	使能控制，接地，开路或高电平时，④、⑦、⑨、⑫脚无输出
⑯	VCC	VCC－Usb（＋5V）电源

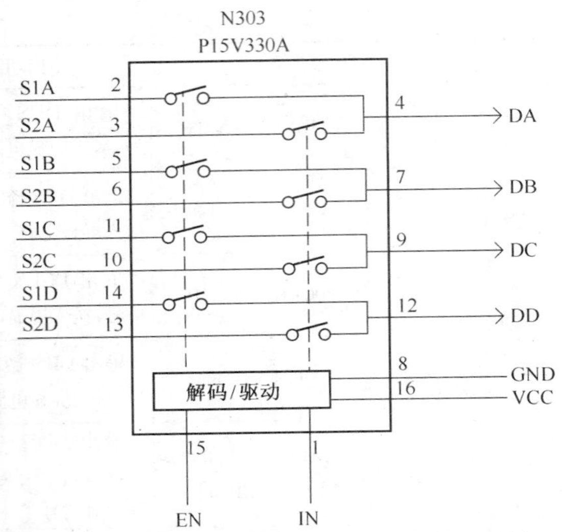

N303（P15V330A）真值表

EN ⑮脚	IN ①脚	导通开关
0	0	S1A,S1B,S1C,S1D
0	1	S2A,S2B,S2C,S2D
1	X	无

图 2-13　康佳 LC-TM2018S 机型中 N303(P15V330A)内部开关结构及真值表

12. 康佳 LC37BT20 无伴音，但图像正常

检查与分析：无伴音，图像正常，一般是单纯性的伴音信号处理电路及伴音功放电路有故障，检修时主要检查伴音电路。

在该机中，伴音电路主要由 N201（MSP3463G）伴音处理电路、N203（TDA1308）耳机驱动输出电路、N204（TDA8946J）伴音功放电路等组成，但检修时首先接入耳机收听是否仍无伴音，以进一步判断故障的所在部位。初步检查，接入耳机后仍无伴音，因此，应重点检查 N201（MSP3463G）伴音处理电路，其电路原理如图 2-14 所示，引脚使用功能见表 2-9。

经检查，发现 C239（0.1μF）滤波电容击穿短路，将其换新后，故障排除。

小结：图 2-14 中，C239 并接在 N201㉝脚与地之间，主要起吸收尖峰脉冲的作用，但当其短路时，㉝脚将被钳位于低电平，使 N201 进入待机静噪状态。因此，在 N201 无输出时，应注意检查 N201㉝脚及其外接电路。

13. 康佳 LC-TM4211 TV 状态无图无声

检查与分析：根据检修经验，在该机出现 TV 状态无图无声时，应首先注意检查 N102（TDA9885T）的⑰脚和⑫脚，检查是否有视频信号和伴音中频信号输出，其电路原理如图 2-15 所示。

图 2-15 中，N102（TDA9885T）的⑰脚用于输出全电视信号，经 Q101 缓冲放大后送入 N412（VPC3230D）的㊷脚，进行进一步视频解码等处理，并形成 8bit 数字信号输出，送入视频图像增强处理及扫描格式变换电路（FLI2310）；N102 的⑫脚用于输出电视伴音中频信号，经 R117 送入 N103（MSP3463G）的㊿脚。经检查，⑰、⑫脚电压均为零，改用电阻测量法检查，未见有异常现象，在改换 Z102（4.0MHz 晶振）后，故障排除。

小结：图 2-15 中，Z102（4.0MHz 晶振）并接在 N102 的⑮脚与地之间，为 N102 提供基准时钟频率。当其不良或损坏时，图像解调等功能失效，形成无图无声故障。因此，在 TV 状态无图无声时，应注意检查 Z102，必要时将其直接换新。

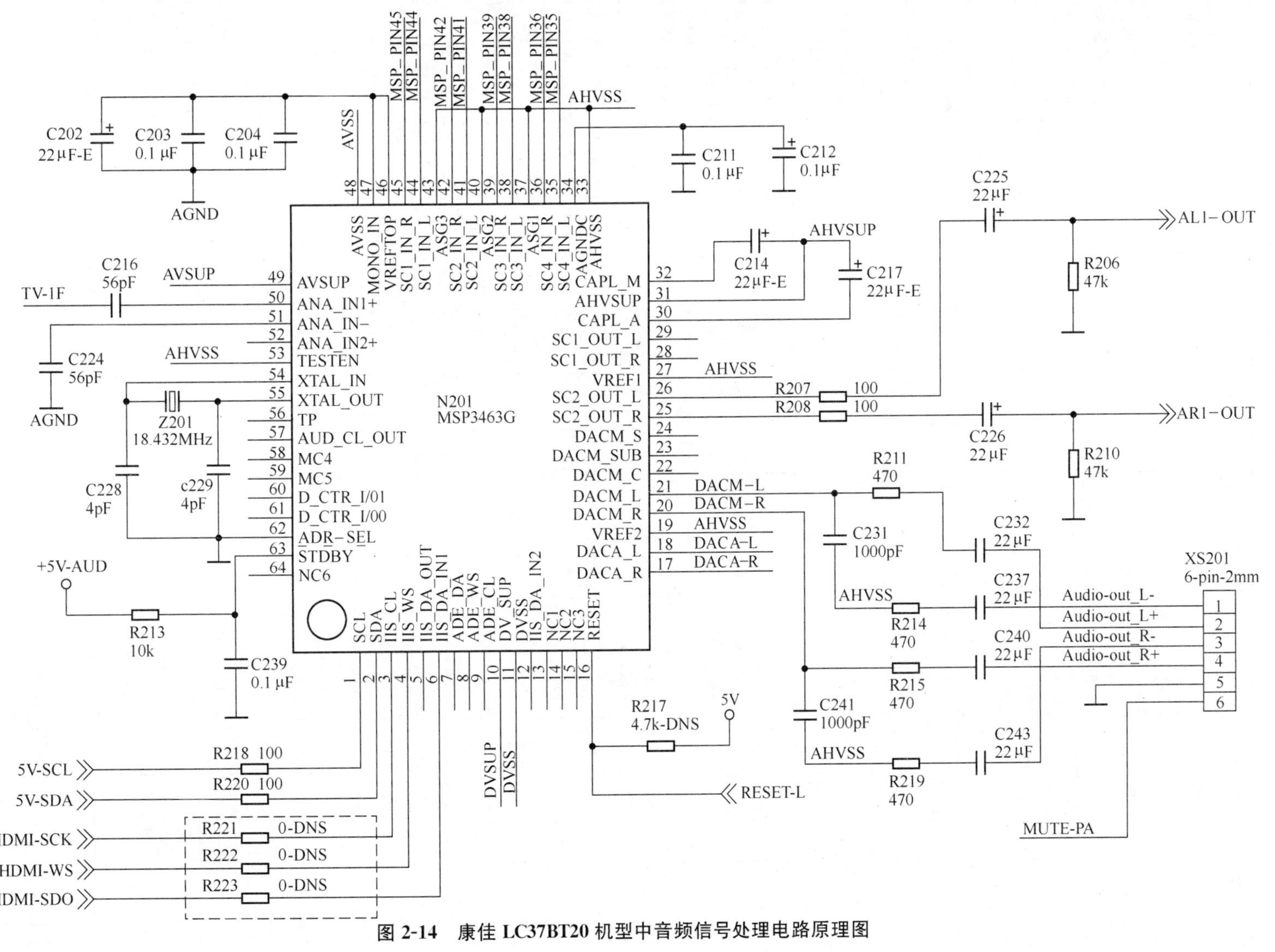

图 2-14　康佳 LC37BT20 机型中音频信号处理电路原理图

表 2-9 N201(MSP3463G 变频处理电路)主要引脚使用功能

引 脚	符 号	使用功能	引 脚	符 号	使用功能
①	SCL	I^2C 总线时钟线	㊹、㊺	SC1-IN-L/R	SCART1 输入端，用于输入模拟音频信号
②	SOA	I^2C 总线数据线			
③	IIS- CL	用于 HDMI-SCK 时钟输入	㊻	VREFTOP	IF 中频模/数转换器参考电压，但在该脚 IF 模/数转换器的参考电压被隔离，故该脚与 AVSS 之间须连接一个 22μF 与 0.1μF 电容并联电路，且应减少引线长度
④	IIS- WS	用于 HDMI-WS 开关信号输入			
⑥	IIS-DA-IN1	用于 HDMI-SDO 数据输入			
⑯	RESET	复位输入			
⑳	DACM-R	右声道音频信号，用于主音频功放电路	㊼	MONO	用于单声道输入，但未用
㉑	DACM-L	左声道音频信号，用于主音频功放电路	㊽	AVSS	模拟供电电压地，用于中频电路接地
㉕	SC2-OUT-R	用于耳机插口右声道输出	㊾	AVSUP	模拟供电电压，主要为模拟中频电路供电
㉖	SC2-OUT-L	用于耳机插口左声道输出			
㉗	VREF1	参考模拟地，但该脚须独立接地(AHVSS)	㊿	ANA-IN1＋	中频输入正 1，用于输入模拟音中频信号，送入内接对称运算放大器的正极端 1
㉚	CAPL-A	耳机音量电容接口，与㉛脚间接入一个 22μF 电容，作为平滑滤波	51	ANA-IN－	中频输入负，内容对称运算放大器的中点
㉛	AHVSUP	模拟供电高压端，主要为 MSP 模拟电路供电	52	ANA-IN2＋	中频输入正 2，用于输入模拟音中频信号，送入内接对称运算放大器的正极端 2
㉜	CAPL-M	扬声器音量电容，与㉛脚间接入一个 22μF 电容，作为平滑滤波	53	TESTEN	测试使能端，用于启动工厂测试模式
㉝、㊲、㊵、㊸	AHVSS	模拟供电高压部分接地	54、55	XTAL-IN/OUT	时钟振荡输入/输出，外接 18.432MHz 振荡器
㉞	AGNDC	模拟电路内部接地	56	TP	用于启动工厂测试模式
㉟、㊱	SC4-IN-L/R	SCART4 输入端，用于输入模拟音频信号			
㊳、㊴	SC3-IN-L/R	SCART3 输入端，用于输入模拟音频信号	62	ADR-SEL	I^2C 总线地址选择
㊶、㊷	SC2-IN-L/R	SCART2 输入端，用于输入模拟音频信号	63	STDBY	待机控制，低电平关机无声，但该脚处接 10kΩ 上拉电阻，待机功能无效

14. 康佳 LC32DS60C 背光灯不亮

检查与分析：背光灯不亮，通常有两种原因，一是背光灯供电源故障；二是背光灯供电源控制电路不良。检查背光灯逆变器电路，未见损坏元件。再检查背光控制电路，发现 V809 ce 极间阻值很小(约 0.3kΩ),因而怀疑 V809 损坏,其电路原理如图 2-16 所示,将其换新后,故障排除。

小结:图 2-16 中,V809 和 V802 用于背光控制,并受控于 N301(MST6U89BL)的㉚脚。当 N301 的㉚脚输出高电平时,V802 导通,V809 截止,5Vstb 通过 R831、R812 控制背光灯发光;当 N301 的㉚脚输低电平时,V802 截止,V809 导通,R812 无输出。因此,当背光灯不亮、R812 输出的 BLKT-EN 信号为低电平时,还应注意检查 N301 的㉚脚输出是否正常。异常时,一般是 N301 损坏,这时需要更换 N301(MST6U89BL)或板级维修。

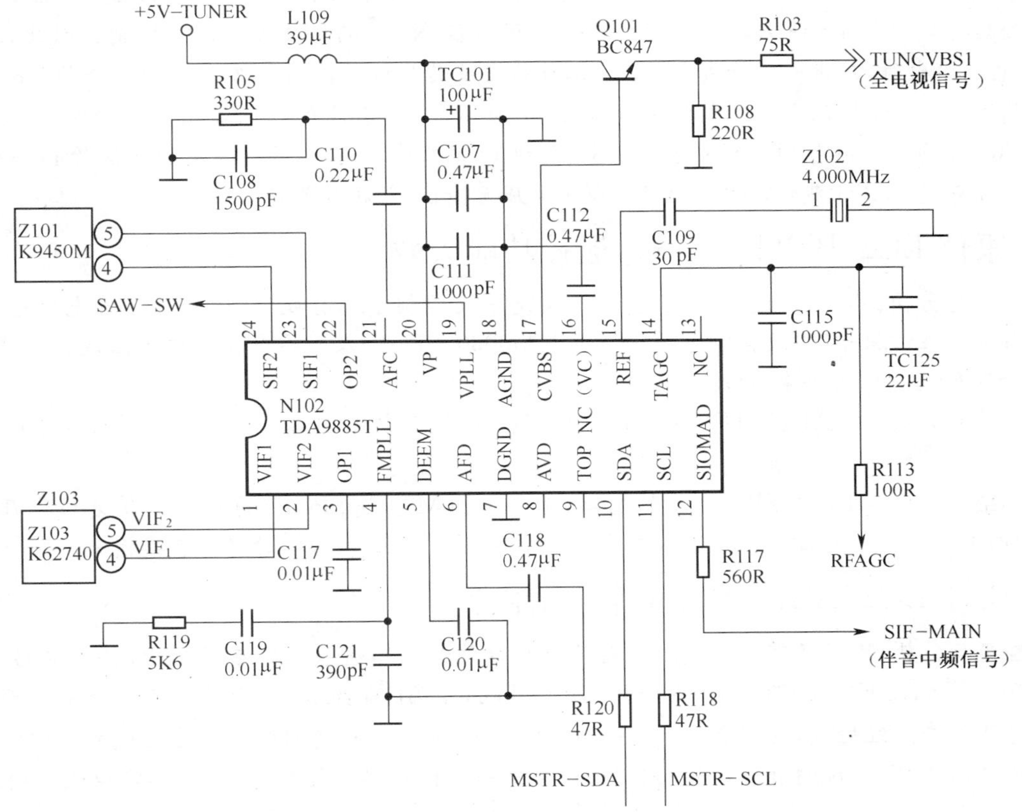

图 2-15　康佳 LC-TM4211 机型中中频放大和图像、伴音解调电路原理图

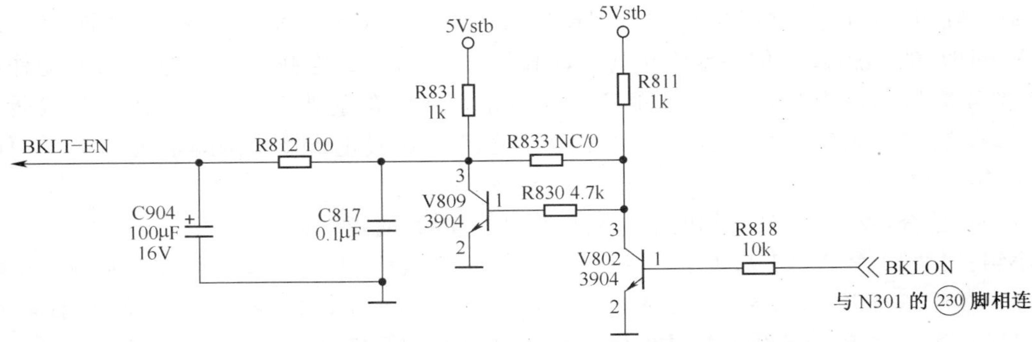

图 2-16　康佳 LC32DS60C BKLT-EN 背光控制接口电路原理图

15. 康佳 LC32DS60C 无光栅、无图像、无伴音，但电源指示灯亮

检查与分析：在该机中，有电源指示灯，说明主电源电路基本正常，此时出现“三无”的故障原因一般是 DC-DC 直流变换电路有故障，因此，检修时，首先采用电阻检查法检测直流稳压元件是否有击穿短路故障。经检查，未见有明显不良或损坏元件。再通电检测时无 5VA 电压，但检测 5V STB 电压正常，因而怀疑 N806(9435A)损坏，其电路原理如图 2-17 所示。将 N806 直接换新后，故障排除。

小结：图 2-17 中，N806 为内含 P 沟道场效应管的开关稳压电路，输出 5VA 电压，主要为小信号处理等电路供电(还需转换为 2.5V 等电压)，但 N806 的输出受 V803 控制。因此，在无 5VA 电压输出时，应进一步检查 V803 的工作状态及其基极的控制电路。N301(MST6U89BL)的⑰⑤脚通过 V804 控制 V803 的基极，如图 2-17 所示。当 N301 的⑰⑤脚输出低电平时，V804 截止，V803 导通，N806 导通，5VA 电压输出，整机正常工作。反之，当 N301 的⑰⑤脚输出高电平时，V804 导通，V803 截止，N806 截止，5VA 电压无输出，整机处于待机状态。

16. 康佳 LC26BT11 不开机，遥控功能失效

检查与分析：不开机，遥控功能失效，一般是中央控制系统有故障，检修时应首先检查中央控制系统。在该机中，中央控制系统由 N002(M30300SPGP)及一些分立元件等组成。检修时，首先检查 CPU 的“四要素”电路。

经检查，N003(AP1701FW)损坏，将其换新后，故障排除。其电路原理如图 2-18 所示。

小结：N003(AP1701FW)为复位电路，为 N002(M30300SPGP)的⑩脚提供复位电压，是 CPU“四要素”之一，故障时 N003 不工作。检修时应加以注意，必要时将其直接换新。

17. 康佳 LC26AS12 图像正常，无伴音

检查与分析：图像正常，无伴音，一般是单纯性伴音电路有故障。在该机中，伴音电路主要由 N401(TDA15063H1)⑥⑧、⑥⑨脚内部和 N200(TDA8946J)等组成，但检修时可从检查 N200 的引脚电压入手。经检查，发现 N200 的⑩脚电压为 3.4V，N200 的⑩脚为静音控制端，正常工作时该脚电压为 0V。说明静音功能动作，这时应进一步检查静音控制电路，其电路原理如图2-19 所示。

图 2-19 中，V200、V202 为静音控制管，受 N001(W79E632)微控制器的④脚和耳机插口控制。在正常工作时，V200 处于导通状态，通过 CN6(X201)接口⑥脚使 N200(TDA8946J)的⑩脚被钳位在 0V 低电平，同时 V201、V202 均截止。当静音功能动作时，N001 的④脚输出高电平，V202 导通，V200 截止，N200 的⑩脚为高电平，在正常收听时，若插入耳机收听，则通过耳机插口使 V201 导通，V200 截止，N200⑩脚也为高电平，使扬声器无声。

进一步检查，发现 XS616 耳机插座不良，将其换新后，故障排除。

小结：图 2-19 中，V201 基极通过耳机插座内部触点接地，当不插入耳机插头时，V201 呈截止状态，V200 不受影响，只受 V202 控制。当插入耳机插头时，XS616 的④、⑤脚间触点被跳开，+5VA 通过 R217 为 V201 基极提供高电平，使 V201 导通，V200 截止，N201 无输出，扬声器静噪。

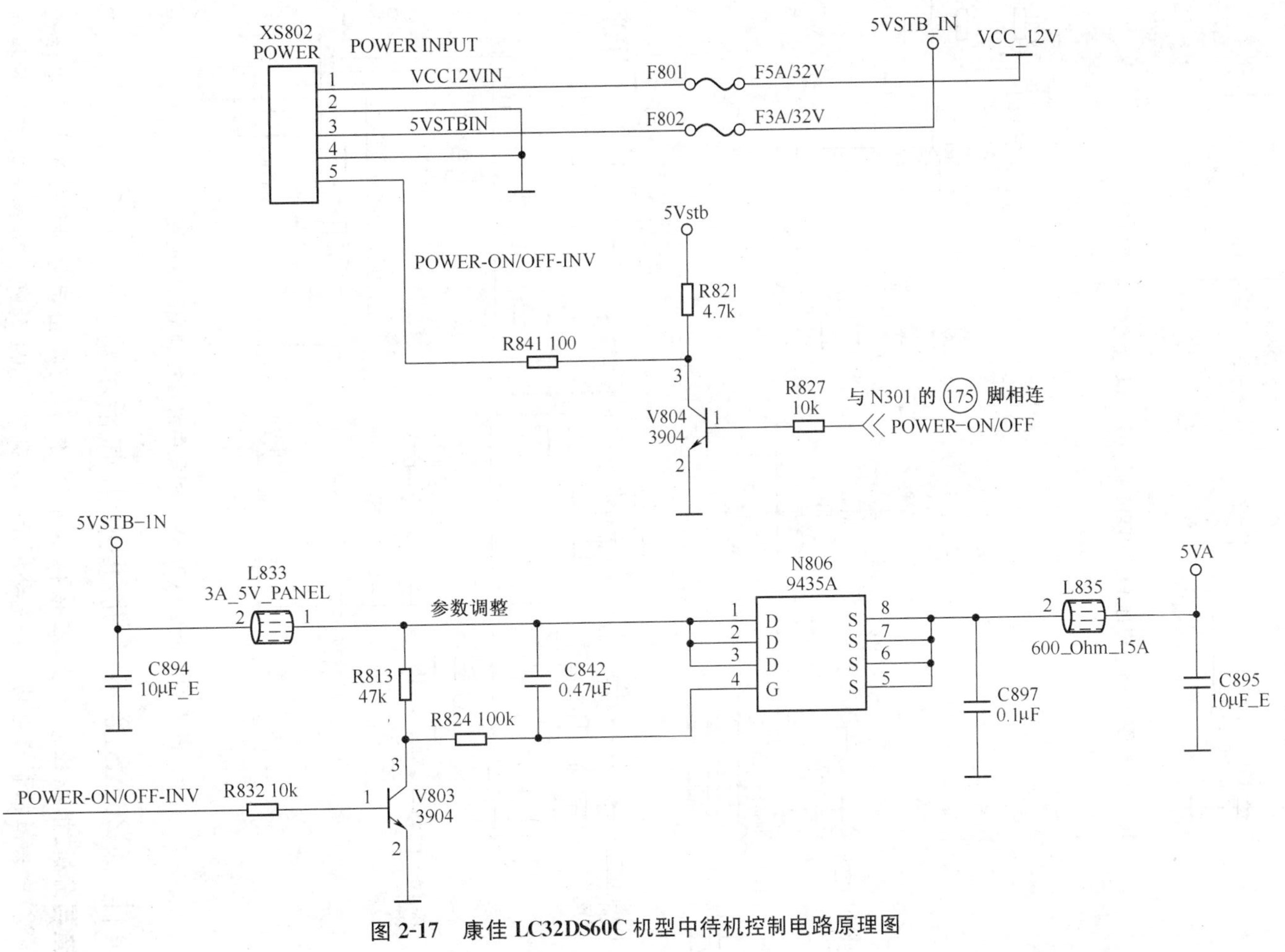

图 2-17　康佳 LC32DS60C 机型中待机控制电路原理图

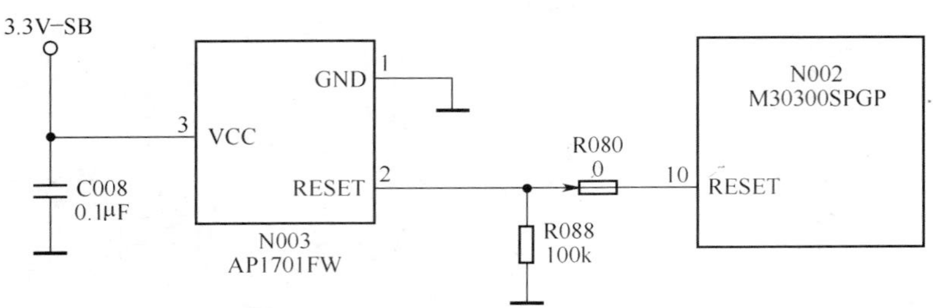

图 2-18 康佳 LC26BT11 机型中 CPU 复位电路原理图

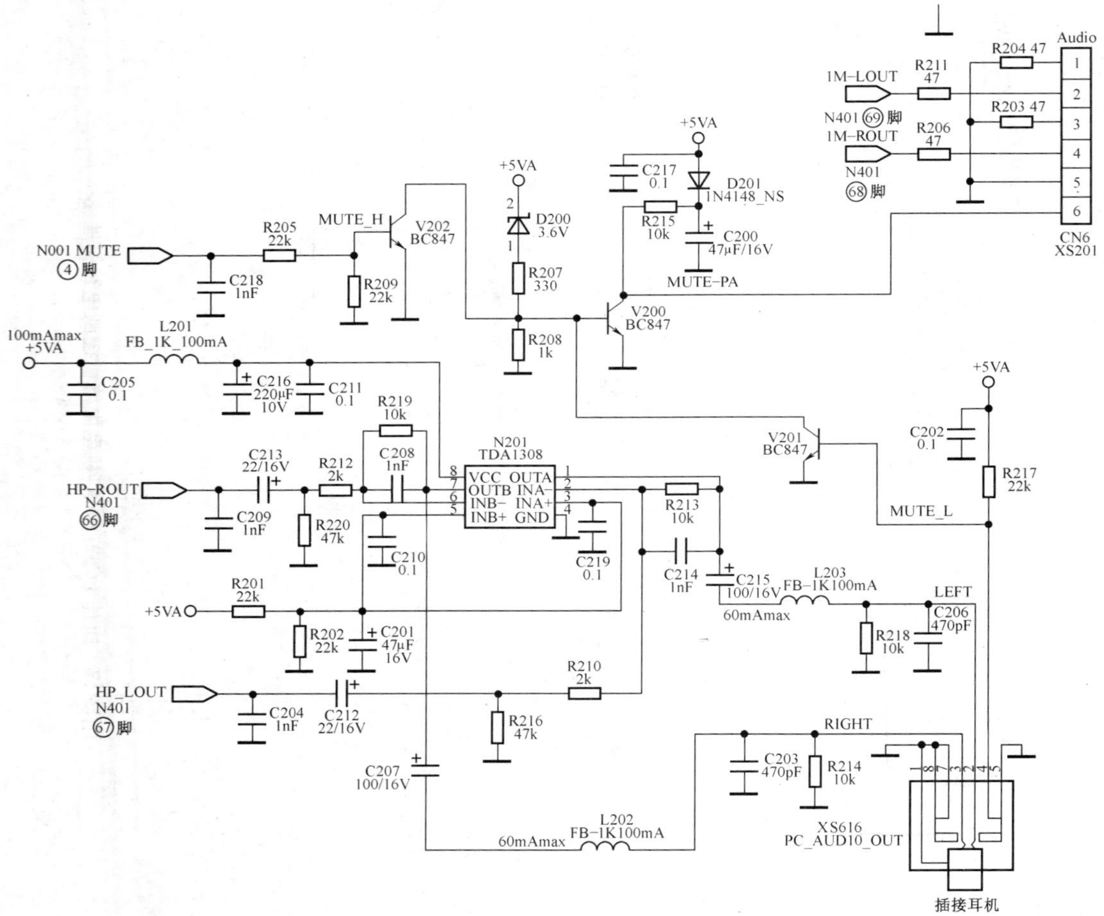

图 2-19 康佳 LC26AS12 机型中静音控制电路原理图

18. 康佳 LC26AS12 不开机，但有电源指示灯

检查与分析：根据检修经验，在该机不开机，但有电源指示灯时，应首先注意检查 N001(W79E632)中央微控制器电路。首先要用示波器观察 N001 的⑳、㉑ 脚是否有时钟振荡波形，然后再检查⑩脚外接复位电路，其电路原理如图 2-20 所示。

经检查，发现 D001(1N4148)反向漏电，将其换新后，故障排除。

小结：图 2-20 中，D001(1N4148)与 R202、C013 组成复位电路，为 N001⑩脚提供复位电压，其中任意一个元件不良时，都会使复位功能无效，进而形成不开机故障。

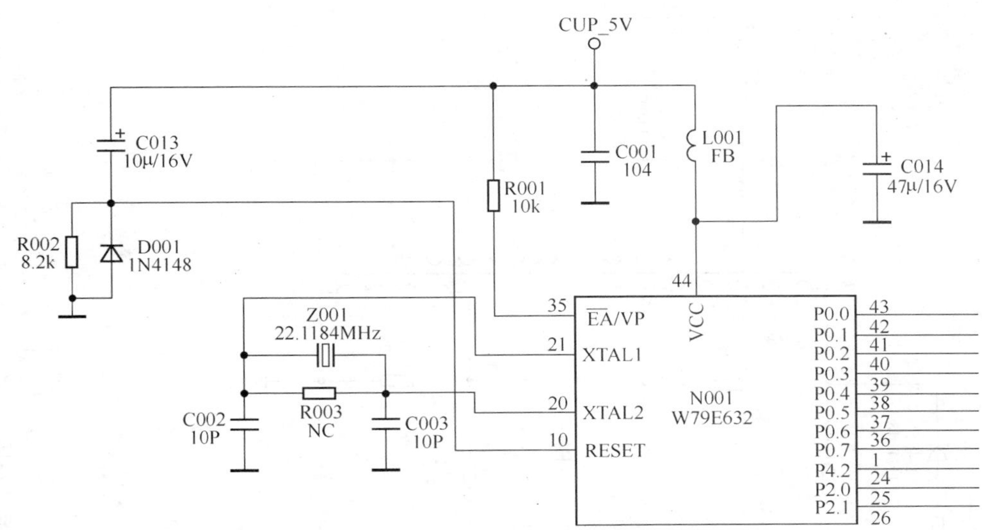

图 2-20　康佳 LC26AS12 机型中 CPU 复位电路原理图

19. 康佳 LC32ES62 背光灯不亮

检查与分析：当该机背光灯不亮时，一般是逆变板电路有故障，检修时首先检查 CN403 的引脚电压，其正常值见表 2-10。经检查 CN403 引脚无输出。进一步检查，发现 Q401D(漏极)无电压。将 Q401 焊下检查，未见有明显损坏现象，将其换新后，故障排除。

小结：在该机的逆变板中，Q401(K3767)与 Q402、Q403、Q404 等组成全桥式开关切换电路，其电路原理如图 2-21 所示。当其中有一只晶体管不良或损坏时，均会造成背光灯不亮故障，检修时应加以注意。

表 2-10　CN403 引脚功能及正常状态下的电压值

引　脚	功　能	U(V)		引　脚	功　能	U(V)	
		开机状态	待机状态			开机状态	待机状态
①	过电压保护	0.8	0	⑦	接地	0	0
②	测试端	0.5	0	⑧	供电源	12.1	0
③	NC 空脚	—	—	⑨	背光调节控制	1.2	1.2
④	控制脉冲输出	1.3	0	⑩	NC 空脚		
⑤	控制脉冲输出	1.3	0	⑪	背光开关控制	4.0	0
⑥	接地	0	0	⑫	NC 空脚		

注：表中数据仅供参考。

20. 康佳 LC42DT08AC 马赛克图像

检查与分析：马赛克图像，一般是由视频解码、格式变换或帧存储器电路等不良造成的。在检修时，本着先易后难的原则首先检查帧存储器电路，因为帧存储器的引脚较少，且较稀疏。在该机中，帧存储器电路是由 N402、N403 等组成，其电路原理如图 2-22 所示。

根据检修经验，将 N402 换新后，故障排除。

小结：根据检修经验，帧存储器的故障率较高，不良时常会引起马赛克等故障。在该机中，N402、N403 有一只不良都会引起马赛克图像，检修时可逐一更换试验。

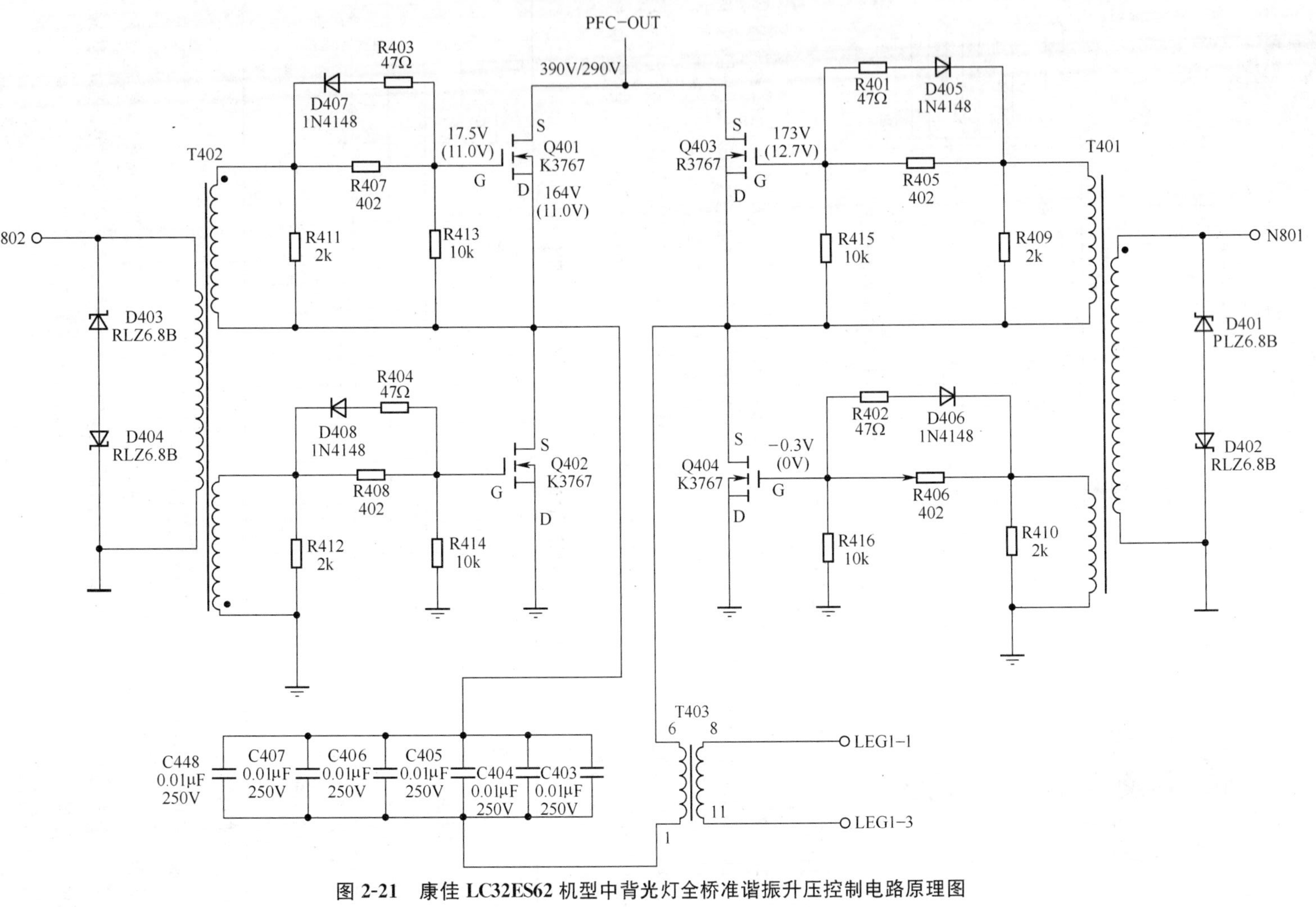

图 2-21　康佳 LC32ES62 机型中背光灯全桥准谐振升压控制电路原理图

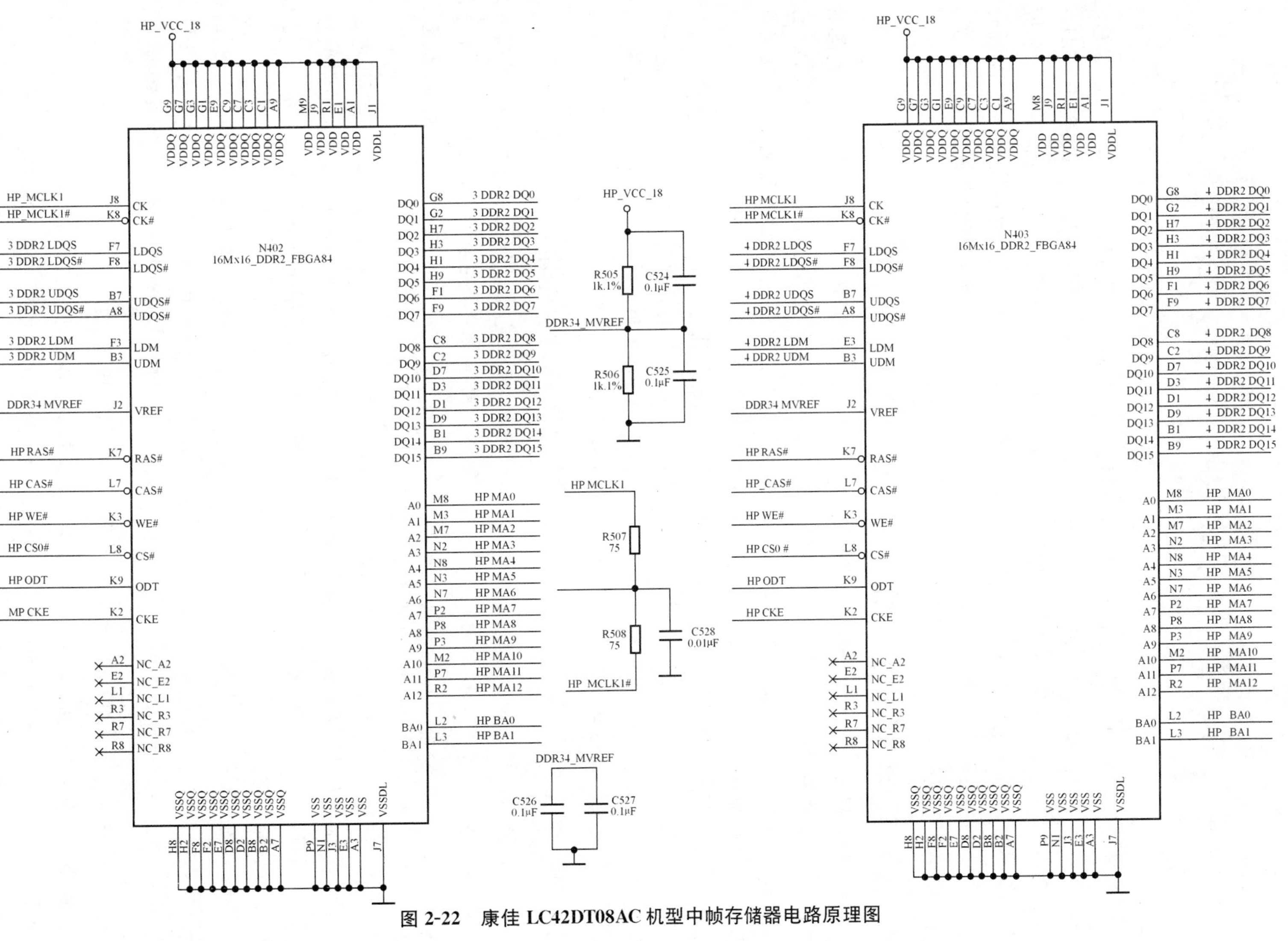

图 2-22　康佳 LC42DT08AC 机型中帧存储器电路原理图

第3章　创维数字平板电视机维修笔记

创维数字平板电视机，是我国平板电视机市场中的主流品牌之一，其系列产品较多，型号较纷繁，如创维 8DA2 机心系列有 37L20HW、42L20HW、47L20HW；创维 8M10 机心系列有 32L98SW、37L98SW、40L98SW、42L98SW、46L98SW 等。因此，了解和掌握创维数字平板电视机的机心结构和检修技术，对维修众多品牌型号的数字平板电视机有着十分重要的指导意义。本章将依据维修笔记介绍一些创维数字平板电视机的检修实例，以供维修者参考。

1. 创维 37L20HW 不开机

检查与分析：在该机中，主机心技术采用 U1(SVP-AX PQFP-256)超大规模贴片式集成电路，其故障检修难度较大。U1 主要分为音频处理、LVDS 低压差分数字对信号输出、CPU 控制接口、POWER/GROUND 等几个部分。因此，在该机不开机时，首先注意检查 CPU 控制接口电路，其电路原理如图 3-1 所示，相关引脚使用功能见表 3-1。

经检查，发现 C57(100pF)电容漏电，将其换新后，故障排除。

小结：图 3-1 中，C57(100pF)并接在 Q9(IN7002)的②脚与地之间，用于时钟线滤波。当其漏电时，5V-SCL 无输出，且通过 R53(33Ω)使 U1C(SVP-AX PQFP-256)⑯⓪脚下拉为低电平，使 U1C 内部中央微控制器不工作，进而导致不开机故障。

2. 创维 37L20HW 无光栅、无图像、无伴音，红色指示灯不亮

检查与分析：根据检修经验，该机出现“三无”故障，且红色指示灯也不亮时，一般是供电源电路有故障，检修时应首先注意检查开关电源及 DC-DC 直流变换电路，并首先采用电阻测量法进行检修。经检查，未见有损坏元件，通电试验，发现 3.3V-SB 电压仅有 0.3V 左右，再查 5V 电压正常，说明 3.3V-SB 的负载电路有过电流现象。

在该机中，3.3V-SB 主要为 CPU 控制接口电路、调试接口电路、主存储器电路等供电。因此，应注意检查 CPU 控制接口电路等元件。经检查，发现 U2(24C64)的⑧脚对地阻值仅有 0.1μΩ 左右，进一步检查，最终发现是 D1 反向击穿损坏，其电路原理如图 3-2 中所示。将 D1 换新后，故障排除。

小结：图 3-2 中，D1 为 3.9V 稳压二极管，主要用于 U2(24C64)主存储器⑧脚供电钳位，并具有保护作用。当其反向击穿损坏时，通过 R59 将 3.3V-SB 电源钳位于地，从而造成 CPU 控制系统失效。检修时应注意 U2(24C64)是否正常，必要时将 U2 换新，并要重新拷贝数据。

3. 创维 37L20HW TV 状态无伴音，但图像正常

检查与分析：在该机中，伴音信号主要由 A1-L/R、A2-L/R、A3-L/R、A4-L/R 四路分别送入 U1A(SVP-AX PQFP-256)的⑦③～⑧⓪脚，经 IC 内部处理后从⑧①、⑧②和⑥⑥、⑥⑦脚输出。其中，⑦③、⑦④脚输入 A1-L/R 左右声道音频信号，主要是 AV1 音频信号；⑦⑤、⑦⑥脚输入 A2-L/R 左右声道音频信号，主要是 AV2 音频信号；⑦⑦、⑦⑧脚输入 A3-L/R 左右声道音频信号，主要是 AV3 音频信号；⑦⑨、

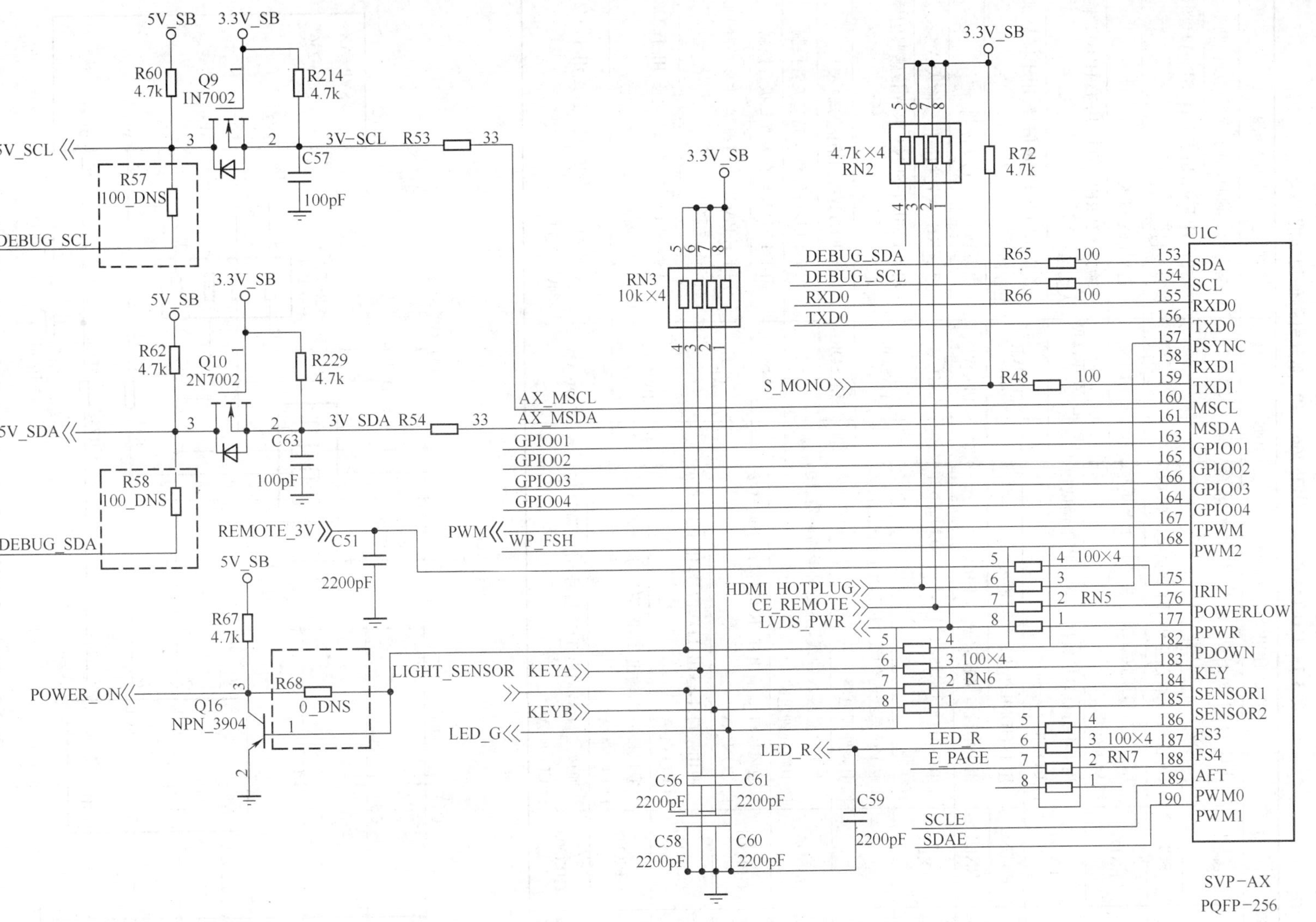

图 3-1　创维 37L20HW 机型中微控制器控制部分电路原理图

表 3-1　U1C(SVP-AX PQFP-256)CPU 部分引脚使用功能

引脚	符　号	使用功能
153	SDA	I²C 总线数据线，主要用于调试接口 CON2
154	SCL	I²C 总线时钟线，主要用于调试接口 CON2
155	RXD0	用于串行口接收数据 0，主要用于调试接口 CON3
156	TXD0	用于串行口发送数据 0，主要用于调试接口 CON3
157	PSTNC	用于 HDMI 热拔插信号输入
158	RXD1	用于串行口接收数据 1，未用
159	TXD1	用于串行口发送数据 1，用于 S-Mono 单音控制
160	MSCL	主 I²C 总线时钟线，主要用于调谐器、图像中频处理电路
161	MSDA	主 I²C 总线数钟线，主要用于调谐器、图像中频处理电路
163	GPIO01	通风接口 1，输出 TCK 信号，用于调试接口 CON4-A1
164	GPIO04	通用接口 4，输出 TD0 信号，用于调试接口 CON4-A2
165	GPIO02	通风接口 2，输出 TMS 信号，用于调试接口 CON4-A3
166	GPIO03	通风接口 3，输出 TD1 信号，用于调试接口 CON4-A5
167	TPWM	输出调宽脉冲，用于背光亮度控制
168	PWM2	输出 WP-FSH，用于 U4(SST25VF080)页写控制
175	IRIN	遥控信号输入
176	POWERLOW	输入 CE-REMOTE，用于 HDMT 输入选择
177	PPWR	输出 LVDS-PWR 信号，用于屏显供电控制
182	PDOWN	用于 POWER-ON 控制
183	KEY	用于 KEYA 键扫描信号输入 A
184	SENSOR1	用于 LIGHT-SENSOR 光传感器信号输入
185	SENSOR2	用于 KEYB 键扫描信号输入 B
186	FS3	用于 LED-G 绿色发光二极管控制
187	FS4	用于 LED-R 红色发光二极管控制
188	AFT	用于 E-PAGE 页写控制，主要控制 U2(24C64)⑦脚
189	PWMO	用于 SCLE 时钟线，主要用于 U2(24C64)⑥脚控制
190	PWM1	用于 SDAE 数据线，主要用于 U2(24C64)⑤脚控制

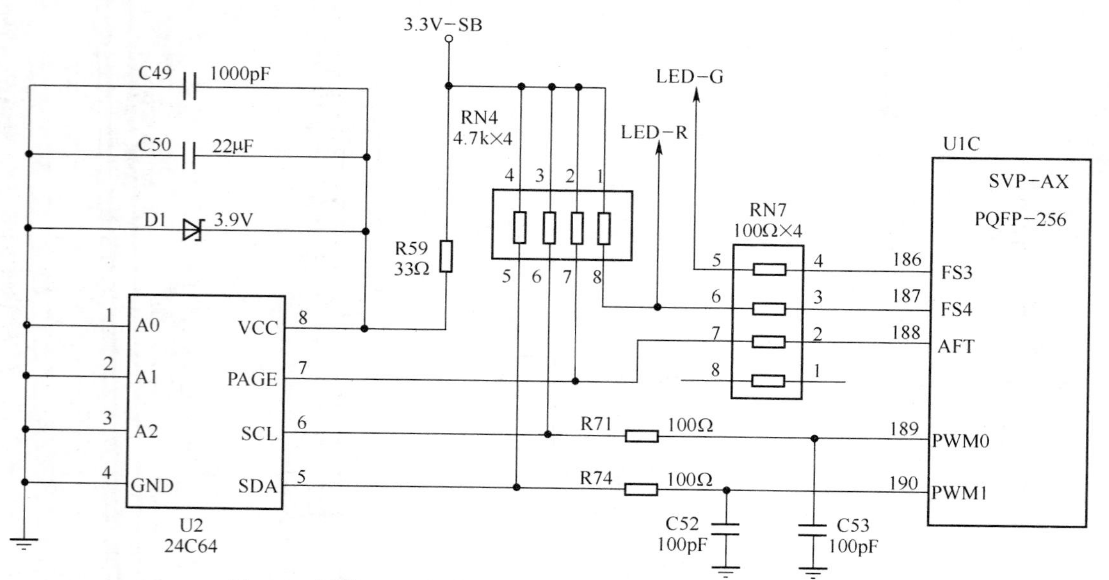

图 3-2　创维 37L20HW 机型中微控制器主存储器电路原理图

(80)脚输入A4-L/R左右声道音频信号，主要是USB和TV音频信号；(81)、(82)脚输出L/R OUT-FM音频信号，主要用于AV插口输出；(66)、(67)脚输出AL/R-OUT音频信号，主要送入音频功放电路。因此，在TV状态无伴音时，可首先输入AV1或AV2、AV3音频信号，看是否有正常的声音出现，以判断故障的产生原因。

经转换输入AV音频信号试验，结果有正常的声音出现，说明故障原因是在A4-L/R输入电路，其电路原理如图3-3所示。

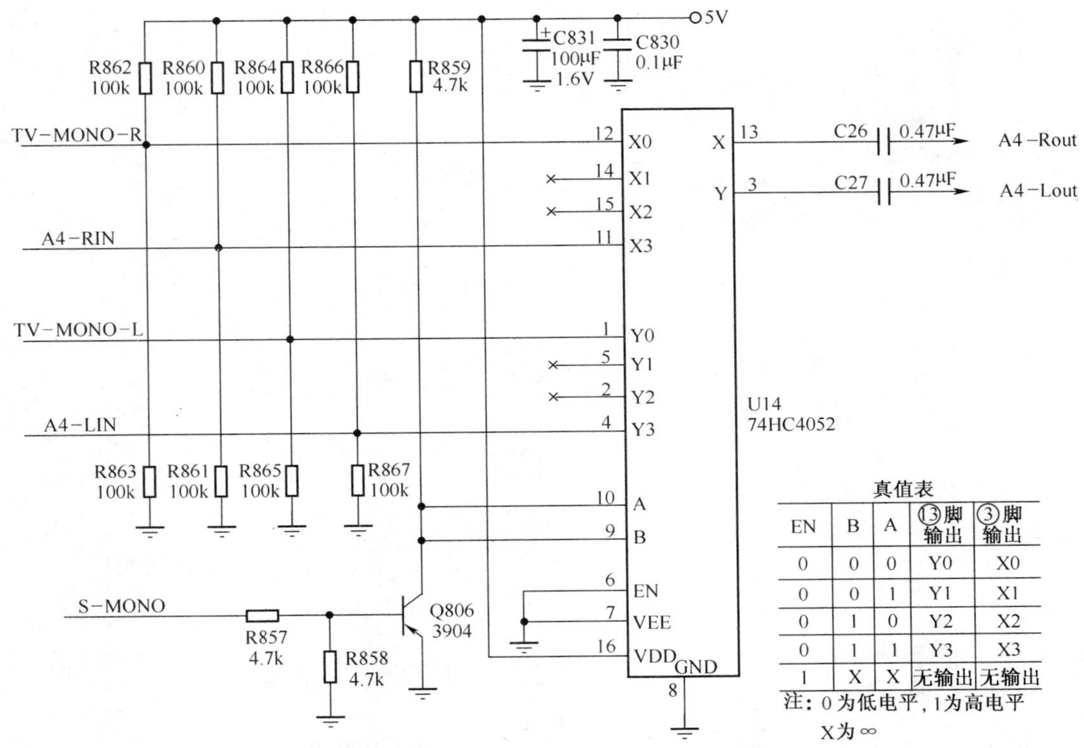

EN	B	A	⑬脚输出	③脚输出
0	0	0	Y0	X0
0	0	1	Y1	X1
0	1	0	Y2	X2
0	1	1	Y3	X3
1	X	X	无输出	无输出

图3-3　创维37L20HW机型中TV音频信号转换输出电路原理图

A4-L/R out由U14(74HC4052)的③脚和⑬脚输出，它是USB音频信号和TV音频信号，但它是在U14⑨、⑩脚输入信号的控制下进行转换输出的。U14的⑨、⑩脚在Q806的控制下实现高/低电平转换。当⑨、⑩脚为高电平时，U14⑪、④脚输入的USB(A4-L/R IN)音频信号有效，此时U14的③、⑬脚输出USB音频信号；当⑨、⑩脚为低电平时，U14①、⑫脚输入的TV-MONO-L/R音频信号有效，此时U14的③、⑬脚输出TV音频信号，并送入U1A(SVP-AX PQFP-256)(79)、(80)脚。U1C(SVP-AX PQFP-256)的(159)脚通过R857控制U14⑨、⑩脚外接Q806的基极，如图3-1所示。检修时，应注意检查U14的①、⑫脚是否有TV音频信号输入，⑨、⑩脚是否有正常的高/低转换电平，③、⑬脚是否有TV音频信号输出。

经检查，U14的①、⑫脚有TV音频信号波形，但⑨、⑩脚始终为高电平，进一步检测Q806基极有高/低转换电平，说明Q806失效。将Q806焊下后，发现其发射极有较小的反向漏电阻值，将其直接换新后，故障排除。

小结：图3-3中，Q806在S-MONO信号控制下实现导通与截止转换。当S-MONO为高电平时，Q806导通，U14的⑨、⑩脚为低电平，TV音频信号被转换输出。因此，当Q806失效时，U14 的⑨、⑩脚始终为高电平，TV 音频信号被截止，TV 状态无伴音。

4. 创维 42L20HW 黑屏、无伴音

检查与分析：根据检修经验，该机出现黑屏、无伴音时，应首先注意检查 U1C(SVP-AX PQFP-256)部分引脚电压及其外围电路。经检查发现 U1C 的⑱脚无电压，正常时应有 3.1V，说明复位电路有故障，这时应注意检查 U1C⑱脚的外接复位电路，其电路原理如图 3-4 所示。

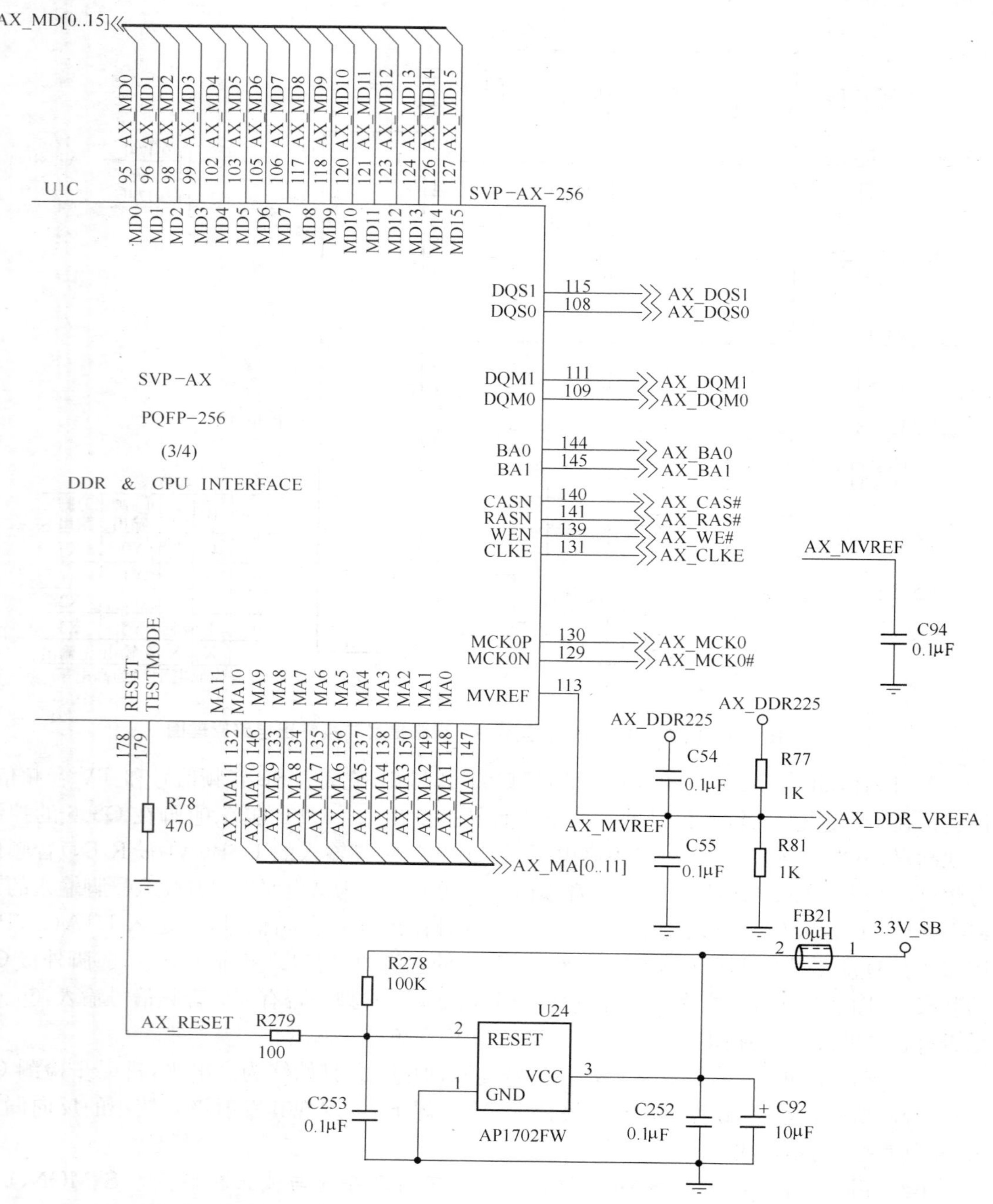

图 3-4 创维 42L20HW 机型中 U1C(SVP-Ax PQFP _ 256)复位电路原理图

进一步检查，发现 C253(0.1μF)滤波电容击穿损坏，将其换新后，故障排除。

小结：图 3-4 中，U24(AP1702FW)为专用复位电路，由其②脚输出复位电压，通过 R279 加到 U1C 的⑱脚。当 C253 短路时，复位电压被钳位于地，U1C⑱脚的复位功能失效，导致黑屏故障。

5. 创维 37L20HW 花屏，但伴音正常

检查与分析：花屏，但伴音正常，一般是视频格式变换或 DDR 同步动态随机存储器有故障。在该机中，视频格式变换主要包含在 U1(SVR-AX PQFP-256)集成电路内部，同步动态随机存储器电路由 U5 组成，其电路原理如图 3-5 所示，引脚使用功能见表 3-2。

经检查，未见有脱焊、开裂等异常之处，检查 U5 脚电阻值、电压值也没有明显异常，但试将其换新后，故障排除。

小结：在花屏故障中，同步动态随机存储器的损率较高(常为软故障)，因此，本着先易后难的原则，维修时可首先试将其直接换新。

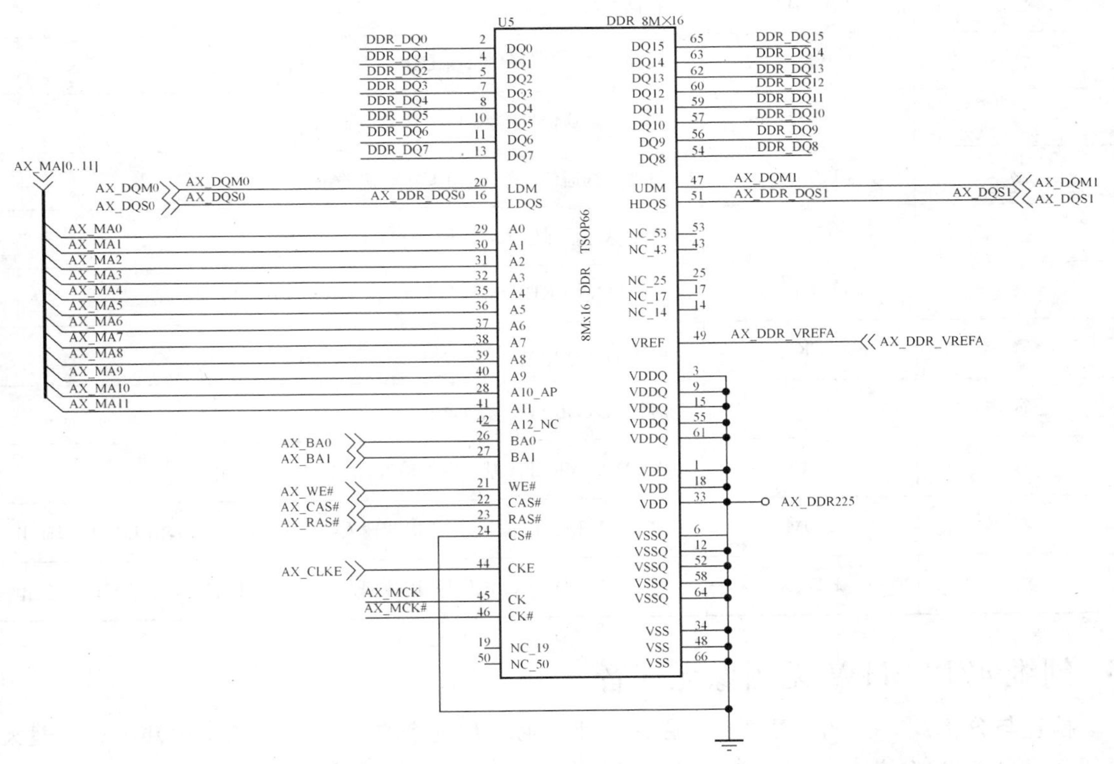

图 3-5　创维 37L20HW 机型中 DDR 同步动态随机存储器电路原理图

表 3-2　U5(8Mx16DDR 同步动态随机存储器)引脚使用功能

引　脚	符　号	使用功能
①、③、⑨、⑮、⑱、㉝、55、61	VDD、VDDQ	AX-DDR225(2.25V)电源，由 U30(AP1117E25)②脚输出

续表 3-2

引　脚	符　号	使用功能
②、④、⑤、⑦、⑧、⑩、⑪、⑬、(54)、(56)、(57)、(59)、(60)、(62)、(63)、(65)	DQ0～DQ15	用于动态随机存储器(DDR)16bit 数据总线输入输出，主要输出 DDR-DQ0～DDR _ DQ15 数字信号，与 U1C 的(95)、(96)、(98)、(99)、(102)、(103)、(105)、(106)、(117)、(118)、(120)、(121)、(123)、(124)、(126)、(127)脚直通，如图 3-4 所示，但图 3-4 中数据总线标注为 AX-MD0～AX-MD15
⑳	LDM	输入 AX _ DQM0 信号，用于屏蔽输入数据 DQ0～DQ7，由 U1C(108)脚输出，如图 3-4 所示
⑯	LDQS	输出 AX _ DQS0 信号，用于数据选通(DQ0～DQ7)，由 U1C(108)脚输出，如图 3-4 所示
㉙～㉜、㉟～㊵、㉘、㊶	A0～A11	12bit 地址总线输入，与 U1C 的(147)～(150)、(138)～(133)、(146)、(132)脚直通，如图 3-4 所示
㊷	A12	未用
㉖、㉗	BA0、BA1	存储器区地址输入
㉑	WE#	写允许控制信号输入，由 U1C 的(139)脚输出
㉒	CAS#	列地址选通信号输入，由 U1C(140)脚输出
㉓	RAS#	行地址选通信号输入，由 U1C(141)脚输出
㉔	CS#	片选脉冲信号输入，接地
㊹	CKE	输入 AX-CLKE 时钟允许信号，由 U1C(131)脚输出
㊺	CK	时钟输入，由 U1C(130)脚输出
㊻	CK#	时钟输入，由 U1C(129)脚输出
㊾	VREF	AX-DDR-VREFA 基准电压输入，由 U1C(113)脚输出
㊼	UDM	输入 AX-DQM1 信号，用于屏蔽输入数据 DQ8～DQ15，由 U1C(111)脚输出
(51)	HDQS	输入 AX-DDR-DQS1 信号，用数据选通(DQ8～DQ15)，由 U1C(115)脚输出

6. 创维 47L20HW 无图像无伴音

检查与分析：在该机中，图像和伴音信号处理电路均包含在 U1(SVP-AX PQFP-256)超大规模集成电路内部，其相关的引脚电路原理如图 3-6 所示，引脚使用功能见表 3-3。

在无图像无伴音时，首先检查 Q22(NPN-3904)的发射极、基极以及 U1A 的(61)脚是否有视频信号波形，以进一步判断故障的大致部位。经检查，U1A 的(61)脚无信号波形，检查 U1A 的(52)脚有信号波形，说明 U1A 电路有故障。进一步检查，更换 Y1(24MHz)振荡器后，故障排除。

小结：图 3-6 中，Y1(24MHz)并接在 U1A 的(194)、(195)脚，为 U1(SVP-AX PQFP-256)提供基准时钟频率。当其不良或损坏时，U1 不工作，导致无图像、无伴音故障。检修时应加以注意，必要时将其直接换新。

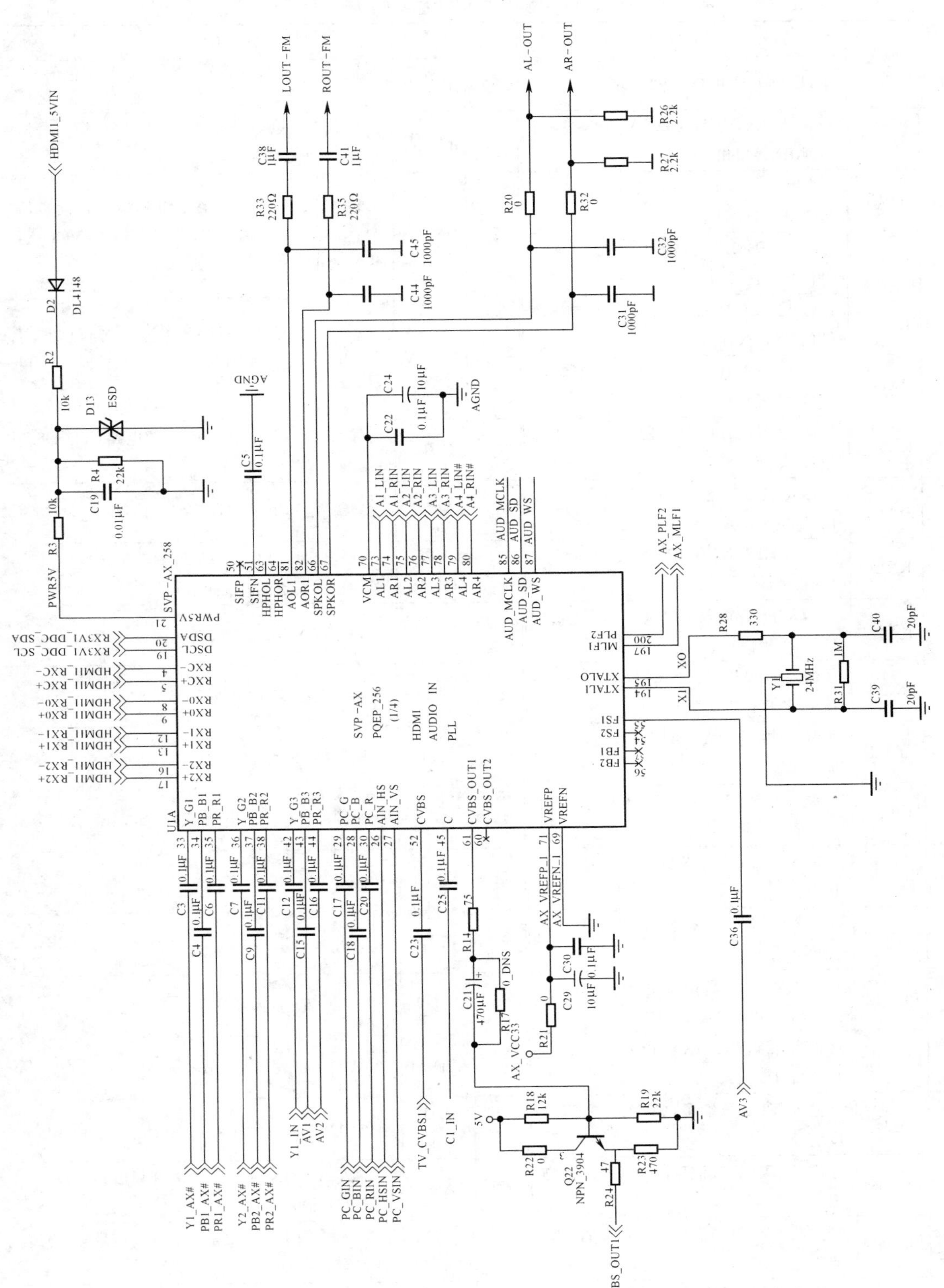

图 3-6　创维 42L20HW 机型中视音频电路原理图

表 3-3 U1A(SVP-Ax PQFP-256)部分引脚使用功能

引脚	符 号	使用功能	引脚	符 号	使用功能
㉑	PWR5V	HDMI1-5VIN(+5V)电源输入	㉘	PC _ B	输入 PC-BIN(VGA-BIN)电脑蓝基色信号,由 JA3 的③脚输入
⑳	DSDA	输入 Rx3V1-DDC-SOA 数据线,与 HDMI1 接口相通	㉚	PC _ R	输入 PC-RIN(VGA-RIN)电脑红基色信号,由 JA3 的①脚输入
⑲	DSCL	输入 Rx3V1-DDC-SCL 时钟线,与 HDMI1 接口相通	㉖	AIN _ HS	输入 PC-HSIN(VGA-HSIN)电脑行同步信号,由 JA3 的⑬脚输入,并经 U11(74VC14A)转换输出
④	RXC−	输入 HDMI1 接口 RXC−数字对时钟信号(负极性)			
⑤	RXC+	输入 HDMI1 接口 RXC+数字对时钟信号(正极性)	㉗	AIN _ VS	输入 PC-VSIN(VGA-VSIN)电脑行同步信号,由 JA3 的⑭脚输入,并经 U11(74VC14A)转换输出
⑧	RXO−	输入 HDMI1 接口 RXO−数字对红信号(负极性)			
⑨	RXO+	输入 HDMI1 接口 RXO+数字对红信号(正极性)	㊾	CVBS	输入 TV 视频信号,由中频电路(TDA9885 的⑰脚)输出
⑫	RX1−	输入 HDMI1 接口 RX1−数字对绿信号(负极性)	㊺	C	S 端子的色度信号(C)输入
⑬	RX1+	输入 HDMI,接口 RX1+数字对绿信号(正极性)	61	CVBS _ OUT1	视频信号输出,经 AV 视频输出接口向机外其他显示设备提供视频信号源
⑯	RX2−	输入 HDMI1 接口 RX2−数字对蓝信号(负极性)	71	VREFP	输入,AX-VCC33(3.3V)电源
⑰	RX2+	输入 HDMI1 接口 RX2+数字对蓝信呈(正极性)	69	VREFN	参考电压(负),接地
㉝	Y-G1	输入外部 Y1-AX 亮度信号 1,由 JA4 插口 1 输入	55	FS1	输入 AV3 视频信号
㉞	PB-B1	输入外部 PB1-AX 蓝色差信号 1,由 JA4 插口 3 输入	194、195	XTAI/ XTAO	时钟振荡输入输出,外接 24MHz 振荡器
㉟	PR _ R1	输入外部 PR1-AX 红色差信号 1,由 JA4 插口 5 输入	197	MLF1	输出 AX-MLF1
㊱	Y _ G2	输入外部 Y2-AX 亮度信号 2,由 JA4 插口 2 输入	200	PLF2	输出 AX-PLF2
㊲	PB _ B2	输入外部 PB2-AX 蓝色差信号 2,由 JA4 插口 4 输入	87	AUD -WS	AUD -WS 音频开关
㊳	PR _ R2	输入外部 PR2-AX 红色差信号 2,由 JA4 插口 6 输入	86	AUD -SD	AUD -SD 数字音频信号输出
㊷	Y _ G3	输入 Y1-INS 端子(CON10)③脚亮度信号	85	AUD - MCLK	AUD -MCLK 数字音频时钟信号输出
㊸	PB _ B3	输入 AV1 视频信号,由 JA10 的①脚输入	80	AR4	输入 A4-RIN(主要是 TV 音频信号)右声道音频信号输入
㊹	PR _ R3	输入 AV2 视频信号,由 JA10 的②脚输入	79	AL4	输入 A4-LIN(主要是 TV 音频信号)左声道音频信号输入
㉙	PC _ G	输入 PC-GIN(VGA-GIN)电脑绿基色信号,由 JA3 的②脚输入	78	AR3	AV3 右声道音频信号输入

续表 3-3

引脚	符　号	使用功能
⑰	AL3	AV3 左声道音频信号输入
⑯	AR2	AV2 右声道音频信号输入
⑮	AL2	AV2 左声道音频信号输入
⑭	AR1	AV1 右声道音频信号输入
⑬	AL1	AV1 左声道音频信号输入
⑩	VCM	外接 10μF/0.1μF 滤波电容
⑥	SPKOR	右声道音频信号输出，送至伴音功放电路

引脚	符　号	使用功能
⑯	SPKOL	左声道音频信号输出，送至伴音功放电路
⑫	AOR1	右声道音频信号输出，送至耳机电路
⑪	AOL1	左声道音频信号输出，送至耳机电路
⑤	SIFN	外接 0.1μF 滤波电容

7. 创维 47L20HW 马赛克图像，图像画面中间有两条横亮线干扰，伴音正常

检查与分析：马赛克图像和伴音正常，说明微控制系统和高中频等信号通道基本正常，因此，加到液晶屏的低压差分数字对信号或液晶屏驱动接口电路异常。检修时首先采用电阻测量法检查 CON1 液晶屏驱动信号接口电路，其电路原理如图 3-7 所示，引脚使用功能见表 3-4。

经检查，CON1 的接口电路均正常，用示波器观察 U1B(SVP-AX PQFP-256)输出的数字对信号波形异常，但观察 U1A 的⑥脚输出的模拟视频信号波形正常，因而判断 U1(SVP-AX PQFP-256)内电路局部不良。试用同机型主板代换试验，图像画面正常，但此时需要板级维修。

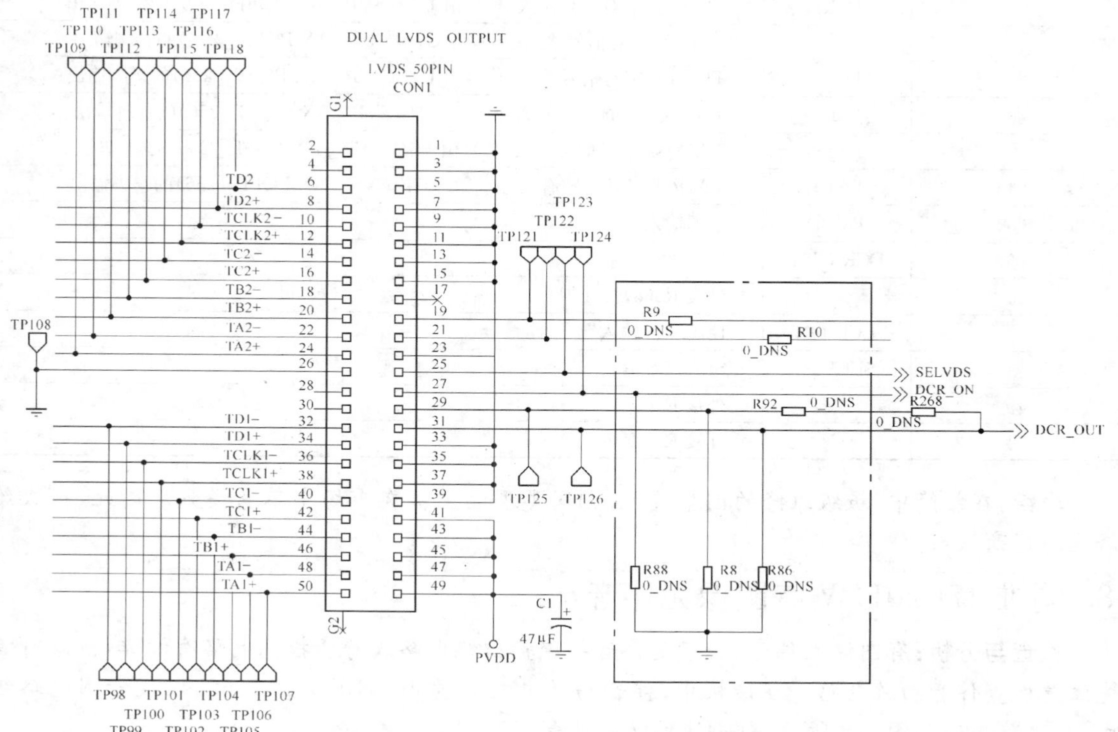

图 3-7　创维 47L20HW 机型中液晶屏驱动信号接口电路原理图

表 3-4 CON1(LVDS-50PIN)引脚使用功能

引 脚	符 号	使用功能
①、③、⑤、⑦、⑨、⑪、⑬、⑮、㉝、㉟、㊲、㊴	GND	接地
②、④、㉖、㉚、㉓	NC	未用
⑥	TD2－	TD2M 数字对信号输入(负),由 U1B(SVP_AX PQFP_256)的205脚输出
⑧	TD2＋	TD2P 数字对信号输入(正),由 U1B(SVP_AX PQFP_256)的204脚输出
⑩	TCLK2－	TCLK2M 数字对时钟信号输入(负),由 U1B(SVP_AX PQFP_256)的207脚输出
⑫	TCLK2＋	TCLK2P 数字对时钟信号输入(正),由 U1B(SVP_AX PQFP_256)的206脚输出
⑭	TC2－	TC2M 数字对信号输入(负),由 U1B(SVP_AX PQFP_256)的209脚输出
⑯	TC2＋	TC2P 数字对信号输入(正),由 U1B(SVP_AX PQFP_256)的208脚输出
⑱	TB2－	TB2M 数字对信号输入(负),由 U1B(SVP_AX PQFP_256)的211脚输出
⑳	TB2＋	TB2P 数字对信号输入(正),由 U1B(SVP_AX PQFP_256)的210脚输出
㉒	TA2－	TA2M 数字对信号输入(负),由 U1B(SVP_AX PQFP_256)的213脚输出
㉔	TA2＋	TA2P 数字对信号输入(正),由 U1B(SVP_AX PQFP_256)的212脚输出
㉖	TP108	测试点
㉜	TD1－	TD1M 数字对信号输入(负),由 U1B(SVP_AX PQFP_256)的219脚输出
㉞	TD1＋	TD1P 数字对信号输入(正),由 U1B(SVP_AX PQFP_256)的218脚输出
㊱	TCLK1－	TCLK1M 数字对时钟信号输入(负),由 U1B(SVP_AX PQFP_256)的221脚输出
㊳	TCLK1＋	TCLK1P 数字对时钟信号输入(正),由 U1B(SVP_AX PQFP_256)的220脚输出
㊵	TC1－	TC1M 数字对信号输入(负),由 U1B(SVP_AX PQFP_256)的223脚输出
㊷	TC1＋	TC1P 数字对信号输入(正),由 U1B(SVP_AX PQFP_256)的222脚输出
㊹	TB1－	TB1M 数字对信号输入(负),由 U1B(SVP_AX PQFP_256)的225脚输出
㊻	TB1＋	TB1P 数字对信号输入(正),由 U1B(SVP_AX PQFP_256)的224脚输出
㊽	TA1－	TA1M 数字对信号输入(负),由 U1B(SVP_AX PQFP_256)的227脚输出
㊿	TA1＋	TA1P 数字对信号输入(正),由 U1B(SVP_AX PQFP_256)的226脚输出
㊶、㊸、㊺、㊼、㊾	PVDD	电源输入
㉛	DCR-OUT	DCR-OUT 输入
㉙	—	外接 R268,接㉛脚
㉗	DCR-ON	DCR-ON 输入
㉕	SELVDS	SELVDS 输入
㉑	—	外接 R10
⑲	—	外接 R9

小结:在维修中,板级维修的困难较大,相同类型的主板在市场中不易买到。因此,板级维修应与厂商联系。

8. 创维 47L20HW 有图像无伴音

检查与分析:有图像无伴音,一般是伴音功率输出级电路或静音控制电路有故障,检修时首先注意检查伴音功放电路。在该机中,伴音功放电路主要由 U10(TDA7266)以及外围电路组成,其电路原理如图 3-8 所示,引脚使用功能见表 3-5。

经检查,发现 U10(TDA7266)的⑥脚电压始终为 0V,而正常时应为 4.2V。进一步检查外

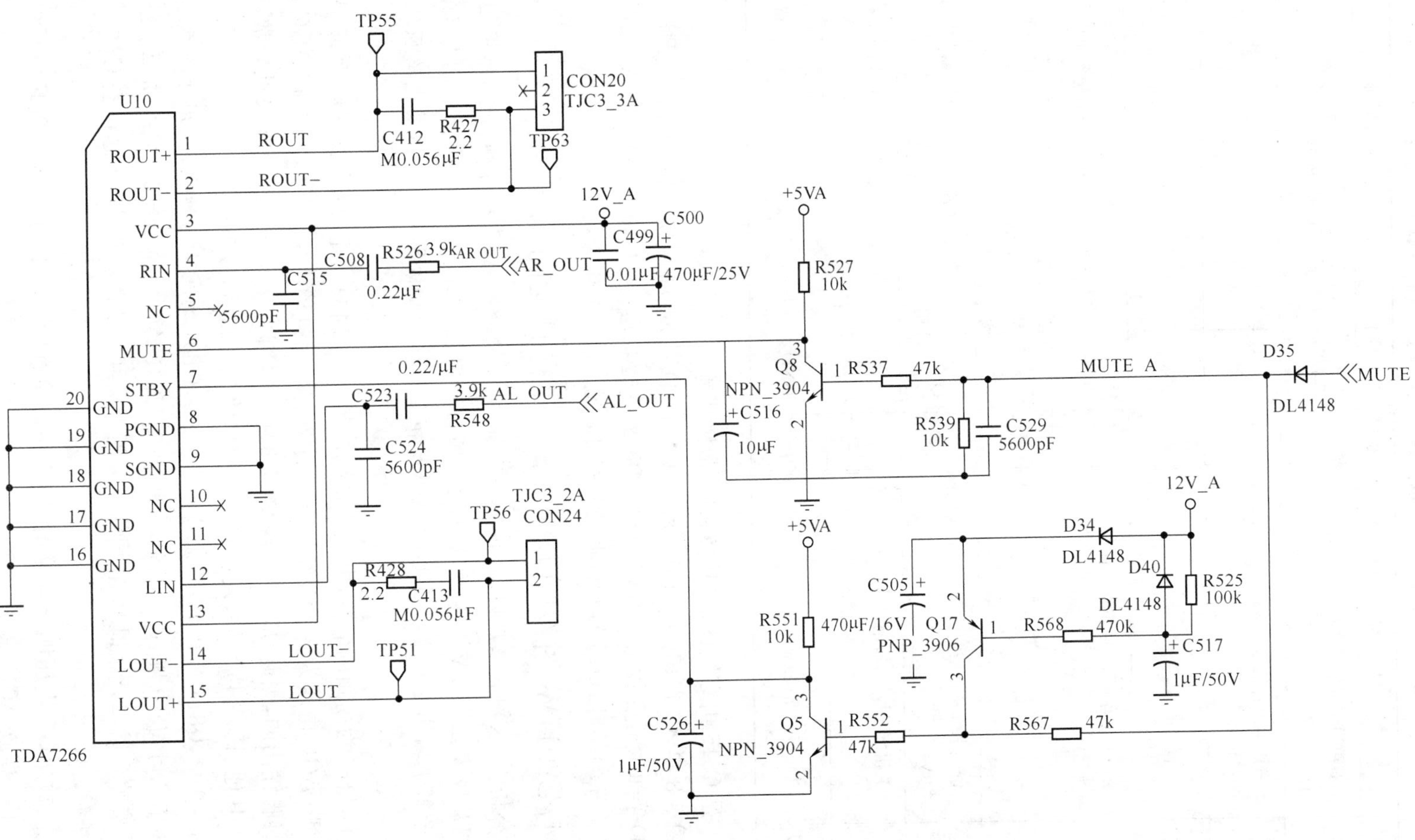

图 3-8　创维 47L20HW 机型中伴音功放输出电路原理图

表 3-5　U10(TDA7266 双声道音频功率放大器)引脚使用功能

引脚	符　号	使用功能	引脚	符　号	使用功能
①	ROUT＋	右声道声音信号正极性输出，有信号电压 6.4V	⑨	SGND	伴音前置电路接地
②	ROUT－	右声道声音信号负极性输出，有信号电压 6.4V	⑩	NC	未用
③	VCC	＋12V 电源	⑪	NC	未用
④	RIN	右声道音频信号输入，有信号电压 1.6V	⑫	LIN	左声道音频信号输入，有信号电压 1.6V
⑤	NC	未用	⑬	VCC	＋12V 电源
⑥	MUTE	静音控制，有信号电压 4.2V，静音时 0V	⑭	LOUT－	左声道声音信号负极性输出，有信号电压 6.4V
⑦	STBY	关机静噪控制，有信号电压 4.2V，静音时 0.2V	⑮	LOUT＋	左声道声音信号正极性输出，有信号电压 6.4V
⑧	PGNO	功放级电路接地	⑯～⑳	GND	接地

接元件，结果是 C516 击穿损坏，将其换新后，故障排除。

小结：图 3-8 中，C516(10μF/16V)用于 U10(TDA7266)的⑥脚供电滤波。⑥脚外接 Q8(NPN-3904)等组成静音控制电路，静音时，Q8 呈导通状态，使 U10 的⑥脚为 0V 低电平。因此，当 C516 击穿损坏时，U10 的⑥脚也进入静音状态，导致无伴音故障。

9. 创维 47L20HW 图像噪波时大时小，有时无图无声

检查与分析：为区别故障原因，在拆壳检修前，可转换输入 AV1 视音频信号，结果图像声音均正常，说明故障发生在 TV 信号接收及视音频信号解调输出电路。在该机中，TV 信号接收及视音频信号解调输出电路主要由 U12 调谐器和 U801(TDA9885)等组成，其电路原理如图 3-9 所示。

图 3-9 中，U12 为高频调谐器，由 I^2C 总线控制，正常时总线电压(④、⑤脚)为 4.6V；有信号输出时，①脚 AGC 电压为 3.6V，经检查仅有 2.1V，且抖动不稳。U12 的①脚 AGC 电压是由 U801 的⑭脚输出的，因此，应进一步检查 U801 的⑭脚外接元件。经检查未见异常，再进一步检查 U801 其他引脚外围元件，发现 C814 不良，将其换新后，故障排除。

小结：图 3-9 中，C814 为 0.47μF 滤波电容，接在 U801 的⑯脚与地之间，用于中频 AGC 滤波。当 C814 不良时，使中频 AGC 异常，进而导致 U801 的⑭脚输出高放 AGC 异常，造成图像噪波增大，严重时无图无声。因此，在图像噪波增大等疑难故障检修中，注意检查 C814，必要时可将其直接换新。

另外，在高放 AGC 电压明显异常时，还应注意检查图 3-9 中的 C828(22μF)。C828 接在 U12 的①脚，用于高放 AGC 滤波。

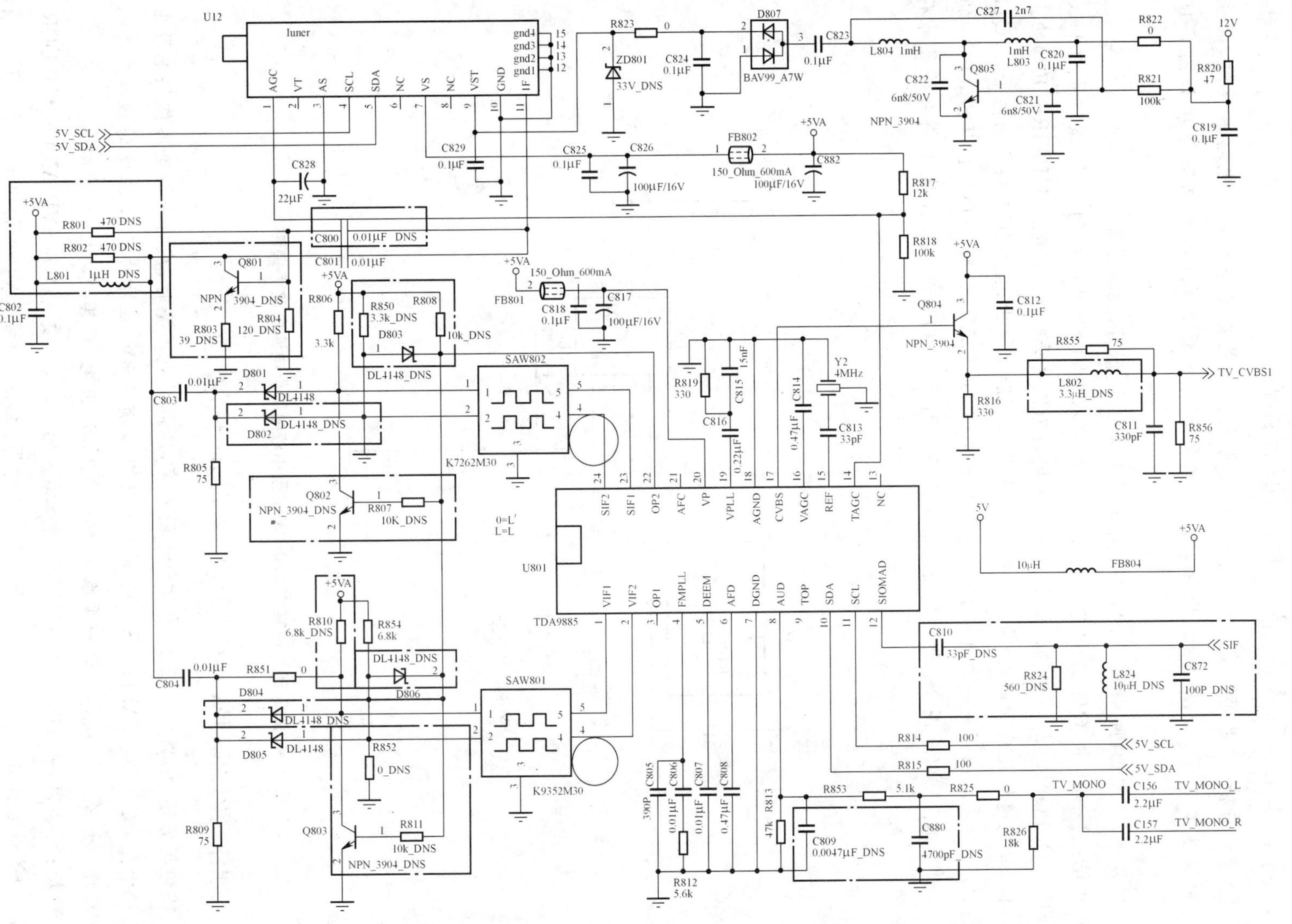

图 3-9 创维 47L20HW 机型中高中频电路及视音频信号解调输出电路原理图

10. 创维 37L20HW 液晶屏不亮，但有伴音

检查与分析：液晶屏不亮，有伴音，一般是背光控制或背光亮度调谐电路有故障，而主芯片电路基本正常工作，因此，检修时先注意检查背光控制电路，其电路原理如图 3-10 所示。

经检查，发现 Q11(NPN-3904)呈软击穿损坏，将其换新后，故障排除。

小结：图 3-10 中，Q11 为背光控制管，其基极输入 LVDS-PWR 控制信号，该信号由 U1C (SVR _ AX PQFP _ 256)的⑰脚输出。当 U1C⑰脚为低电平时，Q11 截止，U19(IRF7404)的④脚(内接 P 沟道场效应管栅极)为高电平，U19 的⑤～⑧脚无输出；当 U1C⑰脚为高电平时，Q11 导通，U19 的④脚为低电平，U19 的⑤～⑧脚输出 PVDD(+5V)，加到 CON1(LVDS-50PIN)的㊶、㊸、㊺、㊼、㊾脚(如图 3-7 所示)，使液晶屏点亮。因此，当 Q11 不良或开路时，导致液晶屏不亮故障。

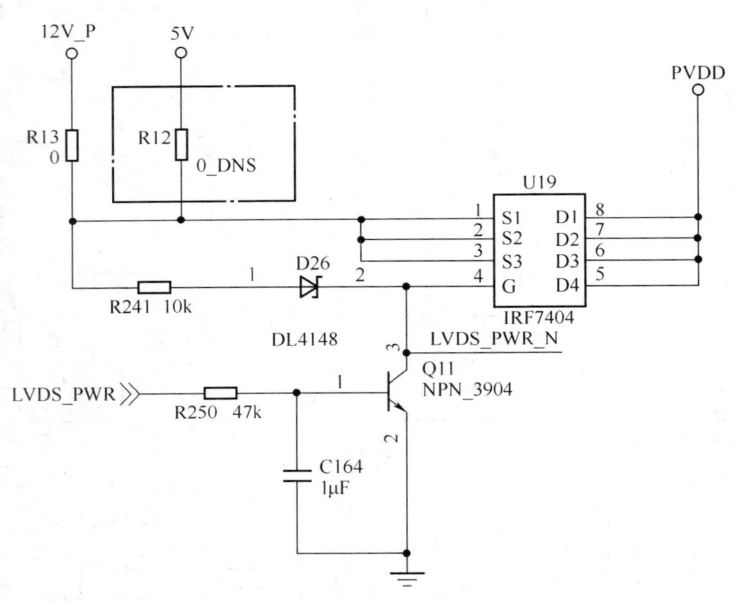

图 3-10 创维 37L20HW 机型中液晶屏供电源电路原理图

11. 创维 42L20HW 无图无声，液晶屏不亮

检查与分析：根据检修经验，在该机无图无声，液晶屏也不亮时，应首先检查各组供电源电路。经检查，发现 U30(AP1117E25)②脚输出电压仅有 1.3V，且抖动不稳，正常时应有 2.5V，其电路原理如图 3-11 所示。进一步检查，结果是 C287 漏电，将其换新后，故障排除。

小结：图 3-11 中，U30(AP1117E25)为 2.5V 稳压器，主要为 U1(SVP-AX)和 U5(DDR-8MX16)等供电；U32(AP1117E33)为 3.3V 稳压器，主要为 U1(SVP-AX)供电。U30、U32 有一只稳压器输出异常，均会造成无图无声等故障。

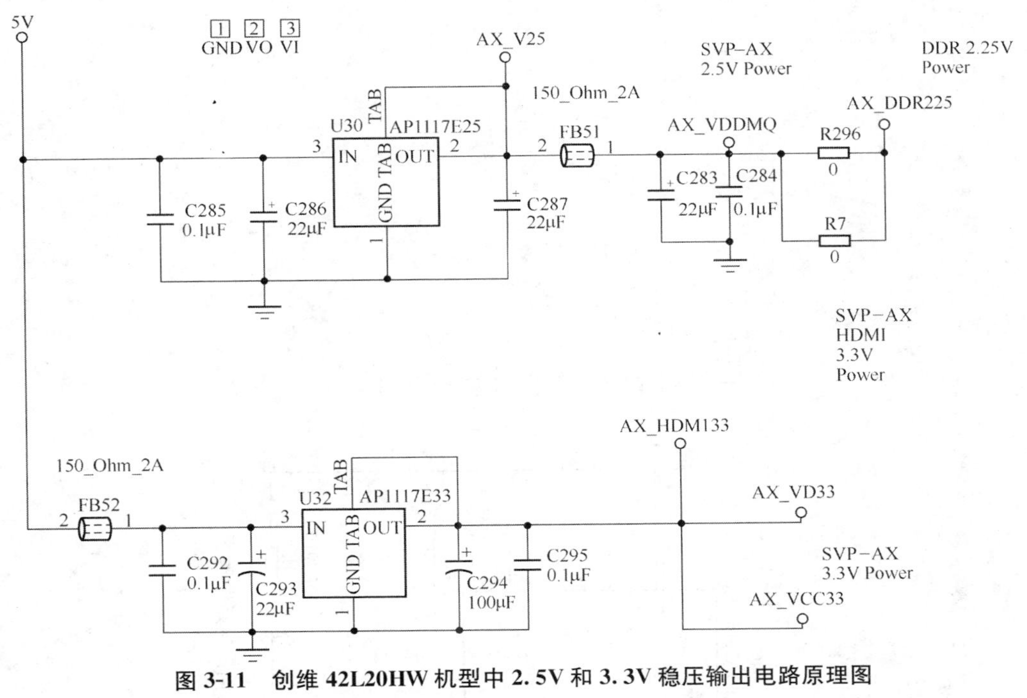

图 3-11　创维 42L20HW 机型中 2.5V 和 3.3V 稳压输出电路原理图

12. 创维 37L98SW 图像正常，伴音有噪声

检查与分析：图像正常，伴音有噪声，说明主芯片电路基本正常工作，检修时应重点检查伴音信号传输电路及音频功放电路。检修时，可先用示波器观察 TP221、TP222、TP133、TP134 测试点的信号波形，其电路原理如图 3-12 所示。

经检查，TP221、TP222 和 TP134 测试点的音频信号波形正常，TP133 测试点伴音信号波形明显异常，因而判断 C250 不良，将其换新后，故障排除。

小结：图 3-12 中，C250 和 C251 均为 10μF/16V 电解电容器，分别用于左右声道音频耦合输入，其故障率较高，其中任意一只电容不良都会引起伴音有噪声或伴音失真等故障。检修时应特别注意，必要时可将其直接换新。在更换 C250、C251 时，应尽量选择耐压值较高的电解电容器，如 50V/10μF 等。

13. 创维 37L98SW 屏幕画面上出现多组竖直条干扰

检查与分析：根据检修经验，屏幕画面上出现多组竖直条干扰，一般是液晶屏驱动信号接口电路或液晶板的驱动 IC 电路有故障。经检查，液晶屏驱动信号接口电路基本正常，因而判断液晶屏电路有故障，这时需更换液晶屏。在维修中，更换液晶屏的难度较大，在市场中不易买到相同类型的液晶屏，故更换液晶屏需与商家联系。

小结：更换液晶屏的价格较高，一般在千元左右。由于液晶电视的发展速度较快，市场价格急剧下降，故在一般情况下，不建议用户继续维修。

14. 创维 32L98SW(8M10 机心)TV 状态无伴音，但图像正常

检查与分析：TV 状态无伴音，但图像正常时，可先试转换输入 AV1 视音频信号，以进一步判断故障原因。经检验，AV1 输入状态，图像和伴音均正常，说明主芯片电路及伴音功放输出等电路均正常，这时应重点检查高频调谐器输出电路，其电路原理如图 3-13 所示。

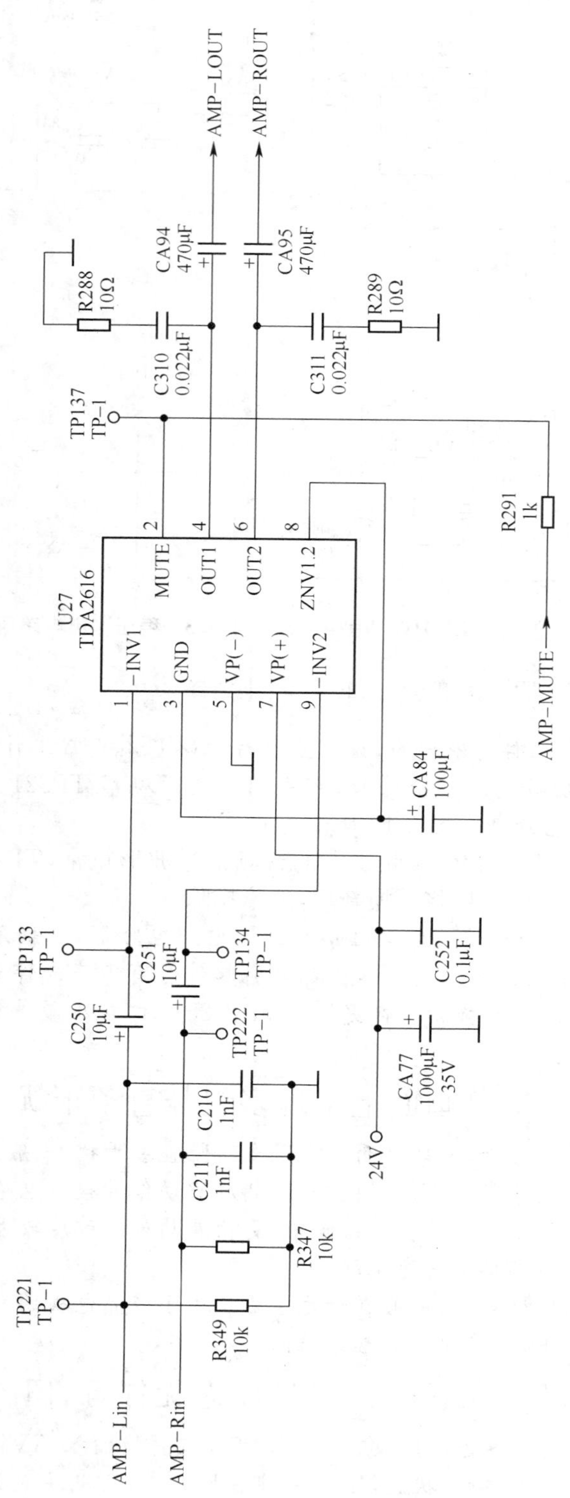

图 3-12 创维 37L98SW 机型中伴音功放输出电路原理图

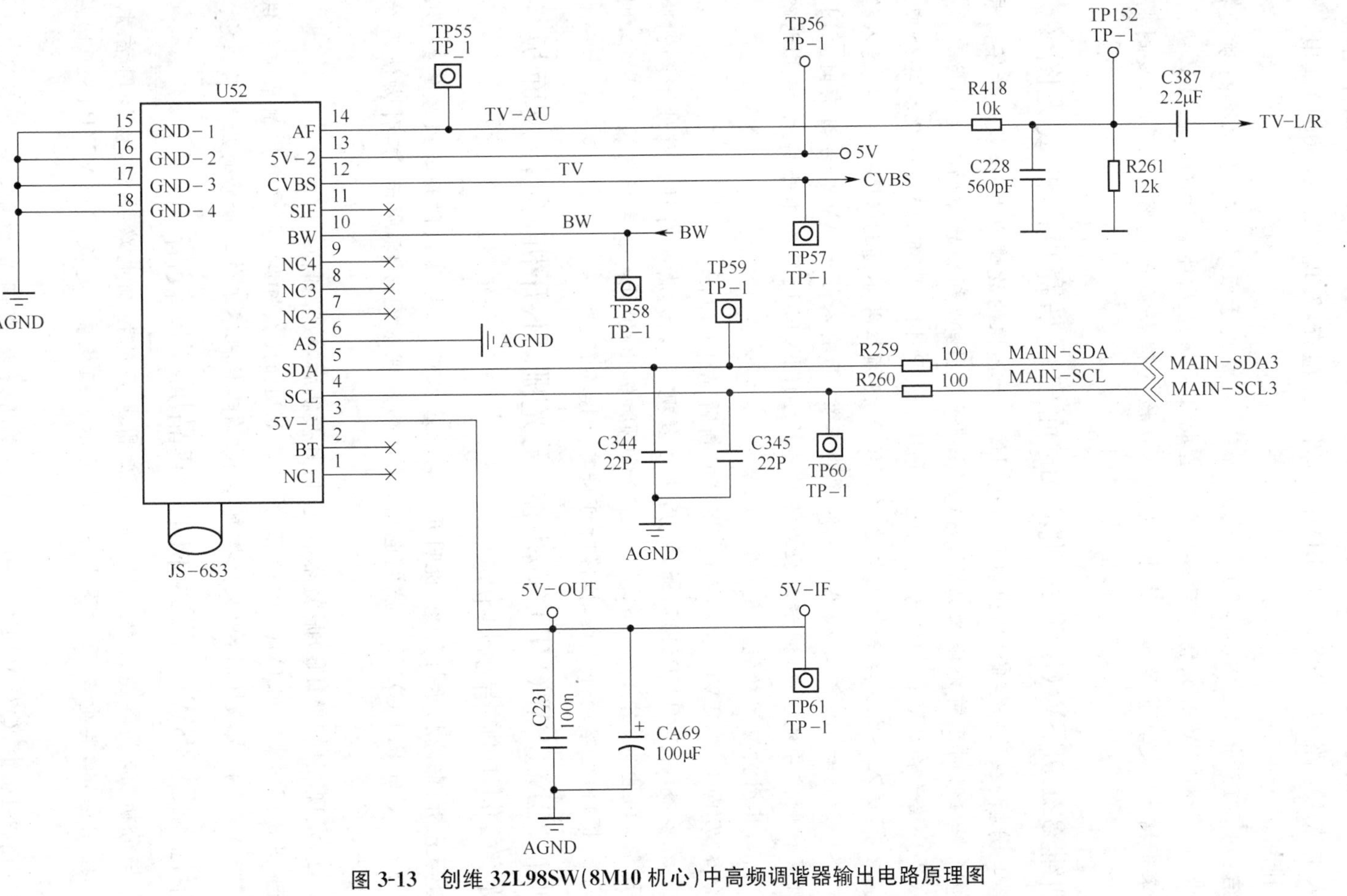

图 3-13　创维 32L98SW(8M10 机心)中高频调谐器输出电路原理图

图 3-13 中，U52 是具有 I^2C 总线控制功能的高频调谐器，其主要特点是分别输出 TV 视频信号和 TV 音频信号，其中音频信号是由 U52 的⑭脚输出，经 R418、C387 耦合，作为 TV-L/R 信号送入主芯片电路 U9(MST9X88LD)的⑳脚。经检查，发现 C288(560pF)漏电，将其换新后，故障排除。

小结：图 3-13 中，C288 为 560pF 滤波电容，主要用于吸收尖峰脉冲等高频干扰信号，当其漏电时，会将 TV 音频信号旁路，进而造成 TV 状态无伴音故障。在 TV 状态无伴音或伴音噪声增大、失真等故障检修中，还应注意检查耦合输出电容 C387，必要时将其直接换新。

15. 创维 32L98SW(8TTN 机心)时而出现马赛克图像或无图像

检查与分析：在检修经验中，出现马赛克图像或无图像的故障原因，一般是数字信号处理电路有故障。但检修时可首先输入 AV1/AV2/S 端子信号，以判别故障的产生部位。在该机中，AV1/AV2/S 端子和 TV 视频信号首先送入 U10(TVP5147)内部，经规一化数字处理后，输出 8bit 数字信号，送入格式变换等处理电路，但 VGA 视频信号不通过 U10 而直接送入格式变换等处理电路。经试验，在输入 VGA 信号时图声正常，而输入 TV/AV 信号时有时无图像，说明故障在 TV 视频信号处理电路，这时应重点检查 U10(TVP5147)及其外围元件，其电路原理如图 3-14 所示，其引脚使用功能见表 3-6。

经检查，发现 U10(TVP5147)不良，将其换新后，故障排除。

小结：在检查 U10(TVP5147)时，先用示波器观察㉔、㉕脚的时钟振荡波形和⑳脚输出的视频信号(模拟)波形，若正常，而㊸～㊼、㊿～52脚输出的 8bit 数字信号波形异常，则一般是 U10(TVP5147)内电路局部不良，检修时可将其直接换新。

16. 创维 32L98SW(8TTN 机心)无光栅，不开机，遥控及面板控制功能均无效，但电源指示灯仍亮

检查与分析：电源指示灯仍亮，说明开关电源基本正常，根据故障现象及检修经验，检修时先检测 U11(80C51-PLCC)MPU 控制电路，其电路原理如图 3-15 所示，其引脚使用功能见表 3-7。

经检查，发现 Y4(24MHz)振荡器不良，将其换新后，故障排除。

小结：图 3-15 中，Y4(24MHz)振荡器并接在 U11 的⑳、㉑脚，主要为控制系统提供基准时钟频率。当 Y4 不良或损坏时，中央微控制器不工作，整机不工作。检修时应加以注意。

17. 创维 32L98SW(8TTN 机心)液晶屏亮度较暗

检查与分析：液晶屏亮度较暗，一般是液晶屏亮度控制电路异常，检修时首先检查液晶屏亮度控制电路，其电路原理图如 3-16 所示。经检查，更换 Q7(MMBT3904)后，故障排除。

小结：图 3-16 中，Q7(MMBT3904)用于液晶屏亮度调节控制，并通过 R100 受控于 U4A(MST5251LA)主芯片电路的252脚。检修时还应注意检查 ADJ-PWM 信号是否正常。

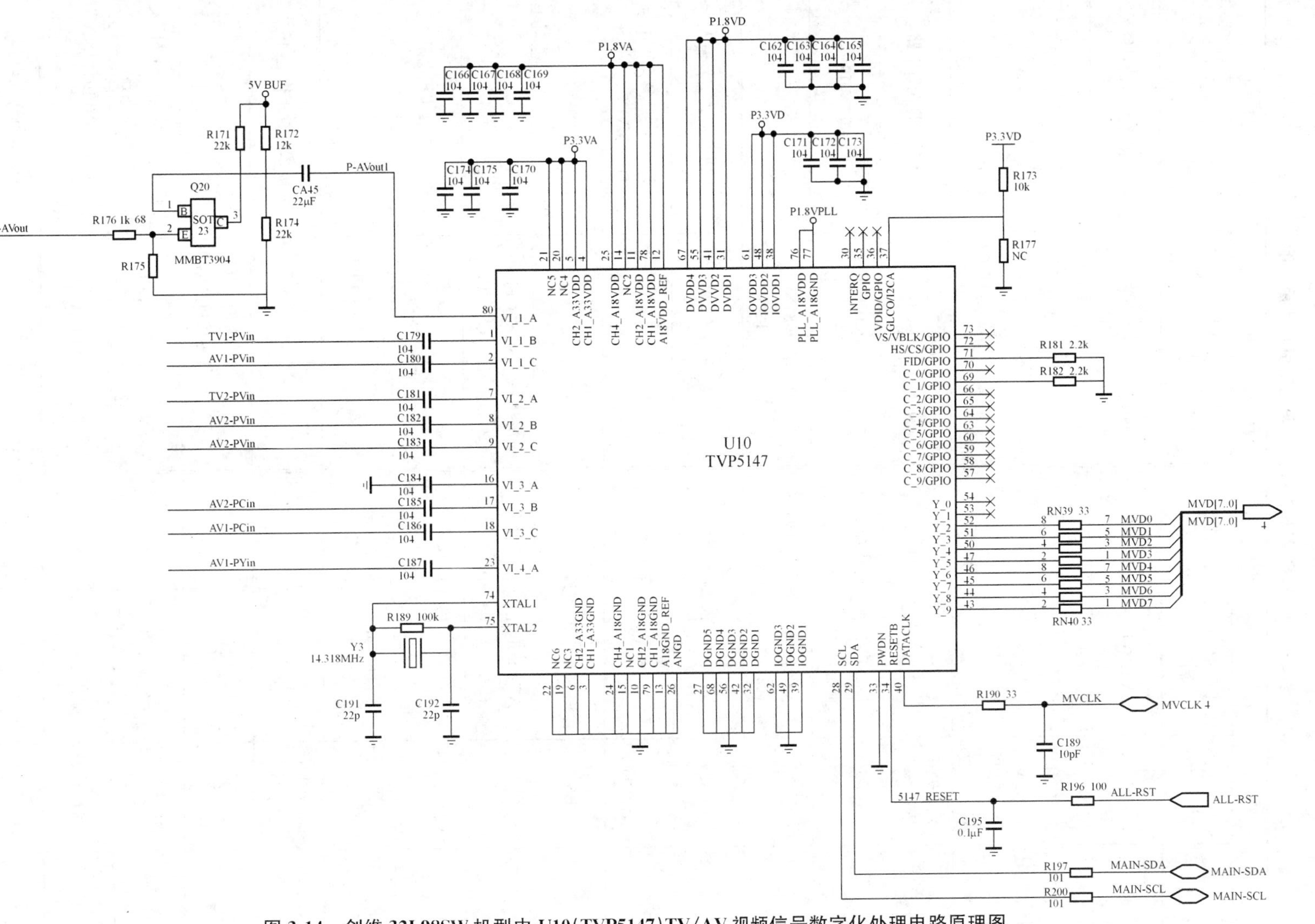

图 3-14　创维 32L98SW 机型中 U10(TVP5147)TV/AV 视频信号数字化处理电路原理图

表 3-6 U10(TVP5147)视频解码电路引脚使用功能

引 脚	符 号	使用功能	引 脚	符 号	使用功能
①	V1-1-B	TV1-PVin 视频信号输入,用于主画面	㉝	PWDN	接地
②	V1-1-C	AV1-PVin 视频信号输入	㉞	RESETB	ALL-RST 复位信号输入
③、⑥、⑩、⑬、⑮、⑲、㉒、㉔、㉖、⑦⑨、	A33GND、NC3、NC6、A18GND	接地	㉟	GPIO	未用
			㊱	AVID/GPIO	未用
④、⑤、⑳、㉑	A33VDD、NC4/5	P3.3VA(3.3V)电源	㊲	GLCO/I²CA	外接 3.3VD 偏置电路
⑦	V1-2-A	TV2-PVin 视频信号输入用于副画面	㊳、㊽、⑥①	IOVDD1～IOVDD3	P3.3VD(3.3V)电源
⑧	V1-2-B	AV2-PYin 亮度信号输入(S 端子 2)	㊴、㊾、⑥②	IOGND1～IOGND2	接地
⑨	V1-2-C	AV2-PVin 视频信号输入	㊵	DATACLK	MVCLK 时钟信号输入
⑪、⑫、⑭、㉕、⑦⑧	NC2、A18VDD	P1.8VD(1.8V)电源	㊸～㊼、㊿～⑤②	Y-9～Y2	输出 8bit 数字信号(MVD0～MVD7)
⑯	V1-3-A	外接 0.1μF 滤波电容	⑤③、⑤④	Y-0、Y-1	未用
⑰	V1-3-B	AV2-PCin 色度信号输入(S 端子 2)	⑤⑦～⑥⓪、⑥③～⑥⑥	C-9/GPIO～C2/GPIO	未用
⑱	V1-3-C	AV1-PCin 色度信号输入(S 端子 1)	⑥⑨	C-1/GPIO	外接 2.2kΩ 下拉电阻
㉓	V1-4-A	AV1-PYin 亮度信号输入(S 端子 1)	⑦⓪	C-0/GPIO	未用
㉗、㉜、㊷、⑤⑥、⑥⑧	DGND1～DGND5	接地	⑦①	FID/GPIO	外接 2.2kΩ 下拉电阻
㉘	SCL	I²C 总线时钟线	⑦②、⑦③	HS/CS/GPIO VS/VBLK/GPIO	未用
㉙	SDA	I²C 总线数据线	⑦④、⑦⑤	XTA1、XTA2	时钟振荡输入,外接 14.318MHz 振荡器
㉚	INTERQ	未用	⑦⑥	PLL-A18VDD	输入 P1.8VPLL(1.8V)电源
㉛、㊶、⑤⑤、⑥⑦	DVDD1～DVDD4	P1.8VD(1.8V)电源	⑧⓪	V1-1-A	P-AVout 视频信号输出(模拟)

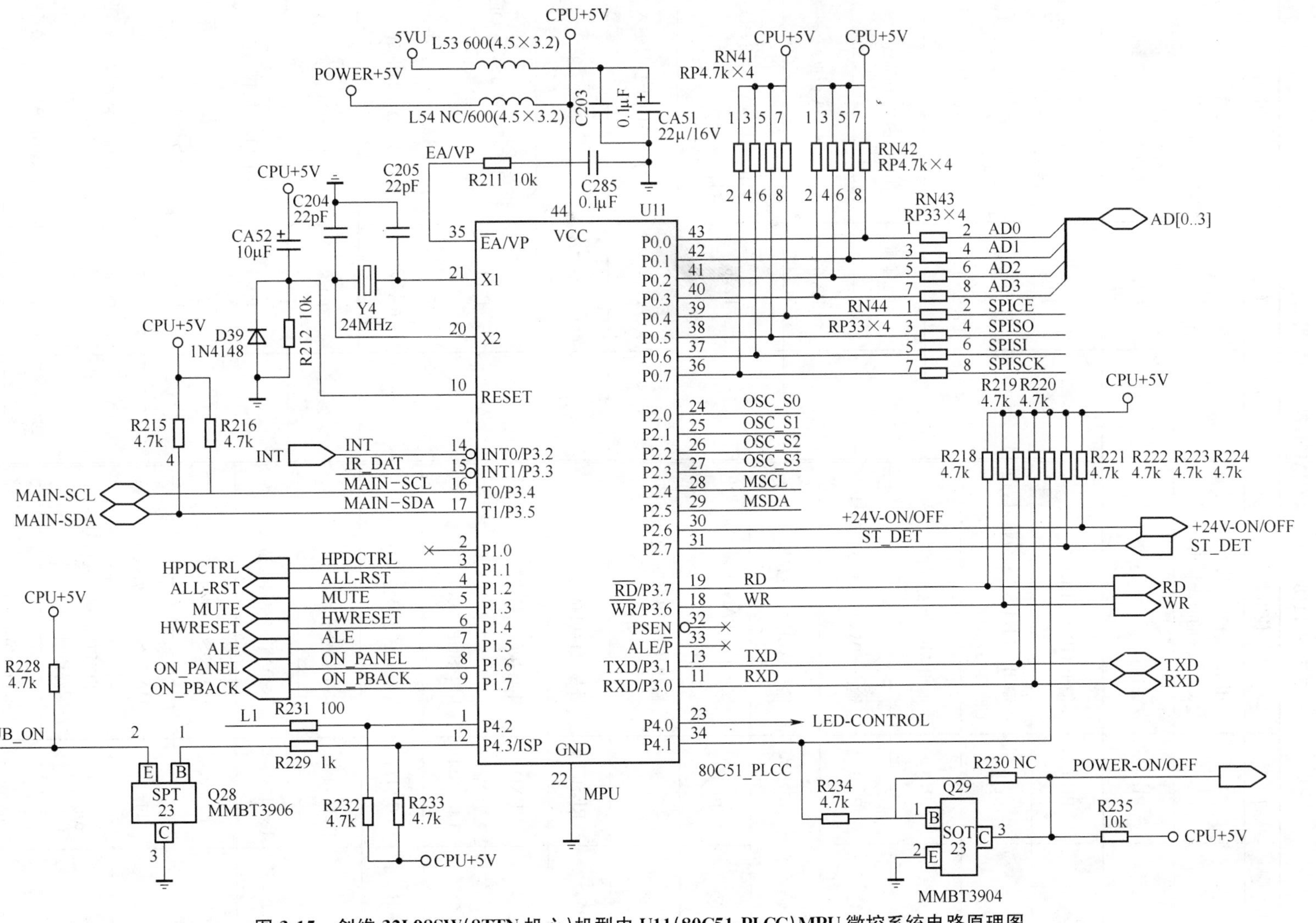

图 3-15　创维 32L98SW(8TTN 机心)机型中 U11(80C51-PLCC)MPU 微控系统电路原理图

表 3-7　U11(80C51-PLCC)MPU 微控制器引脚使用功能

引　脚	符　号	使用功能
①	P4.2	用于 L1 控制，其控制信号通过 CON13 的⑬脚输出
②	P1.0	未用
③	P1.1	输出 HPDCTRL
④	P1.2	输出 ALL-RST 复位信号，送 U8(5160)㊱脚
⑤	P1.3	输出 MUTE 静音控制信号
⑥	P1.4	输出 HWRESET 复位信号
⑦	P1.5	输出 ALE 控制信号
⑧	P1.6	输出 ON-PANEL 液晶屏供电控制信号
⑨	P1.7	输出 ON-PBACK 亮度控制信号
⑩	RESET	外接复位电路
⑪	RXD	串行接收信号控制
⑫	P4.4/ISP	用于 SUB-ON 信号控制
⑬	TXD	串行发送信号控制
⑭	INTO/P3.2	INT 信号输入
⑮	INT1/P3.2	IR-DAT 遥控信号输入
⑯	T0/P3.4	MAIN-SCL 时钟线
⑰	T1/3.5	MAIN-SDA 数据线
⑱	WR/P3.6	输出 WR 数据写入信号，用于存储器控制
⑲	RD/P3.7	输出数据读出信号，用于存储器控制
⑳、㉑	X1、X2	时钟振荡输入输出，外接 24MHz 振荡器
㉒	GND	接地
㉓	P4.0	输出 LED-CONTROL 指示灯控制信号
㉔～㉗	P2.0～P2.3	用于 OSD 信号输出
㉘	P2.4	用于 MSCL 时钟线
㉙	P2.5	用于 MSDA 数据线
㉚	P2.6	用于＋24V _ ON/OFF 控制
㉛	P2.7	用于 ST-DET 信号输入
㉜、㉝	PSEN、ALE/P	未用
㉞	P4.1	用于 POWER-ON/OFF 控制
㉟	EA/VP	外接 10kΩ 上拉电阻
㊱	P0.7	用于 SPISCK 时钟控制
㊲	P0.6	用于 SPS1 控制
㊳	P0.5	用于 SPSO 控制
㊴	P0.4	用于 SPICE 控制
㊵～㊸	P0.3～P0.0	输入输出 AD3～AD0
㊹	VCC	CPU＋5V 电源

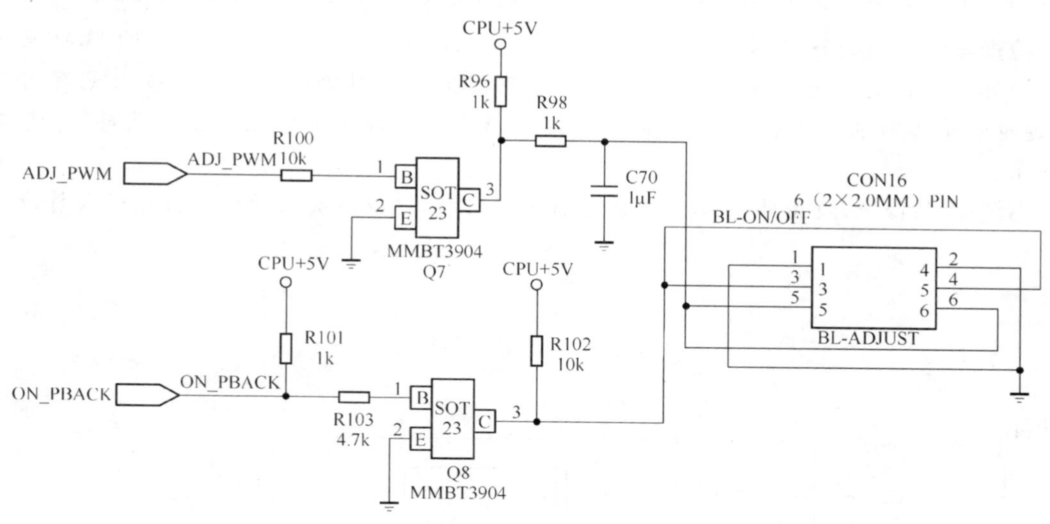

图 3-16　创维 32L98SW(8TTN 机心)机型中液晶屏亮度控制电路原理图

18. 创维 32L98SW(8TTN 机心)液晶屏不亮

检查与分析:当该机液晶屏不亮时,除注意检查液晶屏亮度控制电路(如图 3-16 所示)外,还应注意检查液晶屏供电控制电路,其电路原理如图 3-17 所示。

经检查,发现 U6(4435)损坏,将其换新后,故障排除。

小结:图 3-17 中,U6(4435)是内含 P 沟道场效应管的开关稳压输出电路,主要为液晶屏供电,但它是在 Q6(MMBT3904)的控制下进行工作的,因此,当 U6 无输出时,还应进一步检查 Q6 及 Q6 基极的 ON-PANEL 控制信号是否正常。ON-PANEL 信号由 U11(80C51-PLCC)的⑧脚输出,如图 3-15 中所示。

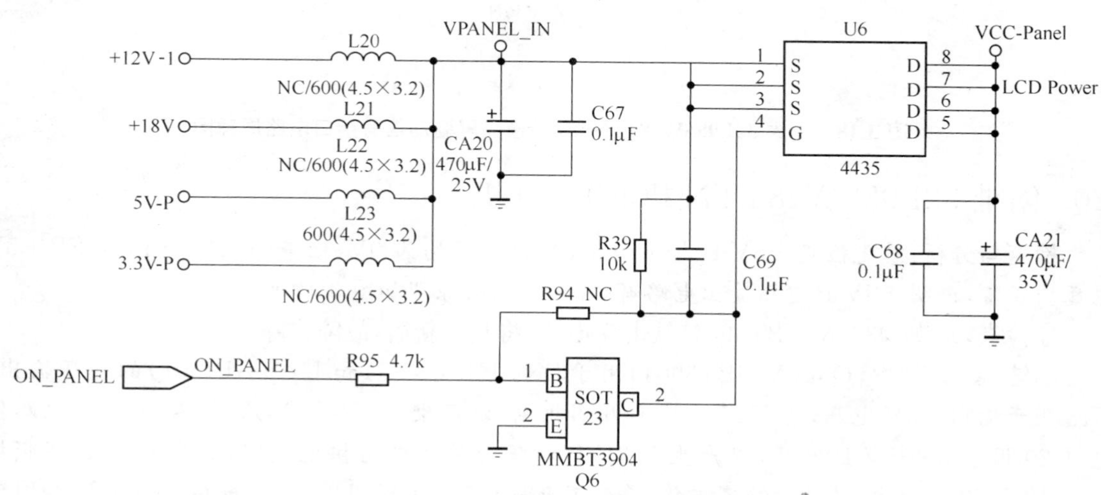

图 3-17　创维 32L98SW(8TTV 机心)中液晶屏供电控制电路原理图

19. 创维 32L98SW(8TTN 机心)液晶屏不亮,偶尔有两条的横杠出现

检查与分析:根据检修经验,检修时先检查液晶屏驱动信号接口电路,其电路原理如图 3-18 所示。检修时应首先采用电阻测量法,检测 CON7 的引脚阻值。经检查未见有明显异常,通电测量各脚电压也基本正常,故判断液晶屏电路损坏。此时应更换液晶屏,并需与厂商联系。

小结:在维修中,液晶屏一旦损坏,维修将不能进行,建议社会上的松散性维修人员应终止维修。

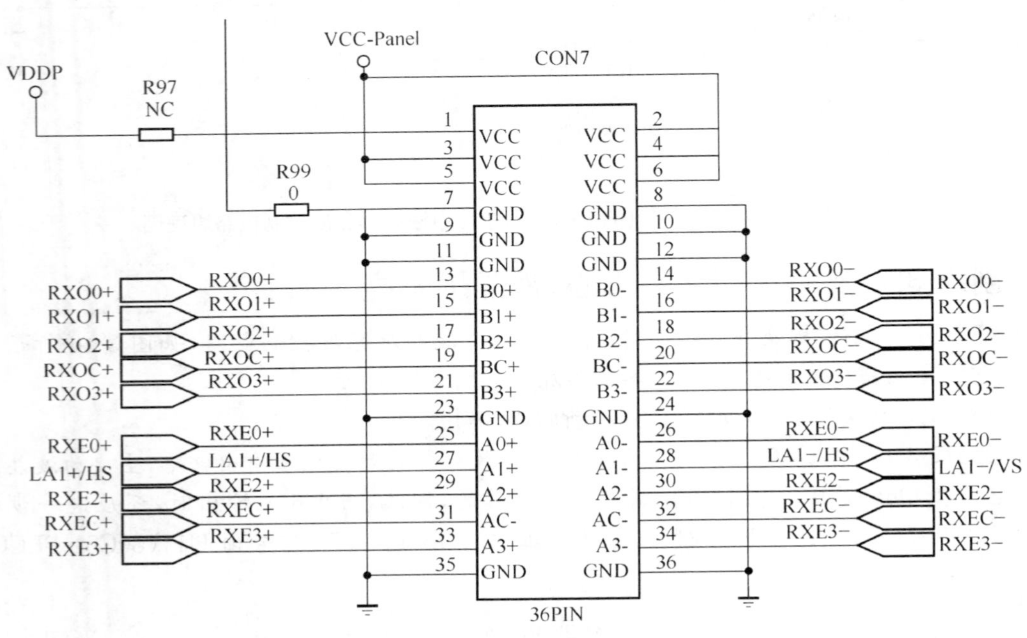

图 3-18 创维 32L98SW(8TTN 机心)液晶屏驱动信号接口电路原理图

20. 创维 32L98SW(8TTN 机心)不开机

检查与分析:首先检查+5V-P 电压和 3.3V-P 电压均为 0V,检查+12V 和 POWER+5V 电压均正常,说明+5V-P 电压输出电路有故障,其电路原理如图 3-19 所示。

经检查,发现 Q32(MMBT3904)软击穿损坏,将其换新后,故障排除。

小结:图 3-19 中,Q32(MMBT3904)用于控制 U18(4435)和 U20(AP1501)的稳压输出。U18 用于输出+5V 电压,为 U27、U25 稳压器供电,以产生 1.8V 和 2.5V 电压,为芯片电路供电;U20 用于输出 5V-P 电压,以产生 3.3V-P 电压为芯片电路供电。因此,当 Q32 击穿损坏时,U18、U20 无输出,芯片电路不工作,导致不开机故障。U27、U25 稳压电路如图 3-20 和图 3-21 所示。

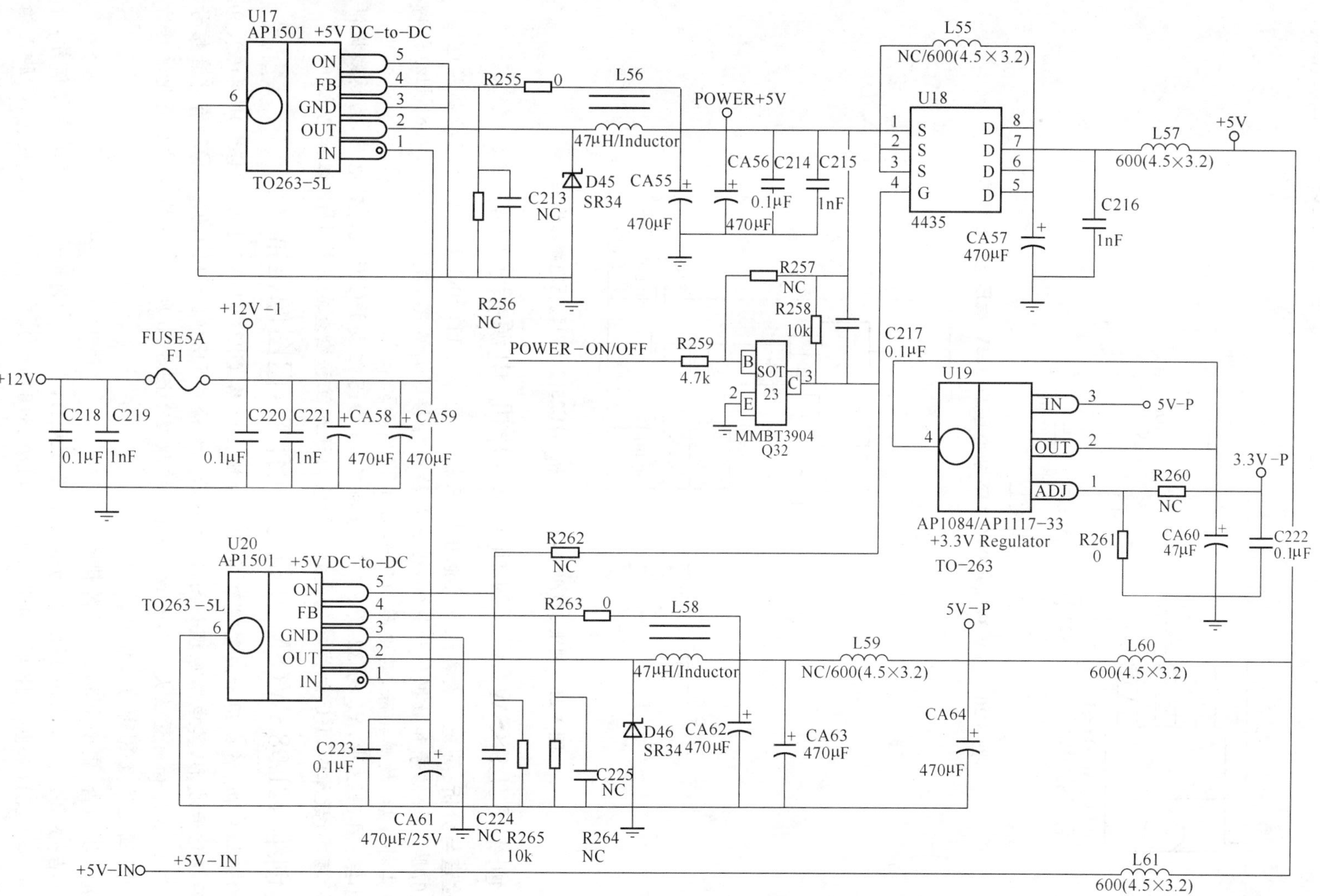

图 3-19　创维 32L98SW（8TTN 机心）中+5V-P 直流电压输出电路原理图

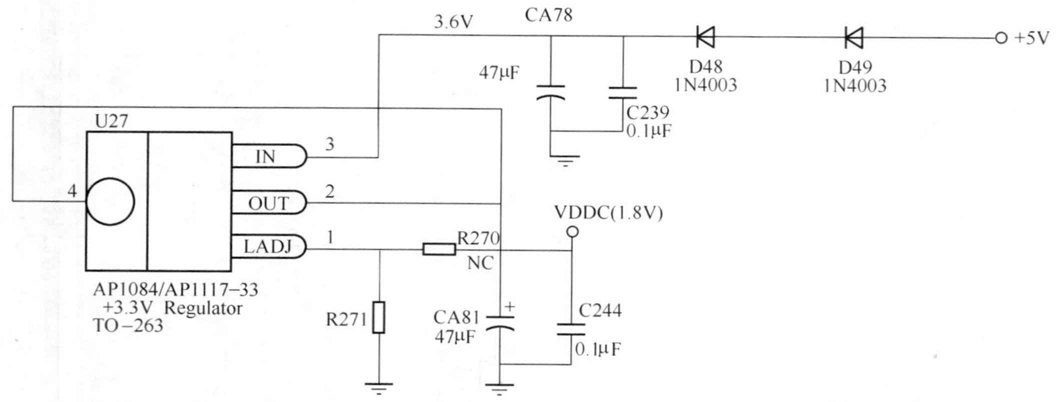

图 3-20 创维 342L98SW(8TTN 机心)U27(3.3V)稳压电路原理图

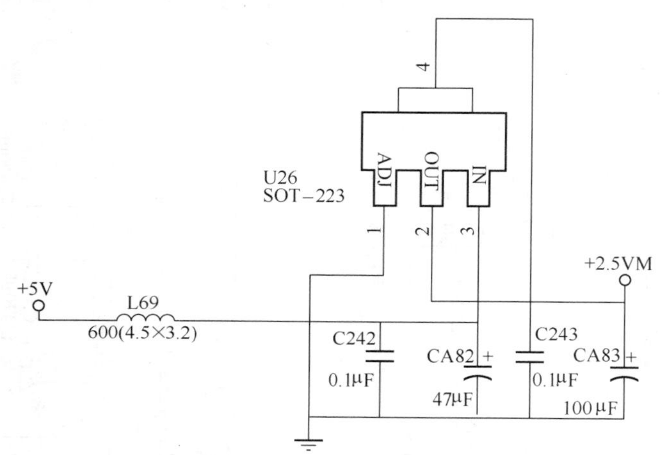

图 3-21 创维 32L98SW(8TTN 机心)U25(2.5V)稳压电路原理图

21. 创维 32L98SW(8TTN 机心)不开机，电源指示灯亮

检查与分析：首先检查各组直流电压均正常，再检查 U11(80C51-PLCC)微控制器电路，发现⑯、⑰脚时钟信号和数据信号异常，进一步检查外接时钟电路，发现 Y5(32.768KHz)引脚脱焊，将其补焊后，故障排除，其电路原理如图 3-22 所示。

小结：图 3-22 中，Y5 为 32.768KHz 振荡器，与 U15 组成 I^2C 总线时钟电路，为总线提供基准时钟频率，故障时，I^2C 总线功能失效。检修时还应注意检查或更换 U12 纽扣电池。

22. 创维 42L98SW(8M10 机心)无伴音，但图像正常

检查与分析：首先用示波器观察伴音功放输出电路 U27(TDA2616)的④、⑥脚和①、⑨脚均无音频信号波形，其电路原理如图 3-12 所示。经检查 U38(TL062)的②、⑥脚有伴音信号波形，说明 U38 伴音前置放大电路有故障，其电路原理如图 3-23 所示。但检修时应首先注意检查 U38 的外围元件及⑧脚的工作电压。

进一步检查，更换 U38 后，故障排除。

小结：图 3-23 中，U38(TL062)为音频前置放大器，由①、⑦脚输出左右声道音频信号，并通过 C250 和 C251(如图 3-12 所示)送入 U27(TDA2616)的①、⑨脚。当 U38 的①、⑦脚无输出或输出异常时，一般是 U38 不良，检修时可将其直接换新。

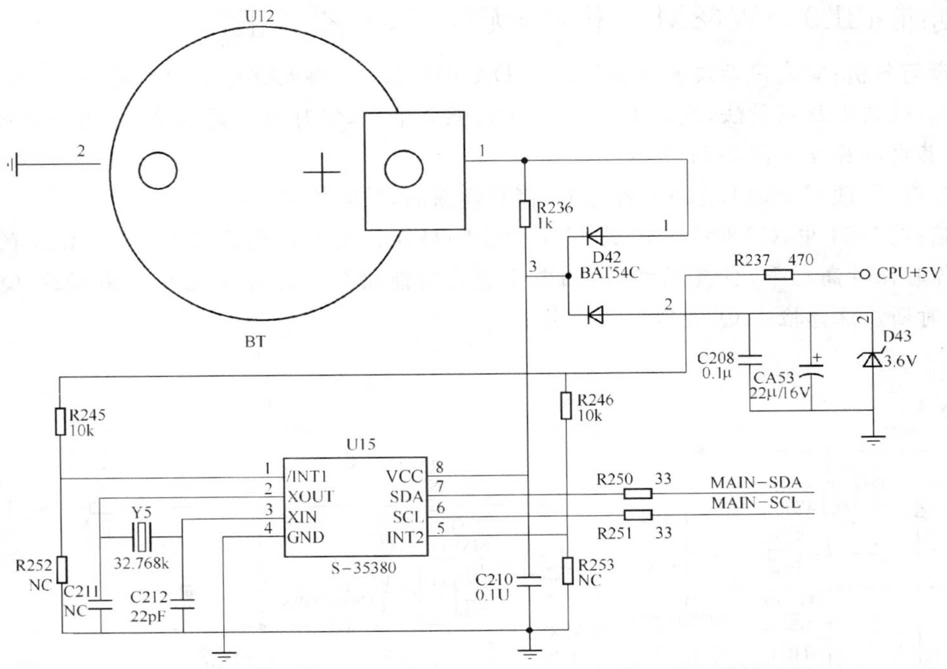

图 3-22　创维 32L98SW(8TTN 机心)中 I²C 总线时钟电路原理图

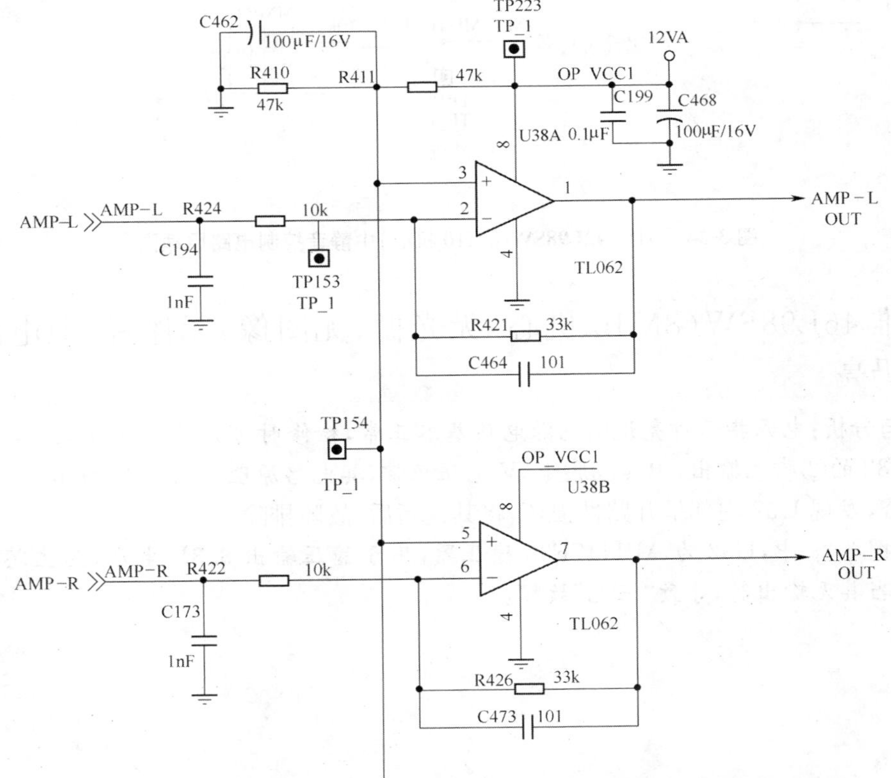

图 3-23　创维 42L98SW(8M10 机心)中伴音前置放大电路原理图

23. 创维 42L98SW(8M10 机心)无伴音，但图像正常

检查与分析：首先用示波器观察 U27(TDA2616)④、⑥脚无伴音输出信号，观察①、⑨脚有信号输入；改用电压测量法，发现 U27 的②脚为低电平，正常时应为高电平，说明静音控制电路有故障，其电路原理如图 3-24 所示。

经检查，发现 CA80(10μF)电容漏电，将其换新后，故障排除。

小结：图 3-24 中，CA80(10μF)为 U27 的②脚静音控制端供电滤波电容，使 U27 的②脚在正常工作时保持高电平，当其漏电时，相当于静音功能动作。静音功能主要由 Q27、Q26 等完成，检修时还应注意检查 Q27、Q26 等元件。

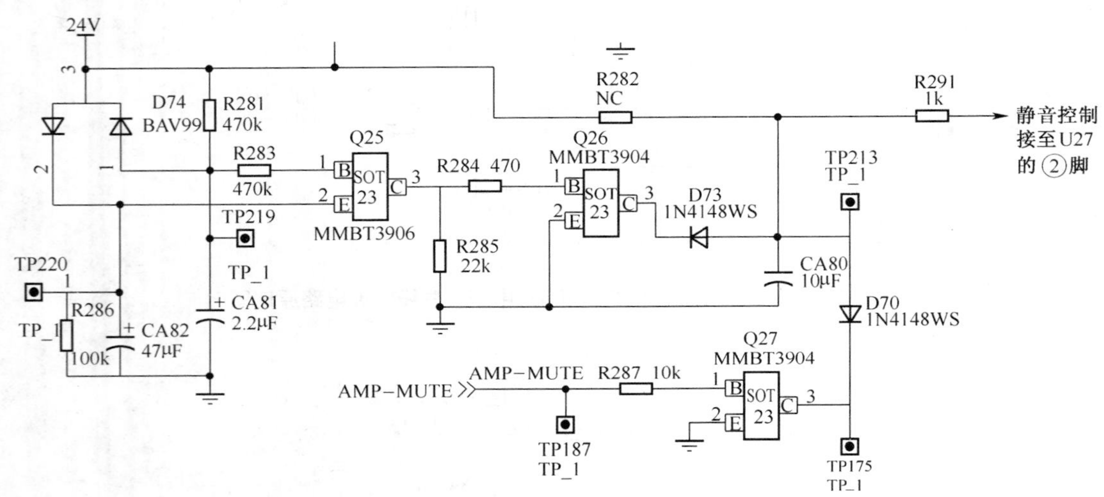

图 3-24　创维 42L98SW(8M10 机心)中静音控制电路原理图

24. 创维 46L98SW(8M10 机心)无光栅、无图像、无伴音，但电源指示灯仍亮

检查与分析：电源指示灯亮说明电源电路基本正常，检修时可先检查直流低压电路。经检查，发现 U32 的②脚无输出，但其③脚+5V 电压正常，其电路原理如图 3-25 所示。

经检查，发现 U32 内部呈开路性损坏，将其换新后，故障排除。

小结：图 3-25 中，U32 为 AP1117E33 稳压器，用于稳压输出 3.3V 电压，为主芯片电路供电。因此，当其无输出时，导致“三无”故障。

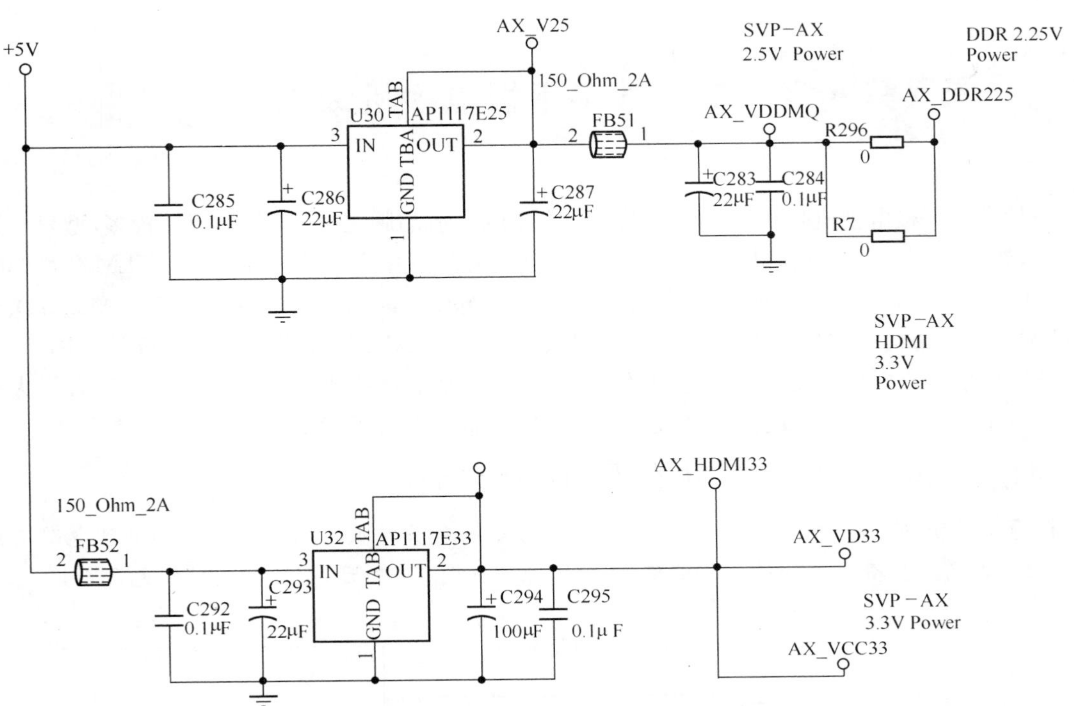

图 3-25　创维 46L98SW(8M10 机心)中 3. 3V/2. 25V 稳压输出电路原理图

第 4 章　海信数字平板电视机维修笔记

海信数字平板电视机是我国平板电视机市场中的主流品牌之一，其系列产品较多，型号也比较纷繁，如：海信 TLM3201、海信 TLM3266、海信 TLM3267、海信 TLM3288、海信 TLM32P69GP、海信 TLM37P69GP、海信 TLM42P69GP、海信 TLM47P69GP、海信 TLM3737、海信 TLM3237D、海信 TLM3737D、海信 TLM4077D、海信 TPW4211、海信 TLM22V66、海信 TLM3729G 等。因此，了解和掌握海信数字平板电视机的机心结构和检修技术，对维修其他品牌的平板电视都有很大帮助。本章主要介绍一些常见的海信平板电视机的维修笔记，以供维修者参考。

1. 海信 TLM22V68 TV 状态无图像无伴音

检查与分析：在该机中，TV 状态无图无声，一般是高频头接收电路或图像中频处理电路有故障，但检修时首先检查高频头的引脚电路，其电路原理如图 4-1 所示，引脚使用功能见表 4-1。

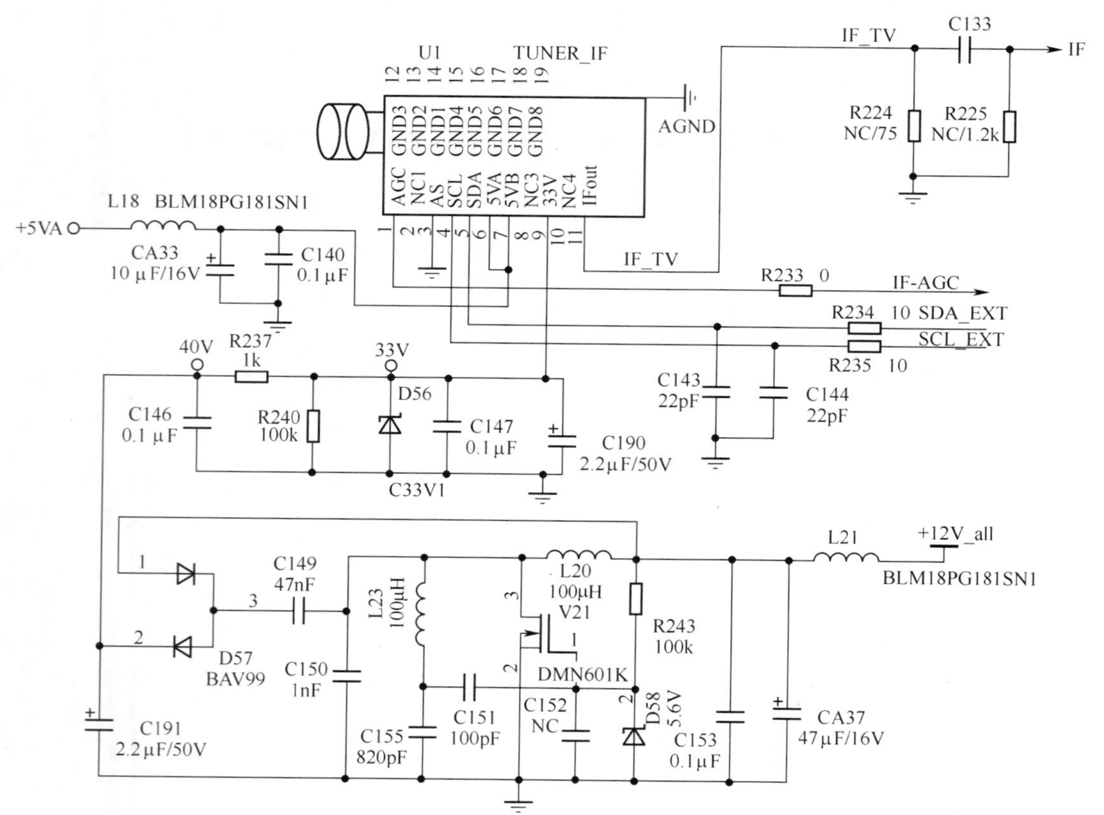

图 4-1　海信 TLM22V68 机型中高频头引脚电路原理图

经检查，发现高频头 U1 的⑨脚始终无电压，正常时应有 33V 电压；进一步检查外接电路，发现 D56(C33V1)反向漏电，将其换新后故障排除。

小结：图 4-1 中，D56(C33V1)为 33V 调谐电压稳压管，当其反向漏电时，U1 的⑨脚将无调谐电压输入，故 TV 状态无图无声。在无 33V 电压，而 D56 又正常时，应进一步检查由 V21、D58 等组成的 40V 升压电路。

表 4-1　U1(TUNER-IF 高频调谐器)引脚使用功能

引脚	符　号	使用功能	引脚	符　号	使用功能
①	AGC	高效 AGC 控制输入	⑥	5VA	+5V 电源
②	NC1	空脚	⑦	5VB	+5V 电源
③	AS	接地	⑧	NC3	空脚
④	SCL	I^2C 总线时钟线，接至 N4(PT7C4363)的⑥脚	⑨	33V	调谐电压输入(33V)
			⑩	NC4	空脚
⑤	SDA	I^2C 总线数据线，接至 N4(PT7C4363)的⑤脚	⑪	IFout	IF-TV 中频载波信号输出，送入 N17(TDA9885)

2. 海信 TLM22V68 花屏，但伴音正常

检查与分析：根据检修经验，花屏，伴音正常，一般是液晶屏驱动信号电路异常，而主芯片电路基本正常，因此，检修时应首先检查液晶屏驱动信号电路。在该机中，液晶屏驱动信号电路主要由 N24(CM1671B)及少量外围元件等组成，其实物组装如图 4-2 所示，电路原理如图 4-3 所示，引脚使用功能见表 4-2。

XP17 插排，用于连接液晶屏电路和 N24(CM1671B) 输出引脚，其中②～⑤脚连接 N24 的㊾～52脚；⑥～⑪脚连接 N24 的㊸～㊽脚；⑫～⑲脚连接 N24 的㊵～㉝脚。主要用于 RGB 数字视频信号输出。当输出信号异常时会形成花屏等故障。

N24(CM1671B)TCON 芯片，主要输出低压差分数字对信号，用于驱动液晶屏，它输出的是 3×6 路（R信号 6 路、G 信号 6 路、B 信号 6 路）数据信号。当该电路异常时，形成花屏或无图像、白光栅（或黑光栅）等故障。

图 4-2　海信 TLM22V68 机型中液晶屏接口电路实物图

根据图4-2、图4-3和表4-2分析，检修时可首先用示波器观察N24②～⑤、⑦～⑫脚的信号波形，结果正常；再观察㉛～㊵、㊸～㊾脚的信号波形，结果输出紊乱；检查外围元件，均未见异常，判断N24(CM1671B-KQ)不良。将其换新后，故障排除。

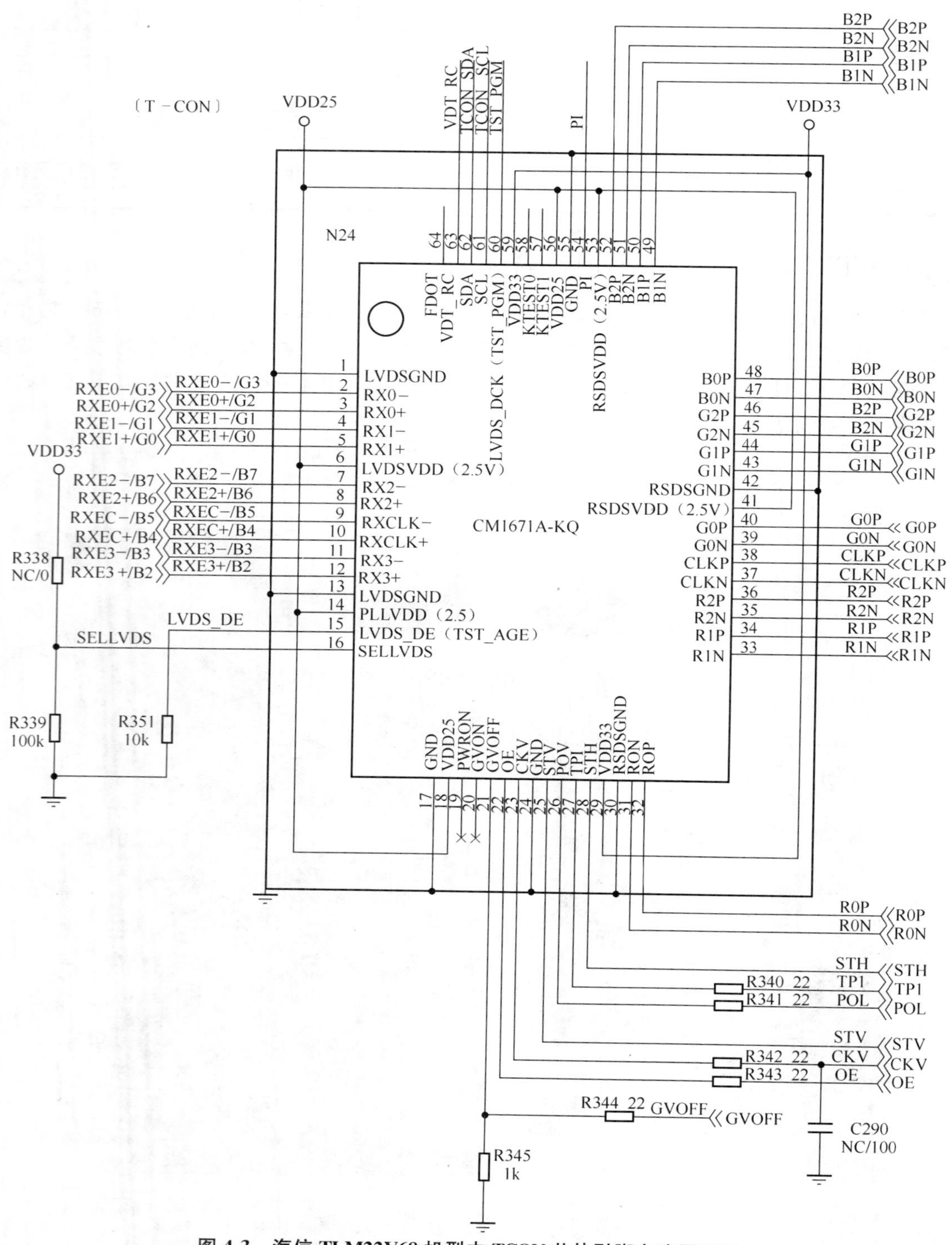

图4-3　海信TLM22V68机型中TCON芯片引脚电路原理图

表 4-2　N24(CM1671B)TCON 芯片引脚使用功能

引　脚	符　号	使用功能
①、⑬、⑰、㉔、㉚、㊷、㊺	LVDSGND、GND RSDSGND	接地
②	RX0－	RXE0－/G3 输入，由 U8(MST9U19B-LF)的⑰脚输出，主要是负极性 R 数字对信号
③	RX0＋	RXE0＋/G2 输入，由 U8 的⑰脚输出，主要是正极性 R 数字对信号
④	RX1－	RXE1－/G1 输入，由 U8 的⑯脚输出，主要是负极性 G 数字对信号
⑤	RX1＋	RXE1＋/G0 输入，由 U8 的⑯脚输出，主要是正极性 G 数字对信号
⑥、⑭、⑱、㊶、㊸、㊻	LVDS VDD(2.5V)、PLLVDD(2.5)、VDD25、RSDSVDD(2.5V)	2.5V 电源
⑦	RX2－	RXE2－/B7 输入，由 U8 的⑯脚输出，主要是负极性 B 数字对信号
⑧	RX2＋	RXE2＋/B6 输入，由 U8 的⑯脚输出，主要是正极性 B 数字对信号
⑨	RXCLK－	RXEC－/B5 输入，由 U8 的⑯脚输出，主要是负极性时钟数字对信号
⑩	RXCLK＋	RXEC＋/B4 输入，由 U8 的⑯脚输出，主要是正极性时钟数字对信号
⑪	RX3－	RXE3－/B3 输入，由 U8 的⑯脚输出，主要是负极性数字信号
⑫	RX3＋	RXE3＋/B2 输入，由 U8 的⑯脚输出，主要是正极性数字信号
⑮	LVDS-DE(TST-AGE)	用于 LVDS-DE 数据允许输出控制，但未用，外接下拉电阻
⑯	SELLVDS	SEL－LVDS 选择，未用，外接偏置电路
⑲、⑳	PWRON GVON	未用
㉑	GVOFF	用于 GVOFF 控制，送入液晶屏接口 XP17 的㊾脚
㉒	OE	用于 OE 输出允许控制，送入液晶屏接口 XP17 的㊿脚
㉓	CKV	CKV 时钟控制信号输出，送入液晶屏接口 XP17 的㊾脚
㉕	STV	STV 控制信号输出，送入液晶屏接 XP17 的㊽脚
㉖	POL	POL 控制信号输出，送入液晶屏接口 XP17 的㊹脚
㉗	TP1	TP1 控制信号输出，送入液晶屏接口 XP17 的㊸脚
㉘	STH	STH 控制信号输出，送入液晶屏接口 XP17 的㊺脚
㉙、㊾	VDD33	VDD33(3.3V)电源
㉛	R0N	R0N 负极性红数据信号输出 0，送入液晶面板接口 XP17 的㉑脚
㉜	R0P	R0P 正极性红数据信号输出 0，送入 XP17 的⑳脚
㉝	R1N	R1N 负极性红数据信号输出 1，送入 XP17 的⑲脚
㉞	R1P	R1P 正极性红数据信号输出 1，送入 XP17 的⑱脚
㉟	R2N	R2N 负极性红数据信号输出 2，送入 XP17 的⑰脚
㊱	R2P	R2P 正极性红数据信号输出 2，送入 XP17 的⑯脚
㊲	CLKN	CLKN 负极性时钟信号输出，送入 XP17 的⑮脚
㊳	CLKR	CLKP 正极性时钟信号输出，送入 XP17 的⑭脚
㊴	G0N	G0N 负极性绿数据信号输出 0，送入 XP17 的⑬脚

续表 4-2

引　脚	符　号	使用功能
㊵	GOP	GOP 正极性绿数据信号输出 0，送入 XP17 的⑫脚
㊸	G1N	G1N 负极性绿数据信号输出 1，送入 XP17 的⑪脚
㊹	G1P	G1P 正极性绿数据信号输出 1，送入 XP17 的⑩脚
㊺	G2N	G2N 负极性绿数据信号输出 2，送入 XP17 的⑨脚
㊻	G2P	G2P 正极性绿数据信号输出 2，送入 XP17 的⑧脚
㊼	BON	BON 负极性蓝数据信号输出 0，送入 XP17 的⑦脚
㊽	BOP	BOP 正极性蓝数据信号输出 0，送入 XP17 的⑥脚
㊾	B1N	B1N 负极性蓝数据信号输出 1，送入 XP17 的⑤脚
㊿	B1P	B1P 正极性蓝数据信号输出 1，送入 XP17 的④脚
51	B2N	B2N 负极性蓝数据信号输出 2，送入 XP17 的③脚
52	B2P	B2P 正极性蓝数据信号输出 2，送入 XP17 的②脚
54	P1	外接 15kΩ 下接电阻
57、58	KTEST1 KTEST0	未用
60	VDV-DCK (TST-PGM)	用于 TST-PGM，外接 XP7 调试端口⑤脚，用于 ROM 存储器页写控制
61	SCL	TCON-SCL 时钟线，外接 XP7③脚
62	SDA	TCON-SDA 数据线，外接 XP7④脚
63	VDT-RC	VDT-RC，外接 100kΩ 上拉电阻
64	FDOT	未用

小结：图 4-2 中，N24(CM1671B-KQ)为 TCON 芯片，主要输出液晶屏视频驱动及控制信号，不良或损坏时会造成花屏、黑屏等故障，检修时应加以注意，必要时将其直接换新。

3. 海信 TLM22V68 不开机，但电源指示灯亮

检查与分析：在该机中，电源指示灯亮，说明＋5V、＋12V 电压正常，检修时应重点检查 2.5V/3.3V 直流变换电路。在该机中，2.5V/3.3V 直流变换主要由 N34(AC1117-33)、N36(EH14A)等组成，其实物组装如图 4-4 所示，电路原理如图 4-5 所示。

经检查，发现 N34(AC1117-33)不良，将其换新后，故障排除。

小结：图 4-4 和图 4-5 中，N34(AC1117-33)为 3.3V 稳压器，主要为主芯片电路等提供 3.3V 直流电压，当其不良无 3.3V 电压输出时，主芯片电路等不工作，导致不开机故障。检修时应加以注意，必要时将其换新。

4. 海信 TLM22V68(1457 板)液晶屏不亮，但背光灯可以点亮

检查与分析：在该机中，液晶屏不亮，但背光灯可以点亮，说明开关电源及逆变器等电路正常，故障原因主要是液晶屏的驱动接口电路不良，但检修时应首先注意检查液晶屏的供电压及供电控制电路，经查其供电电压为 0V。在该机中，液晶屏供电源及其控制电路主要由 N2(IRF7314)、V50(3904)及 V5(3904)等组成，其电路原理如图 4-6 所示。

N34(AC1117−33) 稳压输出 3.3V 直流电压，主要为液晶屏接口电路。N24(CM1671B−KQ)、N8(MST9U19B−LF) 主芯片电路等供电不良或损坏时，N34 的②、④脚无输出，整机不工作，导致无图无声无光栅故障。

N36(EH14A) 稳压输出 2.5V 直流电压，主要为 N24（CM1671B）、N8(MS79U19B−LF) 主芯片电路等供电，不良时会形成无光栅无图像等故障。

图 4-4　海信 TLM22V68 机型中低压直流变换元件实物组装图

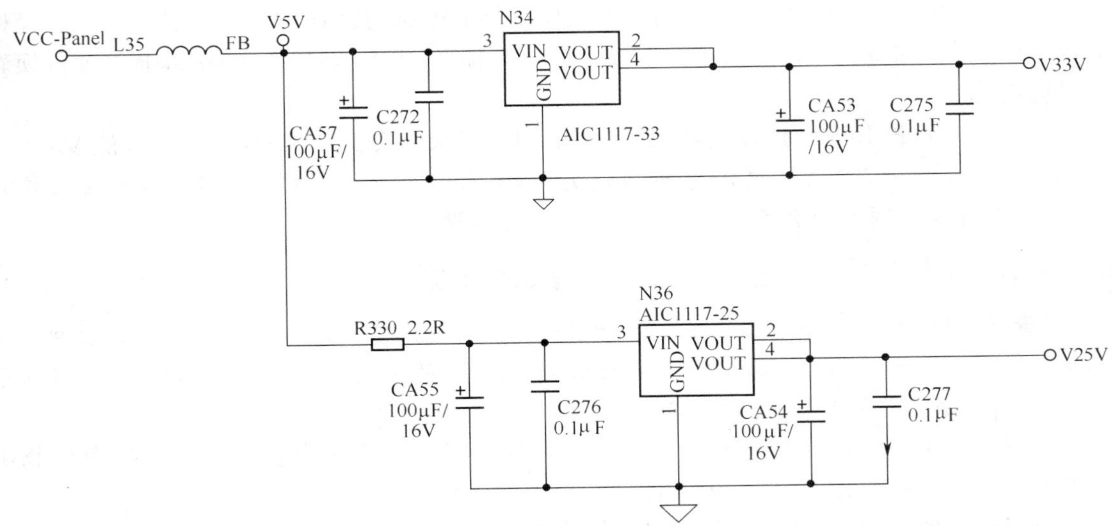

图 4-5　海信 TLM22V68 机型中 2. 5V/3. 3V 直流变换电路原理图

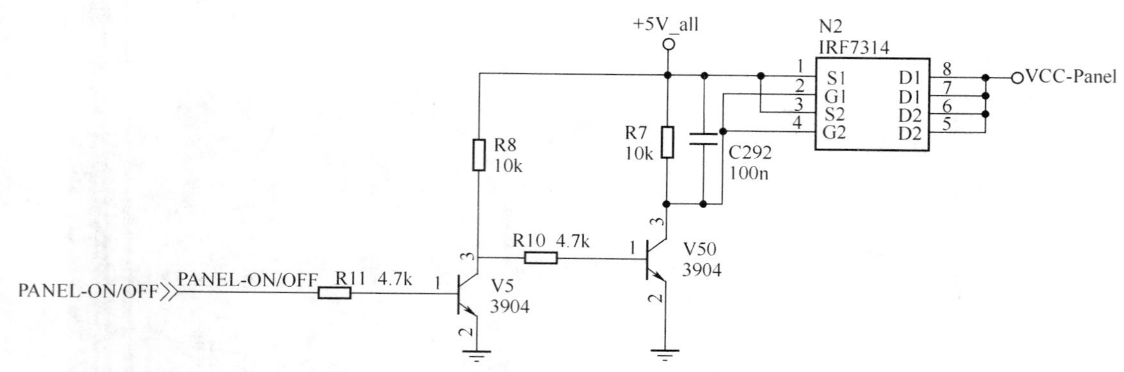

图 4-6 海信 22V68(1457 板)机型中液晶屏供电源控制电路原理图

经检查,N2(IRF7314 内置双 P 沟道场效应管)的⑤~⑧脚无输出,但加到①、③脚的+5V-all 电压正常,进一步检查 V50、V5 均正常,判断 PANEL-ON/OFF 信号异常。在该机中,PANEL-ON/OFF 信号由 N8(MST9U19B-LF)的⑭⑥脚输出,经 R11(4.7kΩ)加到 V5(3904)的基极。当 PANEL-ON/OFF 信号为低电平时,V5 截止,V50 导通,N2 的⑤~⑧脚输出 VCC-Panel 电压,液晶屏点亮,此为 ON 状态;当 PANEL-ON/OFF 信号为高电平时,则为 OFF 状态,液晶屏不亮。因此,应注意检查 R11 的两端是否均有转换电平出现。

进一步检查,发现 R10 开路,将其换新后,故障排除。

小结:图 4-6 中,R10(4.7kΩ)为 V50 的基极输入电阻,也是 V5 的输出电阻,当其开路时,V50 处于截止状态,使 N2 总处于截止状态,并输出 0V 电压。R11 输入端无转换电压时,应注意检查 N8 主芯片电路。若 N8 不良或损坏,则需芯片级或板级维修。

5. 海信 TLM26E58 无光栅,电源指示灯不亮

检查与分析:首先检查开关稳压电源电路,发现 F801(3.15A/250V)电源呈焦黑状熔断,V801(FQPF9N50C)场效应功率开关管击穿损坏,再查其他元件未见异常,说明功率因数校正(PFC)电路有故障,检修时应重点检查功率因数校正电路,其电路原理如图 4-7 所示。

在图 4-7 中,N802(FAN7530)为功率因数校正集成电路,其引脚使用功能见表 4-3。经检查,N802⑦、⑧脚对地正反向阻值均为零,说明 N802 损坏,再查 R812 已开路,将损坏元件换新后,故障排除。

小结:图 4-7 中,R812 为限流取样电阻,当其阻值增大时会引起保护功能动作,使 V801 无输出;当其失效或开路时,过电流保护功能失效,易使 N802 和 V801 损坏。功率因数校正(PFC)电路损坏时,应特别注意检查 R812,必要时将其换新。

6. 海信 TLM22V68 无图像、无伴音、无光栅

检查与分析:无图像、无伴音、无光栅,一般是供电源电路或主芯片电路有故障。经初步检查,+12V、+5V、+3.3V、+2.5V 等直流电压均正常,说明主芯片电路没有工作,这时应注意检查主芯片集成电路的时钟、复位电路。

在该机中,主芯片的时钟、复位电路,主要由 Y2(HT14.31818)、Q7、D9 等组成,其实物组装如图 4-8 所示,电路原理如图 4-9 所示。

经检查,发现 CA14 漏电,将其换新后,故障排除。

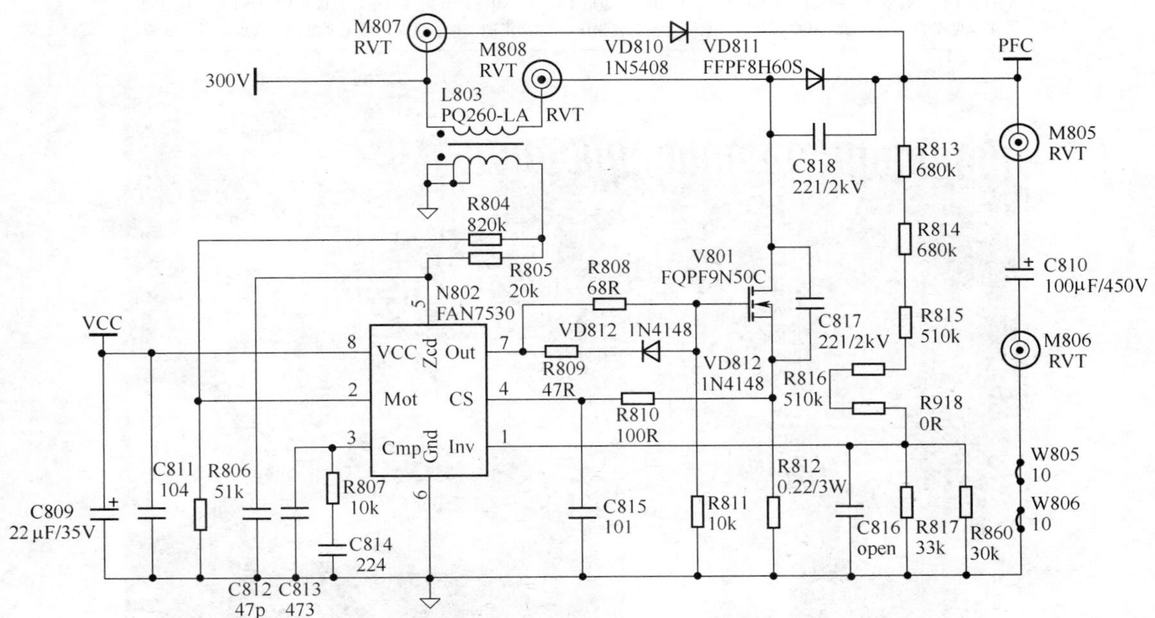

图 4-7　海信 TLM26E58 系列机型中功率因数校正(PFC)电路原理图

表 4-3　N802(FAN7530 功率因数校正电路)引脚使用功能

引脚	符　号	使用功能	引脚	符　号	使用功能
①	InV	输入电压检测,主要起保护作用	⑥	Gnd	接地
②	Mot	内接锯齿波发生器,外接偏置电阻,用于电流参考	⑦	Out	PWM 调制信号输出,用于驱动 V801 开关管
③	Cmp	稳压补偿,外接双时间常数滤波电路	⑧	VCC	基准电源输入(VCC-300V),由一次桥整流电路输入
④	CS	输入电流检测,主要起保护作用			
⑤	Zcd	零电流侦测			

小结:图 4-8 和图 4-9 中,CA14(10μF/16V)主要起定时作用,用于控制 Q7 的导通或截止。在刚开机时 CA14 的充电电流较大,Q7 导通,U8 的㉕脚高电平复位;当 CA14 充电电压升高后,Q7 截止,U8 的㉕脚呈低电平,U8 进入正常工作状态。因此,当 CA14 漏电时,Q7 将始终处于复位状态,故 U8 不能进入正常工作状态。

7. 海信 TLM3201 无伴音,但图像正常

检查与分析:无伴音,但图像正常,一般是伴音功放电路或伴音转换输出电路异常。检修时,首先采用电阻测量法检查伴音功放输出级电路。在该机中,伴音功放电路主要由 U800(TPA3008D2)及少量外围元件等组成,其电路原理如图 4-10 所示,引脚功能见表 4-4。

经检查,未见有外围元件损坏,但 U800 的③、⑤脚有音频信号输入,①脚静音控制电压在 0V/8.6V 间转换,判断 U800 损坏。将其换新后,故障排除。

小结:图 4-10 中,U800(TPA3008D2)是一种立体声音频功率放大器,其内部设有过热和短路保护功能。当其损坏时,应注意检查工作电压是否正常,必要时应对供电源电路进行检查。

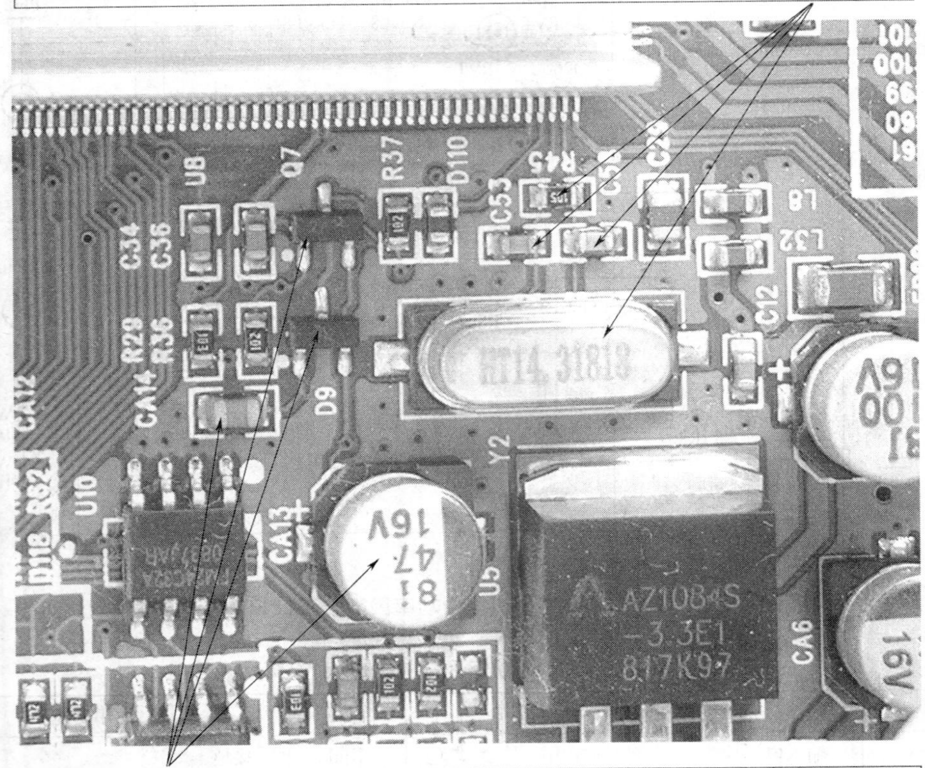

图 4-8 海信 TLM22V68 机型中 U8(MST9U19B)主芯片的时钟、复位电路实物组装图

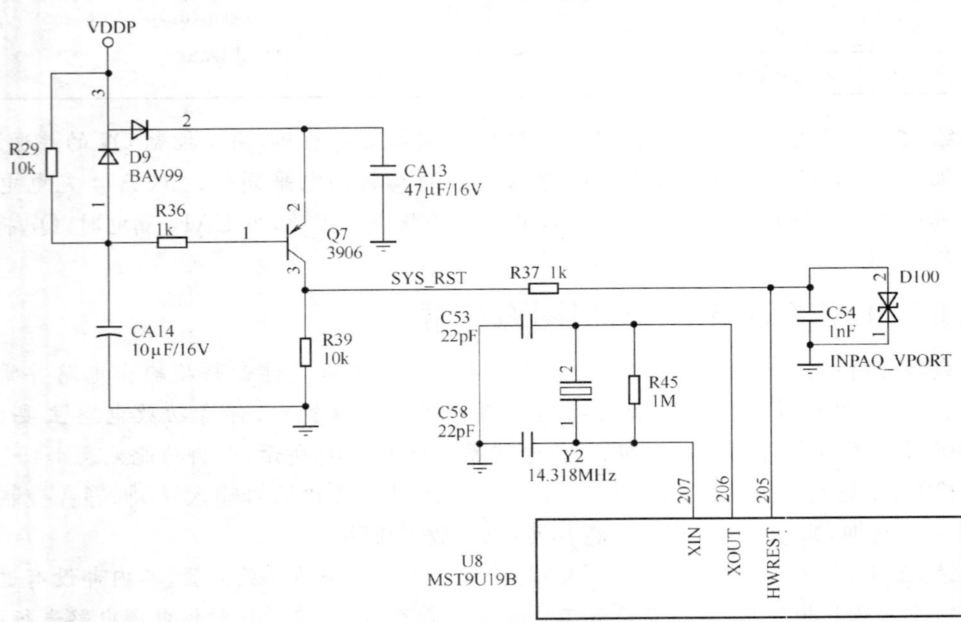

图 4-9 海信 TLM22V68 机型中 U8(MST9U19B)主芯片时钟、复位电路原理图

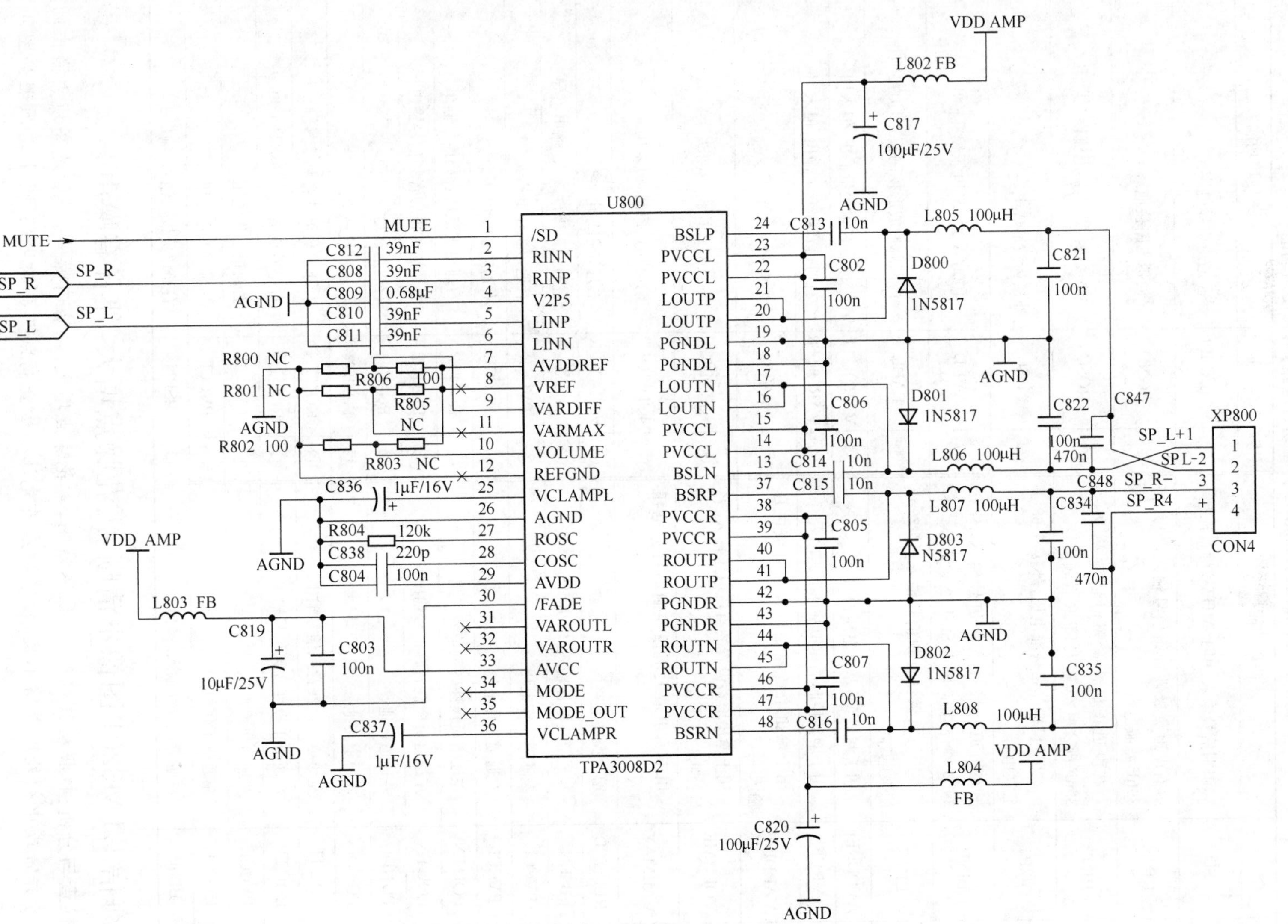

图 4-10　海信 TLM3201 机型中伴音功放输出电路原理图

表 4-4 U800(TPA3008D2 伴音功放电路)引脚使用功能

引脚	符 号	使用功能	引脚	符 号	使用功能
①	SD	识别信号输入,用于 MUTE 静音控制	㉕	VCLAMPL	左通道引导电容
②	RINN	右声道负极性音频信号输入,但外接 39nF 滤波电容	㉖	AGND	模拟电路接地
③	RINP	右声道正极性音频信号输入,外接 39nF 耦合电容,输入 SP-R 音频信号	㉗	ROSC	外接齿波发生器电流设置电阻
④	V2P5	2.5V 模拟单元基准电压,外接 0.68μF 滤波电容	㉘	COSC	外接齿波形成电容
⑤	LINP	左声道正极性音频信号输入,外接 39nF 耦合电容,输入 SP-L 音频信号	㉙	AVDD	100mA 的 5V 电压校准输出
⑥	LINN	左声道负极性音频信号输入,接 39nF 滤波电容	㉚	FADE	齿波脉冲波形控制输入,但接地
⑦	AVDDREF	用于调节 5V 基准电压输出	㉛	VAROUTL	左通道音频变量输出,但未用
⑧	VREF	用于增益控制的模拟基准电压输入	㉜	VAROUTR	右通道音频变量输出,但未用
⑨	VARDIFF	用于输出增益控制设置的直流电压输入	㉝	AVCC	模电路工作电压
⑩	VOLUME	用于输出增益设置的直流电压输入(音量控制)	㉞	MODE	输入模式控制,但未用
⑪	VARMAX	用于输出最大增益控制的直流电压输入	㉟	MODE-OUT	输出模式控制,但未用
⑫	REFGND	增益控制电路接地	㊱	VCLAMPR	右通道引导电容
⑬	BSLN	左通道负极性输入/输出引导	㊲	BSRP	右通道正极性输入/输出引导
⑭	PVCCL	左通道工作电压	㊳	PVCCR	右通道工作电压
⑮	PVCCL	左通道工作电压	㊴	PVCCR	右通道工作电压
⑯	LOUTN	左通道负极性音频信号输出	㊵	ROUTP	右通道正极性音频信号输出
⑰	LOUTN	左通道负极性音频信号输出	㊶	ROUTP	右通道正极性音频信号输出
⑱	PGNDL	左通道接地	㊷	PGNDR	右通道接地
⑲	PGNDL	左通道接地	㊸	PGNDR	右通道接地
⑳	LOUTP	左通道正极性音频信号输出	㊹	ROUTN	右通道负极性音频信号输出
㉑	LOUTP	左通道正极性音频信号输出	㊺	ROUTN	右通道负极性音频信号输出
㉒	PVCCL	左通道工作电压	㊻	PVCCR	右通道工作电压
㉓	PVCCL	左通道工作电压	㊼	PVCCR	右通道工作电压
㉔	BLSP	左通道正极性输入/输出引导	㊽	BSRN	右通道负极性输入/输出引导

8. 海信 LTM3201 图像不清晰,雪花噪点增大,伴音有噪声

检查与分析:根据检修经验,图像不清晰,雪花噪点增大,伴音有噪声,一般是高频头输出的 IF 信号异常或中频处理电路不良,检修时应首先注意检查高频头引脚电路,其电路原理如图 4-11 所示。

经检查,发现 U600(TUNER)的①脚电压仅有 1.7V 左右,而正常时应为 3.7V。进一步检

查，发现 C654 不良，将其换新后，故障排除。

小结：图 4-11 中，C654 与 C658 为 10nF 电容器，用于高放 AGC 电压滤波，当其中有一只电容不良漏电时，都会使加到 U600①脚的 AGC 电压异常，进而导致图像噪波增大或无图像故障。因此，当检查 U600①脚电压异常时，应首先将 C654、C658 换新。若将 C654、C658 换新后，AGC 电压仍异常，则应进一步检查中频处理电路，或更换 U600 高频调谐器。

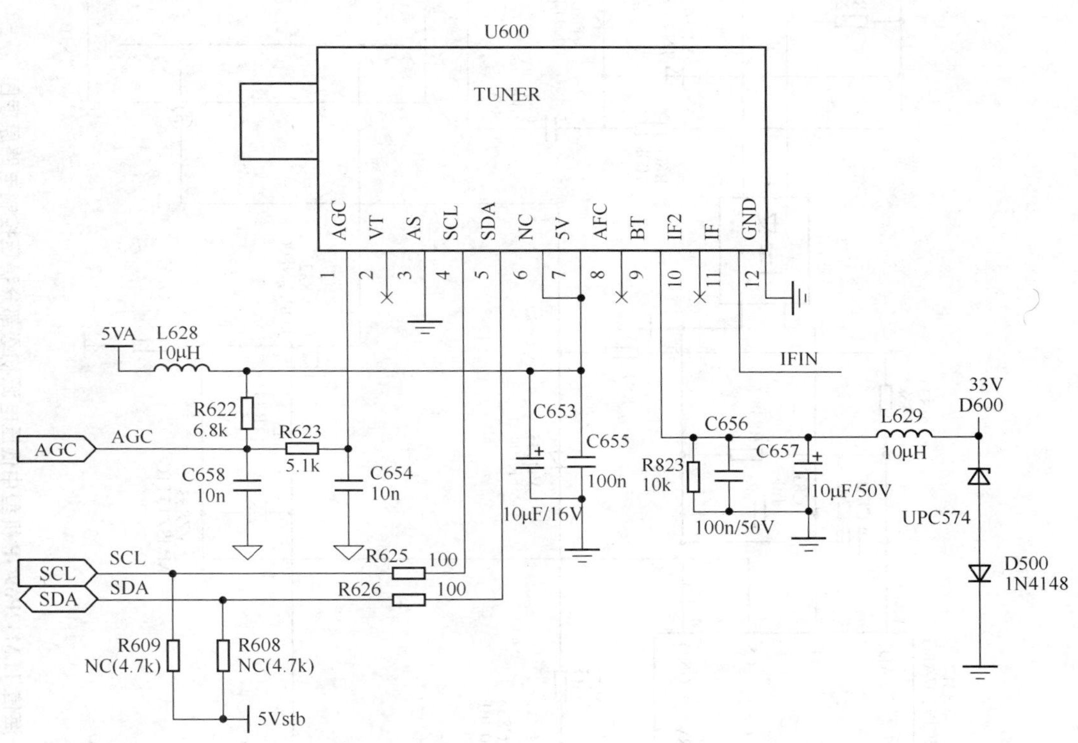

图 4-11　海信 LTM3201 机型中高频头引脚电路原理图

9. 海信 TLM32P69GP 无电，指示灯不亮

检查与分析：根据检修经验，无电，指示灯不亮，一般是开关稳压电源故障，检修时先检查 380V 电压，结果正常，再检测 12V、14V、5V-Q、5V-S 电压，若均为零，说明低压电源稳压控制电路未工作，这时应重点检查 N831（NCP1207APG）引脚及其外围元件，其电路原理如图 4-12 所示，N831 的引脚使用功能见表 4-5。

经检查，发现 N831⑥脚电压仅有 0.1V，但检查⑧脚电压（91V）正常，进一步检查外接元件，发现 VZ832（MMSZ15T1G）反向严重漏电，将其换新后，故障排除。

小结：图 4-12 中，VZ832（MMSZ1571G）为 15V 稳压二极管，与 V831 等组成 15V 稳压器，为 N831（NCP1207APG）⑥脚提供工作电压。当 VZ832 反向击穿短路或漏电时，V831 无输出，N831 不工作，导致电视机无电、指示灯不亮故障。

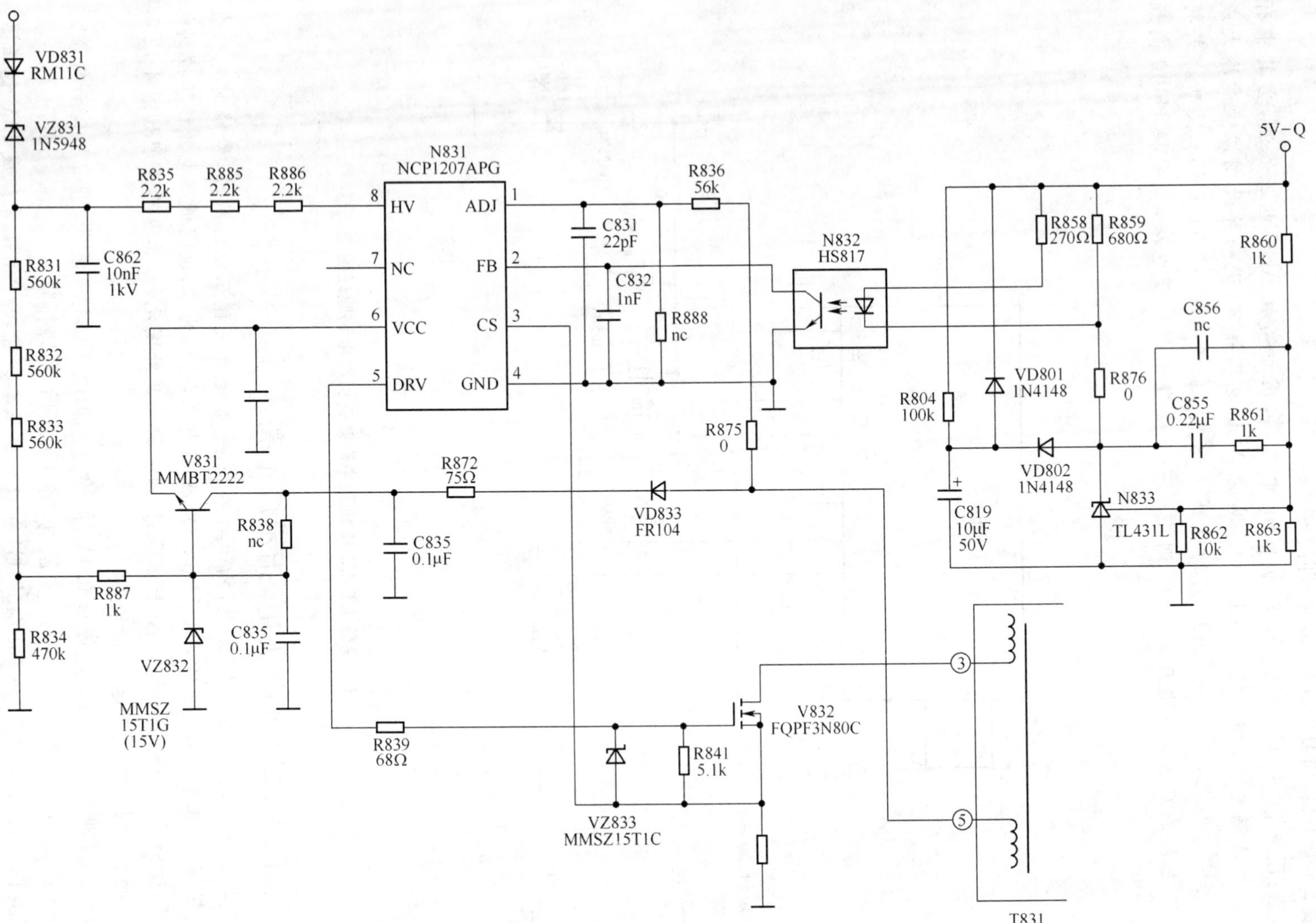

图 4-12 海信 TLM32P69GP 机型中低压电源初级部分稳压控制电路原理图

表 4-5　N831(NCP1207APG 低功耗电流型 PWM 控制器)引脚使用功能

引脚	符　号	使用功能	引脚	符　号	使用功能
①	ADJ	用于调整跳变周期的峰值电流	⑤	DRV	驱动脉冲输出,用于控制电源开关管导通与截止
②	FB	峰值电流调节反馈输入	⑥	VCC	电源输入
③	CS	电流检测输入,主要起保护作用	⑦	NC	未用
④	GND	接地	⑧	HV	直流高压输入

10. 海信 TLM32P69GP 无图像无伴音

检查与分析:无图像无伴音的故障原因较多,也很复杂。检修时可先注意检查 U1(TDA9886 中频处理电路)的引脚电压及外围元件,其电路原理如图 4-13 所示。U1(TDA9886)的引脚使用功能见表 4-6。

经初步检查,发现 U1(TDA9886)⑳脚无电压,正常时应有＋5V 电压,进一步检查＋5VA 稳压电路,发现 U19(78M05)的①脚有 12V 电压,但③脚无输出,故判断 U19(78M05)不良,其电路原理如图 4-14 所示。

将 U19 焊下检查,其③脚对地(④脚)正反向阻值均为∞,说明③脚内电路呈开路性损坏。将其换新后,故障排除。

小结:图 4-14 中,U19(78M05)为＋5V 稳压器,主要输出＋5VA 电压,为 U1(TDA9886)⑳脚,U15(TUNER-IF)⑥、⑦脚等供电。因此,当 U19 无输出时,高频头和中频处理电路不工作,进而导致无图像无伴音故障。

11. 海信 TLM3729 无伴音,有图像

检查与分析:根据检修经验,在无伴音、有图像时,可先注意检查伴音功放输出电路及静音控制电路。在该机中,伴音功放输出电路主要由 N5(TPA3100)及少量外围元件等组成,其电路原理如图 4-15 所示,引脚使用功能见表 4-7。但检修时,应首先采用电阻测量法。

经检查,N5(TPA3100)的外围元件均正常,再检测㉖、㉗、㉞、㉟、㊼、㊽脚的工作电压均正常。用示波器观察时,③、⑤脚有伴音信号波形,而⑲～㉒脚和㊴～㊷脚无输出波形,判断静音功能动作(N5㊺脚电压 2.2V)。进一步检查静音控制电路,发现 V4(2N3904)不良,其电路原理如图 4-16 所示。将 V4 换新后,故障排除。

小结:图 4-16 中,V4(2N3904)用于静音控制,它主要受 3 路信号控制,其一是“CPU-MUTE 信号”,由 N17(M30620SPGP)中央微控制器的㉔脚输出,当㉔脚输出高电平时,V8 导通,V4 截止,N5 的㊺脚电压大于 2V,扬声器静音;其二是“P-MUTE”信号,该信号为低电平时,V4 截止,扬声器静噪;其三是“SHUTDOWN”信号,该信号为低电平(小于 0.8V)时,V4 截止,扬声器静噪。因此,在该机静噪功能动作时,还应注意检查 V4 基极的控制电平,同时还应注意检查由 V5 等组成的开关机静噪电路。

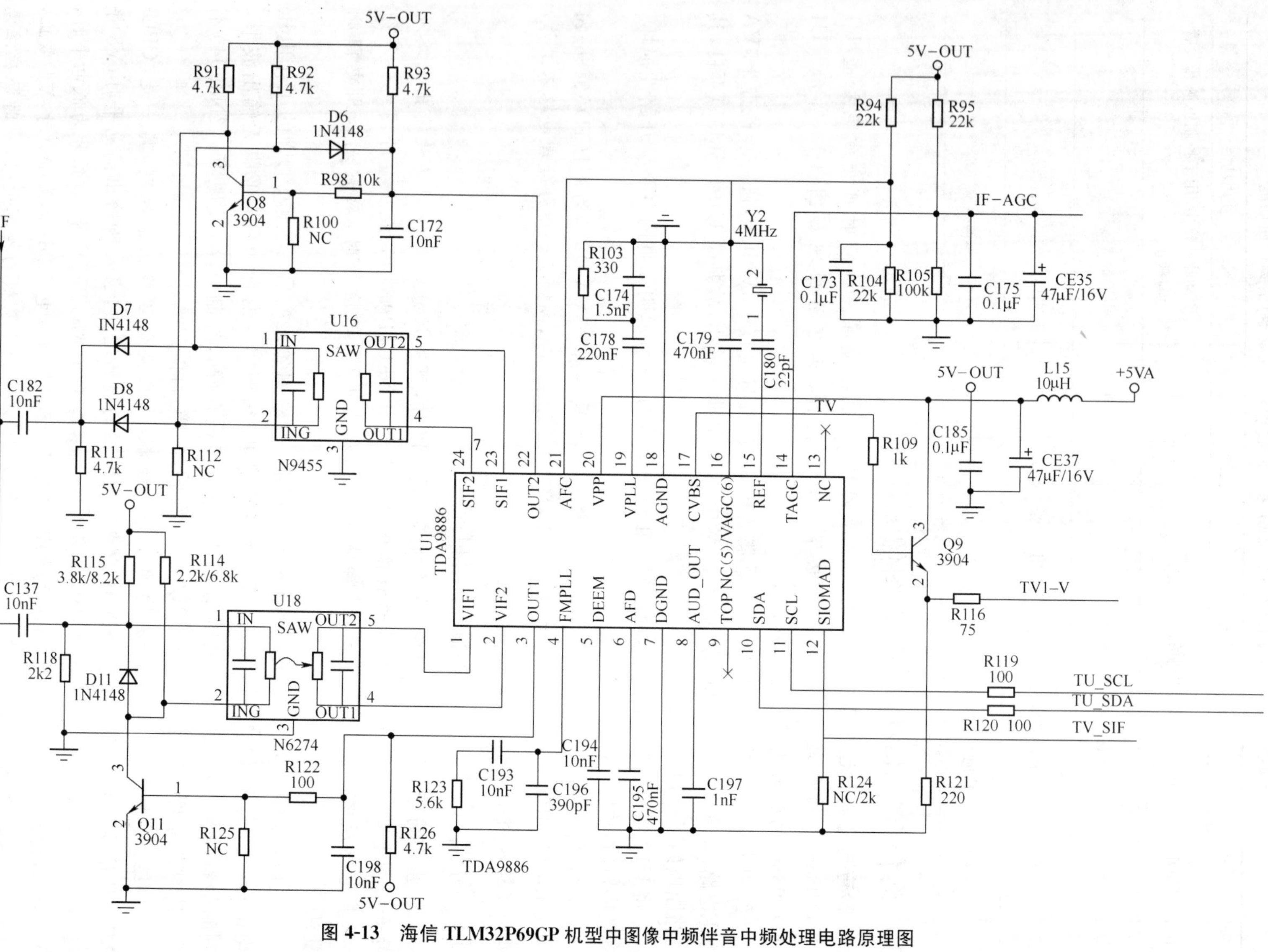

图 4-13 海信 TLM32P69GP 机型中图像中频伴音中频处理电路原理图

表 4-6　U1(TDA9886 中频处理电路)引脚使用功能

引脚	符　号	使用功能	引脚	符　号	使用功能
①	VIF1	图像中频输入 1	⑬	NC	未用
②	VIF2	图像中频输入 2	⑭	TAGC	射频 AGC(自动增益调节)输出
③	OUT1	逻辑信号输出控制 1,用于图像中频制式选择控制	⑮	REF	外部基准频率输入
④	FMPLL	FM 音频锁相环滤波	⑯	VAGC	中频 AGC 滤波
⑤	DEEM	去加重	⑰	CVBS	全电视信号输出
⑥	AFD	音频去耦	⑱	AGND	模拟电路接地
⑦	DGND	数字电路接地	⑲	VPLL	中频锁相环滤波
⑧	AUD-DOT	音频解调输出	⑳	VPP	+5V 电源(+5VA)
⑨	TOP NC	未用	㉑	AFT	自动频率微调
⑩	SOA	I^2C 总线数据线	㉒	OUT2	逻辑信号输出控制 2,用于伴音中频制式选择控制
⑪	SCL	I^2C 总线时钟线	㉓	SIF1	第一伴音中频输入 1
⑫	SioMAD	音频内载波输出	㉔	SIF2	第一伴音中频输入 2

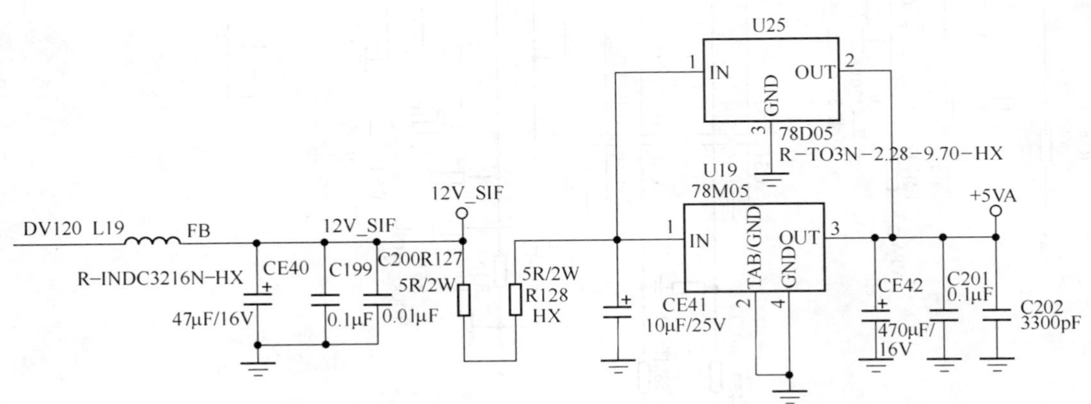

图 4-14　海信 TLM32P69GP 机型中+5VA 稳压电路原理图

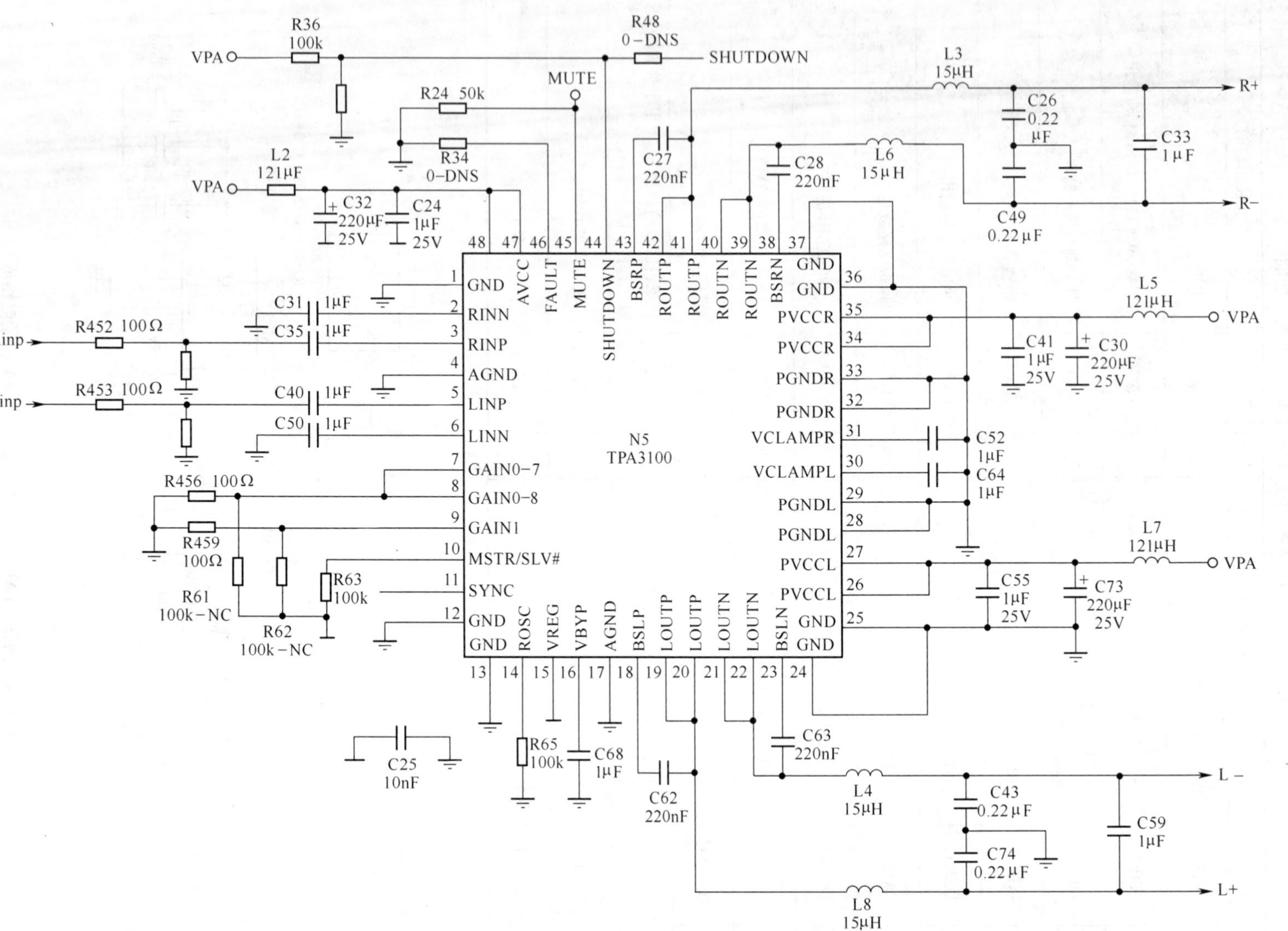

图 4-15 海信 TLM3729G 系列机型中伴音功放输出电路原理图

表 4-7　U33(TPA3100 伴音功放输出电路)引脚使用功能

引脚	符　号	使用功能	引脚	符　号	使用功能
①	GND	接地	㉖	PVCCL	左通道工作电压(+14V)
②	RINN	右通道负极性音频信号输入	㉗	PVCCL	左通道工作电压(+14V)
③	RINP	右通道正极性音频信号输入	㉘	PGNOL	左通道功率输出级电路接地
④	AGND	模拟电路接地	㉙	PGNDL	左通道功率输出级电路接地
⑤	LINP	左通道正极性音频信号输入	㉚	VCLAMPL	左通道引导电容
⑥	LINN	左通道负极性音频信号输入	㉛	VCLAMPR	右通道引导电容
⑦	GAIN0-7	外接偏置电阻	㉜	PGNDR	右通道功率输出级电路接地
⑧	GAIN0-8	外接偏置电阻	㉝	PGNDR	右通道功率输出级电路接地
⑨	GAIN1	外接偏置电阻	㉞	PVCCR	右通道工作电压(+14V)
⑩	MSTR/SLV#	外接偏置电阻	㉟	PVCCR	右通道工作电压(+14V)
⑪	SYNC	未用	㊱	GND	接地
⑫	GND	接地	㊲	GND	接地
⑬	GND	接地	㊳	BSRN	右通道负极性输入/输出引导
⑭	ROSC	用于连接齿波发生器的电流设置电阻	㊴	ROUTN	右通道负极性声音信号输出
⑮	VREG	接地	㊵	ROUTN	右通道负极性声音信号输出
⑯	VBYP	外接滤波电容	㊶	ROUTP	右通道正极性声音信号输出
⑰	AGND	模拟电路接地	㊷	ROUTP	右通道正极性声音信号输出
⑱	BSLP	左通道正极性输入/输出引导	㊸	BSRP	右通道正极性输入/输出引导
⑲	LOUTP	左通道正极性声音信号输出	㊹	SHUTDOWN	关机控制，该脚电压小于 0.8V 时关机静噪
⑳	LOUTP	左通道正极性声音信号输出			
㉑	LOUTN	左通道负极性声音信号输出	㊺	MUTE	静音控制，该脚电压大于 2V 时静音
㉒	LOUTN	左通道负极性声音信号输出	㊻	FAULT	故障检测
㉓	BSLN	左通道负极性输入/输出引导	㊼	AVCC	模拟电路工作电压(+14V)
㉔	GND	接地	㊽	AVCC	模拟电路工作电压(+14V)
㉕	GND	接地			

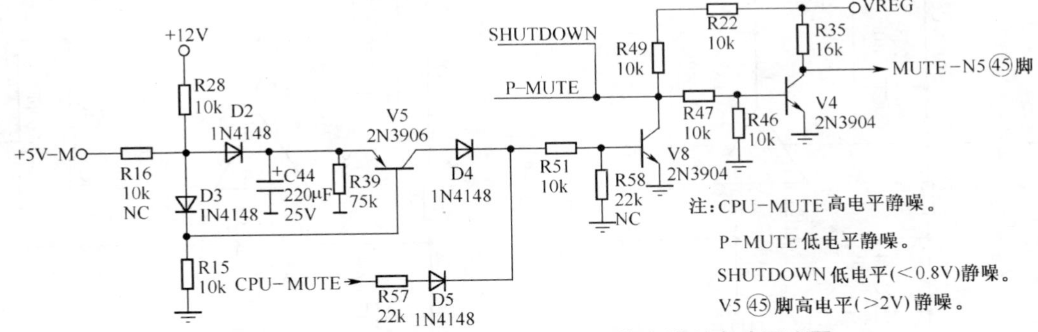

图 4-16　海信 TLM3729G 系列机型中静音控制电路原理图

12. 海信 TLM3737 无伴音，有图像

检查与分析：当该机无伴音、有图像时，可先插入耳机收听，看是否有声音出现，以进一步判断故障的部位。若结果仍无声音，说明故障原因不在功率放大输出级电路。

在该机中，各路伴音信号均在 U8(MST9U88L)内部处理后，从㊿、86脚输出 AMP-L 和 AMP-R 信号，并通过 R272、R275 分别加到 N11(LM833MX)的②、⑥脚，经放大后，一方面推动耳机，另一方面送入 N12(TDA8932)进行功率放大后，推动扬声器。因此，当扬声器和耳机均无声音时，则应重点检查 N11(LM833MX)音频放大电路，其电路原理如图 4-17 所示。N11(LM833MX)的引脚使用功能见表 4-8。

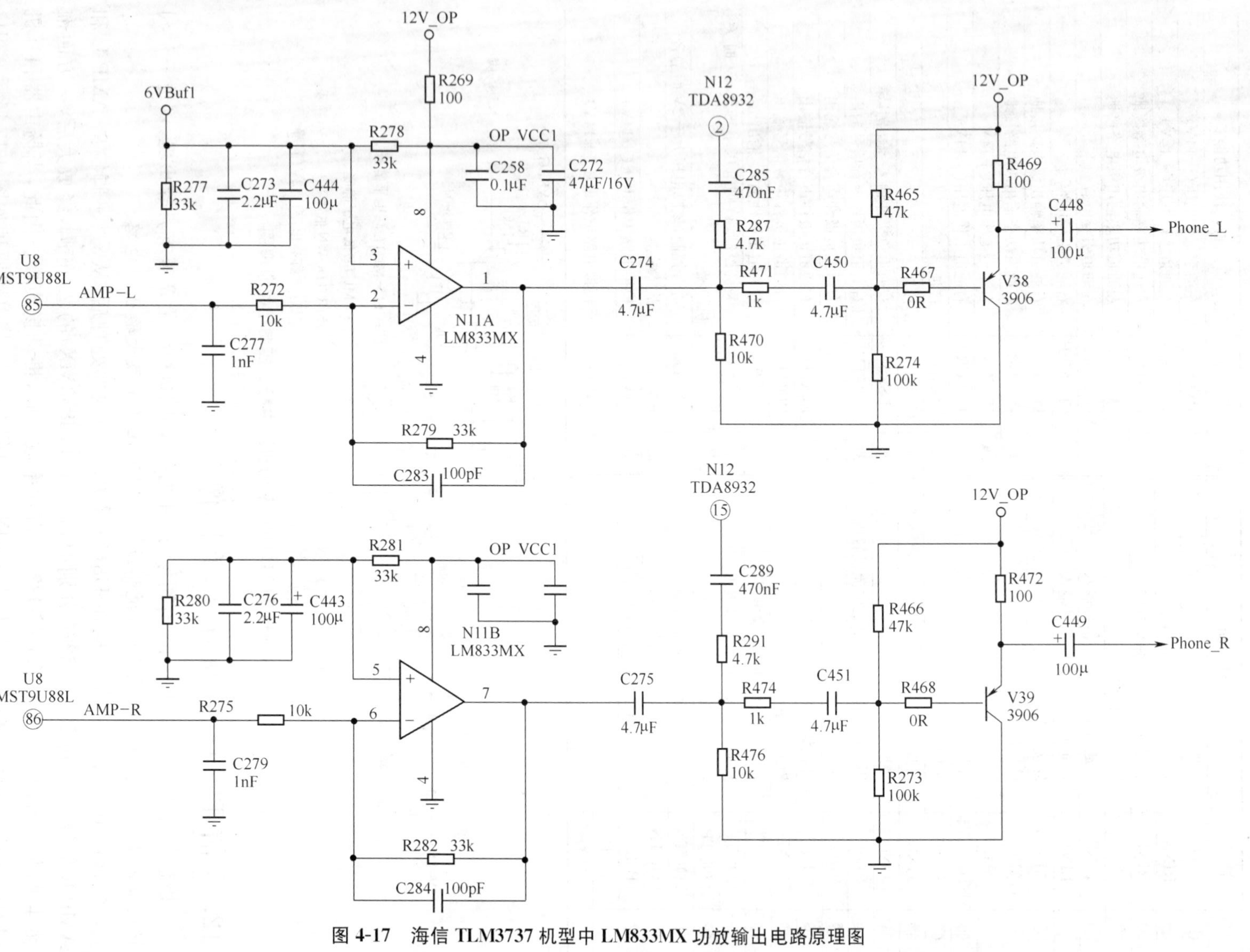

图 4-17 海信 TLM3737 机型中 LM833MX 功放输出电路原理图

表 4-8　N11(LM833MX 功率放大器)引脚使用功能

引　脚	符　号	使用功能
①	OutPut1	音频放大输出口 1,用于左声道输出
②	Inverting inPut1	音频 1 反向输入,用于左声道音频信号输入
③	Non-inverting inPut1	音频 1 输入
④	VCC－	电源负电压(接地)
⑤	Non-inverting inPut2	音频 2 输入
⑥	Inverting inPut2	音频 2 反向输入,用于右声道音频信号输入
⑦	OutPut2	音频放大输出口 2,用于右声道输出
⑧	VCC＋	电源电压(12V-OP)

进一步检查,发现 N11(LM833MX)不良,将其换新后,故障排除。

小结:图 4-17 中,N11(LM833MX)是一种具有 15MHz 高增益带宽的功率放大器,具有极好的频率稳定性,既可以用于驱动耳机收听,又可以作为音频前置放大器驱动伴音功率输出的电路。其故障率较高,不良时常导致电视机出现伴音失真、噪声增大或无伴音等故障。因此,检修时应加以注意,必要时将其直接换新。

13. 海信 TLM3237D 无伴音,但接入耳机能够听到声音

检查与分析:根据检修经验,接入耳机能够听到声音,一般是伴音功率放大输出电路或静音控制电路有故障,检修时可先检查伴音功率输出电路。在该机中,伴音功率输出电路主要由 N12(TDA8932)及少量外围元件等组成,其电路原理如图 4-18 所示,N12(TDA8932)的引脚使用功能见表 4-9。

经检查,发现 N12(TDA8932)⑤脚电压仅有 0.7V,且不稳定,进一步检查⑤脚外接的静噪控制电路,发现 V15 不良,其电路原理如图 4-19 所示。将 V15 换新后,故障排除。

小结:图 4-19 中,V15(3904)主要用于静音控制,当其导通时,N12(TDA8932)⑤脚内部的静音功能动作,使 N12 的㉒、㉗脚无输出,扬声器静噪。

14. 海信 TLM3237D 无图无声,液晶屏不亮

检查与分析:先检查电源电压均正常,再检查各组低压直流电压也均正常,继而判断主芯片电路未工作。该机的主芯片电路由 U8(MST9U88L)及少量外围元件等组成。根据故障现象和初步检查结果,检修时应首先注意检查 U8 的时钟、复位电路,其电路原理如图 4-20 所示。

经检查,发现 C358 漏电,将其换新后,故障排除。

小结:图 4-20 中,C358、V29、D26、C352 等组成 U8 的复位电路,其中有一个元件不良,都会使 U8 的复位功能失效,进而导致“三无”故障,检修时应加以注意。

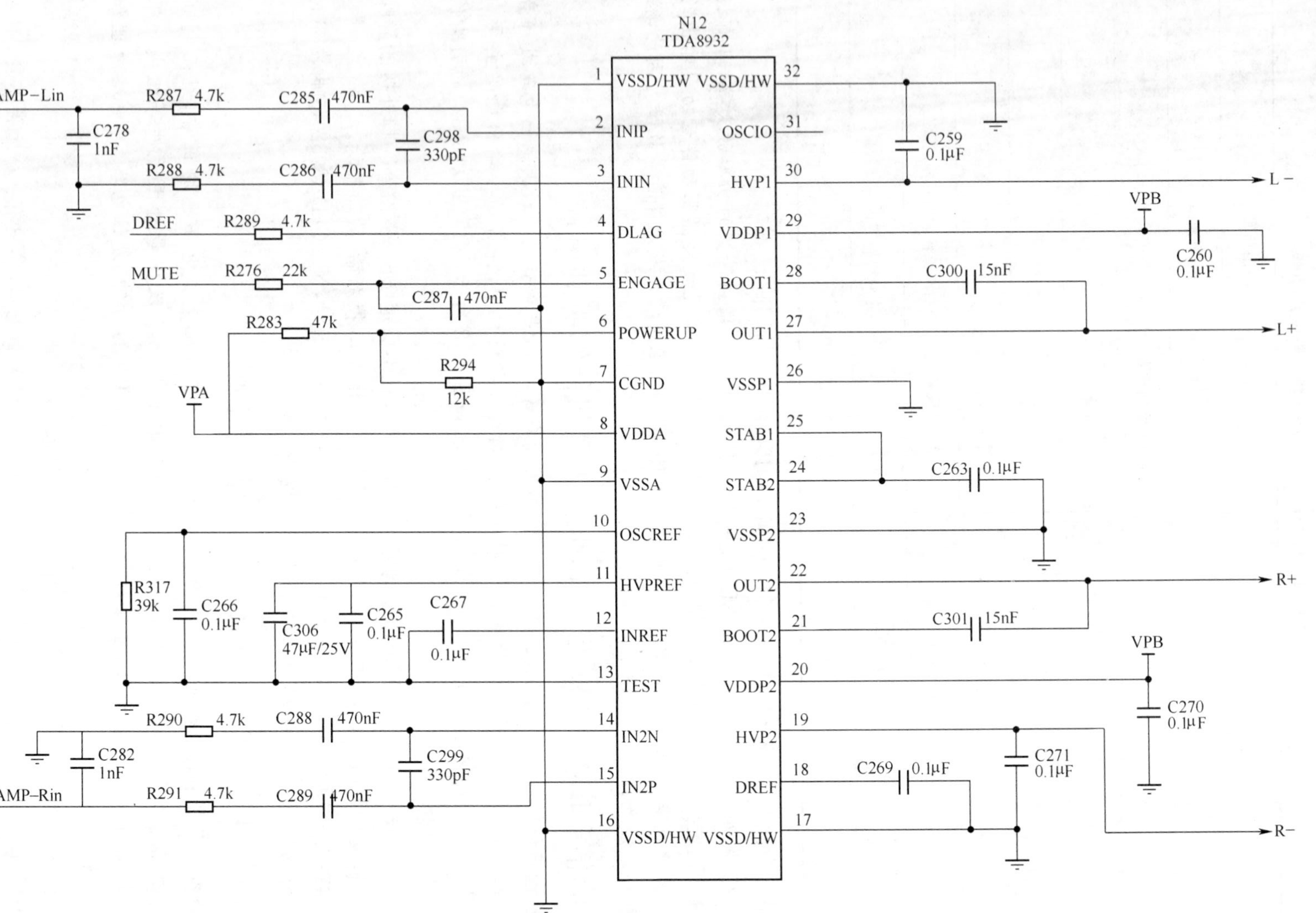

图 4-18 海信 TLM3237D 机型中伴音功率输出电路原理图

表 4-9　N12(TDA8932 伴音功率输出电路)引脚使用功能

引脚	符　号	使用功能	引脚	符　号	使用功能
①	VSSD/HW	接地	⑯	VSSD/HW	接地
②	INIP	左通道正极性音频信号输入(AMP-L)	⑰	VSSD/HW	接地
③	ININ	左通道负极性音频信号输入,外接 RC 滤波电路	⑱	DREF	外接 0.1μF 滤波电容,用于参考电压滤波
④	DLAG	用于 DREF	⑲	HVP2	右声道负极性声音信号输出(R－)
⑤	ENGAGE	用于 MUTE 静音控制输入	⑳	VDDP2	VPB(24V)电源
⑥	POWERUP	打开电源(通电),外接偏置电路	㉑	BOOT2	外接 15nF 耦合电容
⑦	CGND	接地	㉒	OUT2	右声道正极性声音信号输出(R＋)
⑧	VDDA	VPA(＋24V)电源	㉓	VSSP2	接地
⑨	VSSA	接地	㉔	STAB2	外接 0.1μF 滤波电容
⑩	OSCREF	外接参考电压滤波电容	㉕	STAB1	与㉔脚并接
⑪	HVPREF	外接参考电压滤波电容(用于高压滤波)	㉖	VSSP1	接地
			㉗	OUT1	左声道正极性音频信号输出(L＋)
⑫	INREF	外接参考电压滤波电容	㉘	BOOT1	外接 15nF 耦合电容
⑬	TEST	测试端,接地	㉙	VDDP1	VPB(24V)电源
⑭	IN2N	右声道负极性音频信号输入,外接 RC 滤波电路	㉚	HVP1	左声道负极性声音信号输出(L－)
			㉛	OSCIO	未用
⑮	IN2P	右声道正极性音频信号输入(AMP-R)	㉜	VSSD/HW	接地

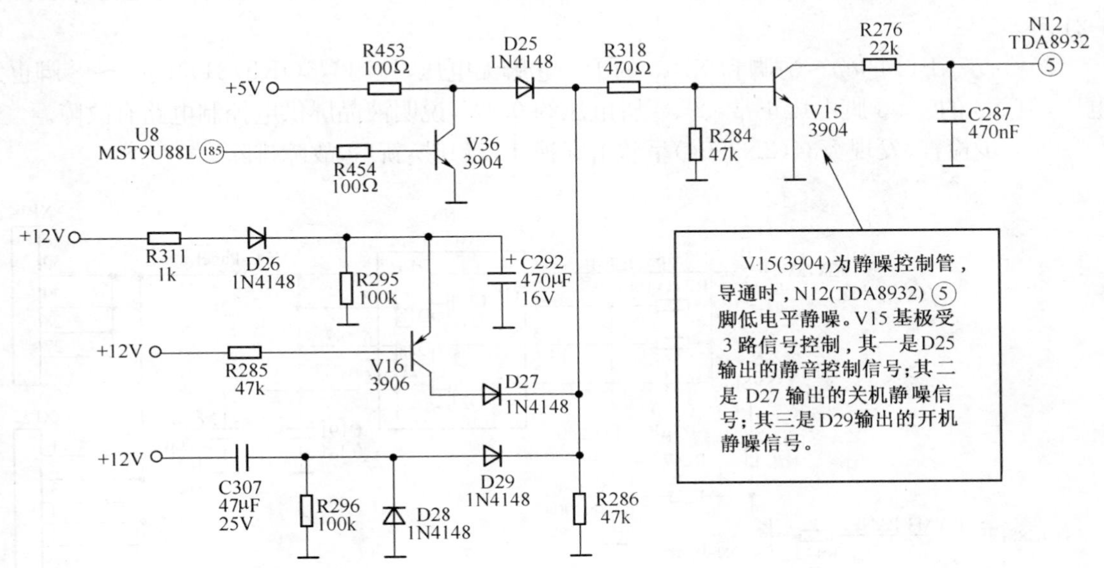

图 4-19　海信 TLM3237D 机型中静噪控制电路原理图

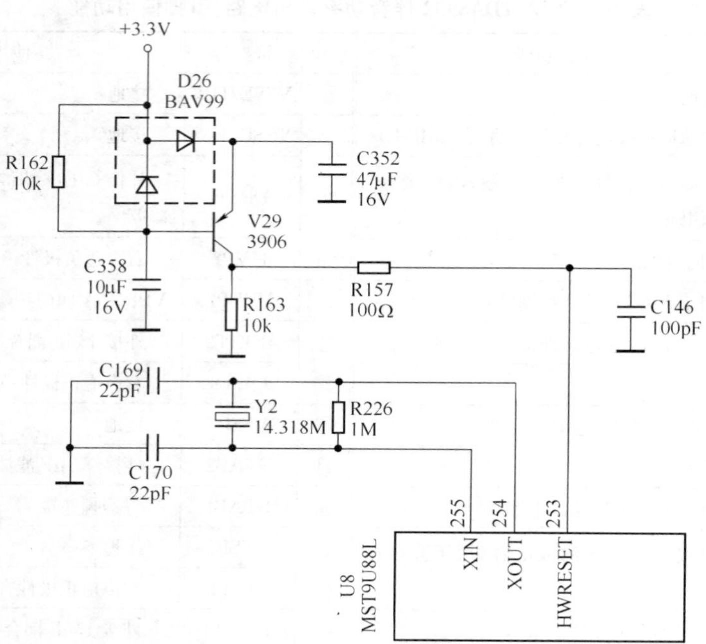

图 4-20 海信 TLM3237D 机型中 U8(MST9U88L)主芯片时钟、复位电路原理图

15. 海信 TCM4077D 液晶屏不亮,但有伴音

检查与分析:根据检修经验,液晶屏不亮,但有伴音,说明主芯片电路工作正常,检修时应首先注意检查屏显驱动信号接口电路中的供电脚电压。在该机中,屏显驱动信号接口电路中的供电脚主要是 XP14 的㉗~㉚脚和 XP15 的①~⑤脚,并由 N6(IRF7314)供电,其电路原理如图 4-21 所示。

经检查,XP14 的㉗~㉚脚和 XP15 的①~⑤脚无电压,检测 N6(IRF7314)的⑤~⑧脚也无电压,但 N6 的①、③脚电压正常,②、④脚电压约 0.1V,说明液晶屏供电控制电路有故障。

进一步检查,发现 V34(2N3904)呈软击穿损坏,将其换新后,故障排除。

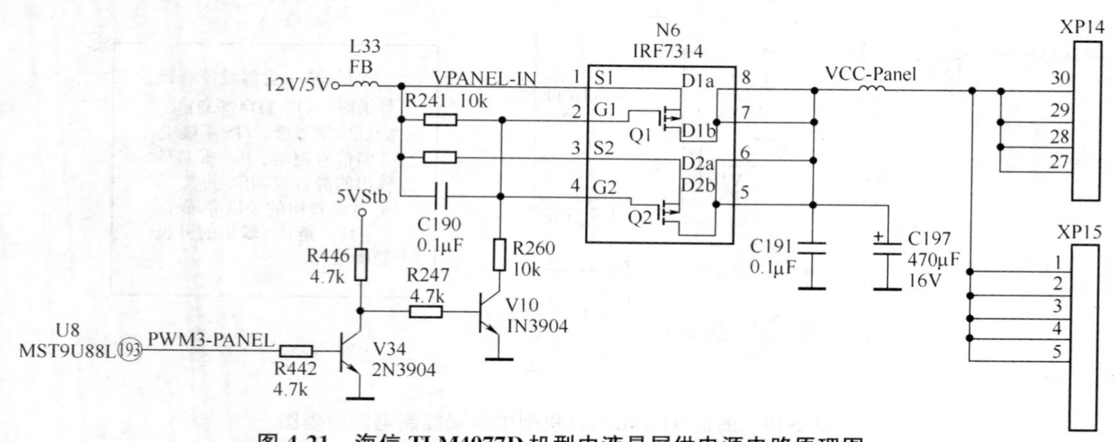

图 4-21 海信 TLM4077D 机型中液晶屏供电源电路原理图

小结:图 4-21 中,V10 和 V34 组成液晶屏供电控制电路,并受控于 U8(MST9U88L)的⑲脚。当 U8 的⑲脚输出低电平时,V34 截止,V10 导通,N6 的②、④脚为低电平,N6 内部的 Q1、Q2 导通,XP14 的㉗～㉚脚和 XP15 的①～⑤脚有工作电压输入,液晶屏点亮;当 U8 的⑲脚输出高电平时,V34 导通,V10 截止,N6 截止,液晶屏不亮。因此,当液晶屏不亮时,若 V34、V10、N6 正常,则应注意检查 U8 的⑲脚是否有高低转换电平输出,若无输出,则应进一步检查 U8(MST9U88L)主芯片电路。若主芯片电路不良,则需板级维修或更换主芯片集成电路。

16. 海信 TCM4077D 背光灯不亮

检查与分析:背光灯不亮,通常是逆变器或背光灯控制电路有故障。检修时,首先采用电阻测量法进行检查。经初步检查,逆变器电路基本正常,检查背光灯控制电路时发现 V6(3904)击穿损坏,其电路原理如图 4-22 所示。将 V6 换新后,故障排除。

小结:图 4-22 中,U8(MST9U88L)的⑱脚用于背光灯开启控制;⑲脚输出 PWM 调宽脉冲,用于亮度控制。因此,当背光灯不亮时,还应注意检查 U8(MST9U88L)是否正常。

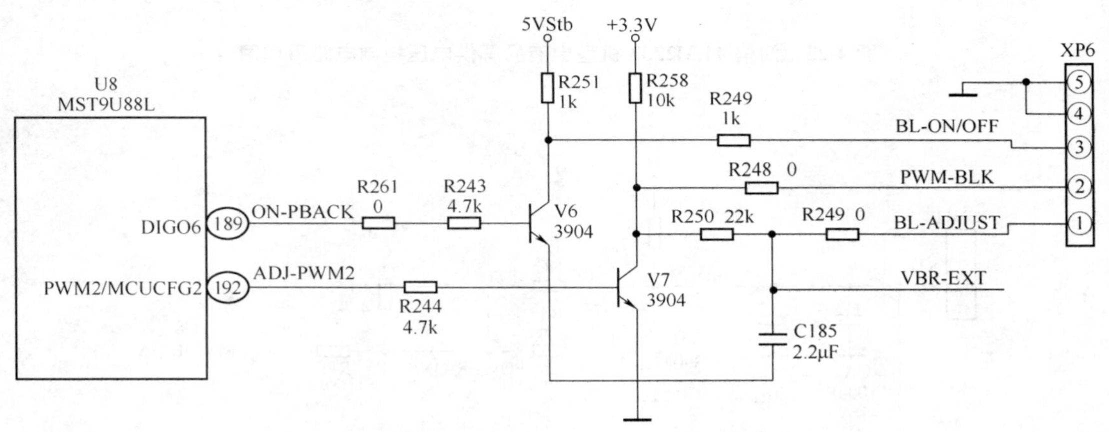

图 4-22　海信 TLM4077D 机型中背光灯控制和亮度调谐控制电路原理图

17. 海信 TLM2233 液晶屏不亮

检查与分析:根据检修经验,液晶屏不亮时,应首先注意检查液晶屏供电电路,如图 4-23所示。经检查,U24(IRF7314)的⑤～⑧脚无输出,①、③脚无 12V 电压,进一步检查+12V电压供电电路,发现 Q12(3904)发射结击穿损坏,其电路原理如图 4-24 所示。将 Q12 换新后,故障排除。

小结:图 4-24 中,Q12 与 U23 组成 U24 的供电电路,受 Q1(3904)和 U8(MST9E19A)的⑮脚控制。当 U8 的⑮脚输出低电平时,Q1 截止,Q12、Q8 导通,U23 导通并输出+5V-a11 和+12V-a11 电压为 U24 供电,U24 由 U8 的⑭脚、Q31、Q30 控制,输出 VCC-PANEL 使液晶屏点亮;当 U8⑮脚输出高电平时,Q1 导通,Q8、Q12 截止,U23 截止,U24 无电压输入,液晶屏不亮。因此,在液晶屏不亮时,除了注意检查 U23、U24 及其控制电路外,还要注意检查 U8(MST9E19A)的⑭脚和⑮脚的输出电平是否正常。

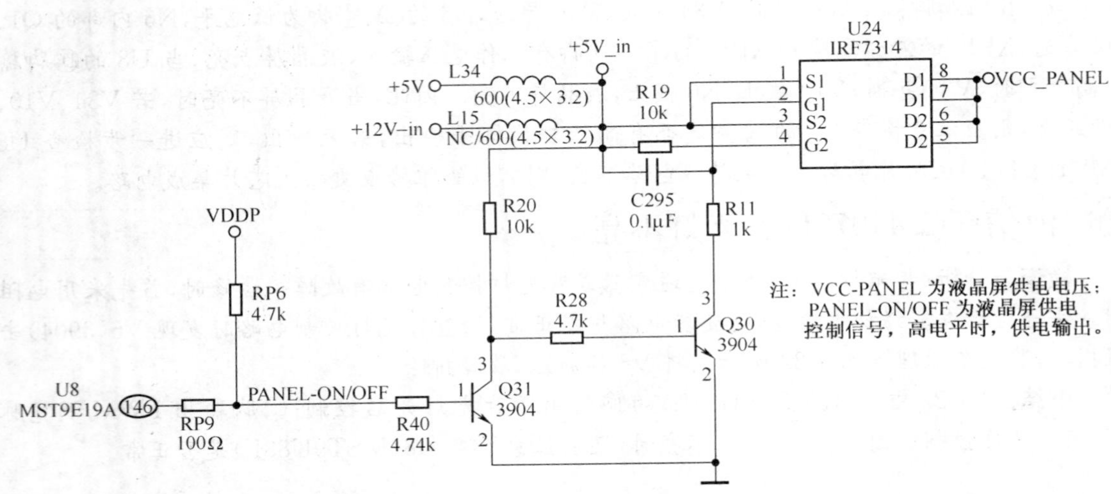

图 4-23 海信 TLM2233 机型中液晶屏供电压控制电路原理图

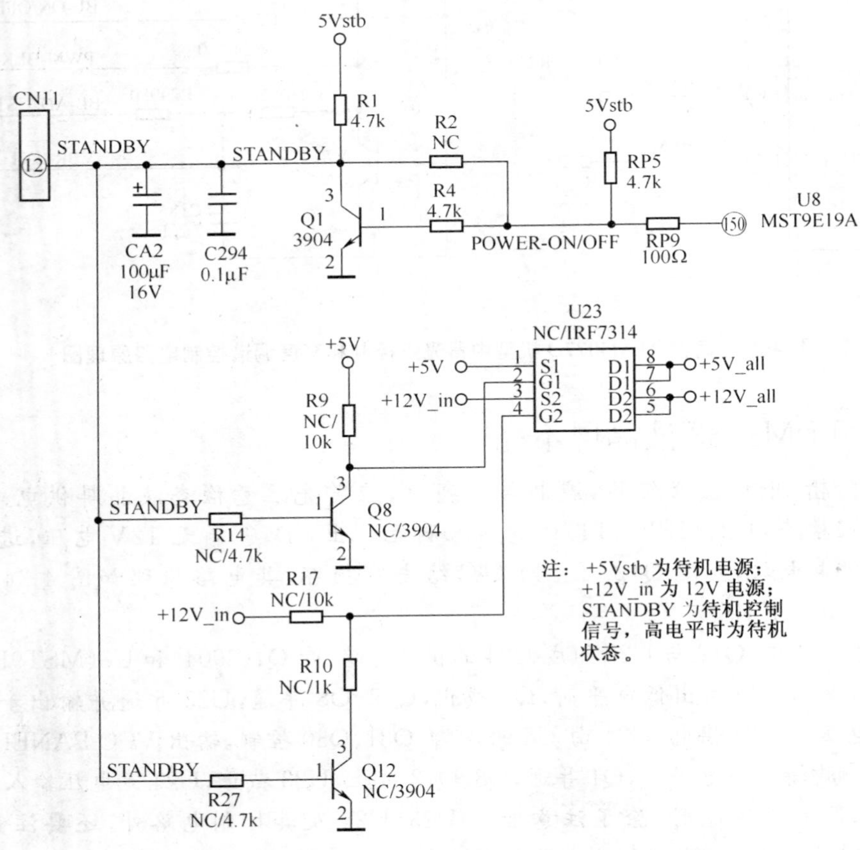

图 4-24 海信 TLM2233 机型中待机控制电路原理图

18. 海信 TLM2233 背光灯不亮

检查与分析:根据检修经验,背光灯不亮时,应重点检查逆变器和背光灯控制电路。经检查,逆变器电路正常。检查 CN11 的⑤、⑦脚始终为低电平,判断背光灯控制电路有故障,其电路原理如图 4-25 所示。

进一步检查,发现 Q4(3904)损坏,将其换新后,故障排除。

小结:图 4-25 中,Q4(3904)用于背光灯开关控制,但它受控于 U8(MST9E19A)的⑭⑨脚。因此,当 Q4(3904)损坏时,应进一步检查 U8 的⑭⑨脚是否输出正常。

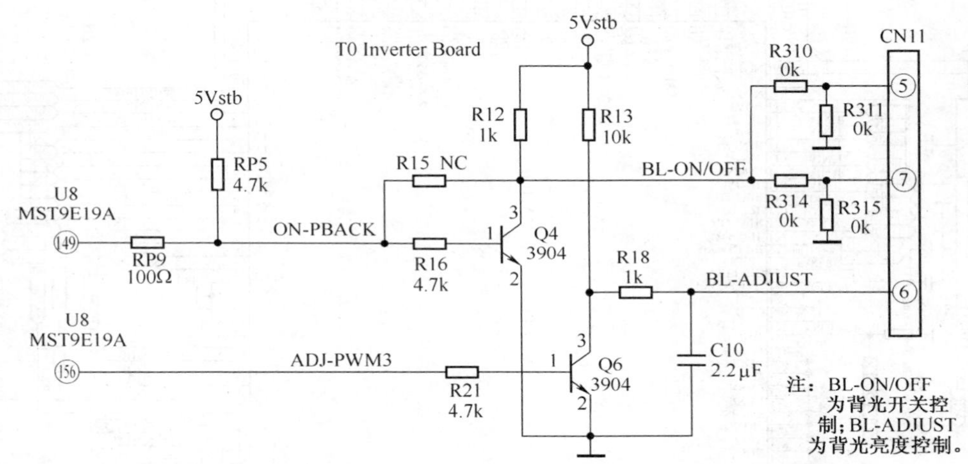

图 4-25　海信 TLM2233 机型中背光灯控制电路原理图

19. 海信 TLM3288H& 无图像无伴音,控制功能无效

检查与分析:无图像无伴音,控制功能无效的故障原因比较复杂,所涉及的电路也比较广泛。检修时首先检查主控电路。

在该机中,主控电路主要由 U603(VCT49831-XM-D2M100)、U602(PCF8575)及 U200E(MST6151A/MST5151A)部分引脚等组成,其电路原理分别如图 4-26、图4-27、图 4-28 所示。其中,U603 既包含有微控制功能,又具有处理多种视音频信号的功能。因此,检修时应首先注意检查 U603 的引脚及其外围元件。U603 的引脚使用功能见表 4-10。

经检查,发现 U603(VCT49831-XM-D2M100)的㊵脚对地正反向阻值均为 0.1kΩ,进一步检查外接元件,发现 U605(24CO4)的 E^2PROM 存储器损坏,将其换新后并重调数据,故障彻底排除。

小结:图 4-26 中,U605、U604 均为 U603 的外部扩展存储器,其中有一个不良或损坏,都会导致图像异常或功能紊乱、无图像等故障,换新后需进入总线对一些相关项目数据进行调整。有关项目及总线进入方法见表 4-11。

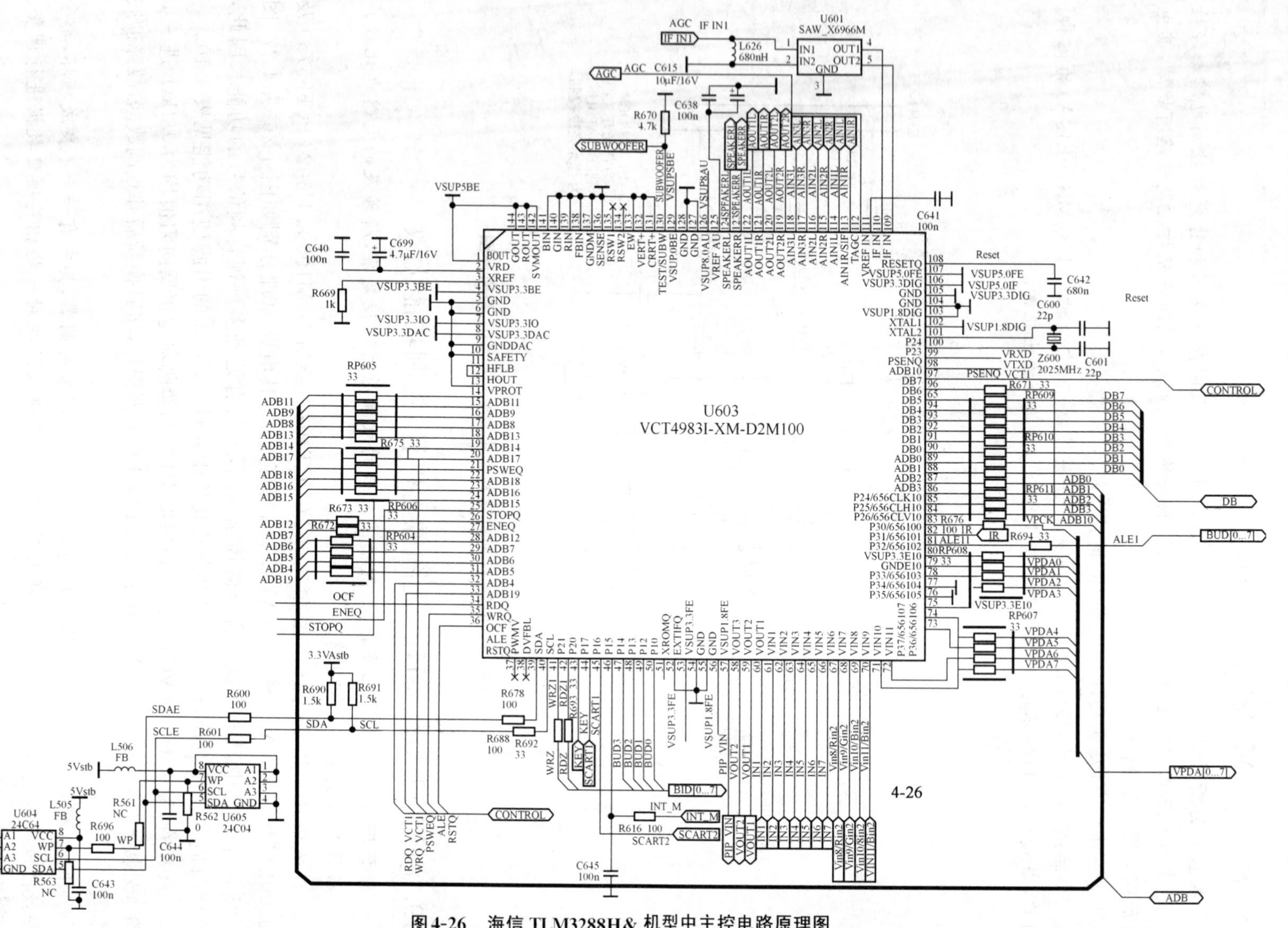

图 4-26 海信 TLM3288H& 机型中主控电路原理图

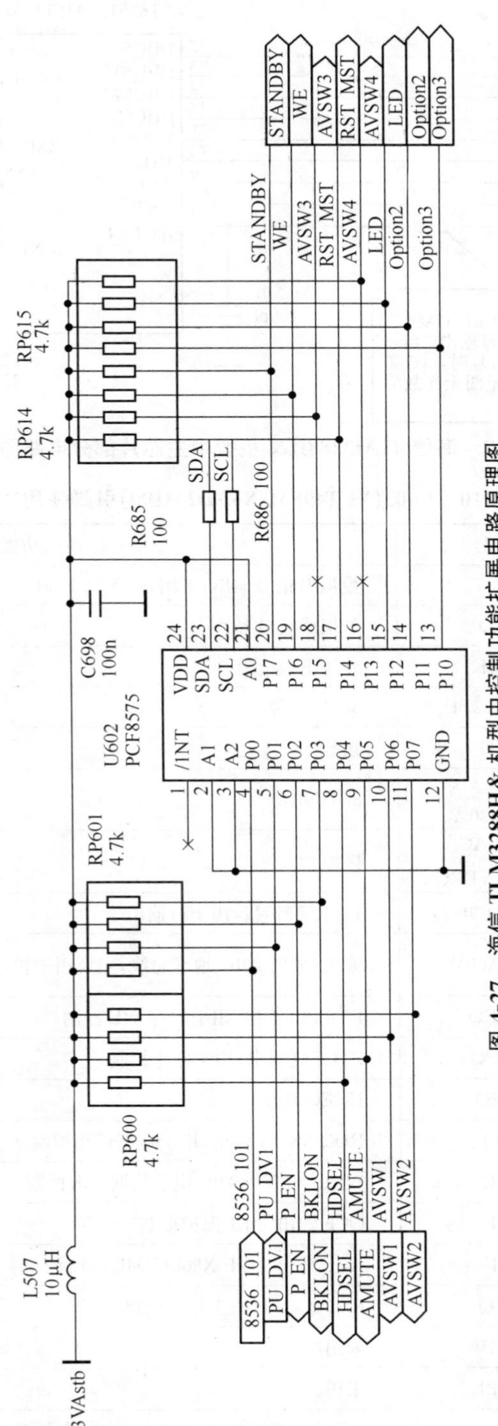

图 4-27 海信 TLM3288H& 机型中控制功能扩展电路原理图

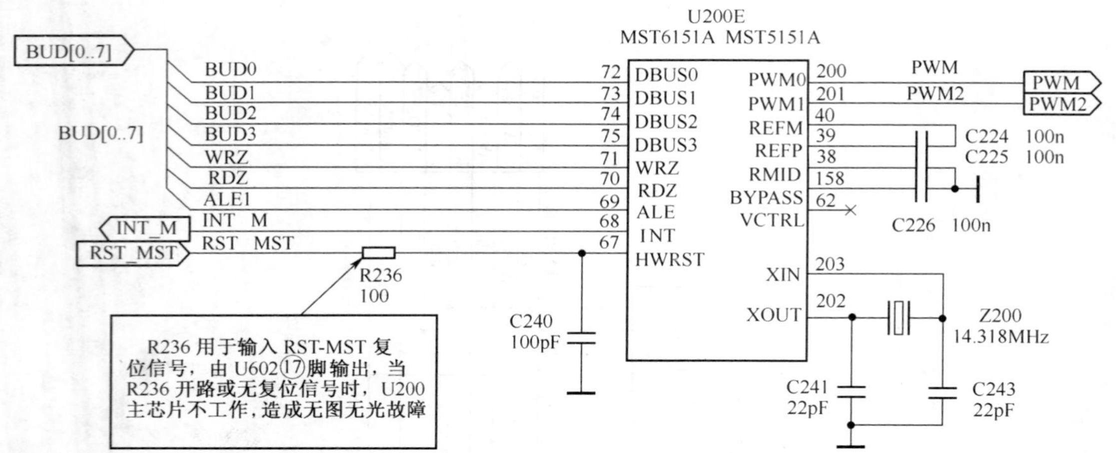

图 4-28　海信 TLM3288H& 机型中主芯片部分电路原理图

表 4-10　U603(VCT49831-XM-D2M100)引脚使用功能

引　脚	符　号	使用功能
①	BOUT	模拟 B 信号输出，未用，接 VSUP58E(+5V)
②	VRD	外接滤波电容
③	XREF	外接下拉电阻
④	VSUP3. 3BE	3. 3V 电源
⑤、⑥	GND	接地
⑦、⑧	VSUP3. 310 VSUP3. 30AC	3. 3V 电源
⑨、⑩、⑬	GNDDAC SAFETY、VPROT	接地
⑪、⑫	HFLB、HOUT	11、12 脚短接，用于行输出
⑭～⑲、㉑～㉓、 ㉖～㉛、㊹～㊼、㊻	ADBO-AOB19	输入/输出 20bit 地址总线，主要用于块闪存储器和动态随机存储器
⑳	PSWEQ	PSWEQ 输出，用于闪存 WE 控制
㉔	STOPQ	STOPQ 输出，用于停止控制
㉕	ENEQ	ENEQ 输出
㉜	RDQ	RDQ VCT1 输出，用于数据读出控制
㉝	WRQ	WRQ VCT1 输出，用于数据写入控制
㉞	OCF	OCF 输出，用于保护控制
㉟	ALE	ALE 输出，用于 X600(EMU)控制
㊱	RSTQ	RSTQ 输出，用于复位控制
㊲	PWMV	未用
㊳	DVFBL	未用
㊴	SDA	I^2C 总线数据线，用于 E^2PROM 存储器
㊵	SCL	I^2C 总线时钟线，用于 E^2PROM 存储器
㊶	P21	WRZ 输出，用于 U200(MST6151A)㉑脚控制

续表 4-10

引　脚	符　号	使用功能
㊷	P20	RDZ 输出,用于 U200(MST6151A)的⑳脚控制
㊸	P17	用于 KEY 键扫描信号输入
㊹	P16	用于 SCART1 输入
㊺	P15	用于 SCART2 输入
㊻	P14	用于 INT-M 输入
㊼～㊿	P13～P10	用于 BUD3～BUD0 输出,用于 U200 的⑫～⑮脚控制
51	XROMQ	未用
52、54、55	EXTIFQ GND	接地
53	VSUP3. 3FE	VSUP3. 3FE
56	VSUP1. 8FE	VSUP1. 8FE
57	VOUT13	用于 PIPVIN 画中画视频信号输出
58	VOUT12	用于 VOUT2 视频信号输出 2
59	VOUT11	用于 VOUT1 视频信号输出 1
60～66	VIN1～VIN7	IN1～IN7 输入
67	VIN8	用于 Vin8/Rin2 输入
68	VIN9	用于 Vin9/Gin2 输入
69	VIN10	用于 Vin10/Bin2 输入
70	VIN11	用于 Vin11/Bin2 输入
71～74、75、78～80	P37/656107～P30/656100	输出 VPDA7～VPDA0 bit 数字信号,送入 U200(MST6151A)的54～61脚
76	GNDE10	接地
77	VSUP3. 3E10	3. 3V 电源
81	P26/656CLV10	ALE1 输出,用于 U200E 控制
82	P25/656CLH10	IR 遥控信号输入
83	P24/656CLK10	VPCK 时钟信号输出,用于 U200D 控制
88～95	DB0～DB7	DB0～DB7 8bt 数字信号输出,主要用于 U500(62W5128BLL)的㉑～㉓、㉕～㉙脚
97	PSENQ	PSENQ VCT1 输入/输出,用于 X600(EMU)㊹脚控制
98	P23	用于 VTXD 串行接口发送数据
99	P24	用于 VRXD 串行接口接收数据
100、101	XTAL2、XTAL1	时钟振荡输入/输出,外接 20.25MHz 振荡器
102	VSUP1. 8 DIG	1. 8V 电源,用于数字电路供电
103、104	GND	接地
105	VSUP3. 3 DIG	3. 3V 电源,用于数字电路供电
106、107	VSUP5. 0FE	5. 0V 电源
108	RESETQ	复位
109、110	IF IN	中频载波信号输入

续表 4-10

引　脚	符　号	使用功能
⑪	VREF IF	中频参考电压外接滤波电容
⑫	TAGC	射频 AGC 输出，送入高频头
⑬	AINIR/SIF	AINIR 右声道音频信号输入
⑭	AINIL	AINIL 左声道音频信号输入
⑮	AIN2R	AIN2R 右声道音频信号输入
⑯	AIN2L	AIN2L 左声道音频信号输入
⑰	AIN3R	AIN3R 右声道音频信号输入
⑱	AIN3L	AIN3L 左声道音频信号输入
⑲	AOUT2R	右声道音频输出 2，用于 AV2 输出
⑳	AOUT2L	左声道音频输出 2，用于 AV2 输出
㉑	AOUT1R	右声道音频输出 1，用于 AV1 输出
㉒	AOUT1L	左声道音频输出 1，用于 AV1 输出
㉓	SPEAKERR	SPEAKERR 右声道输出，用于扬声器
㉔	SPEAKERL	SPEAKERL 左声道输出，用于扬声器
㉕	VREF AU	音频参考电压外接电容
㉖	VSUP8.0AU	＋8V 电源，用于音频电路供电
㉗、㉘	GND	接地
㉙	VSUP5.0BE	＋5V 电源
㉚	TEST/SUBW	用于 SUBWOOFER 输出
㉛	CRRT＋	接地
㉜	VERT－	接地
㉝	EW	未用，接地
㉞、㉟	RSW1、RSW2	未用
㊱	SENSE	接地
㊲	GNDM	接地
㊳	FBIN	接地
㊴	RIN	未用，接地
㊵	GIN	未用，接地
㊶	BIN	未用，接地
㊷、㊸、㊹	SVM OUT ROUT、GOUT	未用、接 VSUP5BE(＋5V)电源

表 4-11　海信 TLM3288H&(MST5 机心)维修软件项目及数据

项　　目	出厂数据	备　注
White Balance(白平衡)		
Rgain	+128	红增益,用于亮平衡调整
Ggain	+120	绿增益,用于亮平衡调整
Bgain	+122	蓝增益,用于亮平衡调整
Roffset	+128	红偏移,用于暗平衡调整
Goffset	+128	绿偏移,用于暗平衡调整
Boffet	+128	蓝偏移,用于暗平衡调整
Backi	Exitok	背面控制,Exitok 退出
Audio Options		
Equalizer	Yes	用于均衡调整设备
Show Volumebar	Yes	用于显示音量光条设置
Autostone Volume	No	自动音量设备
BBE	No	音响增强设置
Voice	No	语音设备
SRS Wow	No	声音恢复系统,声明错设置
ACF	No	ACF 设置
Volume Lim	+100	音量小设置
Volume0	−115	音量设置 0
Volume1	−60	音量设置 1
Volume20	−30	音量设置 20%
Volume50	−15	音量设置 50%
Volume100	+2	音量大设置
Backi	Exitok	背面控制,Exitok 退出
Min Mid Max Init		
SaveEnergy-Standardva11	+220	保存能源标准有效 1
SaveEnergy-Standardva12	+88	保存能源标准有效 2
SaveEnergy-Modeoneva11	+220	保存能源单一模式有效 1
SaveEnergy-Modeoneva12	+148	保存能源单一模式有效 2
SaveEnergy-Mode Twova11	+220	保存能源双模式有效 1
SavenEnergy-ModeTwova12	+208	保存能源双模式有效 2
Picture Mode-Bright-Bri	+130	图像模式,亮度调节
Picture Mode-Bright-con	+152	图像模式,亮度控制
Picture Mode-Standard-Bri	+130	图像模式,标准亮度
Picture Mode-Standard-coni	+136	图像模式,标准亮度控制
Picture Mode-sof-Bri	+130	图像模式,柔和亮度
Picture Mode-soft-coni	+120	图像模式,柔和控制

注:总线进入方法,在音量平衡菜单状态下,输入 0、5、3、2 即可进入维修状态。

调试方法,在音量菜单状态下,将平衡项置为 0,然后再输入 0、5、3、2 即可进入如下状态:

Service Mode(TV)
white Balance
Additional Settings
Options 1
Options 2
Audio Options
Deviation Settings
DRX
NVM Edit
NVM Initialize
Min Mid Max Init
Scaler
Set Channel
TOFAC

20. 海信 TLM3266 液晶屏不亮，但有伴音

检查与分析：液晶屏不亮，但有伴音，是液晶平板电视的常见故障之一。其故障原因一般是背光灯控制、背光亮度调谐、液晶屏供电控制等电路有故障。在该机中，背光控制、亮度调谐及液晶屏供电控制电路主要由 Q104、Q102、Q103 等组成，其电路原理如图 4-29 和图 4-30 所示。

经检查，发现 Q103(2N3904)呈软击穿损坏，将其换新后，故障排除。

小结：图 4-30 中，Q103(2N3904)为液晶屏供电控制管，U602(PCF8575)的⑥脚通过 R120 控制 Q103，如图 4-27 所示。因此，当该机无液晶屏供电压输出时，若 U107、Q103 等均正常，则应进一步检查 U602(PCF8575)。

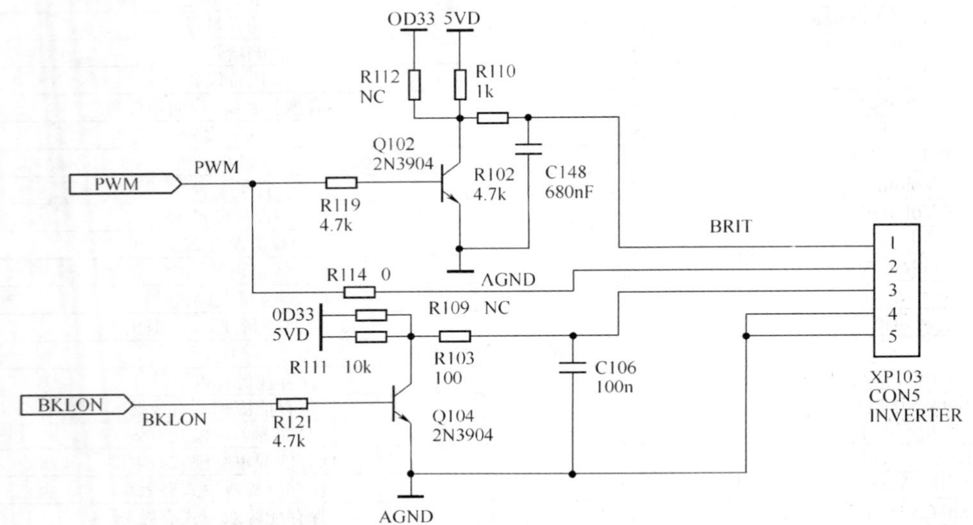

图 4-29　海信 TLM3266 机型中背光灯控制和亮度控制电路原理图

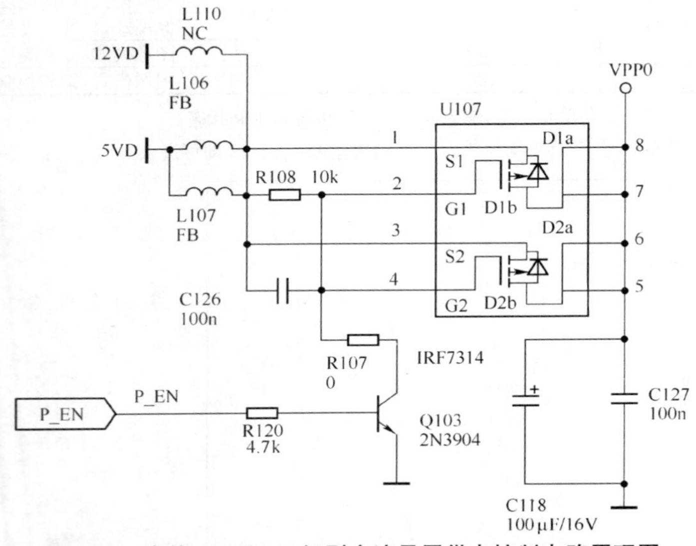

图 4-30　海信 TLM3266 机型中液晶屏供电控制电路原理图

21. 海信 TLM3266 有图像，伴音时有时无

检查与分析：有图像，但伴音时有时无，一般是伴音信号传输电路异常。检修时，可先检查静音控制电路。在该机中，静音控制电路主要由 Q801 等组成，其电路原理如图 4-31 所示。

经检查，发现 Q801 的基极和集电极电压均不稳定，此时 Q801 基极的控制电路有故障。进一步检查，发现 Q900(3906)不良，将其换新后，故障排除。

小结：图 4-31 中，Q900(3906)与 C841 等组成关机静噪电路。在关机时，由于 12VD 电压消失，所以 C842 通过 Q900 的发射结放电，使 Q900 导通，Q801 导通，U800①脚静噪功能动作，扬声器静噪。

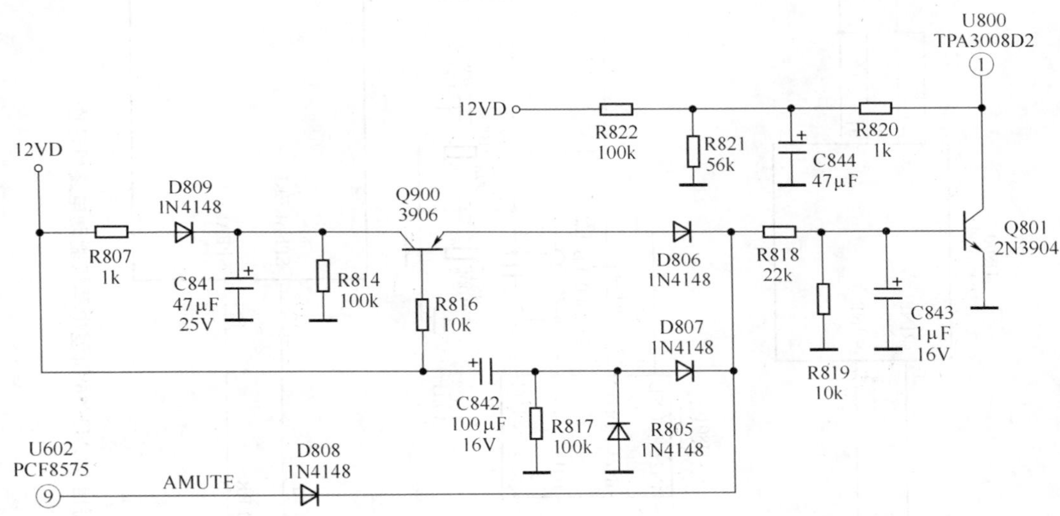

图 4-31　海信 TLM3266 机型中静音控制电路原理图

22. 海信 TLM3266 耳机无声，扬声器有正常声音

检查与分析：在该机中，用于伴音功率放大器和耳机放大器的音频输入信号均由 U603(VCT49831-XM-D2M100)的㉔、㉓脚输出，并共用一个传输通道。因此，当耳机无声，而扬声器声音正常时，故障主要发生在耳机驱动电路。

在该机中，耳机驱动电路主要由 U801(TDA2822M)等组成，其电路原理如图 4-32 所示。检修时应首先用电阻测量法进行检查。

经检查，发现 L800 输入端焊脚脱焊，将其补焊后，故障排除。

小结：图 4-32 中，L800 为 12VD 电源输入滤波电感，为 U801(TDA2822M)②脚供电。当 L800 开路时，U801②脚无电压，故 U801 不工作，耳机无声。

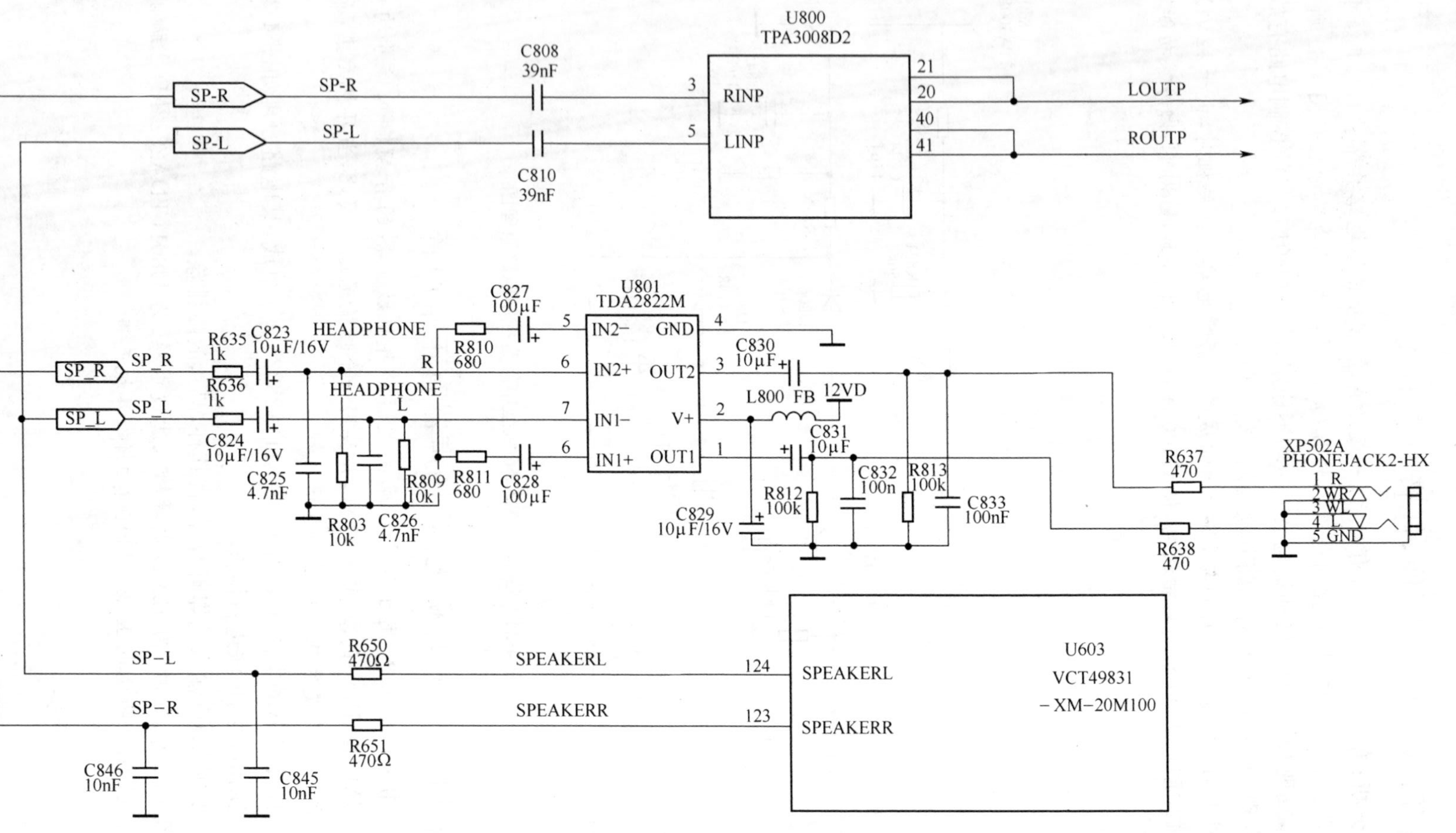

图 4-32 海信 TLM3266 机型中耳机驱动电路原理图

第 5 章　海尔数字平板电视机维修笔记

海尔数字平板电视机是我国平板电视机市场中的主流产品之一，其系列产品较多，型号也比较纷繁，如海尔 L20A8A-A1、海尔 P42S6A-C1、海尔 L42A9-AD、海尔 L32AD1、海尔 L37ND1、海尔 L42ND1 等。因此，了解和掌握海尔数字平板电视机的机心技术，对维修其他各种品牌的平板电视机都有很大帮助。本章主要介绍一些海尔平板电视机的维修笔记，以供维修者参考。

1. 海尔 L20A8A-A1 TV 状态无图像无伴音

检查与分析：在该机中，TV 状态无图像无伴音的故障原因主要是高频接收电路或中频信号处理电路不良，检修时应首先注意检查高中频电路，检查时首先采用电阻测量法，在未见有短路或开路元件时，再通电测量。

经初步检查，高中频电路元件均正常；通电测量时，高中频电路的 5VA 供电压为 0V，说明 5VA 供电电路有故障，其电路原理如图 5-1 所示。

图 5-1 中，U11(IRF7314)用于输出 5VA 电压，主要为高中频电路供电，它是在 Q14 和 U5(MST718BU)的㉜脚的控制下进行工作的。进一步检查，发现 R318 开路，将其换新后，故障排除。

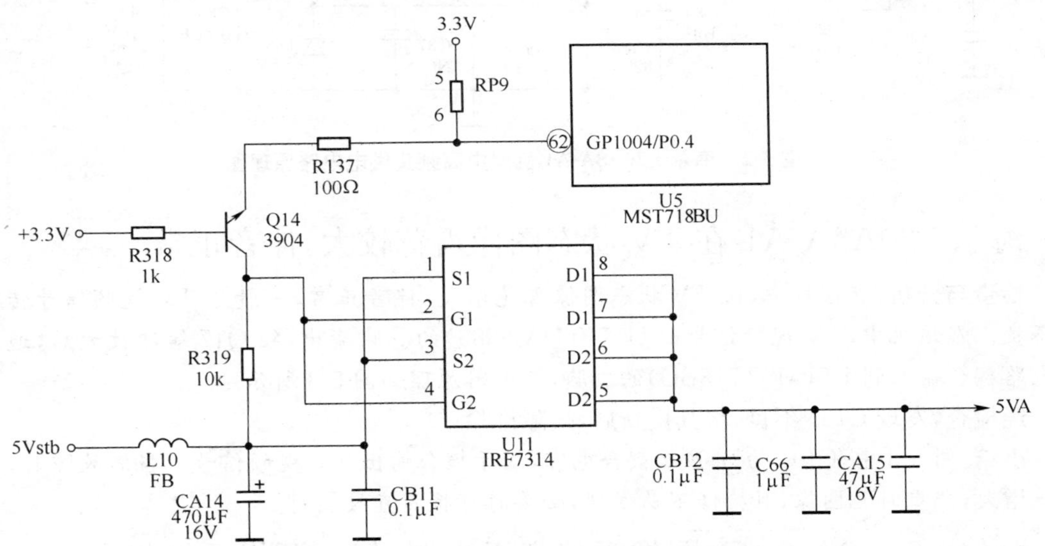

图 5-1　海尔 L20A8A-A1 机型中 5VA 供电控制电路原理图

小结：图 5-1 中，Q14 的基极通过 R318 从＋3.3V 电源中引入固定偏置，当 Q14 正偏导通时，5Vstb 电压通过 R319 为 U11 的②脚、④脚提供低电平，使 U11 内部 P 沟道场效应管导通，⑤～⑧脚输出 5VA 电压，高中频电路工作；当 Q14 反偏截止时，R319 输出端为高电平，即 U11 的②脚、④脚电平，⑤～⑧脚无输出，高中频电路不工作，导致 TV 状态无图像无伴音故障。

2. 海尔 L20A8A-A1 TV 状态无图无声，换台时有雪花光栅

检查与分析：根据检修经验，光栅中有雪花噪波点，说明高中频通道基本正常工作，应注意检查射频信号和调谐电压。经检查，射频信号线正常，检测高频头⑨脚电压为 0V，说明调谐电压供电电路有故障，其电路原理如图 5-2 所示。

进一步检查，发现 L24 一端脚开路，将其补焊后，故障排除。

小结：图 5-2 中，L24 为滤波电感，主要用于输出＋12VA 电压，为由 Q18、D27 等组成的升压电路供电，以产生 40V 电压，再经 D26 稳压后，为调谐器提供 33V 调谐电压。因此，当 U14⑨脚无电压时，应重点检查外接升压电路。

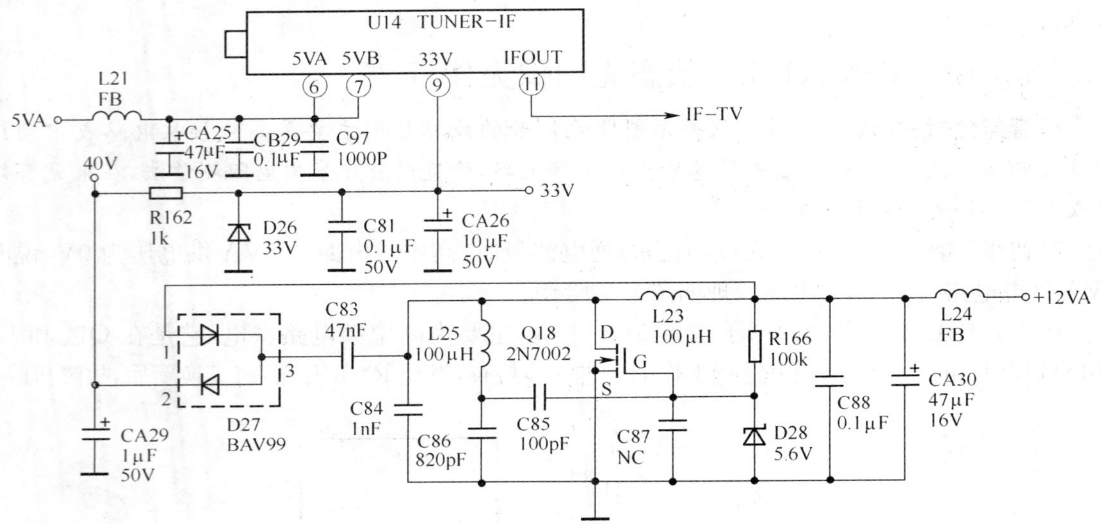

图 5-2 海尔 L20A8A-A1 机型中高频头供电电路原理图

3. 海尔 L20A8A-A1 在 TV 状态图像雪花较大，伴音正常

检查与分析：在该机中，仅 TV 状态图像雪花增大，伴音正常，一般是 TV 视频信号传输电路不良。在该机中，TV 视频信号由 U17（TDA 9886）的⑰脚输出，经 Q17 缓冲放大后，通过滤波电路耦合输入到 U5（MST718BU）的㉜脚，其电路原理如图 5-3 所示。

经检查，发现 C101 不良，将其换新后，故障排除。

小结：图 5-3 中，C101 为 0.1μF 耦合电容，用于耦合输出 TV 视频信号。当其故障时，图像雪花增大，严重时无图像，且检修不易发现，必要时可将其直接换新。

4. 海尔 L20A8A-A1 无图像无伴音无光栅，但电源指示灯仍亮

检查与分析：根据检修经验，无图像无伴音无光栅，但电源指示灯仍亮，一般是主板电路没能工作，检修时应首先检查主芯片电路，检测时应采用电阻测量法。在该机中，主芯片电路为 U5（MST718BU），其应用电路原理如图 5-4 所示，引脚使用功能见表 5-1。

经检查，发现 Y1（12MHz）的一端脚脱焊，将其补焊后，故障排除。

小结：在图 5-4 中，Y1（12MHz）为时钟振荡器，并接在 U5（MST718BU）的⑫⓪、⑫①脚，为主芯片电路提供基准时钟信号。当其开路或不良时，将会形成三无故障，检修时应首先注意检查，必

要时可将其直接换新。

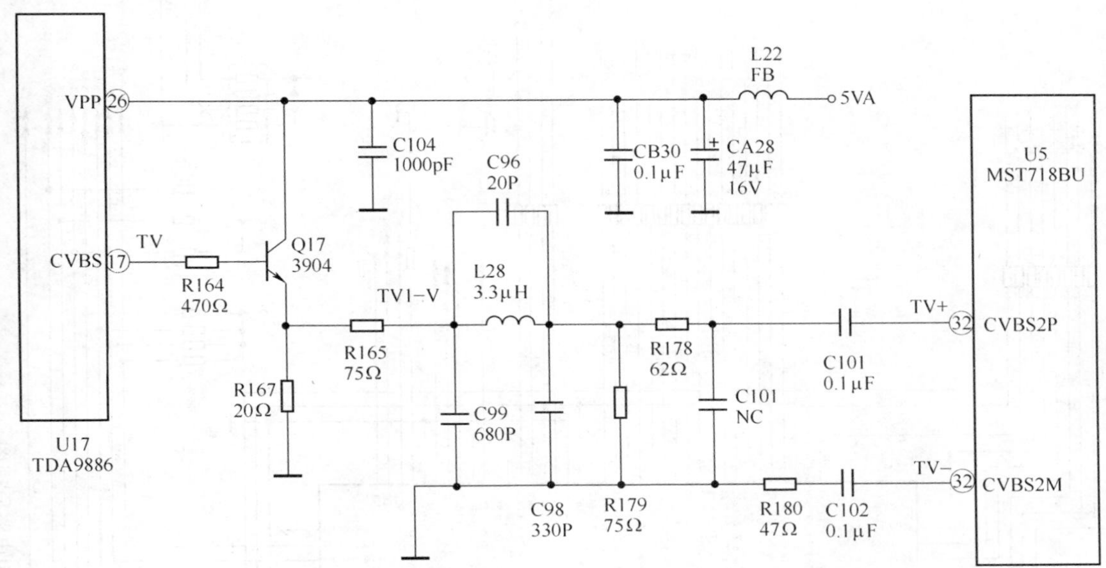

图 5-3　海尔 L20A8A-A1 机型 TV 视频信号输出电路原理图

5. 海尔 L20A8A-A1 无图像无伴音无光栅，电源指示灯仍亮

检查与分析：首先采用电阻检查法注意检查 U5(MST718BU)“四要素”引脚的外围电路，发现㊽脚外接的 Q9(3906)击穿损坏，其电路原理如图 5-5 所示。将 Q9 换新后，故障排除。

小结：图 5-5 中，Q9(3906)与 D22、CA5 等组成 U5(MST718BU)的复位电路，其中有一个元件不良或损坏，U5 的复位功能均失效，主芯片电路不工作，形成“三无”故障。因此，检修时应注意检查复位电路，必要时将 CA5 和 CA6 直接换新。

6. 海尔 L20A8A-A1 液晶屏不亮

检查与分析：根据检修经验，液晶屏不亮时，应首先检查液晶屏供电电路，其电路原理如图 5-6 所示。

经检查，发现 U9(IRF7314)不良，将其换新后，故障排除。

小结：图 5-6 中，U9 用于液晶屏供电输出，但它受 Q10 和 U5(MST718BU)的㊼脚控制。当 U5 的㊼脚输出高电平时，Q10 截止，U9 截止，VCC-PANEL 无输出；当 U5 的㊼脚输出低电平时，Q10 导通，U9 导通，VCC-PANEL 正常输出。因此，当 U9 无输出时，应注意检查 Q10 及 U5 的㊼脚输出电平是否正常。

7. 海尔 L20A8A-A1 背光亮度较暗

检查与分析：背光亮度较暗，主要是背光亮度调节控制电路不良，检修时可先检查背光亮度调节控制电路，其电路原理如图 5-7 所示。

经检查，发现 Q12(3904)不良，将其换新后，故障排除。

小结：图 5-7 中，Q11(3904)用于背光开/关控制，Q12(3904)用于背光亮度调节，其中有一只不良或损坏都会导致屏幕亮度下降或无亮度，检修时应加以注意，必要时将其直接换新。

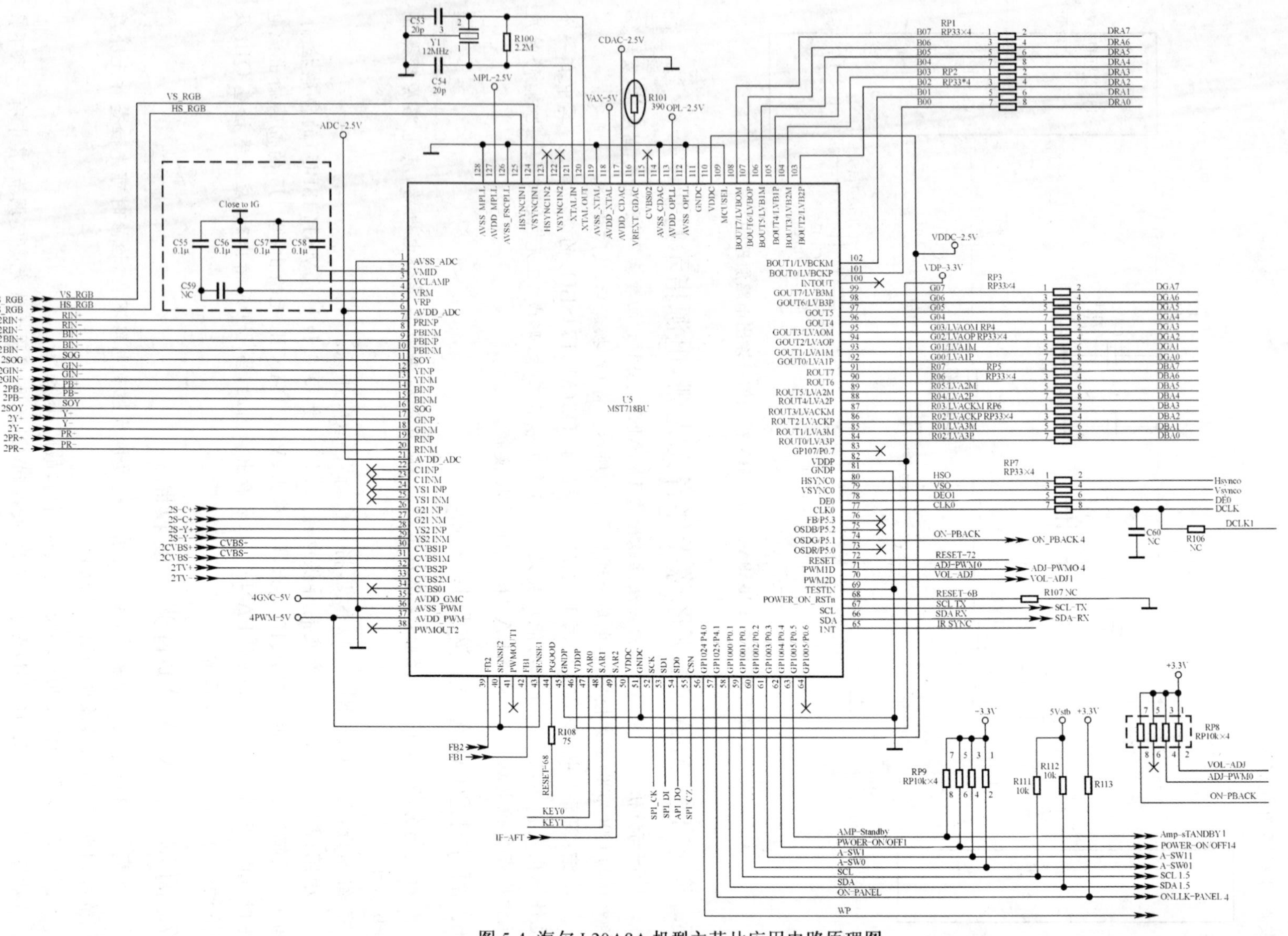

图5-4 海尔L20A8A机型主芯片应用电路原理图

表 5-1　U5(MST718BU 主芯片)引脚使用功能

引脚	符　号	使用功能	引脚	符　号	使用功能
①	AVSS-ADC	模拟电路接地	㉝	CVBS2M	用于 TV 视频信号 TV—输入(负)
②	VMID	中点电压滤波,外接 0.1μF 滤波电容	㉞	CVBS01	用于 AV 视频信号输入,未用
			㉟	AVDD-GMC	MGC-5V(5V)电源
③	VCL AMP	钳位脉冲电压滤波,外接 0.1μF 滤波电容	㊱	AVSS-PWM	
			㊲	AVDD-PWM	PWM-5(5V)电源,用于脉冲调宽电路供电
④	VRM	电源调节管理滤波,外接 0.1μF 滤波电容	㊳	PWMOUT2	调宽脉冲输出 2,但未用
⑤	VRP	电源调节管理滤波(正),外接 0.1μF 滤波电容	㊴	FB2	FB2(+3.3V)电源输入
⑥	AVDD - ADC	ADC-2.5V(2.5V)电源,用于模拟电路供电	㊵	SENSE2	自动检测 2,输入 PWM-5V(5V)电源
⑦	PRINP	PC 机 R 基色信号输入(正)	41	PWMOUTI	调宽脉冲输出 1,但未用
⑧	PRINM	PC 机 R 基色信号输入(负)	㊷	FB1	FB1(2.5V)电源输入
⑨	PBINP	PC 机 B 基色信号输入(正)	㊸	SENSE1	自动检测 1,输出 PWM-5V(5V)电源
⑩	PBINM	PC 机 B 基色信号输入(负)			
⑪	SOY	PC 机绿同步信号输入	㊹	PGOOD	输入 RESET-68 复位信号,外接复位电路
⑫	YINP	用于 PC 机 G 基色信号输入(正)	㊺	GNDP	接地
⑬	YINM	用于 PC 机 G 基色信号输入(负)	㊻	VDDP	VDP-3.3V(3.3V)电源输入
⑭	BINP	用于逐行 PB+色差信号输入(正)	㊼	SAR0	用于 KEY0 键扫描信号输入
⑮	BINM	用于逐行 PB—色差信号输入(负)	㊽	SAR1	用于 KEY1 键扫描信号输入
⑯	SOG	同步信号输入	㊾	SAR2	用于 IF-AFT 自动频率微调
⑰	GINP	用于 Y 信号输入(正)	㊿	VDDC	VDDC-2.5V(2.5V)电源输入
⑱	GINM	用于 Y 信号输入(负)	51	GNDC	接地
⑲	RINP	用于逐行 PR+色差信号输入(正)	52	SCK	SP1-CK 输出,用于 U7(PS25-LV020)闪存时钟控制
⑳	RINM	用于逐行 PR—色差信号输入(负)			
㉑	AVDD - ADC	ADC-2.5V(2.5)电源,用于模拟电路供电	53	SD1	SP1-D1 输出,用于 U7 闪存数据控制
㉒	C1INP	用于色信号输入,未用	54	SD0	AP1-D0 输出,用于 U7 闪存数据控制
㉓	C1INM	用于色信号输入,未用			
㉔	YS1INP	用于 Y 信号输入,未用	55	CSN	SP1-OZ 输出,用于 U17 闪存芯片选择
㉕	YS1INM	用于 Y 信号输入,未用			
㉖	C2INP	用于 S 端子色信号 C+输入(正)	56	GP1024/P4.0	WP 输出,用于 U17 闪存负写控制
㉗	C2INM	用于 S 端子色信号 C—输入(负)	57	GP1025/P4.1	ON-PANEL 输出,用于液晶屏供电源控制
㉘	YS2INP	用于 S 端子 Y+信号输入(正)			
㉙	YS2INM	用于 S 端子 Y—信号输入(负)	58	GP1000/P0.1	SDA 数据线,用于高中频电路
㉚	CVBS1P	用于 AV 视频信号 CVBS+输入(正)	59	GP1001/P0.1	SCL 时总线,用于高中频电路
㉛	CVBS1M	用于 AV 视频信号 CVBS—输入(负)	60	GP1002/P0.2	A-SW0 输出,用于 U2(4052)电子开关控制,转换信号
㉜	CVBS2P	用于 TV 视频信号 TV+输入(正)			

续表 5-1

引脚	符　号	使用功能	引脚	符　号	使用功能
⑥①	GP1003/P0.3	A-SW1 输出，用于 U2(4052)电子开关控制，转换信号	⑧⑥	ROUT2/LVACKP	用于 8bit R 数字信号 DRA2 输出(R02/LVCKP)
⑥②	GP1004/P0.4	POWER-ON/OF 输出，用于电源开/关控制	⑧⑦	ROUT3/LVACKM	用于 8bit R 数字信号 DRA3 输出(R03/LVACKM)
⑥③	GP1005/P0.5	AMP-Standby 输出，用于伴音功放电路关机静噪控制	⑧⑧	ROUT4/LVA2P	用于 8bit R 数字信号 DRA4 输出(R04/LVA2P)
⑥④	GP1006/P0.6	未用	⑧⑨	ROUT5/LVA2M	用于 8bit R 数字信号 DRA5 输出(R05/LVA2M)
⑥⑤	INT	IR-SYNC 遥控信号输入			
⑥⑥	SDA	SDA-RX 数据线，用于 VGA 接口电路	⑨⓪	ROUT6	用于 8bit R 数字信号 DRA6 输出(R06)
⑥⑦	SCL	SCL-TX 时钟线，用于 VGA 接口电路	⑨①	ROUT7	用于 8bit R 数字信号 DRA7 输出(R07)
⑥⑧	POWER-ON-RSTn	RESET-68，用于复位开关控制，外接下拉电阻	⑨②	GOUT0/LVA1P	用于 8bit G 数字信号 DGA0 输出(G00/LVA1P)
⑥⑨	TESTIN	测试输入，接地	⑨③	GOUT1/LVA1M	用于 8bit G 数字信号 DGA1 输出(G01/LVA1M)
⑦⓪	PWM2D	VOL-ADJ 输出，用于音量调节控制	⑨④	GOUT2/LVA0P	用于 8bit G 数字信号 DGA2 输出(G02/LVA0P)
⑦①	PWM1D	ADJ-PWM0 输出，用于背光亮度调节控制	⑨⑤	GOUT3/LVA0M	用于 8bit G 数字信号 DGA3 输出(G03/LVA0M)
⑦②	RESET	复位端，外接 1kΩ 下拉电阻	⑨⑥	GOUT4	用于 8bit G 数字信号 DGA4 输出(G04)
⑦③	OSDR/P5.0	未用			
⑦④	OSDG/P5.1	ON-PBACK 背光开/关控制	⑨⑦	GOUT5	用于 8bit G 数字信号 DGA5 输出(G05)
⑦⑤	OSDB/P5.2	未用			
⑦⑥	FB/P5.3	未用	⑨⑧	GOUT6/LVB3P	用于 8bit G 数字信号 DGA6 输出(G06)
⑦⑦	CLKO	DCLK/DCLK，时钟输出，用于 LVDS/TTL 接口控制	⑨⑨	GOUT7/LVB3M	用于 8bit G 数字信号 DGA7 输出(G07)
⑦⑧	DEO	DEO 输出，用于 LVDS/TTL 接口数据允许输出控制	①⓪⓪	INTOUT	未用
⑦⑨	VSYNCO	VSO 场同步信号输出，用于 LDS/TTL 接口控制	①⓪①	BOUT0/LVBCKP	用于 8bit B 数字信号 DBA0 输出(B00)
⑧⓪	HSYNCO	HSO 行同步信号输出，用于 LVDS/TTL 接口控制	①⓪②	BOUT1/LVBCKM	用于 8bit B 数字信号 DBA1 输出(B01)
⑧①	GNDP	接地	①⓪③	BOUT2/LVB2P	用于 8bit B 数字信号 DBA2 输出(B02)
⑧②	VDDP	VDP-3.3V(3.3V)电源			
⑧③	GP107/P0.7	未用	①⓪④	BOUT3/LVB2M	用于 8bit B 数字信号 DBA3 输出(B03)
⑧④	ROUT0/LVA3P	用于 8bit R 数字信号 DRA0 输出(R00/LVA3P)	①⓪⑤	BOUT4/LVB1P	用于 8bit B 数字信号 DBA4 输出(B04)
⑧⑤	ROUT1/LVA3M	用于 8bit R 数字信号 DRA1 输出(R01/LVA3M)	①⓪⑥	BOUT5/LVB1M	用于 8bit B 数字信号 DBA5 输出(B05)

续表 5-1

引脚	符　号	使用功能	引脚	符　号	使用功能
107	BOUT6/LVB0P	用于 8bit B 数字信号 DBA6 输出(B06)	118	AVDD-XTAL	VAX-5V(5V)电源，用于时钟电路供电
108	BOUT7/LVB0M	用于 8bit B 数字信号 DBA7 输出(B07)	119	AVSS-XTAL	用于时钟电路接地
109	MCUSEL	接地	120	XTAL OUT	时钟振荡输出，外接 12MHz 振荡器
110	VDDC	VDDC-2.5V(2.5V)电源，用于数字电路供电	121	XTAL IN	时钟振荡输入，外接 12MHz 振荡器
111	GNDC	接地	122	VSYNC IN2	场同步脉冲输入 2，未用
112	AVSS-OPLL	接地	123	HSYNC IN2	行同步脉冲输入 2，未用
113	AVDD-OPLL	OPL-2.5V(2.5V)电源，用于锁相环路供电	124	VSYNC IN1	用于 VGA(PC 机)场同步脉冲输入
114	AVSS-CDAC	接地	125	HSYNC IN1	用于 VGA(PC 机)行同步脉冲输入
115	CVBSO2	未用	126	AVSS－FSCPLL	接地
116	VREXT-CDAC	外部阻抗 390Ω 到 AVDD-VDI(接地)	127	AVDD－MPLL	MPL-2.5V(2.5V)电源
117	AVDD-CDAC	CDAC-2.5V(2.5V)电源，用于数字电路供电	128	AVSS－MPLL	接地

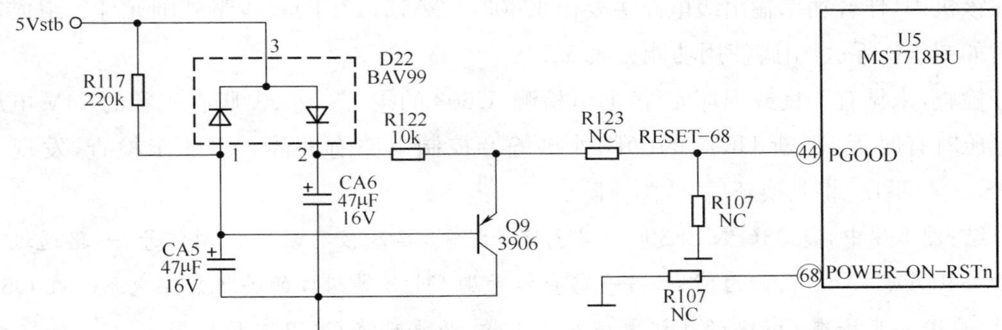

图 5-5　海尔 L20A8A-A1 机型中 U5(MST718BU)主芯片复位电路原理图

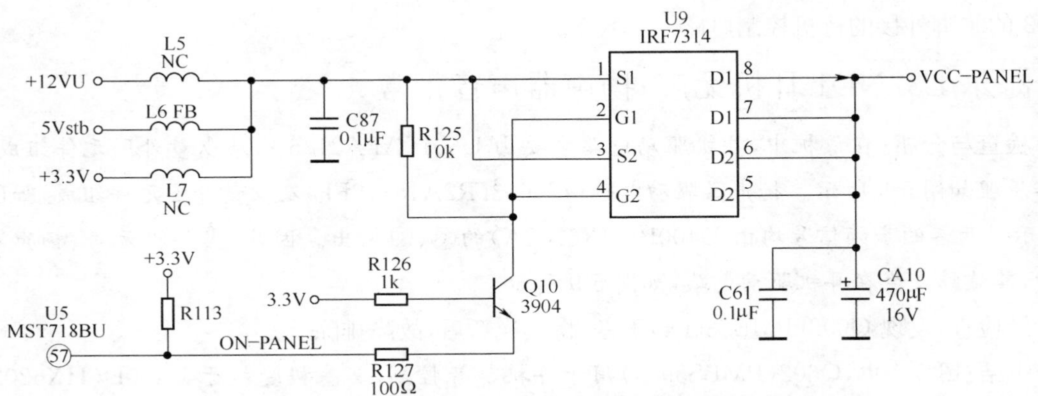

图 5-6　海尔 L20A8A-A1 机型中液晶屏供电电路原理图

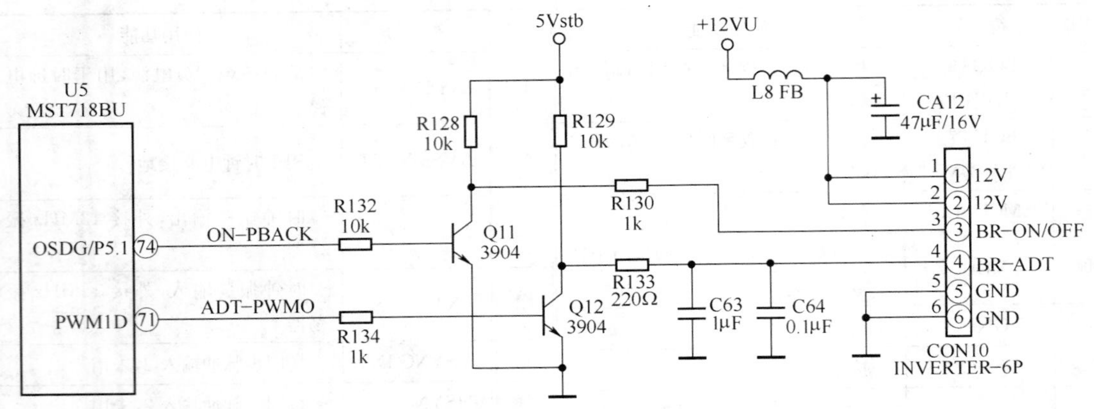

图 5-7 海尔 L20A8A-A1 机型中背光控制及背光亮度调节控制电路原理图

8. 海尔 L32ND1 伴音时有时无,图像正常

检查与分析:在检修经验中,伴音时有时无,图像正常,一般是伴音功率输出的电路不良或静音功能误动作,或扬声器接口不良。检修时首先从检查伴音功率输出级电路入手。检查时首先采用电阻法测量。

在该机中,伴音功率输出级电路主要由 U603(R2A15112FP)及少量外围元件等组成,其电路原理如图 5-8 所示,引脚使用功能见表 5-2。

经检查,未见有不良或损坏元件,通电检测,U603 的④、⑤、㉜、㉝脚有正常的 24V 电压,但㉗脚电压时有时无,判断 U603 的㉗脚外接静音控制电路有故障。进一步检查,发现 Q603(PMBS3904)不良,将其换新后,故障排除。

小结:图 5-8 中,Q603(PMBS3904)用于静音控制,其基极有两路控制信号,一路通过 R622 受控于 U400D(HX6202A)的⑮脚,另一路受控于由 Q413 等组成的关机静噪电路。在 Q603 误动作时,应进一步检查 Q603 的基极电压是否正常,必要时将 C672 直接换新。

另外,图 5-8 中,当 U603 的①、②、㉟、㊱脚无输出,而 24V 电源又正常时,应注意检查 U603 的⑩脚外接的待机控制电路。

9. 海尔 L32ND1 耳机无声,扬声器声音正常

检查与分析:在该机中,耳机驱动电路主要由 U601(APA2176A)及少量外围元件组成,其电路原理如图 5-9 所示。扬声器驱动电路由 U603(R2A15112FP)及少量外围元件组成,如图 5-8 所示。两者的音频信号均由 U400B(HX6202A)的⑱、⑲输出。因此,当耳机无声、扬声器有声时,其故障发生在耳机驱动电路,如图 5-9 所示。

经检查,发现 Q602(PMBS3904)不良,将其换新后,故障排除。

小结:图 5-9 中,Q602(PMBS3904)用于耳机静音控制,其基极受控于 U400D(HX6202A)的⑯脚。因此,检修时应注意检查 U400D 的⑯脚的信号电压,异常时需板级维修。

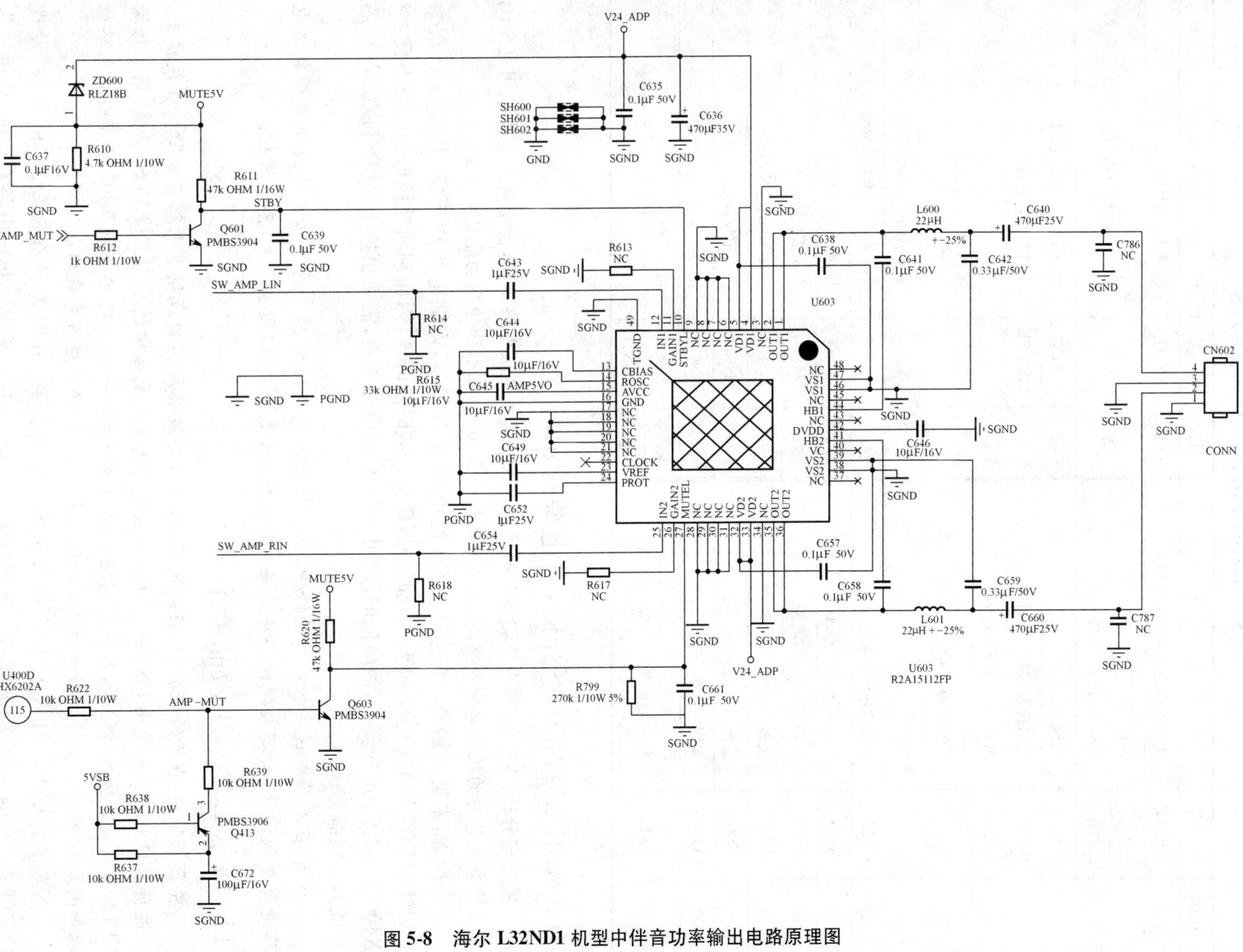

图 5-8　海尔 L32ND1 机型中伴音功率输出电路原理图

表 5-2 U603(R2A15112FP)引脚使用功能

引脚	符 号	使用功能	引脚	符 号	使用功能
①、②	OUT1	用于左声道音频功率输出	㉔	PROT	外接 1μF 滤波电容
③	NC	接地	㉕	IN2	SW-AMP-RIN 右声道音频信号输入
④、⑤	VD1	V24-ADP(+24V)电源			
⑥～⑨	NC	接地	㉖	GAIN2	增益 2,外接下拉电阻
⑩	STBYL	待机静噪控制信号输入	㉗	MUTEL	静音控制信号输入
⑪	GAIN1	增益 1,外接下拉电阻	㉘～㉛、㉞、㊴、㊵、㊸	NC	接地
⑫	IN1	SW-AMP-LIN 左声道音频信号输入			
			㉜、㉝	VD2	V24-ADP(+24V)电源
⑬	CB1AS	外接 10μF 滤波电容	㉟、㊱	OUT2	用于右声道音频功率输出
⑭	ROSC	外接 R15(33K)下拉电阻	㊳、㊴	VS2	接地(右声道)
⑮	AVCC	AMP5V(+5V)电源	㊶	HB2	右声道反馈输入
⑯	GND	接地	㊷	DVDD	外接 10μF 滤波电路
⑰～㉑	NC	接地	㊹	HB1	左声道反馈输入
㉒	CLOCK	未用	㊺、㊽	NC	接地
㉓	VREF	参考电压,外接 10μF 滤波电容	㊻、㊼	VSS1	接地(左声道)
			㊾	TGND	接地

10. 海尔 L32ND1 不开机,有电源指示灯

检查与分析:不开机,有电源指示灯的故障原因一般是主板电路不良,检修时应首先采用电阻测量法检查主芯片的控制部分电路,其电路原理如图 5-10 所示,引脚使用功能见表 5-3。

经检查,未见有脱焊、虚连等现象,通电检测 1.8V、5V 供电压均正常,用示波器观察 U400D(HX6202A)的⑩⓪、⑩①脚,发现时钟振荡信号波时隐时现,因而判断外接振荡电路不良,将 X400、C408、C409 换新后,故障依旧,说明 U400D 内电路不良,需要更换 U400D(HX6202A)芯片或需板级维修。

小结:在液晶电视主板故障检修中,社会维修人员只能对损坏的分立元件或小规模集成电路进行更换维修,而超大规模芯片更换及板级维修(更换主板)困难很大,不易进行。

11. 海尔 L32ND1 液晶屏不亮

检查与分析:在检修经验中,液晶屏不亮,一般是液晶屏接口或供电电路有故障。在该机中,液晶屏接口电路主要是由 CN408 接口经一组平衡线接到主板中的 CN405(LVDS)插座,用于传输 LVDS 低压差分数字对信号,其中 CN408 的接口电路原理如图 5-11 所示,CN405 插座引脚电路原理如图 5-12 所示。其接口引脚的使用功能见表 5-4。检修时应首先采用电阻测量法。

经检查,未见 CN408、CN405 接口引脚电路有短路、开路等异常现象,通电检查,发现 CN408 的①～④脚、CN405 的⑤～⑧脚均无 12V 电压,说明液晶屏供电电路有故障,应进一步检查液晶屏供电电路,其电路原理如图 5-13 所示。

进一步检查液晶屏供电电路元件,发现 Q407(PMBS3904)不良,将其换新后,故障排除。

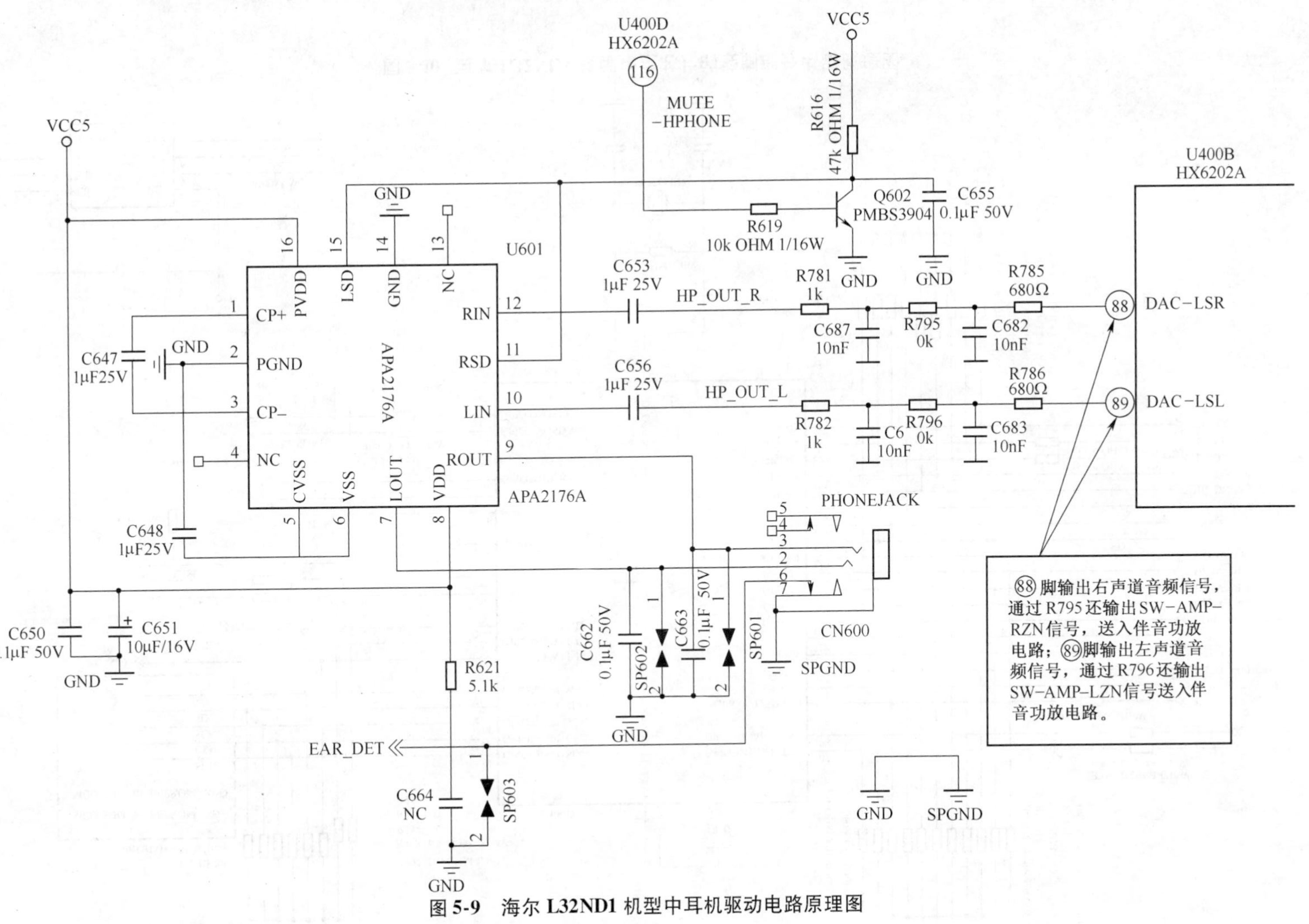

图 5-9　海尔 L32ND1 机型中耳机驱动电路原理图

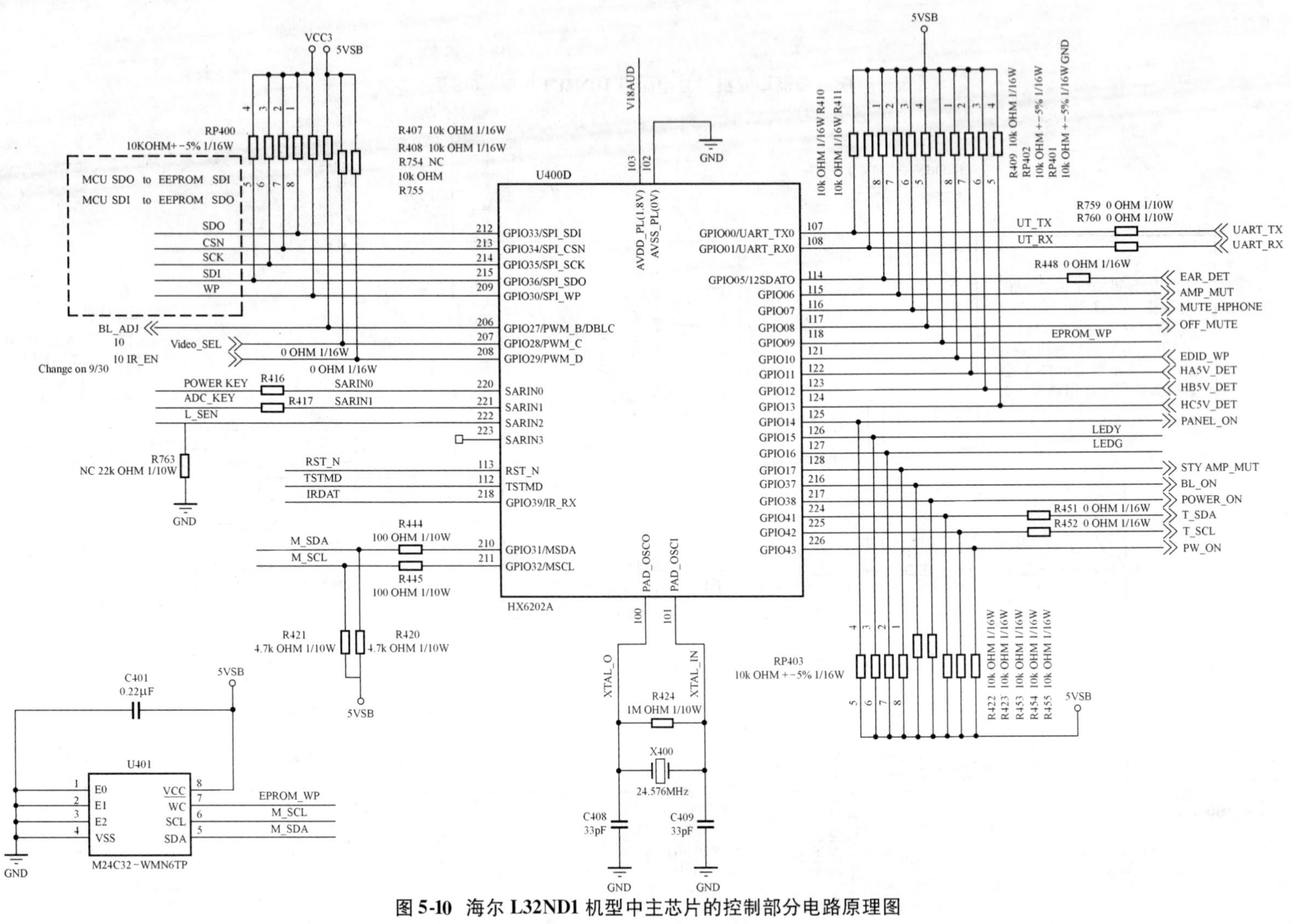

图 5-10 海尔 L32ND1 机型中主芯片的控制部分电路原理图

表 5-3　U400D(HX6202A 主芯片)控制部分电路引脚使用功能

引　脚	符　号	使用功能
100、101	PAD-OSCO PAD-OSCI	时钟振荡转换电平输出,若无输入输出,外接 24.576MHz 晶体
102	AVSS-PL	用于锁相环路接地
103	AVDD-PL(1.8V)	V18AUD(1.8V)电源
107	GPID00/ UART-TX0	UART-TX 用于 VGA 接口串行发送数据
108	GPID01/ UAPT-RX0	UART-RX 用于 VGA 接口串行接收数据
112	TSTMD	TSTMD,外接偏电路
113	RST-N	RST-N 复位,外接复位电路
114	GPIO05/ I²CSDATO	EAR-DET 输入,用于耳机插入检测
115	GPIO06	AMP-MUT 输出,用于伴音静噪控制
116	GPIO07	MUTE-HPHONE 输出,用于耳机静音控制
117	GPIO08	OFF-MUTE 输出,用于 AV 音频输出控制
118	GPIO09	EPROM-WP 输出,用于存储器页写控制
121	GPIO10	EDID -WP 输出,用于 HIDM 接口存储器页写控制
122	GPIO11	HA5V-DET 输入,用于 HIDM 接口 5V 供电检测
123	GPIO12	HB5V-DET 输入,用于 HIDM 接口 5V 供电检测
124	GPIO13	HC5V-DET 输入,用于 HIDM 接口 5V 供电检测
125	GPIO14	PANEL-ON 输出,用于液晶屏供电控制
126	GPIO15	LEDY 输出,用于黄色指示灯控制
127	GPIO16	LEDG 输出,用于绿色指示灯控制
128	GPIO17	STYAMP-MUT,用于伴音功电路关机静噪控制
206	GPIO27/ PWM-B/DBLC	BL-ADJ 输出,用于背光亮度调节控制
207	GPIO28/ PWM-C	Video-SEL 输入,用于视频选择
208	GPIO29/ PWM-D	IR-EN 输入,用于遥控信号输入
209	GPIO30/ SP1-WP	WP 输出,用于微控制器的 E²PROM存储器页写控制
210	GPIO31/MSDA	M-SDA 数据线,用于微控制器的 E²PROM 存储器串行数据传输
211	GPIO32/MSCL	M-SCL 时钟线,用于微控制器的 E²PROM 存储器串行时钟输入/输出
212	GPIO33/ SP1-SD1	SDO 输出,用于 E²PROM 连续数据输出
213	GPIO34/ SP1-CSN	CSN 输出,用于片选控制
214	GPID35/ SP1-SCK	SCK 输出,用于数据时钟连续输出
215	GPIO36/ SP1-SD0	SD1 输出,用于 E²PROM 存储器连续数据输入
216	GPIO37	BL-ON 输出,用于背光开/关控制
217	GPIO38	POWER-ON,用于电源开关控制
218	GPIO39/IR-RX	IRDAT,用于 CN403③脚,未用
220	SARIN0	POWER-KEY,用于键控开/关机控制
221	SARIN1	ADC-KEY,用于 ADC 控制
222	SARIN2	L-SEN
223	SARIN3	未用
224	GPIO41	T-SDA 数据线,用于调谐器电路
225	GPIO42	T-SCL 时钟线,用于调谐器电路
226	GPIO43	PW-ON 开关控制

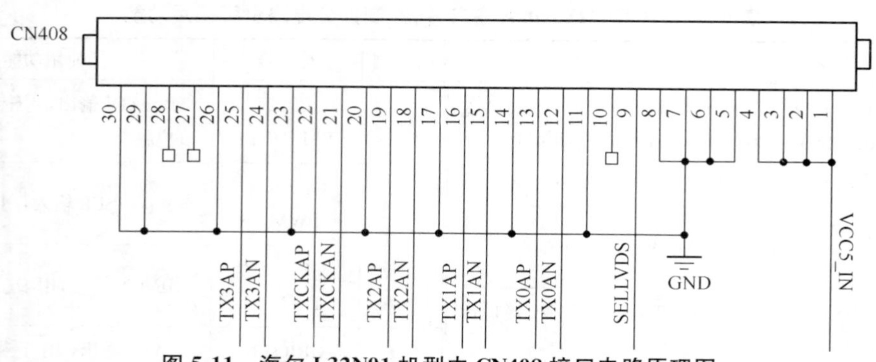

图 5-11　海尔 L32N01 机型中 CN408 接口电路原理图

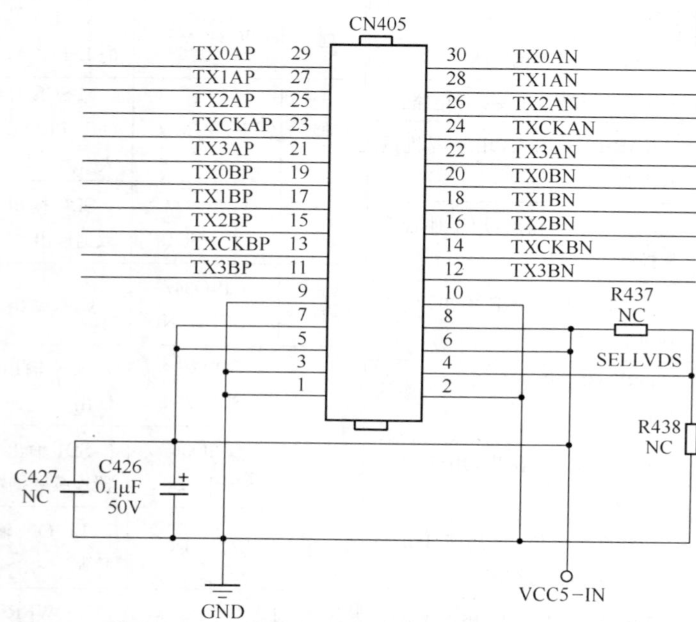

图 5-12　海尔 L32ND1 主板中 CN405(LVDS)插座引脚电路原理图

表 5-4　CN408(液晶屏接口)引脚使用功能

引脚	符　号	使用功能	引脚	符　号	使用功能
①	VCC	液晶屏电路供电电源(12V)	⑪	GND	接地
②	VCC	液晶屏电路供电电源(12V)	⑫	RX0－	负极性数字对信号输入 0
③	VCC	液晶屏电路供电电源(12V)	⑬	RX0＋	正极性数字对信号输入 0
④	VCC	液晶屏电路供电电源(12V)	⑭	GND	接地
⑤	GND	接地	⑮	RX1－	负极性数字对信号输入 1
⑥	GND	接地	⑯	RX1＋	正极性数字对信号输入 1
⑦	GND	接地	⑰	GND	接地
⑧	GND	接地	⑱	RX2－	负极性数字对信号输入 2
⑨	SELLVDS	选择数据输入方式	⑲	RX2＋	正极性数字对信号输入 2
⑩	ODSEL	快速选择控制	⑳	GND	接地

续表 5-4

引脚	符　号	使用功能	引脚	符　号	使用功能
㉑	RXCLK－	负极性时钟数字信号输入	㉖	GND	接地
㉒	RXCLK＋	正极性时钟数字信号输入	㉗	NC	未用
㉓	GND	接地	㉘	NC	未用
㉔	RX3－	负极性数字对信号输入 3	㉙	GND	接地
㉕	RX3＋	正极性数字对信号输入 3	㉚	GND	接地

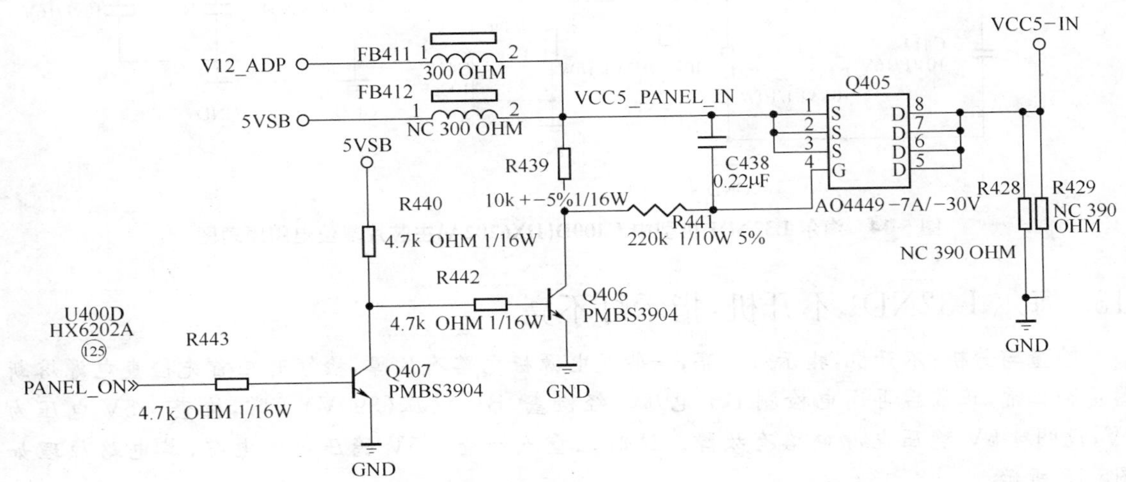

图 5-13　海尔 L32ND1 机型中液晶屏供电电路原理图

小结:图 5-13 中,Q407 的基极受 U400D(HX6202A)的⑫⑤脚控制。当 U400D 的⑫⑤脚输出的 PANEL-ON 控制信号为低电平时,Q407 截止,Q406 导通,Q405(内含 P 沟道场效应管)导通,CN408 的①～④脚有 12V 电源输入。当 Q407 处于截止状态时,应进一步检查 U400D 的⑫⑤脚有转换电平输出,则需更换 U400D(HX6202A)或进行板级维修。

12. 海尔 L32ND1 不开机,＋5VSB 电压正常

检查与分析:在该机中,＋5VSB 由电源板中的 5V 电源提供,因此,在有＋5VSB 电压不开机时,应重点检查 U400D(HX6202A)主芯片电路中的微控制部分。经检查,发现 U400D 的⑪③脚的复位电压始终为零,说明复位功能异常,这时应注意检查 U400D 的⑪③脚外接的复位电路,其电路原理如图 5-14 所示。

进一步检查,发现 C414 漏电,将其换新后,故障排除。

小结:图 5-14 中,C414(10μF/16V)为复位电容,主要起定时作用。在开机有 5VSB 电压输入时,C414 的充电电流较大,R459 输出电压较低,Q403 正偏导通,Q410 导通,U400D 的⑪③脚低电平复位。随着 C414 充电进行,其两端电压逐渐升高,R459 输出电压也升高,当升高电压达到设定值时,Q403 反偏截止,Q410 截止,U400D 的⑪③脚转为高电平,复位过程结束,微控制器开始正常工作。因此,当复位功能异常时,应重点检查 C414,必要时将其直接换新。

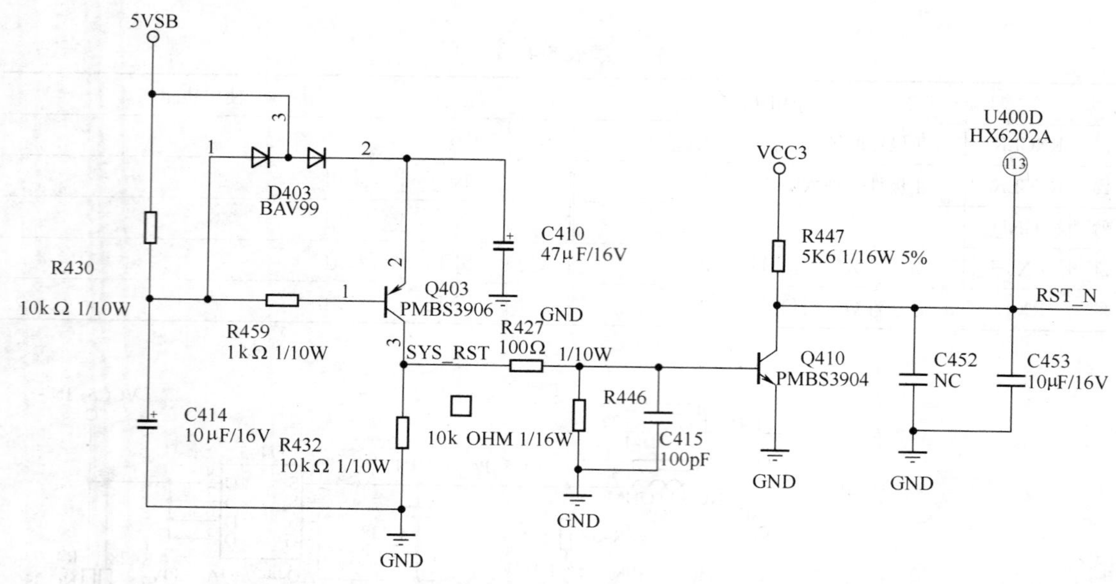

图 5-14 海尔 L32ND1 机型中 U400D(HX6202A)主芯片复位电路原理图

13. 海尔 L32ND1 不开机,指示灯不亮

检查与分析:不开机,指示灯不亮,一般是电源板电路有故障,检修时应首先检查电源熔断器是否正常,正常后再通电检测 B+电压。经检查,B+电压(390V)正常,检查+5V 电压为 0V,说明+5V 稳压电源电路有故障。这时应重点检查+5V 稳压电源电路,其电路原理如图5-15 所示。

在图 5-15 中,IC902(A6069H)与 T901、D950、IC950、IC952 等组成+5V 稳压输出电路。其中,IC902(A6069H)为内含场效应功率管的稳压控制电路,其引脚使用功能见表 5-5;T901 为开关变压器,其初级绕组①~③输入 B+电压(390V),并加到 IC902 的⑦、⑧脚;D950 为双整流二极管,用于整流输出+5V 电压;IC950 为光耦合器,用于反馈稳压控制;IC952 为灵智元件,用于检测+5V 输出的误差电压。在电路正常状态下,B+电压通过 T901 的①~③绕组加到 IC902⑦、⑧脚内接场效应开关管的漏极 D,同时由 D901、R904、R905、R909、R906 输出的启动电压加到 IC902 的②脚,使 IC902 内部开关管导通(⑦、⑧脚与①脚导通,①脚内接场效应开关管的源极 s),并在 IC902 内电路控制下使 T901 初级绕组产生感生电动势,通过变压器耦合,使④~⑤绕组和⑥~⑩绕组产生感应电动势。其中,④~⑤绕组产生的感应电动势经 D931 整流、C931 滤波后,一方面替代 D901 整流输出电压为 IC902 的⑤脚供电,另一方面通过 Q921 输出 VCC 电压为+24V、+12V 稳压电路供电;⑥~⑩脚绕组产生的感应电动势经 D950 整流、C953 滤波输出+5V 电压,为主板中的微控制系统供电。

经检查,发现 IC902 的⑦、⑧脚塑封崩裂,用 R×10K 挡检测已成开路状态。进一步检查,发现 IC950、IC952 均击穿损坏。再查其他元件未见异常。将损坏元件换新后,故障排除。

小结:图 5-15 中,IC950、IC952 与 IC902④脚内部组成自动稳压环路,以稳定+5V 输出。当该环路不良或开环时,会击穿 IC902,并引起电源熔断器熔断。因此,检修时若 IC902 击穿损坏或崩裂,应将 IC950、IC952 一起换新(无论 IC950、IC952 是否已损坏)。

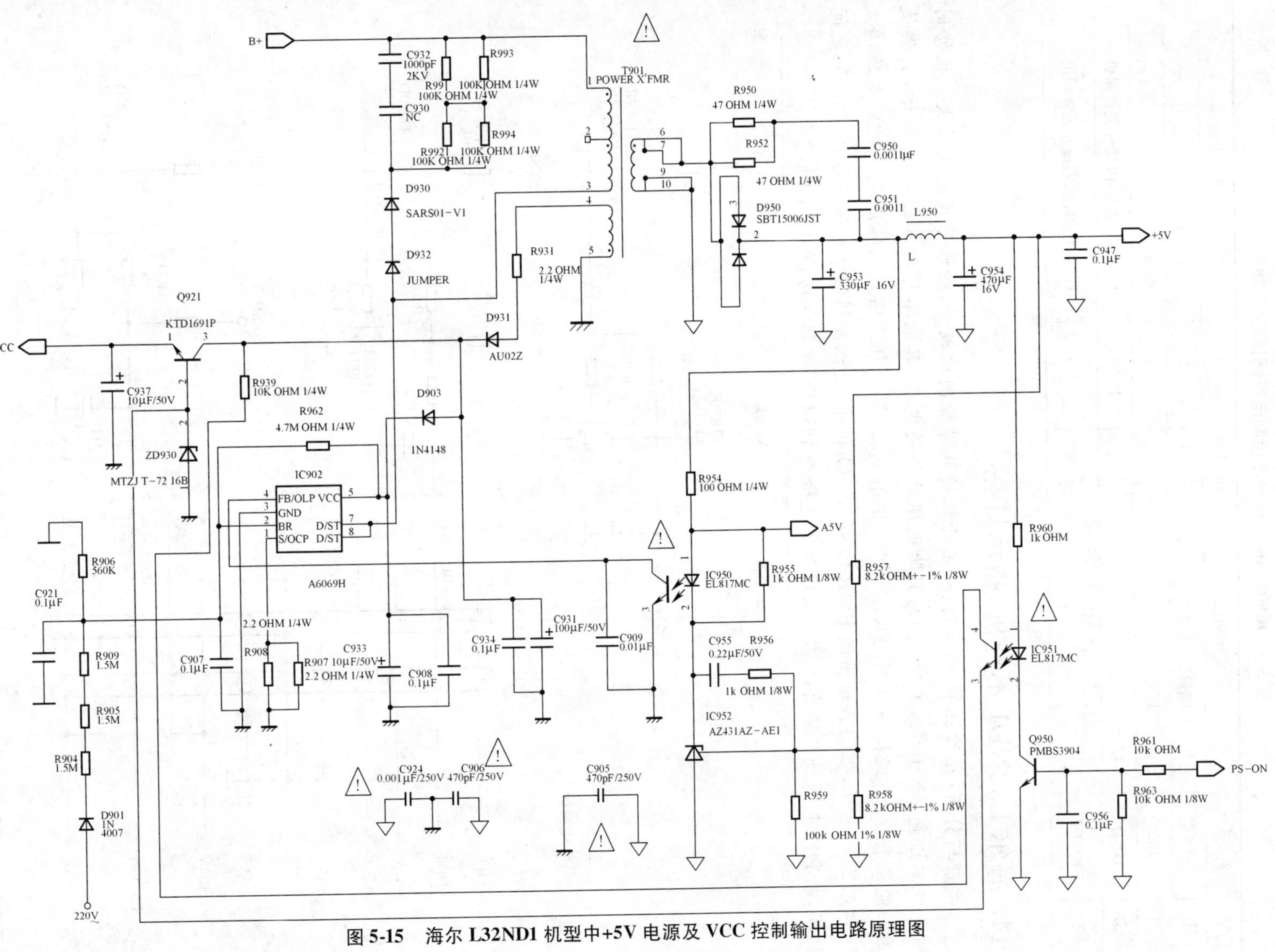

图 5-15　海尔 L32ND1 机型中+5V 电源及 VCC 控制输出电路原理图

表 5-5 IC902(A6069H 稳压控制电路)引脚使用功能

引脚	符 号	使用功能	引脚	符 号	使用功能
①	S/OCP	开关管源极/过电流检测	⑤	VCC	工作电源
②	BR	启动电压输入	⑥	—	空脚
③	GND	接地	⑦	D/ST	B+电压输入,内接开关管漏极
④	FB/OLP	反馈输入/光耦控制输入(用于误差电流反馈)	⑧	D/ST	B+电压输出,内接开关管漏极

14. 海尔 L32ND1 不开机,指示灯亮

检查与分析:在该机中,指示灯亮、不开机的故障原因比较多,检修难度也比较大。检修时首先注意检查 CN700(或 CN902)的引脚电压及相关电路,其电路原理如图 5-16 所示,引脚使用功能见表 5-6。经检查,CN700(CN902)⑪、⑫脚+5V 电压正常,③、④脚无+12V 电压,⑧、⑨脚无 24V 电压,但⑩脚输出的 PWR-ON(PS -ON)开/关机控制信号电压可在 0V/4.8V 之间转换,故判断电源板电路有故障。检修时首先检查 PS-ON 控制电路,如图 5-15 所示。

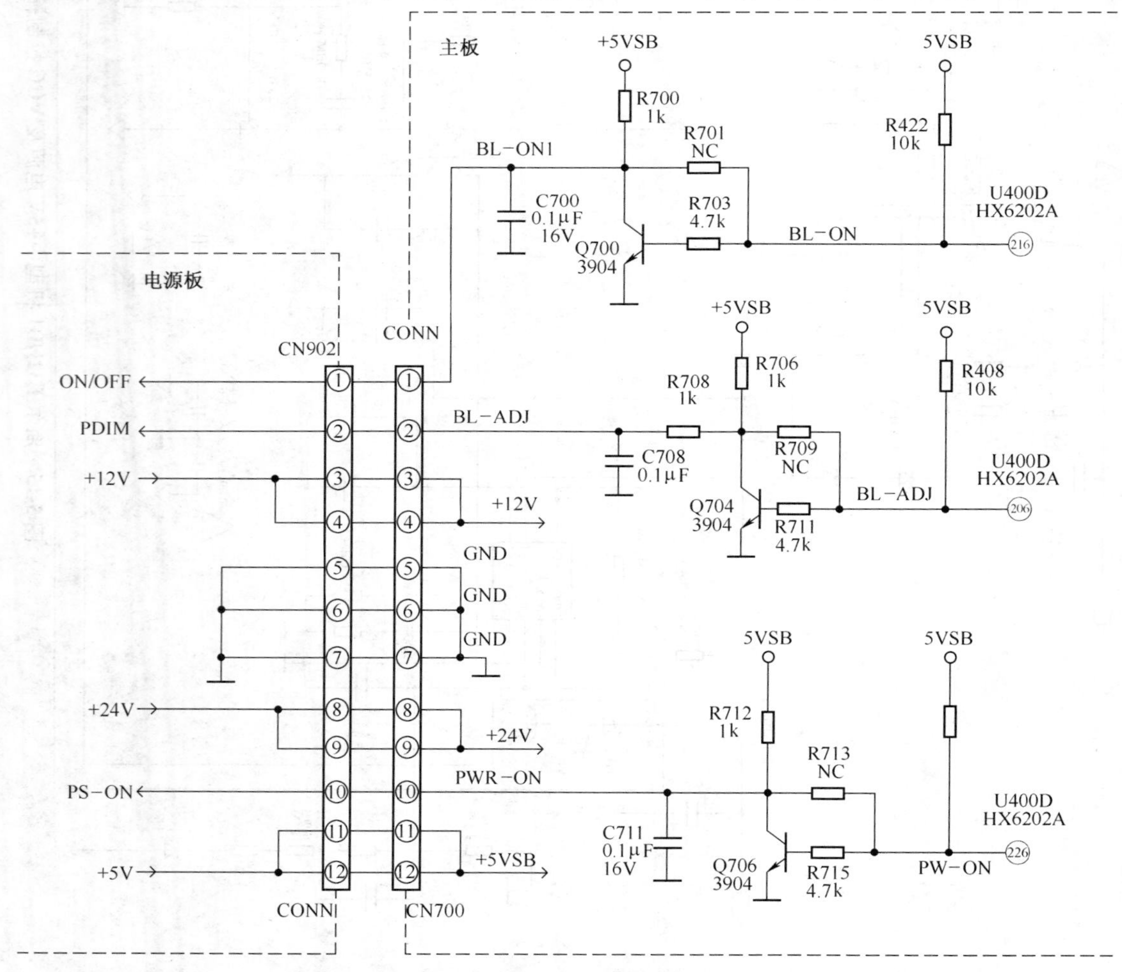

图 5-16 海尔 L32ND1 机型中电源控制接口电路原理图

表 5-6　CN700(CN902)引脚使用功能

引脚	符　号	使用功能	引脚	符　号	使用功能
①	BL-ON1	用于输出背光灯开/关控制信号，送入电源板电路	⑧	+24V	+24V 电源，由电源板输出，为主板中伴音功放电路供电
②	BL-ADJ	用于背光亮度调节控制信号输出，送入电源板电路	⑨	+24V	+24V 电源，由电源板输出，为主板中伴音功放电路供电
③	+12V	+12V 电源，由电源板输出，为主板供电	⑩	PWR-ON	待机控制信号输出，用于控制电源板电路
④	+12V	+12V 电源，由电源板输出，为主板供电	⑪	+5VSB	+5V 电源，由电源板输出，为微控制系统供电
⑤	GND	接地	⑫	+5VSB	+5V 电源，由电源板输出，为微控制系统供电
⑥	GND	接地			
⑦	GND	接地			

图 5-15 中，Q950(PMBS3904)与 IC951(EL817MC)、Q921(KTD1691P)、ZD930(MTZJT-7216B)等组成 VCC 待机控制电路，用于控制 VCC 的输出与截止。VCC 用于+24V、+12V 稳压输出电路控制。经检查，Q921 发射极有正常的 VCC 输出，说明+24V/+12V 电源电路有故障，应重点检查+24V/+12V 电源输出电路，其电路原理如图 5-17 所示。

图 5-17 中，加到 Q925 发射极的 VCC 电压由+5V 稳压电路中输出，但 Q925 的基极受 Q924 控制。当 B+(390V)电压建立时，Q924 导通，将 Q925 基极钳位于低电平，为 Q925 导通做好准备，在 VCC 加到 Q925 发射极时，Q925 导通，为 IC903 的⑦脚提供工作电压。IC903(LD7523PS)为内含保护器的稳压控制电路，其引脚使用功能见表 5-7。

经检查，发现 IC903 不良，将其换新后，故障排除。

小结：图 5-17 中，IC903 的②脚与 IC970、IC971、R987 等组成自动稳压环路，当该环路异常或开环时，不仅 IC903 损坏，还极易使 Q903 电源开关管击穿损坏。因此，检修时还应注意检查 IC970 和 IC971，必要时将其一起换新。

表 5-7　IC903(LD7523PS 稳压控制电路)引脚使用功能

引脚	符　号	使用功能	引脚	符　号	使用功能
①	BNO	外接偏置电路，通过 10kΩ 上拉电阻引入 VCC 电源	⑥	OUT	驱动脉冲输出，用于控制 Q903 导通与截止
②	COMP	误差放大输出，接 IC970 光耦④脚	⑦	VCC	工作电源(12V)
③	(—)LATCH	锁存，外接下拉电阻			
④	CS	电流侦测	⑧	OVP	过电压检测，外接 10kΩ 下拉电阻
⑤	GND	接地			

15. 海尔 L32ND1 无光栅，电源指示灯不亮

检查与分析：无光栅，电源指示灯不亮，说明+5V 电压没有建立，检修时应首先检查功率因数校正输出电路及 B+(300V)电压是否正常，其电路原理如图 5-18 所示。

图 5-18 中，IC901(FAN7529MX)为有源功率因数校正电路，主要用于驱动 Q901 工作在开关状态，使 B+电压得以校正，其引脚使用功能见表 5-8。经检查，发现 BD901 击穿损坏，将其

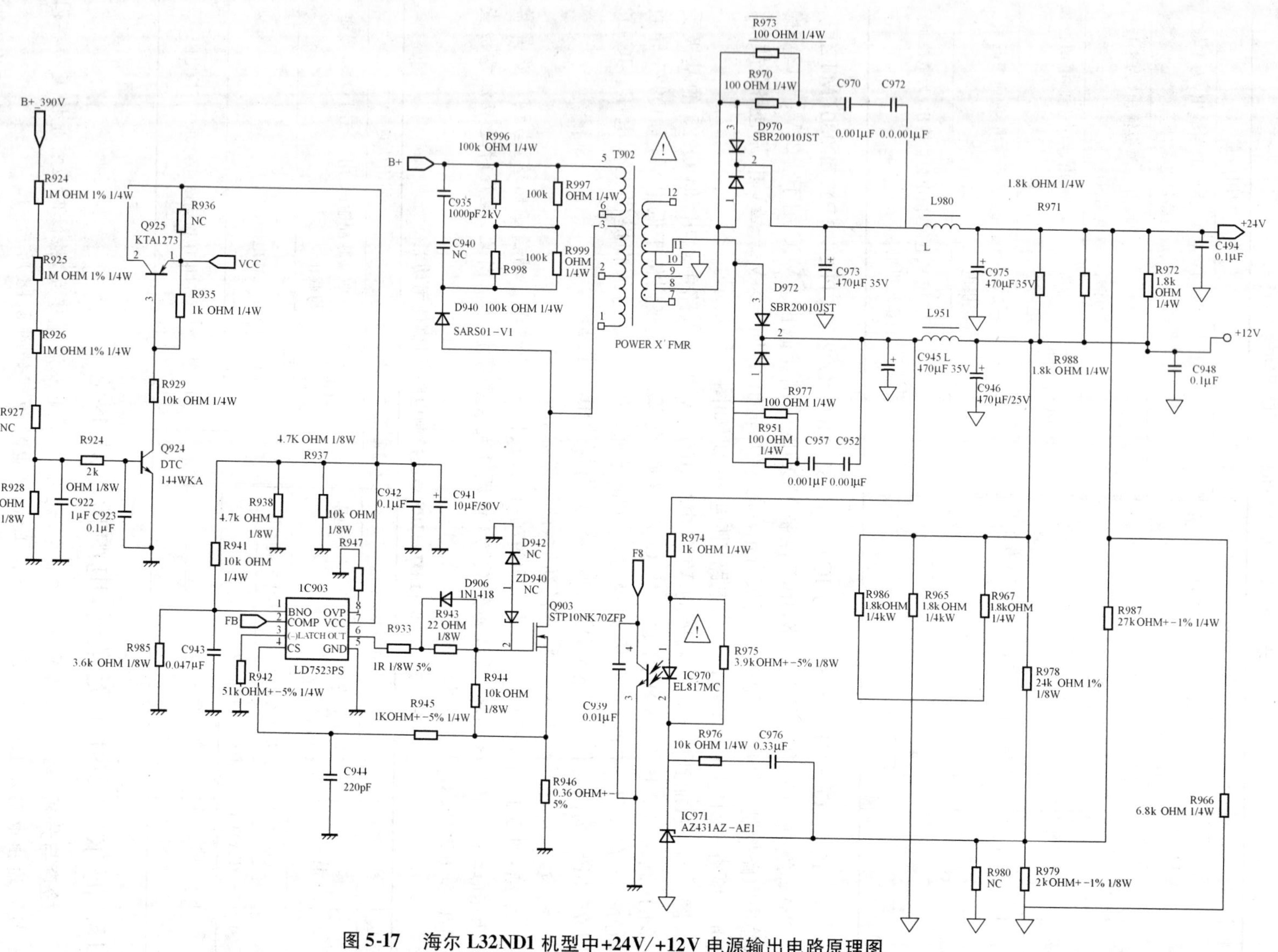

图 5-17 海尔 L32ND1 机型中+24V/+12V 电源输出电路原理图

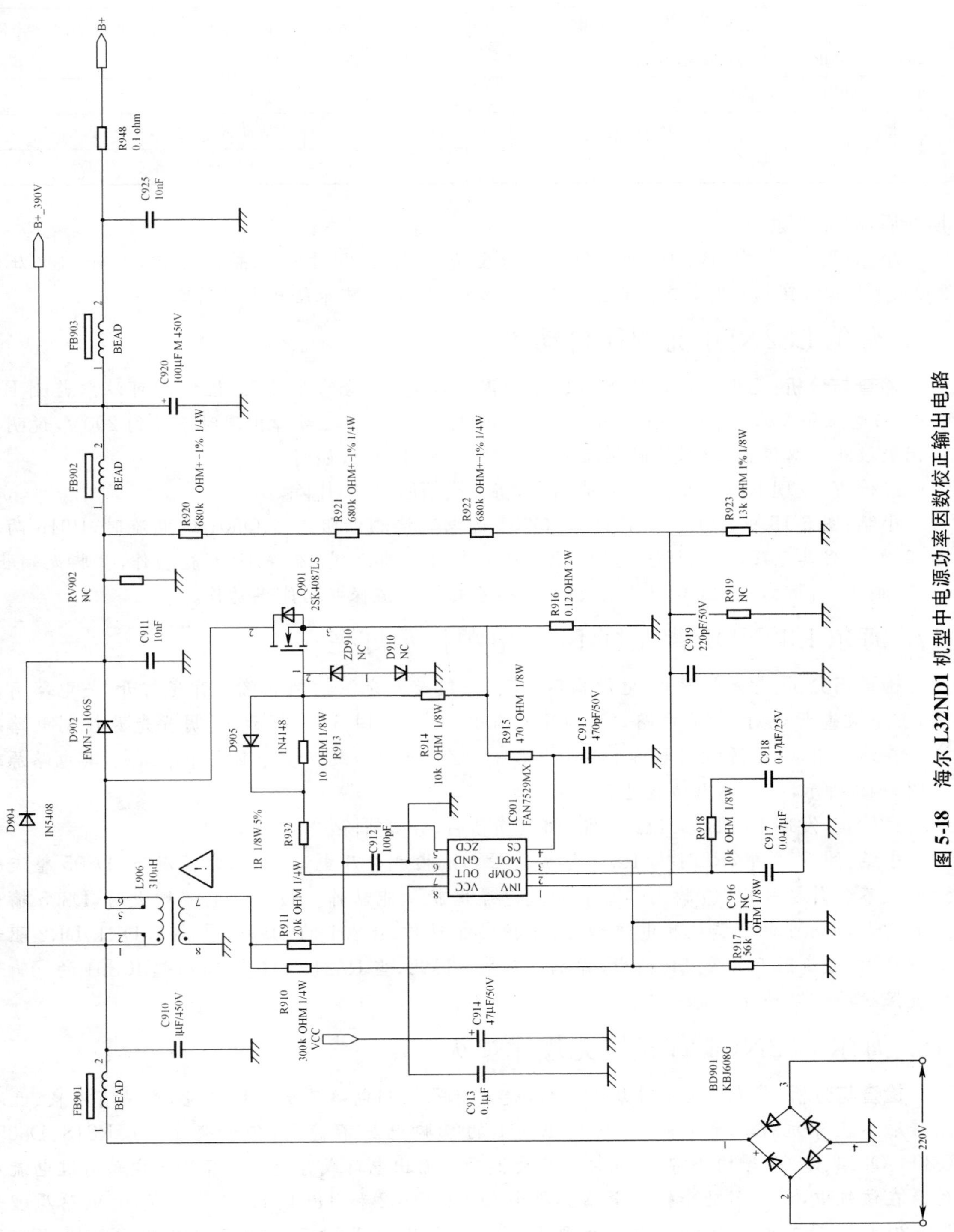

图 5-18　海尔 L32ND1 机型中电源功率因数校正输出电路

表 5-8 IC901(FAN7529MX 有源功率因数校正电路)引脚使用功能

引脚	符号	使用功能	引脚	符号	使用功能
①	INV	误差放大器反相输入端	⑤	ZCD	内接零电流检测比较器,用于零电流侦测
②	COMP	误差放大器输出端			
③	MOT	内接锯齿波发生器	⑥	GND	接地
④	CS	内接电流检测比较器,用于电流侦测	⑦	OUT	驱动脉冲输出
			⑧	VCC	工作电源输入端(+12V)

换新后,故障排除。

小结:图 5-18 中,BD901(KBJ608G)为全桥整流块,用于一次整流输出,其输出电压约 290V。当其击穿损坏时,常伴有电源熔断器熔断(图 5-18 中未给出电源熔断器)。

16. 海尔 L32ND1 无规律自动关机

检查与分析:无规律自动关机的故障原因比较复杂,检修难度大,检修时可注意监测 B+(390V)电压和 VCC 电压。当监测 B+(390V)电压时,发现在故障出现时下降到 290V,说明功率因数校正电路停止工作,这时应注意检查 Q901 及 IC901,如图 5-18 所示。

经检查,发现 R916(0.12Ω)阻值增大,将其换新后,故障排除。

小结:图 5-18 中,R916(0.12Ω)为 Q901 过电流检测电阻。当 Q901 过电流时,R916 两端电压增大,当其电压增大到设定值时,IC901④脚的内部过电流保护功能动作,⑦脚无输出,Q901 截止。因此,当 R916 阻值增大时,将会引起过电流保护功能误动作。

17. 海尔 L32ND1 背光灯不亮,电源指示灯亮

检查与分析:背光灯不亮,电源指示灯亮,一般是背光源控制电路或背光灯开/关电路有故障,首先检查背光灯开/关电路,ON/OFF 输出正常,如图 5-16 所示,说明背光源控制电路不良。在该机中,背光源控制电路主要由 IC801(OZ9976GN)及少量外围元件等组成,其电路原理如图 5-19 所示,引脚使用功能见表 5-9。

经检查,发现 R821(9.1kΩ)开路,将其换新后,故障排除。

小结:图 5-19 中,R821 与 R818 组成灯管电流检测分压电路,在正常情况下,D805 整流输出电流不会引起 IC801⑨脚内部灯管的过电流保护功能动作。当灯管电流增大时,D805 输出电流增大,IC801 的⑨脚检测电流增大,保护功能动作,IC801 的①脚和⑯脚无 DR1、DR2 驱动脉冲输出,逆变器无 TA、TB 输出,背光灯不亮。因此,当 R821 开路时,将引起 IC801 的⑨脚过电流保护功能误动作。

18. 海尔 L32ND1 背光灯无规律熄灭

检查与分析:背光灯无规律熄灭,一般是背光源控制电路不良。经检查,未见有不良、开路或接触不良等元件。通电检测,发现 IC901 的⑨脚电压不稳定,但检查 R821、R818、D805、Q803、Q804、Q805 等均正常,因而怀疑逆变器功率输出电路或背光灯高压输出电路有过电流元件。在该机中,逆变器功率输出电路主要由 Q801、Q802 和 T801、T802 等组成,其电路原理如图5-20所示;背光灯高压输出电路主要由 T8801、T8803、T8805、T8807、T8809、T8811、T8812 等组成,其电路原理如图 5-21 所示。

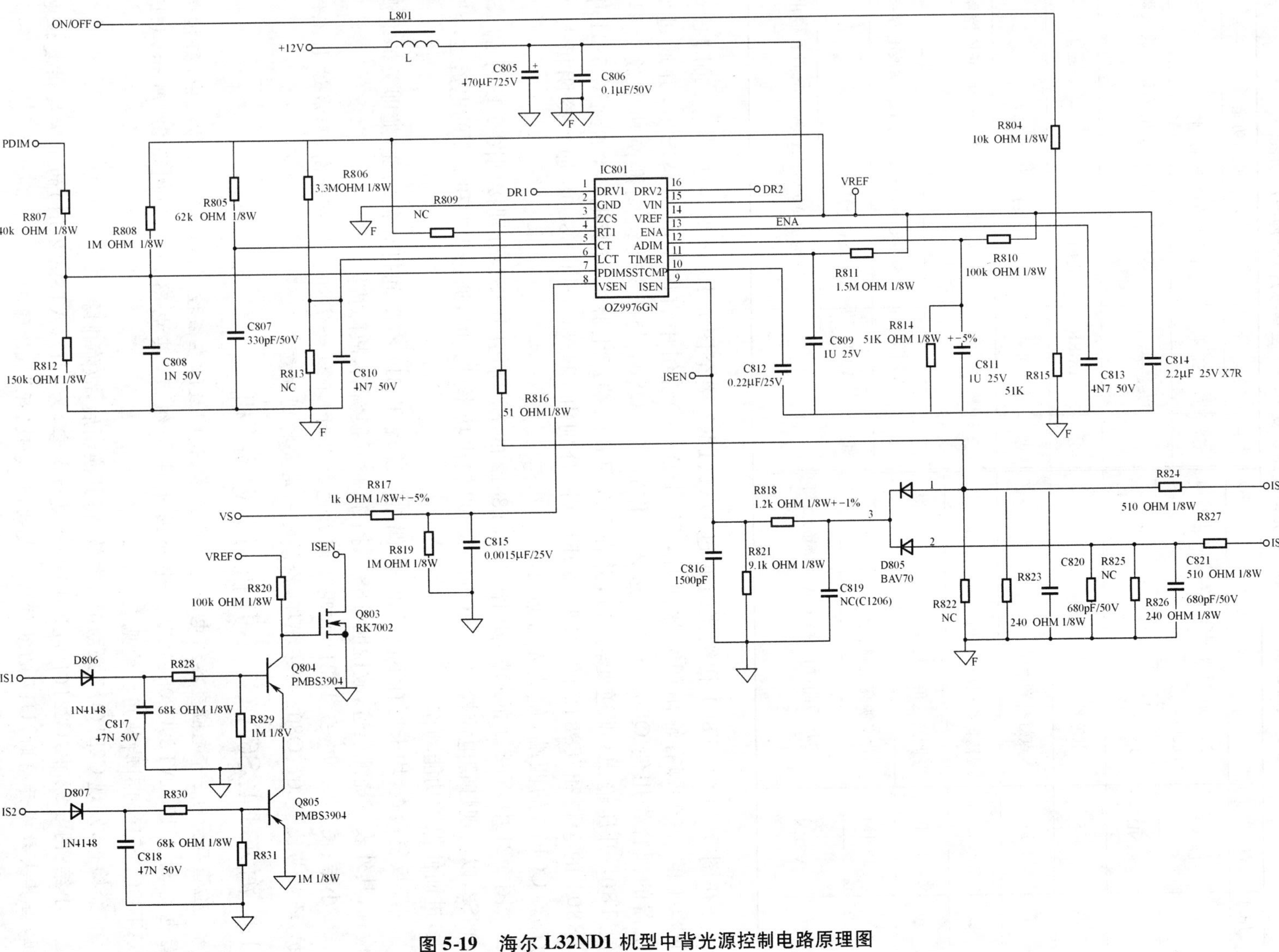

图 5-19　海尔 L32ND1 机型中背光源控制电路原理图

表 5-9 IC801(OZ9976GN 背光灯高压逆变 PWM 控制芯片)引脚使用功能

引脚	符 号	使用功能	引脚	符 号	使用功能
①	DRV1	N 沟道 MOSFET 驱动脉冲 1 输出(DR1)	⑨	ISEN	灯管电流检测/控制
②	GND	接地	⑩	SSTCMP	软启动定时,用于电流误差放大器补偿
③	ZCS	电流检测	⑪	T1MER	定时器
④	RT1	点灯高频电阻	⑫	ADIM	模拟亮度控制电压输入
⑤	CT	振荡器定时电容,内接 OSC 振荡器	⑬	ENA	IC 启动控制,输入 ON/OFF 控制信号
⑥	LCT	调光三角波频率	⑭	VREF	参考电压,外接参考电压滤波电容
⑦	PD1M	背光源亮度调节控制	⑮	VIN	+12V 电源
⑧	VSEN	电压检测,用于稳定 IC 内部的点灯电压	⑯	DRV2	N 沟道 MOSFET 驱动脉冲 2 输出(DR2)

在图 5-20 中,T801 初级绕组通过 DR1、DR2 接至图 5-19 中 IC801 的①、⑯脚。当 IC801 的①、⑯脚有输出调宽脉冲时,T801①～④绕组中有感生电动势产生,并通过变压器的耦合作用使 Q801、Q802 进入工作状态。Q801 与 Q802 组成推换功率放大器,使 T802 升压输出(即逆变输出),并在 TA、TB 两端产生脉冲交变电压,加到图 5-21 中 T8801 的④脚和 T8812 的④脚,经升压后,分别由 CN8803～CN8808 加到冷阴极荧光灯管(CCFL)的两端,使荧光灯点亮。

图 5-21 中,T8811 的①脚端引出 IS1,T8812 的①脚端引出 IS2,分别接到图 5-19 中的 IS1 和 IS2,以实现灯管电流检测。当 Q801、Q802 输出功率过大时,通过 IS1 和 IS2 的电流也会增大,进而使保护功能动作。

经反复检查,均未见有不良元件,但偶然间发现 T8811 有瞬间打火花出现,随即关掉电源检查,其外表有烧蚀痕迹,故说明 T8811 损坏,将其换新后,故障排除。

小结:图 5-21 中,当 T8811 出现级间放电打火时,不仅会使灯管电流升高,形成过电流保护,还极易使 Q801、Q802 击穿损坏,检修时一定要特别注意。

19. 海尔 P42S6A-C1 不开机,形成“死”机

检查与分析:首先检查各组电源电压均正常,说明故障在微控制器电路。在该机中,微控制器电路由 U17(AT89C2051)及少量外围元件等组成,其电路原理如图 5-22 所示,U17(AT89C2051)的引脚使用功能见表 5-10。

经检查,发现 C221(4.7μF/16V)失效,将其换新后,故障排除。

小结:图 5-22 中,C221(4.7μF/16V)为复位电容,为 U17(AT89C2051)的①脚提供复位电压,当其失效或开路时,U17 的复位功能失效,故导致“死”机故障。

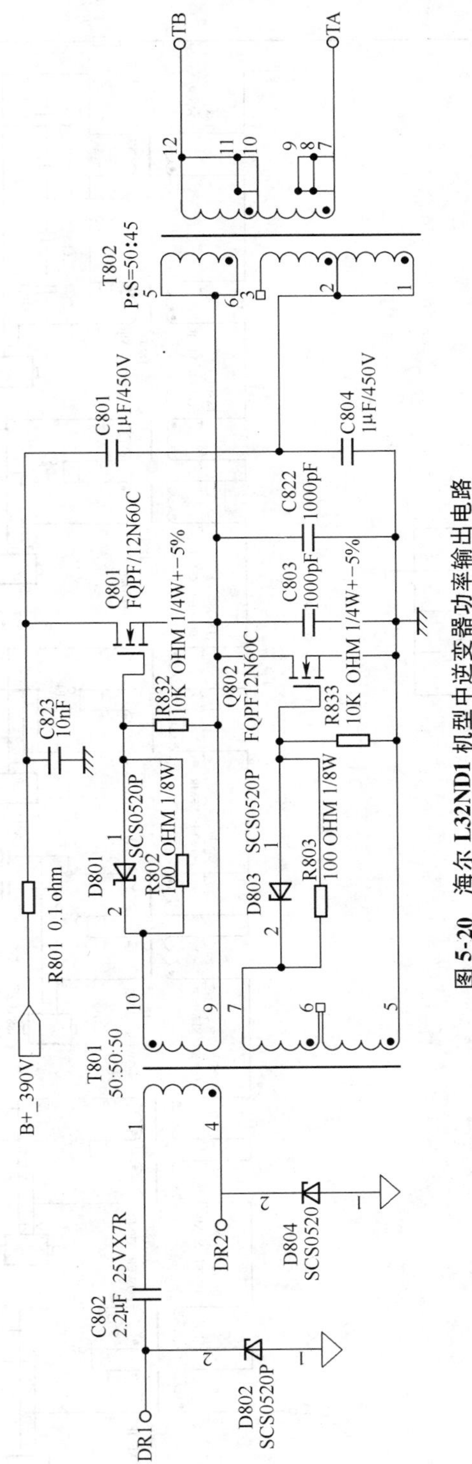

图 5-20　海尔 L32ND1 机型中逆变器功率输出电路

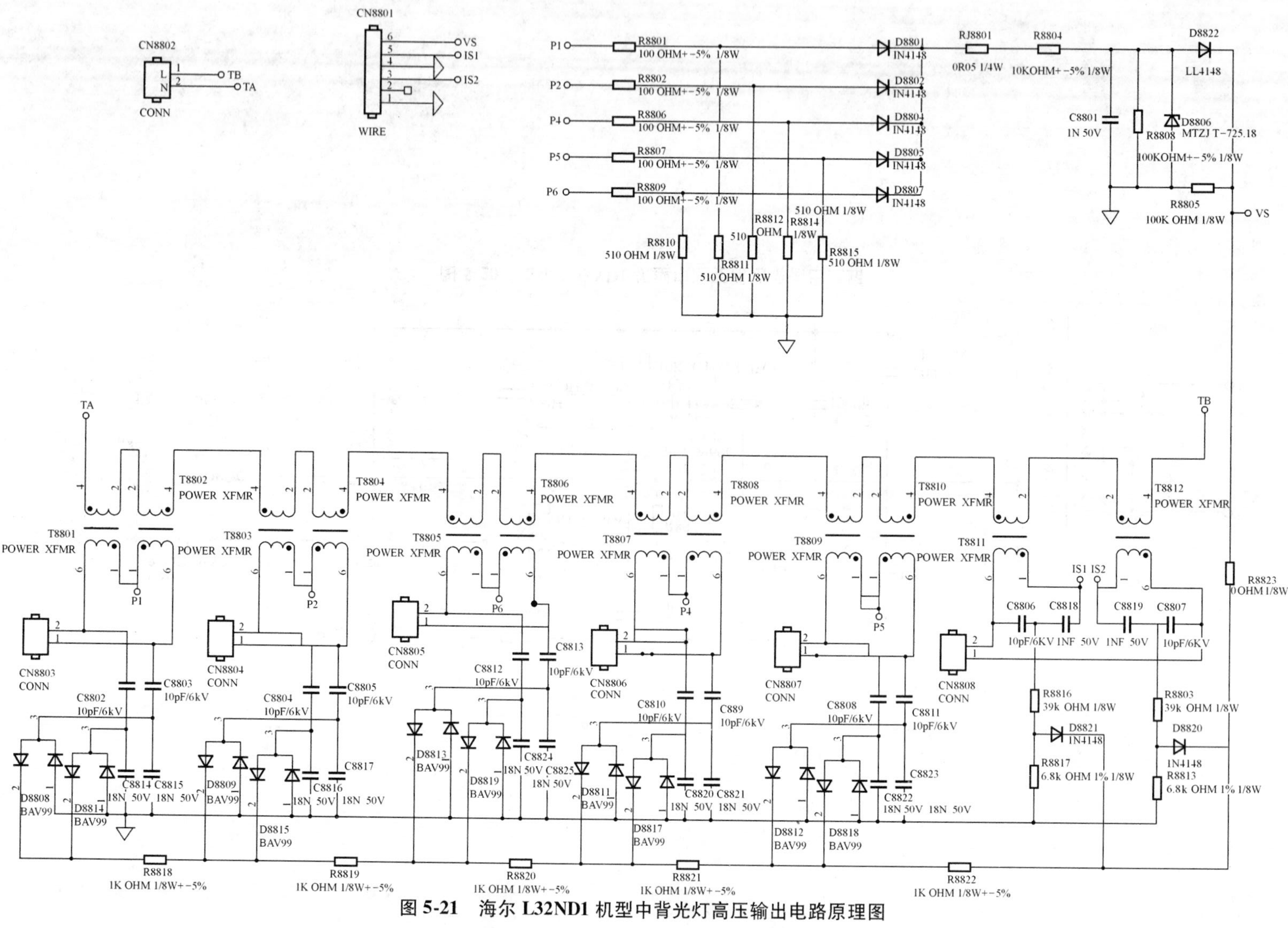

图 5-21 海尔 L32ND1 机型中背光灯高压输出电路原理图

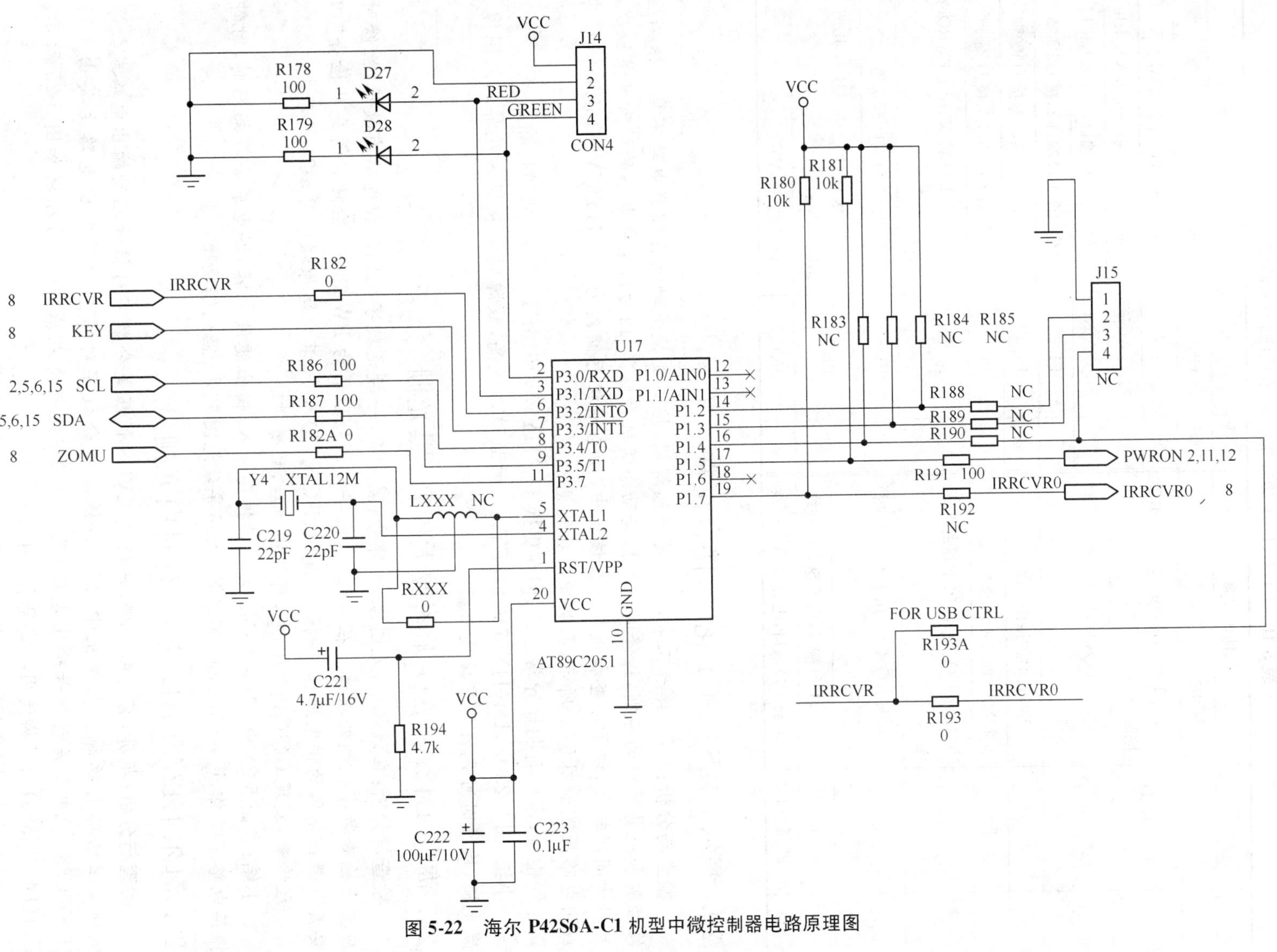

图 5-22　海尔 P42S6A-C1 机型中微控制器电路原理图

表 5-10 U17(AT89C2051 微控制器)引脚使用功能

引脚	符 号	使用功能	引脚	符 号	使用功能
①	RST/VPP	复位输入	⑩	GND	接地
②	P3.0/RXD	双向 I/O 端口,用于绿色指示灯控制	⑪	P3.7	双向 I/O 端口,用于 ZOMU
			⑫	P1.0/AIN0	8 位双向 I/O 端口(正输入),未用
③	P3.1/TXD	双向 I/O 端口,用于红色指示灯控制	⑬	P1.1/AIN1	8 位双向 I/O 端口(负输入),未用
			⑭	P1.2	8 位双向 I/O 端口 2,接 J15②脚
④	XTA2	12MHz 时钟振荡输出	⑮	P1.3	8 位双向 I/O 端口 3,接 J15③脚
⑤	XTA1	12MHz 时钟振荡输入	⑯	P1.4	8 位双向 I/O 端口 4,接 J15④脚
⑥	P3.2/INT0	双向 I/O 端口,用于遥控信号输入	⑰	P1.5	8 位双向 I/O 端 D5,用于 PWRON 开关控制
⑦	P3.3/INT1	双向 I/O 端口,用于本机键盘扫描信号输入	⑱	P1.6	8 位双向 I/O 端口 6,未用
⑧	P3.4/T0	双向 I/O 端口,用于 SCL 时钟线	⑲	P1.7	8 位双向 I/O 端口 7,用于 IRRCVR0 控制
⑨	P3.5/T1	双向 I/O 端口,用于 SDA 数据线	⑳	VCC	VCC 电源(5V)

20. 海尔 P42S6A-C1 花屏,伴音正常

检查与分析:花屏、伴音正常,一般是视频解码、格式变换或动态存储器电路不良。根据检修经验和先易后难的原则,检修时首先检查动态随机存储器,因为该集成电路的引脚数量较少,且引脚间距较大,便于检查和拆卸。在该机中,动态随机存储器为 U4(HY57V1616ET-61),其应用电路原理如图 5-23 所示,引脚使用功能见表 5-11。

经检查,未见有明显异常之处,但在更换 U4(HY57V1616ET-61)后,故障排除。

小结:图 5-23 中,U4(HY57V1616ET-61)的故障率较高,故障时常表现为花屏或无图像、黑光栅,检修时可先将其直接换新。

21. 海尔 L42A9-AD 无图像无伴音,黑光栅

检查与分析:在该机中,无图像、无伴音、黑光栅,一般是数字视频处理电路有故障,检修时应重点检查数字视频处理器。在该机中,数字视频处理器为 PW2300。检修时首先从检查"四要素"(微控制器的供电压、时钟振荡、复位、I^2C 总线)入手,其电路原理如图 5-24 所示。

经检查,发现 C43(18pF)漏电,将其换新后,故障排除。

小结:在图 5-24 中,C43 与 C42 为时钟振荡输入/输出滤波电容,漏电或击穿短路时,时钟振荡电路不工作,U3(PW2300)不工作,因而导致无图无声、黑光栅故障。

22. 海尔 L42A9-AD 花屏,有时白光栅

检查与分析:花屏,有时白光栅,一般是 LVDS 低压差分数字对信号驱动输出电路或数字视频处理电路有故障。在该机中,LVDS 低压差分数字对信号驱动输出电路主要由 U11(DS90C385 低电压差动信号输出电路)及接口匹配电阻等组成,其电路原理如图 5-25 所示,U11(DS90C385)的引脚使用功能见表 5-12。

经检查,U11(DS90C385)的供电压正常,其数字对输出信号波形不完全一致,判断 U11 不良,需要更换 U11 或进行板级维修。

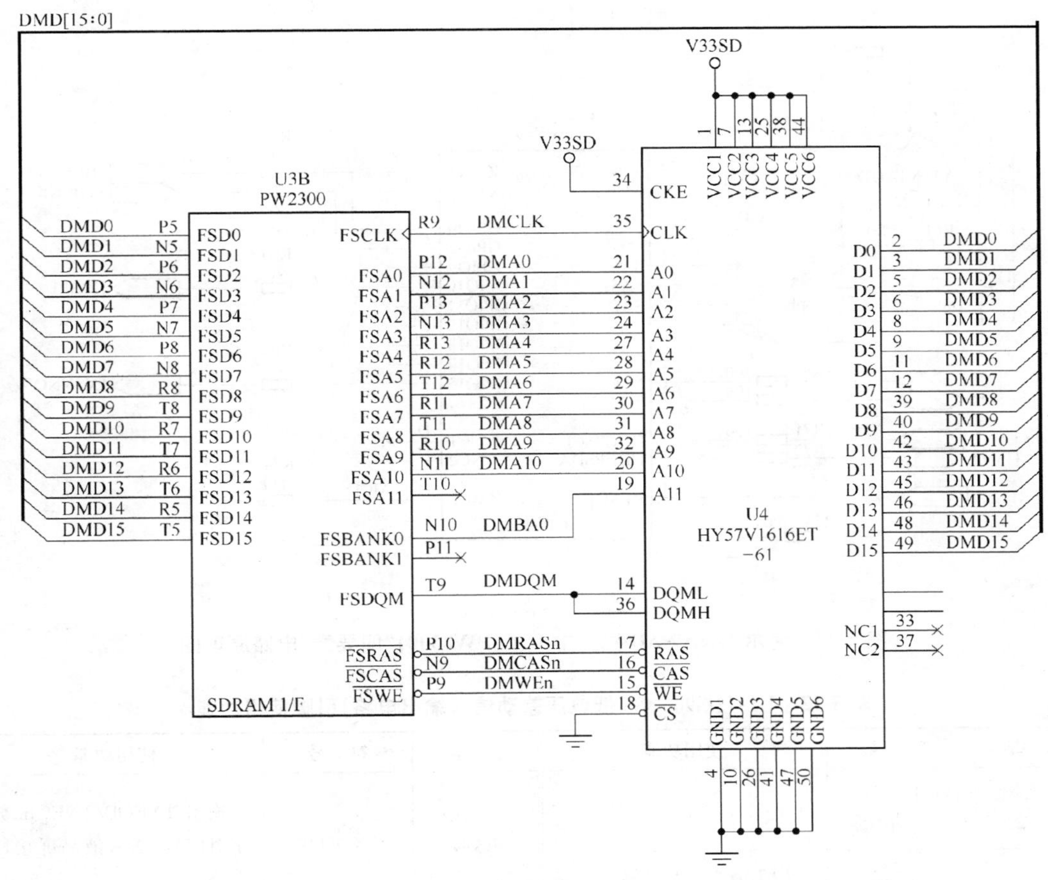

图 5-23　海尔 P42S6A-C1 机型中动态随机存储器应用电路原理图

表 5-11　U4(HY57V1616ET-61 动态随机存储器)引脚使用功能

引　脚	符　号	使用功能
①、⑦、⑬、㉕、㊳、㊹	VCC1～VCC6	V33SD(3.3V)电源
②、③、⑤、⑥、⑧、⑨、⑪、⑫、㊴、㊵、㊷、㊸、㊺、㊻、㊽、㊾	D0～D15	用于 DMD0～DMD15 数据总线输入/输出，通过印制线路与 U3B(PW2300)的 FSD0～FSD15 端脚直通，传输 16bit 数字信号
④、⑩、㉖、㊼、㊿	GND1～GND6	接地
⑭、㊱	DQML DQMH	用于 DMDQM 控制，与 U38(PW2300)T9 端直通，主要用于数据输入输出蔽屏
⑮	WE	写允许控制
⑯	CAS	列地址选通
⑰	RAS	行地址选通
⑱	CS	片选脉冲，接地
⑲	A11	DMBA0，地址 11 输入
⑳～㉔、㉗～㉜	A0～A10	用于 DMA0～DMA10 地址总线输入，与 U3B(PW2300)的 FSA0～FSA10 端脚直通
㉞	CKE	时钟允许控制
㉟	CLK	系统时钟输入

小结：图 5-25 中，U11(DS90C385)的输入信号由 U6C(PW218)输出，因此，当 U11 输出信号异常时，应注意检查 U6D(PW218 图像处理器)，当其不良时，需板级维修。

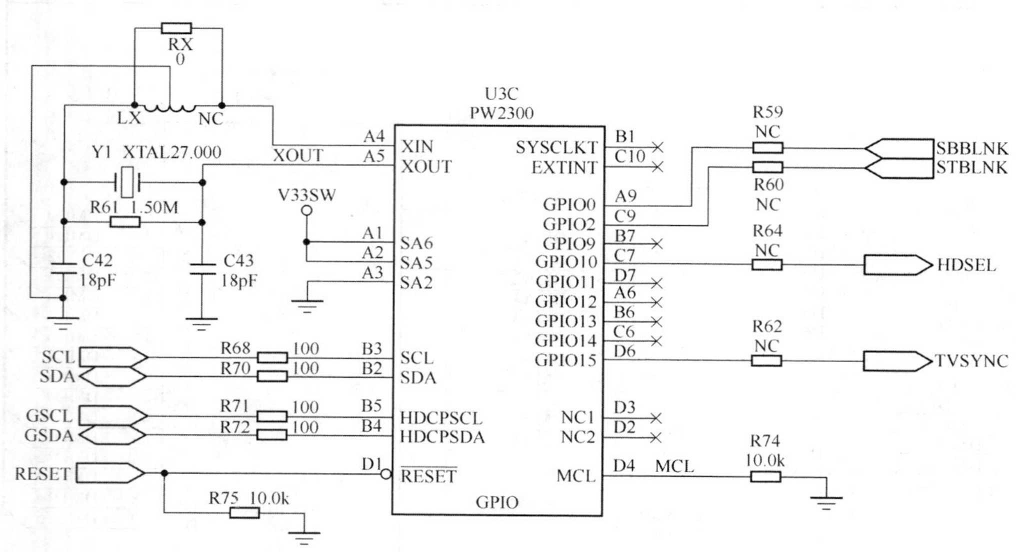

图 5-24　海尔 L42A9-AD 机型中 U3C(PW2300)“四要素”电路原理图

表 5-12　U11(DS90C385 低电压差动信号输出电路)引脚使用功能

引　脚	符　号	使用功能
①、⑨、㉖、㊹、㉞	Vcc1～Vcc3 0Vcc、PVcc	V33LV(3.3V)电源
(51)、(52)、(54)～(56)、③、㊿、②	TXIN0～TXIN6 IXIN27	用于输入 8bit 红数字信号(DRE2～DRE9)，由 U6c(PW218)的 DR2～DR9 端口输出
④、⑥、⑦、⑪、⑫、⑭、⑧、⑩	TXIN7～TXIN-14	用于输入 8bit 绿数字信号(DGE2～DGE9)，由 U6c(PW218)的 DG2～DG9 端口输出
⑮、⑲、⑳、㉒、㉓、㉔、⑯、⑱	TXIN15～TXIN22	用于输入 8bit 蓝数字信号(DBE2～DBE9)，由 U6c(PW218)的 DB2～DB9 端口输出
㉛	CLKIN	时钟信号输入，由 U6c(PW218)的 V17 端脚输出
㉜	PWRDN	LVDS 控制信号输入
⑤、⑬、㉑、㉙、(53)、㊱、㊸、㊾、㉝、㉟	GND1～GND5 OGND1～OGND3 PGND1、PGND2	接地
㊼、㊽	TXOUT0	输出 TXEOP/TXEOm 数字对信号，送入液晶屏接口电路
㊺、㊻	TXOUT1	输出 TXE1P/TXE1m 数字对信号，送入液晶屏接口电路
㊶、㊷	TXOUT2	输出 TXE2P/TXE2m 数字对信号，送入液晶屏接口电路
㊲、㊳	TXOUT3	输出 TXE3P/TXE3m 数字对信号，送入液晶屏接口电路
㊴、㊵	TXCOUT	输出 TXECP/TXECm 时钟数字对信号，送入液晶屏接口电路

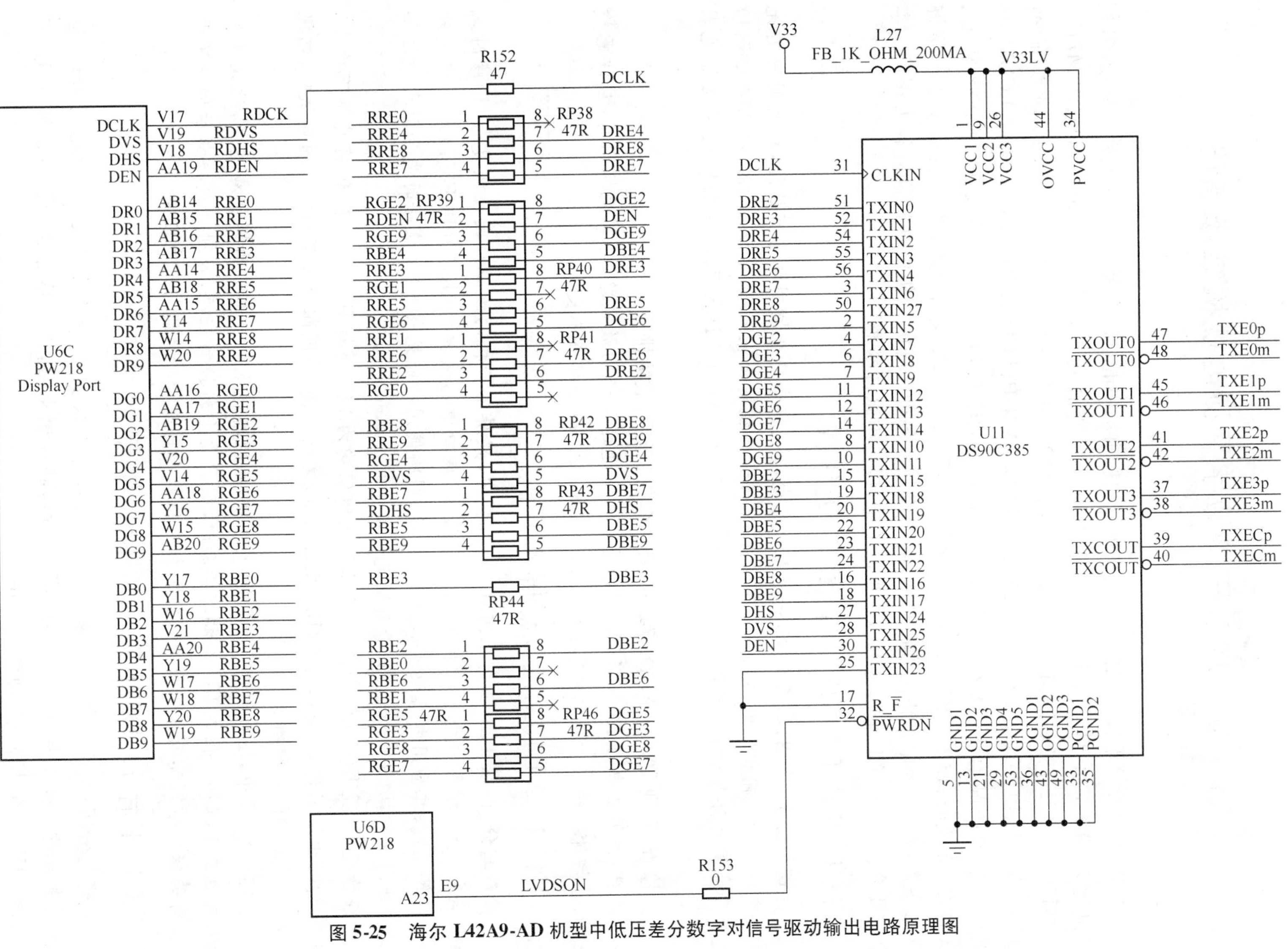

图 5-25　海尔 L42A9-AD 机型中低压差分数字对信号驱动输出电路原理图

第 6 章　TCL 王牌数字平板电视机维修笔记

TCL 王牌数字平板电视机是我国平板电视机市场中的主流产品之一，其系列产品较多，型号也比较纷繁，如 TCL 王牌 MC77 机心的系列产品有 L37M71D、L40M71D、L42M71D、L46M71D、L42H78F、L46H78F、L52H78F；TCL 王牌 CORTEZ 机心的系列产品有 LCD27A71-P、LCD21A71-P、LCD32A71-P、LCD37A71-P、LCD40A71-P；TCL 王牌 LCDMS18 机心的系列产品有 LCD32K73、LCD26K73、LCD32E64、LCD26E64，以及 LCDMS88 机心、LCD32B65 机心、LCD37K72、LCD40A71-P、L26E64、L37E09 等系列机型。因此，了解和掌握 TCL 王牌数字平板电视机的维修技术，对维修其他各种品牌的平板电视机都有较大帮助。本章主要介绍一些 TCL 平板电视机的维修笔记，以供维修者参考。

1. TCL 王牌 L40M71D 有图像，无伴音

检查与分析：有图像，无伴音，一般是伴音电路或伴音静音控制电路有故障，检修时可首先从检查伴音功放输出级电路入手。在该机中，伴音功放输出级电路，主要由 IA100（MAX9741）及少量外围元件等组成，其电路原理如图 6-1 所示，IA100（MAX9741）的引脚使用功能见表 6-1。

经检查，发现 IA100（MAX9741）损坏，将其换新后，故障排除。

小结：图 6-1 中，IA100（MAX9741）是一种双通道伴音功放电路，当其无输出时，应注意检查⑳、㉑脚外接的静音控制电路，正常后，再判断 IA100 损坏或不良。

2. TCL 王牌 L46M71D 黑屏不开机

检查与分析：在 TCL 王牌 L46M71D 机型中，黑屏不开机的故障原因比较复杂，检修时先注意检查 CPU 扩展口电路。在该机中，CPU 扩展口电路主要由 IR150（PCF8574F）及少量外围元件等组成，其应用电路原理如图 6-2 所示，引脚使用功能见表 6-2。检修时先用放大镜仔细观察，并用电阻挡（R×100Ω）测量外围元件及印制线路和透孔。

经检查，发现 IR150 的⑤、⑥脚间正反向阻值均为 0Ω，判断 IR150 损坏，但将其拆下检查，⑤、⑥脚间阻值不为零，再将原 IR150 装回电路，复测⑤、⑥脚间阻值又不为零。通电试验，电视机恢复正常工作，故障排除。

小结：图 6-2 中，IR150（PCF8574F）⑤、⑥脚的短路现象由外部引脚焊锡渣造成，故误认为⑤脚对地击穿损坏。但在 IR150 损坏换新时，则需要重新抄写程序，否则直接换新后仍会不开机。有关程序抄写需有专用设备，因此，社会维修人员维修时只能与厂商联系。

3. TCL 王牌 LCD37K72 无图像无伴音

检查与分析：在该机中，无图像无伴音的故障原因较多，检修难度较大。根据检修经验，检修时首先注意检查 U105（PCA9554PW）并行转换控制电路，其电路原理如图 6-3 所示，U105（PCA9554PW）的引脚使用功能见表 6-3。

经检查，发现 C406 漏电，将其换新后，故障排除。

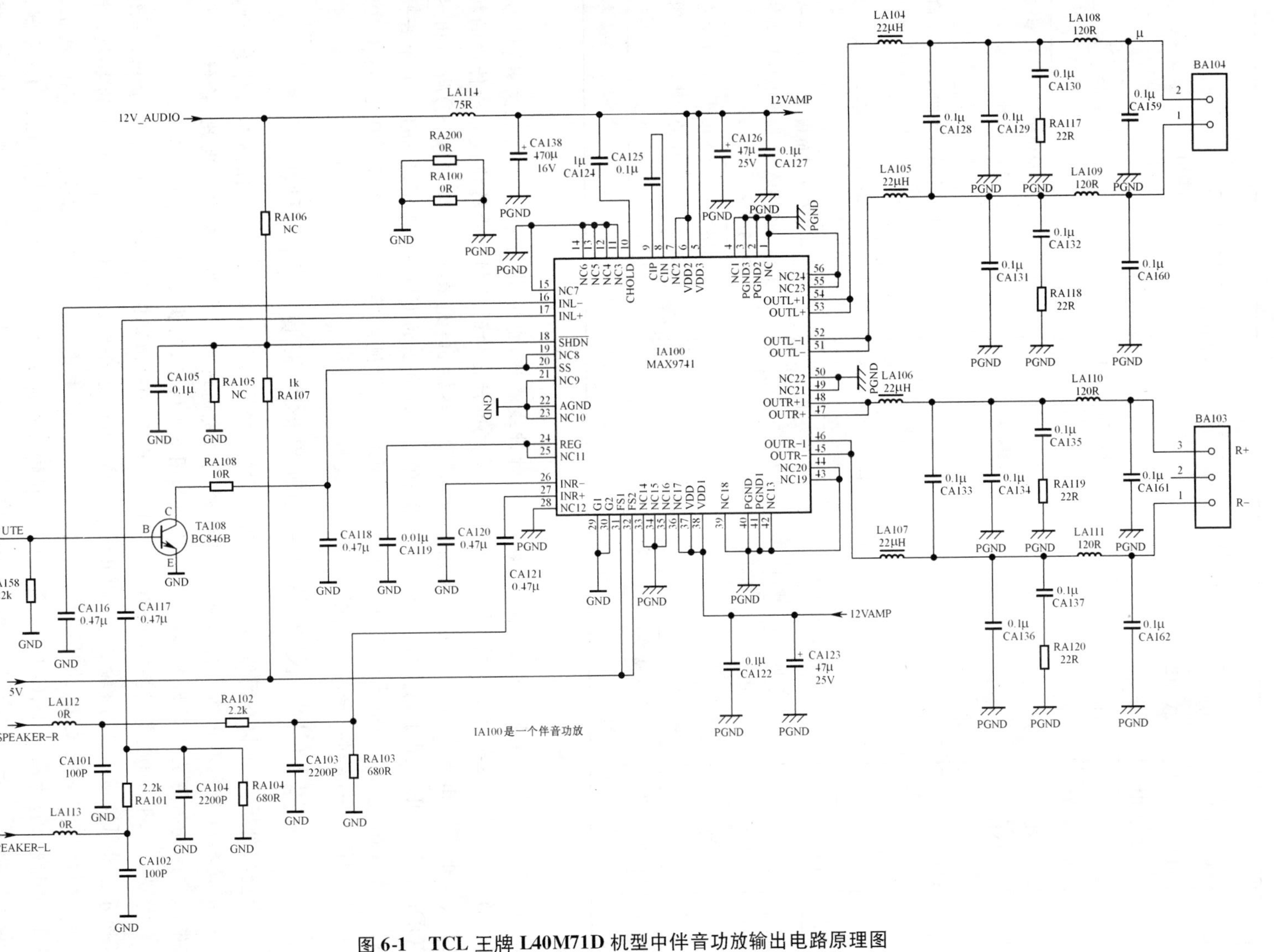

图 6-1　TCL 王牌 L40M71D 机型中伴音功放输出电路原理图

表 6-1 IA100(MAX9741 伴音功放电路)引脚使用功能

引 脚	符 号	使用功能	引 脚	符 号	使用功能
①～④	NC、PGND2/3	接地	㊱～㊳	NC17、VDD、VDD1	＋12V 电源输入
⑤～⑦	VDD2/3、NC2	12V 电源			
⑧、⑨	CIN、CIP	外接 0.1μF 电容	㊴～㊹	NC18、PGND、NC13、NC19、NC20	接地
⑩	CHOLD	外接 1μF 电容			
⑪～⑮	NC3～NC7	接地			
⑯	INL－	左声道负极性音频信号输入	㊺、㊻	OUTR－、OUTR－1	用于右声道负极性音频功率输出，通过 BA103 插座①脚驱动右侧扬声器
⑰	INL＋	左声道正极性音频信号输入			
⑱	SHON	外接偏置电路			
⑲、⑳	NC8、SS	用于静音控制	㊼、㊽	OUTR＋、OUTR＋1	用于右声道正极性音频功率输出，通过 BA103 插座③脚驱动右侧扬声器
㉑～㉓	NC9、AGND、NC10	接地			
			㊾、㊿	NC21、NC22	接地
㉔、㉕	REG、NC11	外接 0.01μF 滤波电容	51、52	OUTL－、OUTL－1	用于左声道负极性音频功率输出，通过 BA104 插座①脚驱动左侧扬声器
㉖	INR－	右声道负极性音频信号输入			
㉗	INR＋	右声道正极性音频信号输入			
㉘	NC12	接地	53、54	OUTL＋、OUTL＋1	用于左声道正极性音频功率输出，通过 BA104 的②脚驱动左侧扬声器
㉙、㉚	G1、G2	接地			
㉛、㉜	FS1、FS2	＋5V 电源输入			
㉝～㉟	NC14～NC16	接地	55、56	NC23、NC24	接地

小结:图 6-3 中，C406 为 100pF 电容，用于时钟线滤波，电容漏电时，总线功能失效，U105 不工作。U105 的主要作用是将 MCU 通过 I^2C 总线串行传输的控制信号转换成并行传输的控制指令，并可输出 8 路指令信号。在该机中只有 6 路输出，见表 6-3。其中④、⑦脚输出的 MODE-1/MODE-2 用于高中频接收制式控制；⑨、⑩脚输出的 CH-SEL1/CH-SEL2 用于音频芯片选择控制；⑪、⑫脚输出的 CH-SHL3/CH-SEL4 用于视频芯片选择控制。因此，当 U105(PCA9554PW)异常时将会引起无图像、无伴音故障。

4. TCL 王牌 LCD37K72TV 状态图像彩色失真，伴音有噪声

检查与分析:TV 状态图像彩色失真(近似 PAL 制接收 NTSC 制式的图像画面)，伴音有噪声，一般是接收制式不正确。在该机中，接收制式主要通过控制高频头确定。因此，检修时，应首先注意检查高频头的引脚电路，其电路原理如图 6-4 所示，引脚使用功能见表 6-4。

图 6-4 中，TU100 高频头⑤、⑥脚的控制信号由 U105(PCA9554PW)的④、⑦脚输出，如图 6-3所示。由 U105④、⑦脚输出的 MODE-1 和 MODE-2 分别加到 Q103 和 Q101 的基极，使 Q103 和 Q101 导通或截止，为 TU100 高频⑤、⑥脚提供重要的制式控制信号。当 Q103 截止，TU100⑤脚(S0)为高电平，Q101 导通，TU100⑥脚(S1)为低电平时，接收制式为 PAL-D/K 制；当 Q103、Q101 均导通时，TU100 的⑤、⑥脚均为低电平，接收制式为 NTSC-M 制。经检查，发现 Q103 击穿损坏，将其换新后，故障排除。

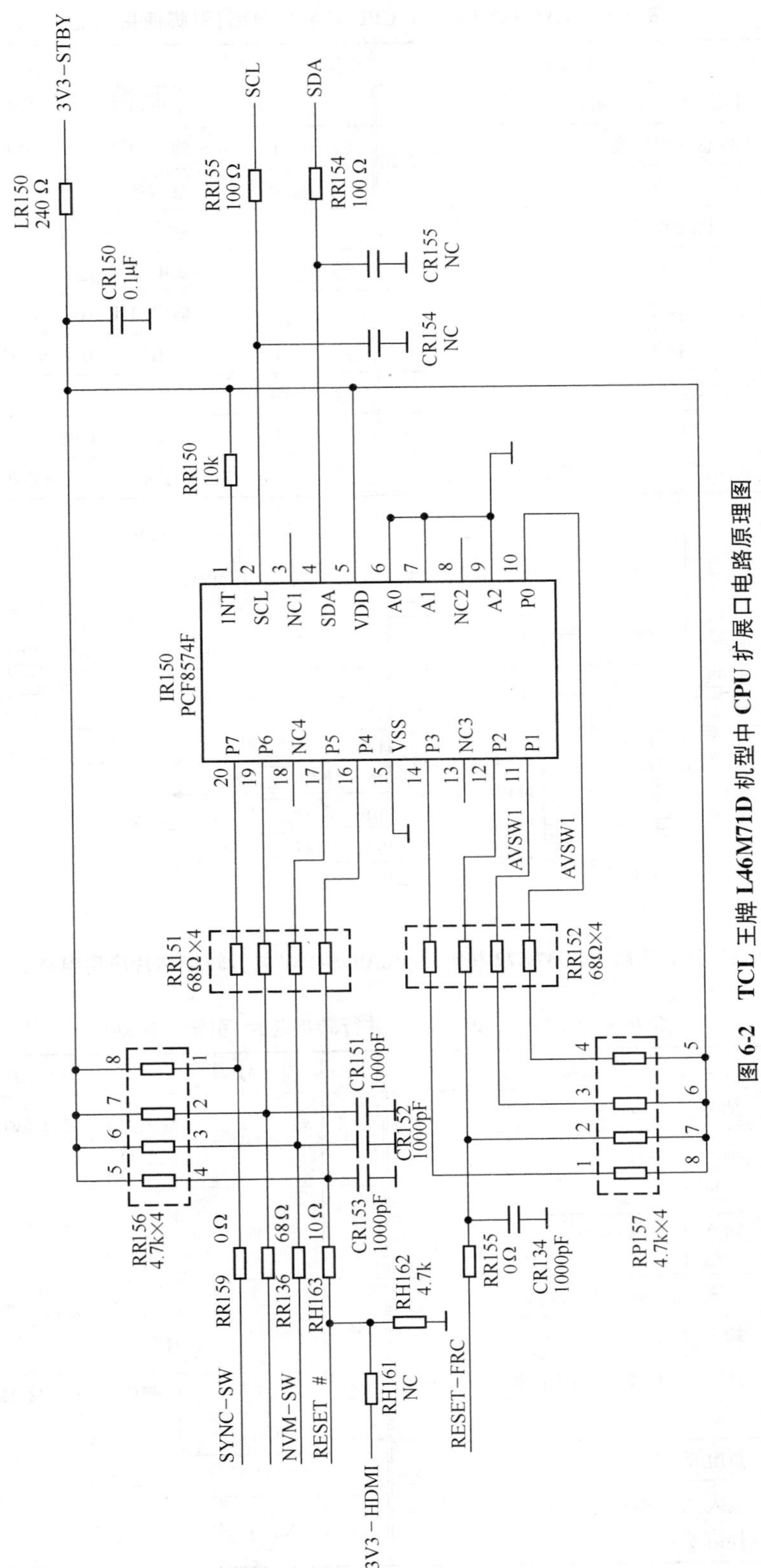

图 6-2　TCL 王牌 L46M71D 机型中 CPU 扩展口电路原理图

表 6-2 IR150(PCF8574F CPU 扩展口电路)引脚使用功能

引脚	符 号	使用功能	引脚	符 号	使用功能
①	INT	外接 10kΩ 上拉电阻	⑪	P1	输出口 1,用于 AVSW2 控制
②	SCL	I^2C 总线时钟线	⑫	P2	输出口 2,用于 RESET-FRC 复位
③	NC1	空脚 1	⑬	NC3	空脚 3
④	SDA	I^2C 总线数据线	⑭	P3	输出口 3,未用
⑤	VDD	+3.3V 电源	⑮	VSS	负电源,接地
⑥	A0	地址 0,接地	⑯	P4	输出口 4,用于 HDMI 端口复位
⑦	A1	地址 1,接地	⑰	P5	输出口 5,用于 NVM-SW 控制
⑧	NC2	空脚 2	⑱	NC4	空脚 4
⑨	A2	地址 2,接地	⑲	P6	输出口 6,未用
⑩	P0	输出口 0,用于 AVSW1 控制	⑳	P7	输出口 7,用于 SYNC-SW 控制

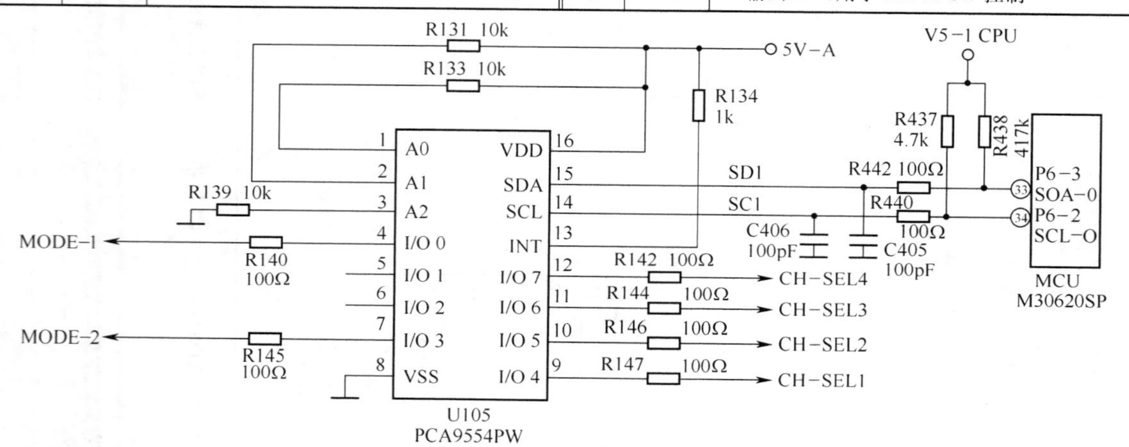

图 6-3 TCL 王牌 LCD37K72 机型中 PCA9554PW 并行转换芯片应用电路原理图

表 6-3 U105(PCA9554PW 并行转换芯片)引脚使用功能

引脚	符 号	使用功能	引脚	符 号	使用功能
①	A0	地址 0	⑩	I/O5	输入/输出端口 5,用于输出 CH-SEL2 选择信号 2
②	A1	地址 1	⑪	I/O6	输入/输出端口 6,用于输出 CH-SEL3 选择信号 3
③	A2	地址 2	⑫	I/O7	输入/输出端口 7,用于输出 CH-SEL4 选择信号 4
④	I/O0	输入/输出端口 0,用于输出 MODE-1 控制信号	⑬	INT	中断信号,但外接 1kΩ 上拉电阻
⑤	I/O1	输入/输出端口 1,未用	⑭	SCL	I^2C 总线时钟线
⑥	I/O2	输入/输出端口 2,未用	⑮	SDA	I^2C 总线数据线
⑦	I/O3	输入/输出端口 3,用于输出 MODE-2 控制信号	⑯	VDD	+5V 电源
⑧	VSS	负电源接地			
⑨	I/O4	输入/输出端口 4,用于输出 CH-SEL1 选择信号 1			

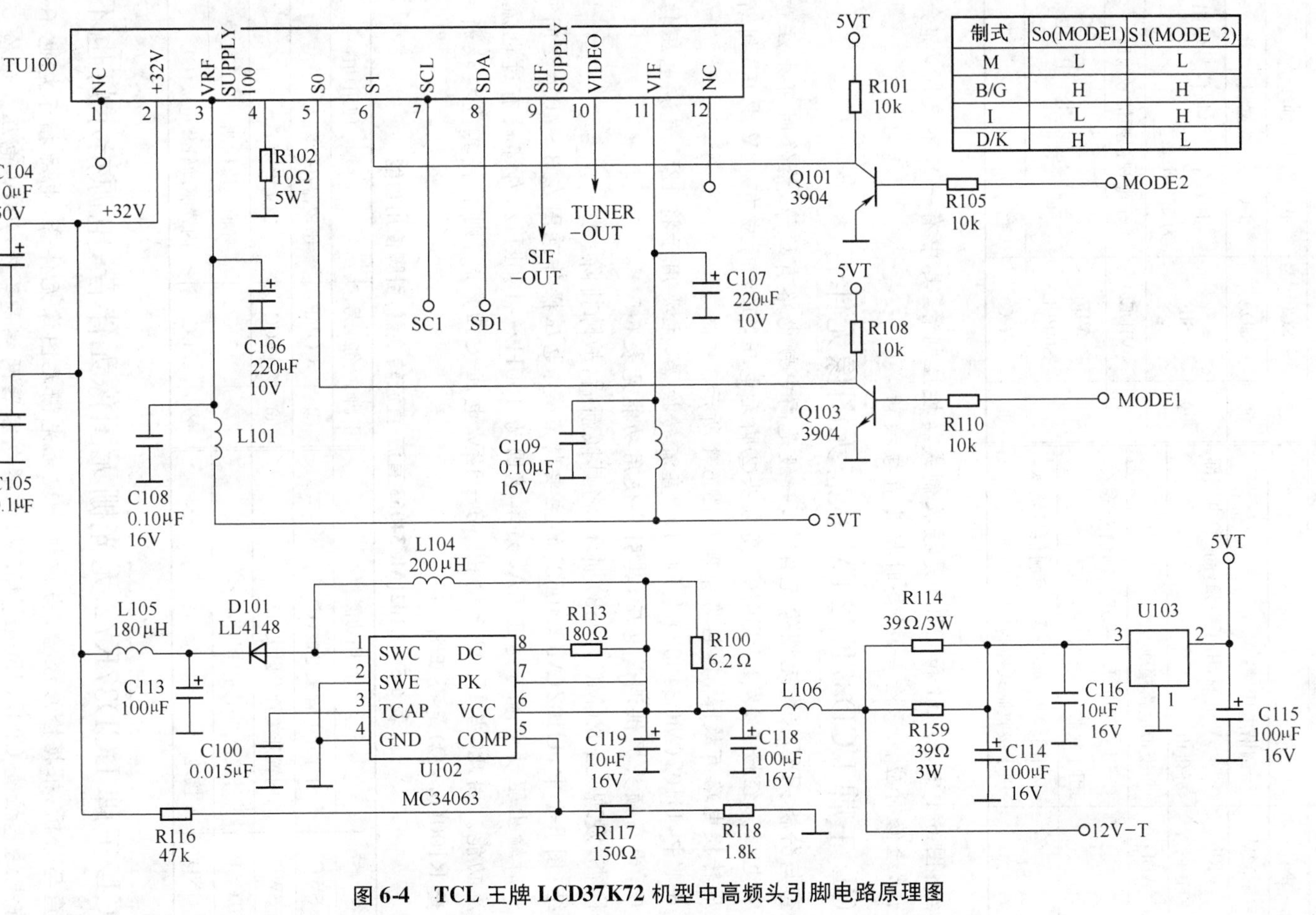

制式	So(MODE1)	S1(MODE 2)
M	L	L
B/G	H	H
I	L	H
D/K	H	L

图 6-4　TCL 王牌 LCD37K72 机型中高频头引脚电路原理图

表 6-4　TU100(高频头)引脚使用功能

引脚	符　号	使用功能	引脚	符　号	使用功能
①	NC	空脚	⑦	SCL	I^2C 总线时钟线
②	+32V	调谐电压输入端	⑧	SDA	I^2C 总线数据线
③	VRF SUPPLY	+5V 电源，用于射频(高频)电路部分供电	⑨	SIF	伴音第二中频信号输出，PAL 制时为 6.5MHz
④	ADD	模拟电路接地	⑩	VIDEO	全电视视频信号输出
⑤	S0	用于 MODE-1 模式控制信号输入，用于接收制式控制	⑪	VIF SUPPLY	+5V 电源，用于中频电路部分供电
⑥	S1	用于 MODE-2 模式控制信号输入，用于接收制式控制	⑫	NC	空脚

小结：图 6-4 中，Q103 和 Q101 是接收制式转换控制管，其中有一只不良时，都会造成接收制式错误，检修时应注意检查，必要时将其直接换新。

5. TCL 王牌 LCD37K72TV 状态无图像无伴音

检查与分析：TV 状态无图像无伴音，一般是高中频电路有故障，检修时可先注意检查高频头的引脚电压。经检查，发现 TU100 高频头②脚无电压，正常时应有 32V 电压，判断②脚外接 32V 电压转换电路有故障，其电路原理如图 6-4 所示。

图 6-4 中，U102(MC34063)为 DC-DC 直流转换器，主要用于将 12V 直流电压转换为 32V 直流电压，为高频头提供调谐电压，其引脚使用功能见表 6-5。

经检查，发现 U102(MC34063)损坏，将其换新后，故障排除。

小结：图 6-4 中，U102(MC34063)的主要特点是：电压操作范围在 3～40V 之间可调，在无外接电阻时输出驱动电流可达 1.5A，频率范围为 100Hz～100kHz；内部设有过电流检测及低待机电流功能。因此，当 U102 无输出，而+12V 电压又正常时，则应将其直接换新，但同时要注意检查 R100(6.2Ω)是否正常。

表 6-5　U102(MC34063 直流-直流转换器)引脚使用功能

引脚	符　号	使用功能	引脚	符　号	使用功能
①	SWC	内置开关管集电极(C)	⑤	COMP	比较器补偿输入
②	SWE	内置开关管发射极(E)	⑥	VCC	+12V 电源
③	TCAP	外接 0.0015μF 时序电容	⑦	PK	峰值电流检测
④	GND	接地	⑧	DC	内置驱动管集电极(C)

6. TCL 王牌 LCD37K72 无光栅无图像无伴音，电源指示灯也不亮

检查与分析：根据检修经验，当该机出现无光栅无图像无伴音，电源指示灯也不亮的故障时，应首先注意检查 C907(150μF/450V)电解电容器两端是否有 400V 电压。经检查，C907 两端电压(B+)为 0V，再查电源熔断器已熔断，因而判断全桥整流电路或功率因数校正电路、24V/18V 低压电源初级稳压电路有故障，其电路原理如图 6-5 所示。

图 6-5 中，全桥整流电路主要由 BD901(D25XB60)组成，通电后在①、④端产生 300V 左右电压，然后经功率因数校正电路提升后，在 C907 两端形成 400V 电压。功率因数校正电路主要

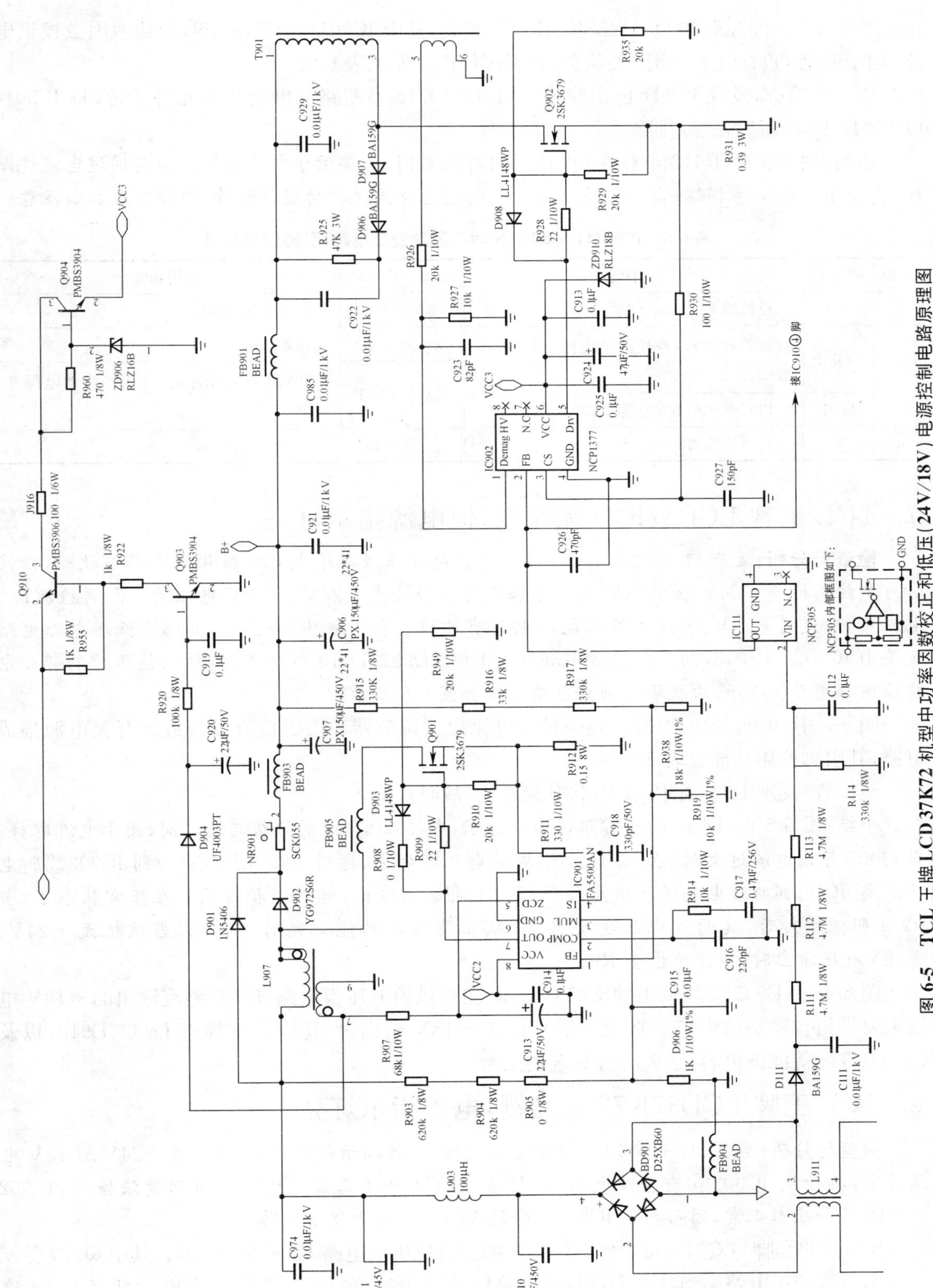

图 6-5　TCL 王牌 LCD37K72 机型中功率因数校正和低压(24V/18V)电源控制电路原理图

由IC901(FA5500AN)和Q901(2SK3679)等组成,其中IC901(FA5500AN)为功率因数校正电路,用于驱动Q901工作在开/关状态,其引脚使用功能见表6-6。

进一步检查,发现IC901已击穿损坏,R912(0.15Ω)断路。再查其他元件正常,将IC901、Q901、R912换新后,故障排除。

小结:图6-5中,R912串接在Q901源极与地之间,主要用于电流取样。当其因过电流烧断时,会使IC901击穿损坏;当其阻值增大时会引起过电流保护功能误动作,检修时应加以注意。

表6-6 IC901(FA5500AN功率因数校正电路)引脚使用功能

引脚	符号	使用功能	引脚	符号	使用功能
①	FB	反馈输入	⑤	ZCD	过零检测脉冲输入
②	COMP	误差放大器,外接滤波电路,用于频率补偿	⑥	GND	接地
③	MUL	PFC功率因数乘法器及误差输出	⑦	OUT	PWM调宽脉冲输出,用于驱动电源开关管
④	IS	过电流检测信号输入	⑧	VCC	VCC2工作电源

7. TCL王牌LCD37K72无光栅,但电源指示灯亮

检查与分析:无光栅,但电源指示灯亮,一般是升压板电路或升压板供电电路有故障,检修时可先注意检查+24V和+18V电压是否正常。经检查+24V、+18V电压为0V,再检测B+电压正常,说明+24V、+18V低压电源电路有故障。在该机中,+24V、+18V低压电源电路主要由IC902(NCP1377)、Q902(2SK3679)、T901、D932、D910等组成,其初级稳压控制部分电路原理如图6-5所示,次级输出部分电路原理如图6-6所示。

图6-5中,IC902(NCP1377)是一种由电流模式调节器和去磁检查器合成的开关电源集成电路,其引脚使用功能见表6-7。

经检查,发现R931阻值增大,将其换新后,故障排除。

小结:图6-5中,R931的正常阻值为0.39Ω,串接在Q902的源极与地之间,用于电流取样。当Q902导通电流过大时,在R931上形成的电压降增大,通过R930(100Ω)加到IC902③脚电压升高,IC内部的过电流保护功能动作,T901次级无输出,起到保护作用。在正常状态下,当R931阻值增大时,其两端电压也会升高,从而使保护功能误动作。因此,当该机无+24V、+18V电压输出时,应注意检查R931。

图6-6中,D932整流输出的+24V电压,主要供给升压板电路;D910整流输出的+18V电压主要供给音频功放电路。在无+24V或无+18V输出时,还应注意检查D932、D910,以及C931、C939等滤波电容,必要时将其直接换新。

8. TCL王牌LCD37K72无光栅,电源指示灯亮

检查与分析:当TCL王牌LCD37K72无光栅,电源指示灯亮时,首先检查+24V、+18V电压为零,再检测IC902⑥脚电压也为零,检查VCC2电压正常。改用电阻测量法检查,IC902(NCP1377)基本正常,因而判断IC902⑥脚的VCC3供电电路有故障。

IC902的⑥脚与Q910、Q904、ZD906等相连组成供电电路,如图6-5所示。其中Q910受控于功率因数校正电路。当功率因数校正电路启动后,L907的⑦脚产生感应电动势经D904整

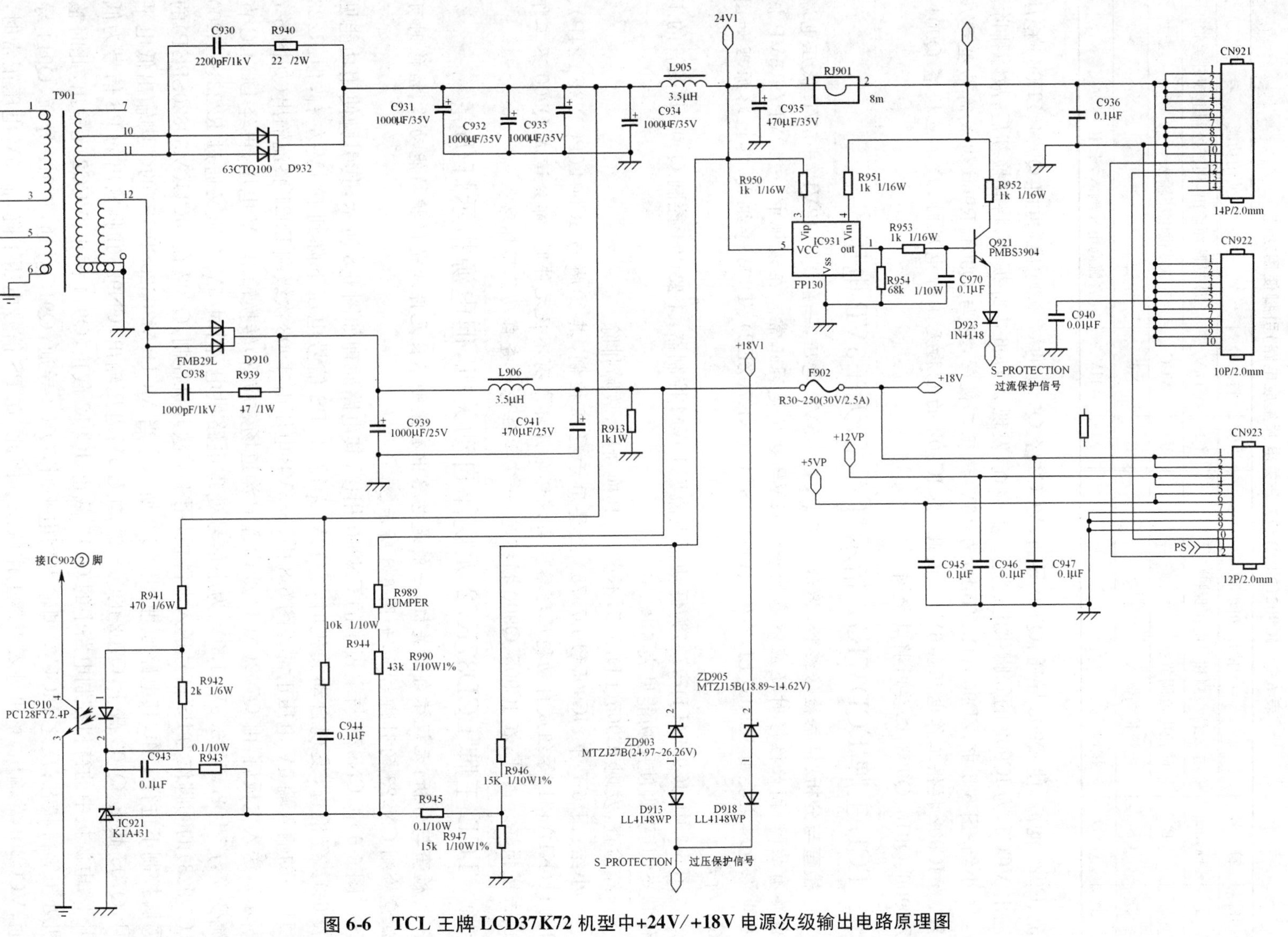

图 6-6　TCL 王牌 LCD37K72 机型中+24V/+18V 电源次级输出电路原理图

表 6-7 IC902(NCP1377 开关电源集成电路)引脚使用功能

引脚	符 号	使用功能	引脚	符 号	使用功能
①	Demag	主复位检测和过电压保护	⑤	DrV	驱动脉冲输出,用于控制电源开关管
②	FB	峰值电流调节点	⑥	VCC	VCC3 供电压输入
③	CS	电流检测输入	⑦	NC	空脚
④	GND	接地	⑧	HV	直流高电压输入,未用

流、C920 滤波,使 Q903 导通、Q910 导通,VCC2 经 Q910 的 ec 极输出,再由 Q904、ZD906 稳压输出 VCC3,为 IC902 的⑥脚供电。进一步检查,发现 ZD906 击穿损坏,将其换新后,故障排除。

小结:图 6-5 中,ZD906(RLZ16B)为 16V 稳压二极管,它与 Q904、R960 组成简易型稳压器,为 IC902 提供工作电压(16V)。因此,当 IC902 的⑥脚无工作电压时,应重点检查 Q904、ZD906、Q910、Q903,必要时将其换新。

9. TCL 王牌 LCD37K72 指示灯不亮,无+5VP 电压

检查与分析:根据检修经验,指示灯不亮,无+5VP 电压,一般是+12VP/+5VP 低压电源电路有故障,因此检修时还应注意检查+12VP 电压是否正常。在该机中,+12VP/+5VP 低压电源电路主要由 IC905(LD7575)、Q900(STP10NK70ZEP)、T903 等组成,其电路原理如图 6-7 所示。

图 6-7 中,IC905(LD7575)为低功耗电流型 PWM 控制器,主要用于控制 Q900 开关管的工作状态,其引脚使用功能见表 6-8。

经检查,发现 IC905(LD7575)不良,将其换新后,故障排除。

小结:图 6-7 中,IC905(LD7575)主要用于稳压控制,其②脚与 IC904(PC123FY24P)、IC911(K1A431)等组成自动稳压环路。当该环路开环或有不良元件时,都会造成 Q900 不工作或击穿损坏。因此,在 IC905、Q900 损坏时,一定要注意检查自动稳压环路。

10. TCL 王牌 LCD37K72 无规律自动关机,但电源指示灯仍亮

检查与分析:无规律自动关机,一般是电路中有接触不良元件或是保护功能动作,检修时可注意检测 CN923 的引脚电压,如图 6-6 所示。

图 6-6 中,CN923 与主板中的 CN200 相接,其电路原理如图 6-8 所示,其引脚使用功能见表 6-9。经检查,发现自动关机时,+12V 无输出,PS 信号电压下降到 0.1V 左右,但 R223(1kΩ)的输入端 5V 电压正常。图 6-8 中,+5VP 电压由 T903 次级端 D921 整流输出(如图 6-7 所示),送入主板后,由 Q702(A04403 内置 P 沟道场效应管)转换输出 5V 电压,再经 DC-DC 直流变换,产生 2.5V、3.3V、1.8V 为小信号处理电路供电,同时 5V 电压又通过 R223、CN200(CN923)的⑪脚作为 PS 信号送入电源板,用于二次开机控制,Q702 在 MCU(M30620SPGP)的⑮脚控制下进行工作,其电路原理如图 6-9 所示。当 MCU(M30620SPGP)的⑮脚输出低电平时,Q705 截止,Q702 截止,Q702 的⑤~⑧脚无 5V 电压输出,CN923⑪脚输出的 PS 信号为低电平,电源板中的待机控制电路中的 Q915 截止,IC912 截止,Q914 截止,VCC2 无输出,此时整机处于等待状态;反之 MCU⑮脚输出高电平时,Q702 导通,Q915 导通,IC912 导通,Q914 导通,VCC2 正常输出,整机进入正常工作状态。因此,在 PS 信号电压下降,而 5V 电压正常时,说明待机保护功能动作,这时应重点检查过电流保护控制电路,其电路原理如图 6-10 所示。

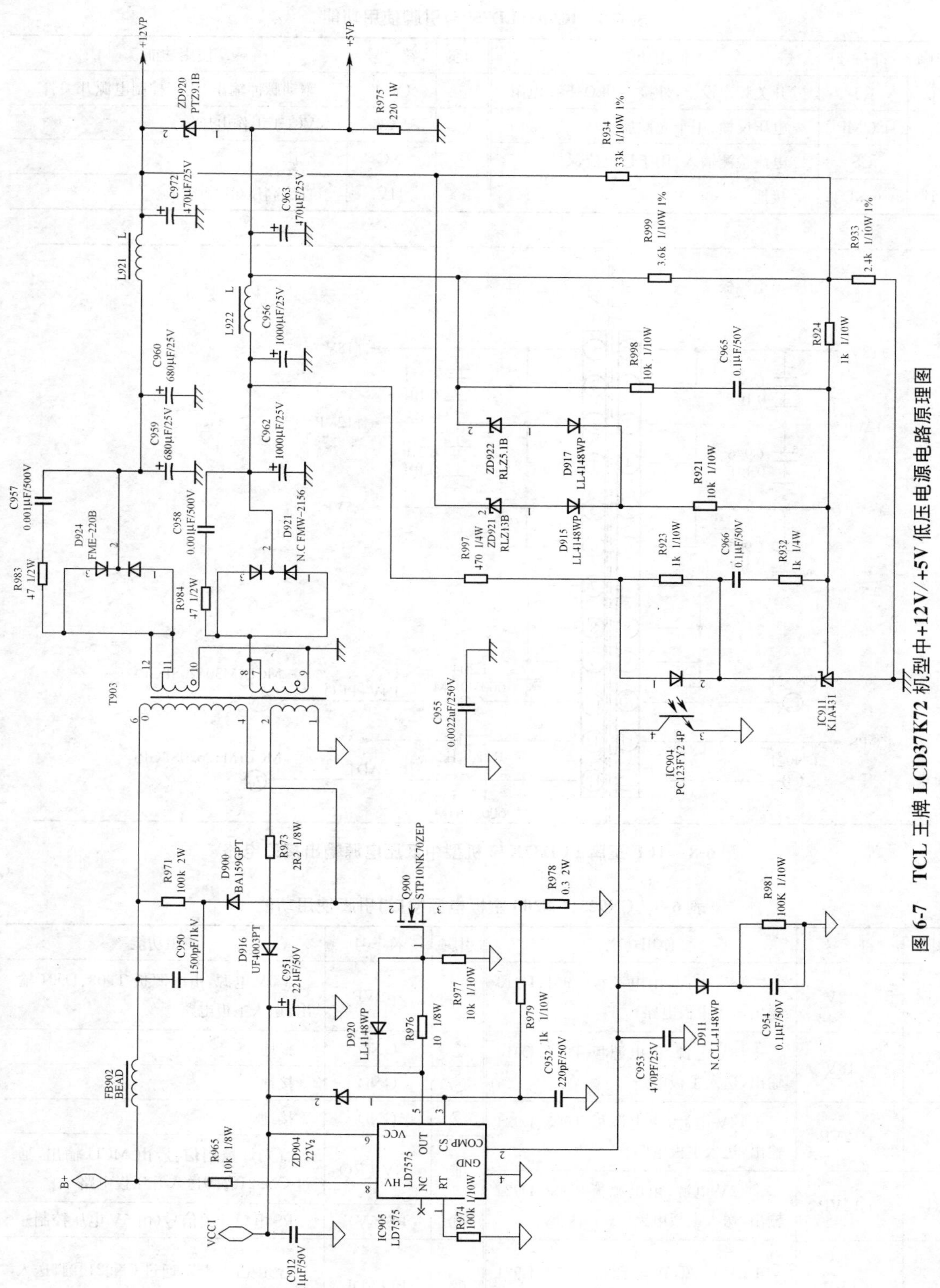

图 6-7　TCL 王牌 LCD37K72 机型中+12V/+5V 低压电路原理图

表 6-8 IC905(LD7575)引脚使用功能

引脚	符 号	使用功能	引脚	符 号	使用功能
①	RT	开关频率设定,外接 100kΩ 下拉电阻	⑤	OUT	驱动脉冲输出,用于控制电源开关管
②	COMP	电压反馈,用于光耦控制	⑥	VCC	VCC1 工作电压输入
③	CS	电流检测输入,用于过电流保护	⑦	NC	空脚
④	GND	接地	⑧	HV	直流高压(B+)输入

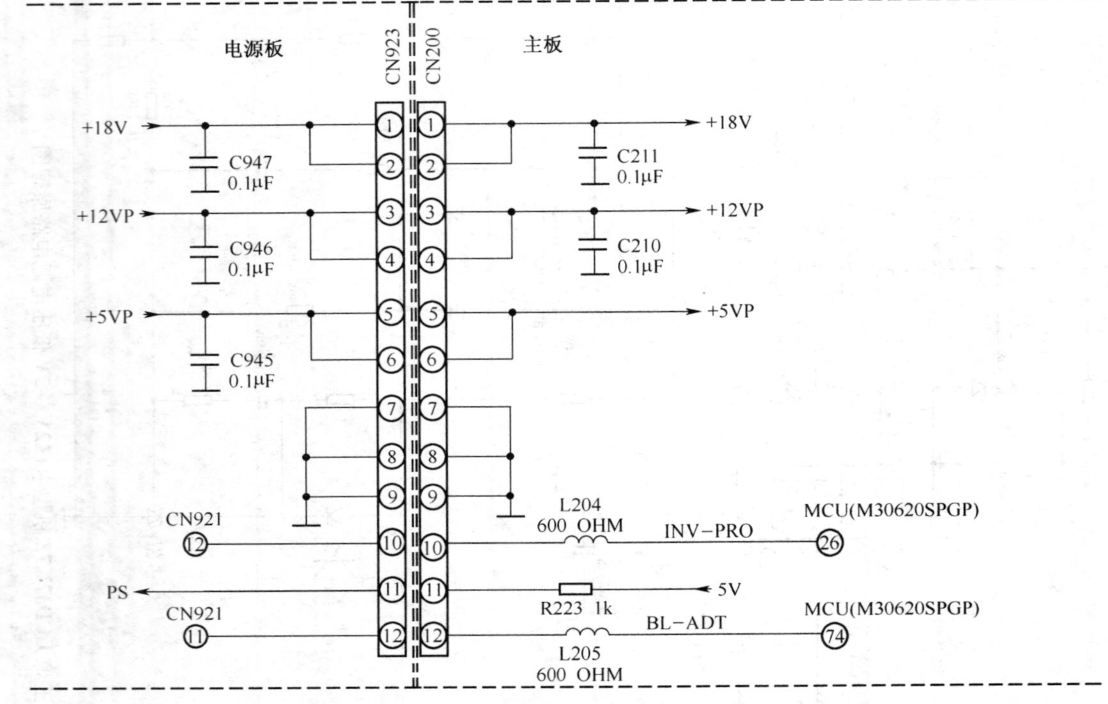

图 6-8 TCL 王牌 LCD37K72 机型中低压电源输出接口电路

表 6-9 CN923(CN200 主板电源接口)引脚使用功能

引脚	符 号	使用功能	引脚	符 号	使用功能
①	+18V	+18V 电源,由电源板 T901、D910 输出送入主板电路	⑥	+5VP	+5V 电源,由电源板 T903、D921 输出,送入主板电路
②	+18V	+18V 电源,由电源板 T901、D910 输出,送入主板电路	⑦	GND	接地
			⑧	GND	接地
③	+12VP	+12V 电源,由电源板 T903、D924 输出,送入主板电路	⑨	GND	接地
			⑩	INV-PRO	背光灯控制信号,由 MCU 输出,通过 CN921⑫脚送入升压板电路
④	+12VP	+12V 电源,由电源板 T903、D924 输出,送入主板电路	⑪	PS(5V)	PS 电源开关信号(由 5V 电压控制)
⑤	+5VP	+5V 电源,由电源机 T903、D921 输出,送入主板电路	⑫	BL-ADJ	背光亮度调节,通过 CN921⑪脚送入升压板电路

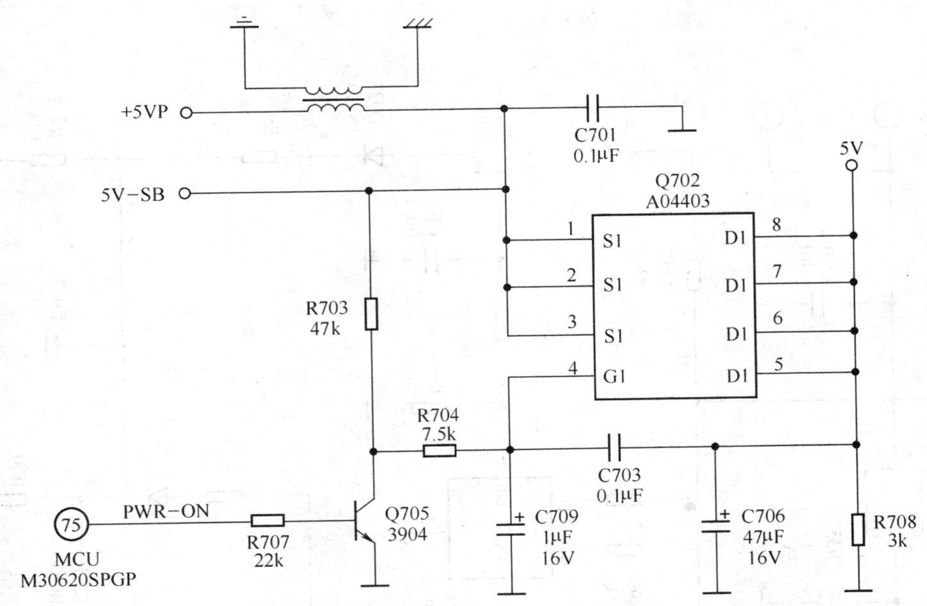

图 6-9　TCL 王牌 LCD37K72 机型中 5V 电压输出电路原理图

经检查，发现 RJ901 阻值增大，将其换新后，故障排除。

小结：图 6-10 中，RJ901 用于过电流取样，当 24V 负载（升压板）电流增大时，RJ901 检测取样电阻的两端电压上升，IC931（FP130）保护比较器动作，并由①脚输出高电平，使 Q921 导通，SCR901 可控硅导通，Q923 导通，将 R988 输入的 PS 信号旁路，Q915 截止，此后与待机状态相同。因此，在该机出现自动关机故障时，应特别注意检查 RJ901 及其负载电路。

11．TCL 王牌 LCD32K73 无伴音，图像正常

检查与分析：无伴音，图像正常，一般是伴音功放输出级电路或静音控制电路不良，检修时可首先检测 U107（TA2008 伴音功放电路）的㉛脚电压。正常时，U107㉛脚为 0V 低电平。经检查，结果为 4.7V 高电平，说明 U107㉛脚外接的静音控制电路有故障，其电路原理如图 6-11 所示。

图 6-11 中，静音控制电路主要分为两个部分，一部分由 Q116、Q115 等组成，受 U100（MST718BU）61脚控制，主要用于正常收看时的静音控制，当 U100 的61脚输出高电平时，Q116 导通，Q115 截止，U107 的㉛脚高电平静音，当 U100 的61脚输出低电平时，Q116 截止，Q115 导通，U107 的㉛脚低电平，扬声器正常发声；另一部分由 Q114、D124 等组成，主要用于关机静噪控制，在关机时，由于 CA120 放电，使 Q114 导通，U107 的㉛脚高电平静噪。

经检查，发现 Q114 不良，将其换新后，故障排除。

小结：图 6-11 中，Q114、Q116 不良导通时，都会使 U107 的㉛脚静音功能动作。因此，当 U107 的㉛脚出现高电平时，应注意检查 Q114 和 Q116，必要时将其换新。

12．TCL 王牌 LCD32K73 无光栅无图像无伴音

检查与分析：在该机中，无光栅无图像无伴音的故障原因较多，也比较复杂，检修时应首先检查各组电源及 DC-DC 直流电压是否正常。经检查，5Vstb 等各组电压均正常，说明故障在主

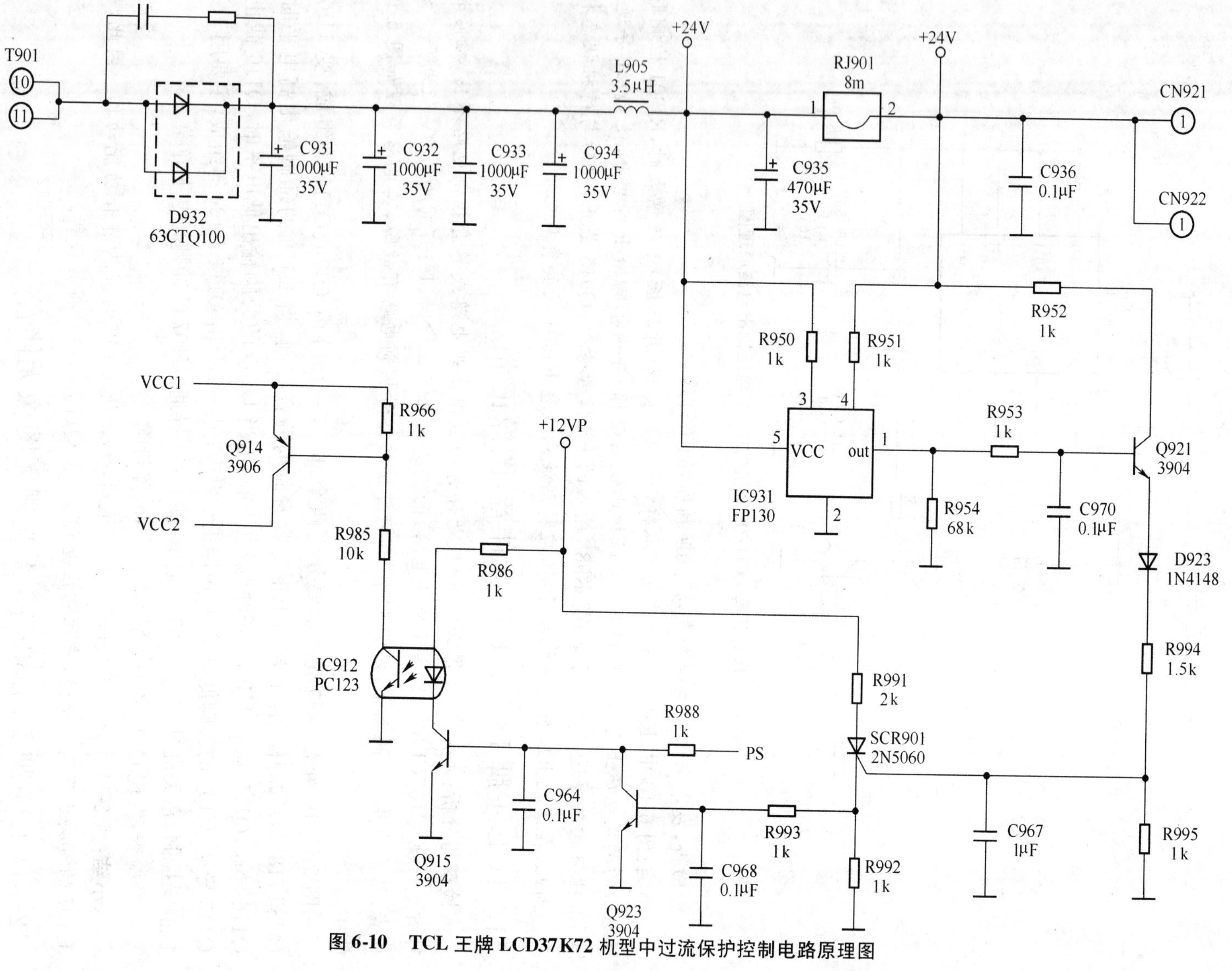

图 6-10 TCL 王牌 LCD37K72 机型中过流保护控制电路原理图

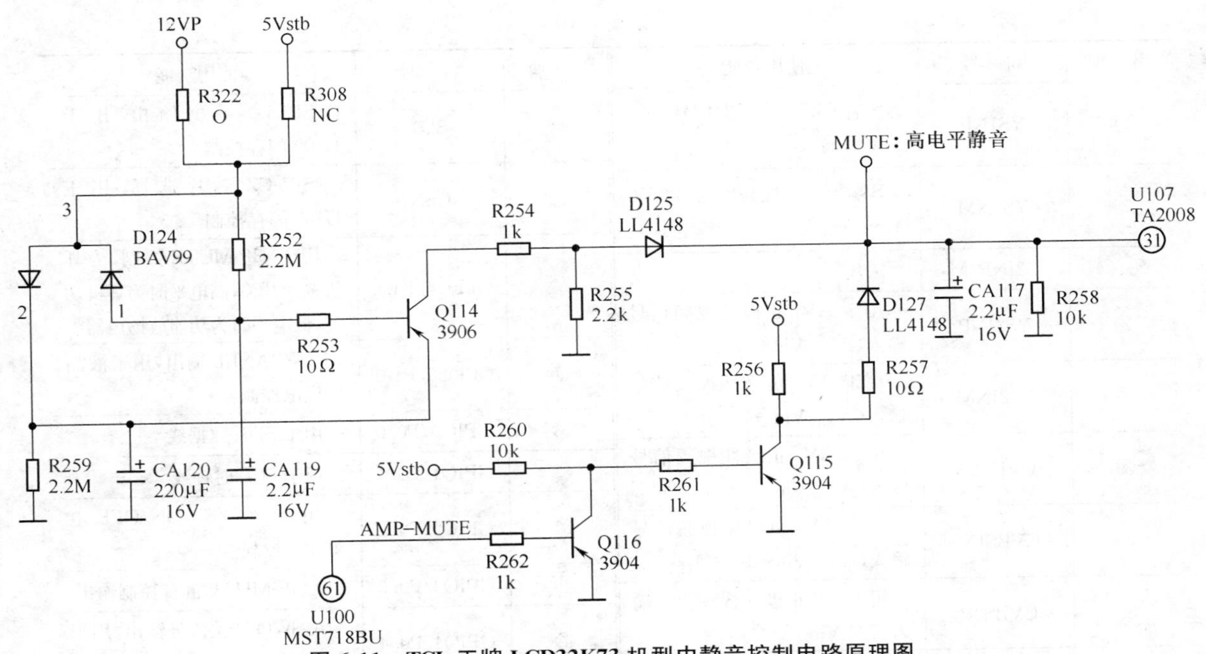

图 6-11　TCL 王牌 LCD32K73 机型中静音控制电路原理图

表 6-10　U100(MST718BU 视频解码器)引脚使用功能

引　脚	符　号	使用功能	引　脚	符　号	使用功能
①、㊱、㊺、㊿①、⑥⑨、⑧①、⑩⑨、⑪①、⑪②、⑪④	AVSS-ADC、AVSS-PWM、GNDP、GNDC、TESTIN	接地	⑫	YINP	用于输入 VGA 接口输入的正极性绿基色信号(GIN＋)
			⑬	YINM	用于输入 VGA 接口输入的负极性绿基色信号(GIN－)
②	VMID	内部中点电压滤波，外接 0.1μF 滤波电容	⑭	BINP	用于输入正极性逐行 U 分量色信号(PB＋)
③	VCL AMP	音量放大器滤波电容，外接 0.1μF 滤波电容	⑮	BINM	用于输入负极性逐行 U 分量色信号(PB－)
④	VRM	外接 0.1μF 滤波电容	⑯	SOG	用于输入同步信号(SOY)
⑤	VRP	外接 0.1μF 滤波电容	⑰	GINP	用于输入正极性亮度信号(Y＋)
⑥、㉑	AVDD-ADC	ADC-2.5V(2.5V)电源，用于模数接口电路供电	⑱	GINM	用于输入负极性亮度信号(Y－)
⑦	PRINP	用于输入 VGA 接口输入的正极性红基色信号(RIN＋)	⑲	RINP	用于输入正极性逐行 V 分量色信号(PR＋)
⑧	PRINM	用于输入 VGA 接口输入的负极性红基色信号(RIN－)	⑳	RINM	用于输入负极性逐行 V 分量色信号(PR－)
⑨	PBINP	用于输入 VGA 接口输入的正极性蓝基色信号(BIN＋)	㉒	C1NP	S端子正极性色度信号(SV-cin＋)输入
⑩	PBINM	用于输入 VGA 接口输入的负极性蓝基色信号(BIN－)	㉓	C1NM	S端子负极性色度信号(SV-cin－)输入
⑪	SOY	用于输入绿同步信号			

续表 6-10

引脚	符号	使用功能
㉔	YS1NP	S端子正极性亮度信号(SV-Yin+)输入
㉕	YS1NM	S端子负极性亮度信号(SV-Yin-)输入
㉖、㉗	C2INP/M	未用
㉘	YS2INP	用于 AV_1 正极性视频信号输入(AV_1-Vin+)
㉙	YS2INM	用于 AV_1 负极性视频信号输入(AV_1-Vin-)
㉚	CVBS1P	用于 AV_2 正极性视频信号输入(AV_2-Vin+)
㉛	CVBS1M	用于 AV_2 负极性视频信号输入(AV_2-Vin-)
㉜	CVBS2P	用于 TV 正极性视频信号输入(TV-Vin+)
㉝	CVBS2M	用于 TV 负极性视频信号输入(TV-Vin-)
㉞	CVBSO1	用于模拟视频信号输出(用于 AV 视频输出)
㉟	AVDD-GMC	GMC-5V(5V)电源
㊲	AVDD-PWM	PWM-5V(5V)电源
㊳、㊶	PWM OUT2/1	未用
㊴	FB2	FB2(3.3V for flash)闪速控制
㊵、㊸	SENSE2/1	PWM-5V(5V)电源输入
㊷	FB1	FB1(2.5V)供电输入
㊹	PGOOD	RESET-68,用于电源检测复位
㊻、82	VDDP	VDP-3.3V(3.3V)电源输入
㊼	SAR0	用于 KEY0 键扫描控制信号输入
㊽	SAR1	用于 KEY1 键扫描控制信号输入
㊾	SAR2	用于 IF-AFT 自动微调信号输入
㊿、110	VDDC	+2.5V 电源
52	SCK	SP1-CK 时钟信号输出,用于 U103(PS25LV020)闪存控制
53	SDI	SP1-DI 数据输入,用于 U103 闪存控制
54	SD0	SP1-D0 数据输出,用于 U103 闪存控制
55	CSN	SP1-CZ 芯片选择,用于 U103 闪存控制
56	GPI024/P4.0	用于 HP-MUTE 控制,为耳机选择开关,高电平时为耳机功能,低电平时为功能放扬声器
57	GPI025/P4.1	ON-PANEL 输出,用于液晶屏供电控制
58	GPIO0/P0.0	用于 SDA 数据线
59	GPIO1/P0.1	用于 SCL 时钟线
60	GPIO2/P0.2	用于 POWER-ON/OFF 电源开关控制
61	GPIO3/P0.3	AMP-MUTE 静音控制输出
62	GPIO4/P0.4	A-SWO 开关信号输出,用于 AV 音频转换控制
63	GPIO5/P0.5	A-SW1 开关信号输出,用于 AV 音频转换控制
64	GPIO6/P0.6	TV-SYNC 同步信号输入
65	INT	IR-SYNC 遥控信号输入
66	SDA	SDA-RX,用于接收数据
67	SCL	SCL-TX,用于发送数据
68	POWER-ON-RSTn	用于复位控制,低电平复位,高电平正常工作
70	PWM2D	未用
71	PWM1D	ADJ-PWM0 输出,用于背光亮度调节
72	RESET	复位
73	OSDR/P5.0	AMP-SLEEP 输出,用于体眠定时控制
74	OSDG/P5.1	ON-PBACK 输出,用于背光灯开关控制
75	OSDB/P5.2	WL-SW 输出,用于无线耳机开关,高电平时无线耳机功能选入,低电平时关闭
76	FB/P5.3	FRAME-SEL 帧选择,外接上拉电阻
77	CLKO	DCLK 数字时钟输出,用于屏显电路
78	DEO	DEO 数据允许输出控制,用于屏显电路

续表 6-10

引　脚	符　号	使用功能	引　脚	符　号	使用功能
⑲	VSYNCO	场同步信号输出，用于屏显电路	⑪⑦	AVDD-CDAC	CDAC-2.5V(2.5V)电源
⑳	HSYNCO	行同步信号输出，用于屏显电路	⑪⑧	AVDD-XTAL	VAX-5V(5V)电源，用于时钟振荡电路供电
			⑪⑨	AVSS-XTAL	时钟电路接地
⑧③	GPIO7/P0.7	LED 指示灯控制	⑫⓪、⑫①	XTAL OUT/IN	时钟振荡电路输入输出端，外接 12MHz 振荡器
⑧④～⑨①	ROUT0～ROUT7	用于输出 8bit 红数字信号，送入屏显电路	⑫②、⑫③	HSYNC2/VSYNC2	未用
⑨②～⑨⑨	GOUT0～GOUT7	用于输出 8bit 绿数字信号，送入屏显电路	⑫④	VSYNCIN1	VGA 场同步信号输入
⑩⓪	INTOUT	未用	⑫⑤	HSYNCIN1	VGA 行同步信号输入
⑩①～⑩⑧	BOUT0～BOUT7	用于输出 8bit 蓝数字信号，送入屏显电路	⑫⑥、⑫⑧	AVSS-FSCPLL AVSS-MPLL	接地
⑪③	AVDD-OPLL	OPL-2.5V(2.5V)电源	⑫⑦	AVDD-MPLL	MPL-2.5V(2.5V)电源，用于锁相环路供电
⑪⑤	CVBSO2	未用			
⑪⑥	VREXT-CDAC	参考电压，外接 390Ω 下拉电阻			

板电路。在该机中，主板电路的核心器件是 U100(MST718BU)超大规模集成电路，其引脚使用功能见表 6-10。检修时可先注意检查 MCU 控制部分引脚电路，其电路原理如图 6-12 所示。

经检查，发现 Q106(3906)不良，将其换新后，故障排除。

小结：图 6-12 中，Q106(3906)与 CA104 等组成 MCU 复位电路，在正常状态下，刚开机时，5Vstb 电压向 CA104 充电，且充电电流很大，Q106 正偏导通，U100(MST718BU)的⑥⑧脚被钳位于低电平，CPU 开始清零复位；随着 CA104 充电的进行，其端电压逐渐升高，Q106 很快反偏截止，5Vstb 电压通过 D116 的 3、2 端，R198、R119 使 U100 的⑥⑧脚为高电平，清零复位结束，MCU 进入正常工作状态。因此，当该机出现“三无”不工作故障时，若 U100 的⑥⑧脚为低电平，且供电压又正常时，则应重点检查复位电路，必要时将 CA104、Q106 换新。若复位电路正常，则是 U100 芯片损坏，此时则需板级维修。

13. TCL 王牌 LCD32E64AV1 状态无伴音

检查与分析：AV1 状态无伴音，一般是 AV1 音频输入电路或 AV 音频转换电路有故障。维修时可首先检查 AV 音频转换电路是否工作正常。在该机中，AV 音频转换电路主要由 U104(4052)及少量外围元件等组成，其电路原理如图 6-13 所示，U104(4052)的引脚使用功能见表 6-11。

经检查，发现在按动遥控器上的 TV/AV 转换键时，U104(4052)的⑩脚始终是低电平，但监测 U100(MST718BU)的⑥②脚转换输出正常，因而判断 U104(4052)的⑩脚控制信号接口电路有故障或 U104 的⑩脚内电路损坏。进一步检查，发现 Q109 漏电，将其换新后，故障排除。

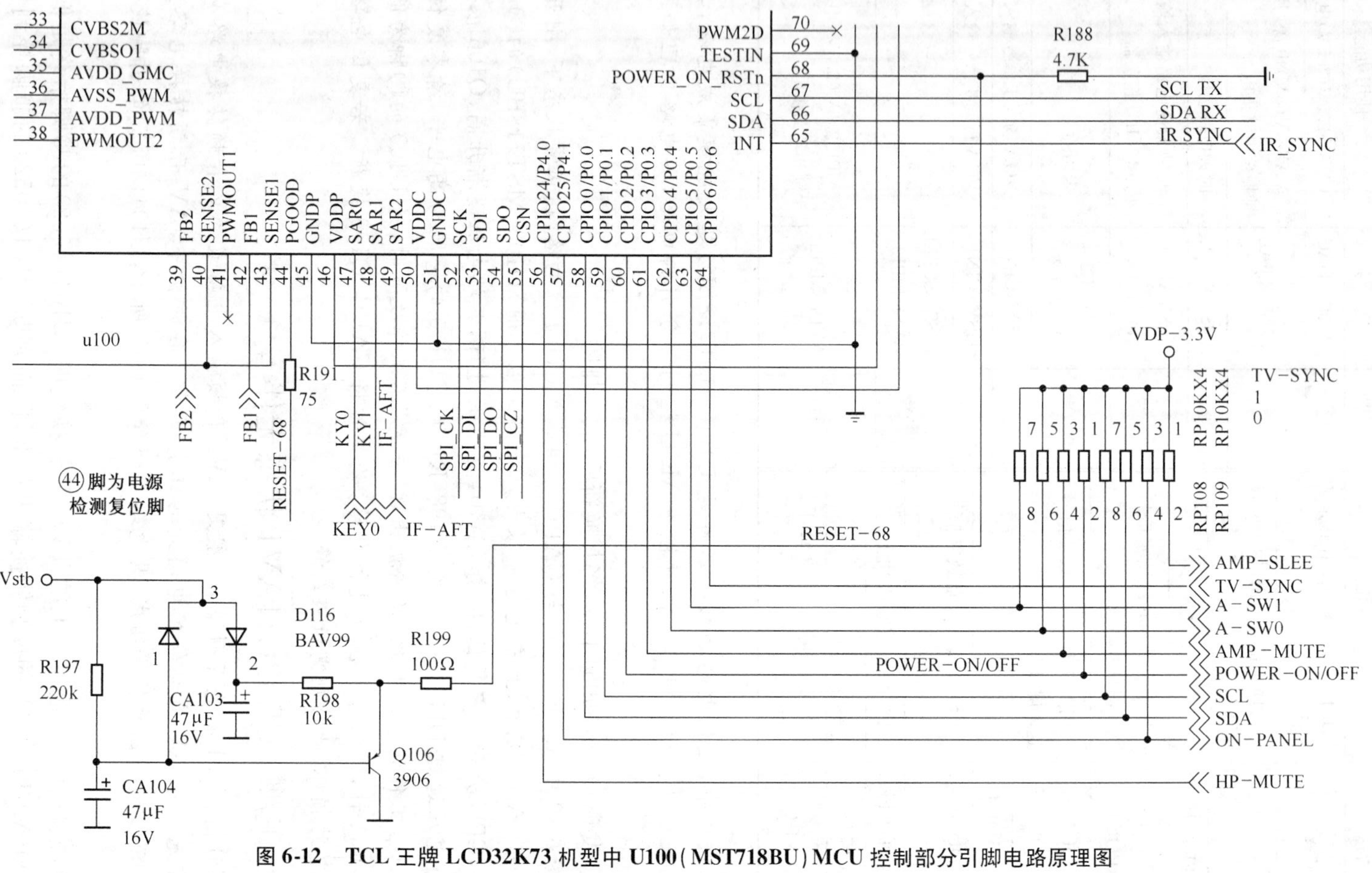

图 6-12 TCL 王牌 LCD32K73 机型中 U100(MST718BU) MCU 控制部分引脚电路原理图

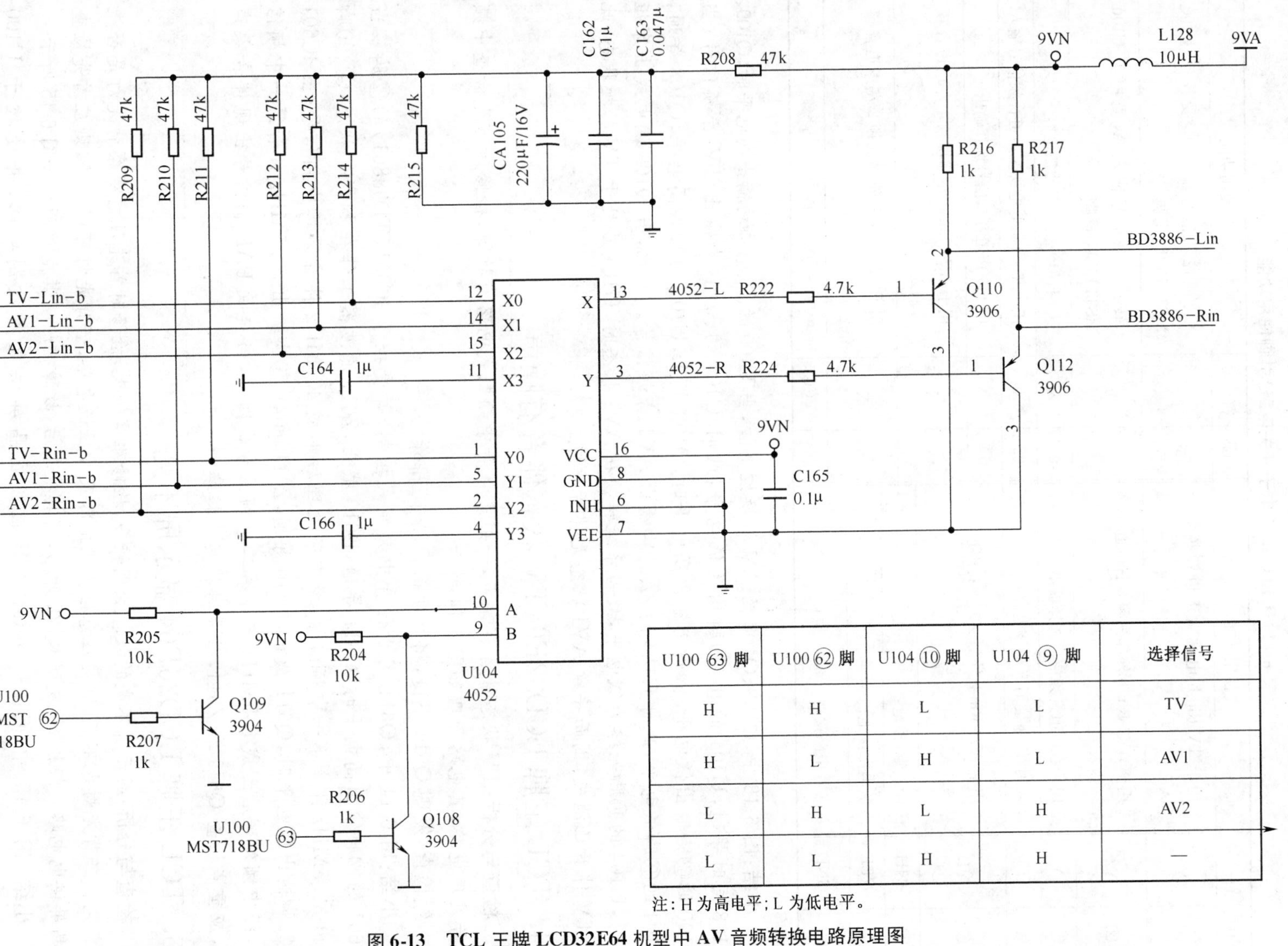

U100 ⑥③脚	U100 ⑥②脚	U104 ⑩脚	U104 ⑨脚	选择信号
H	H	L	L	TV
H	L	H	L	AV1
L	H	L	H	AV2
L	L	H	H	—

注：H为高电平；L为低电平。

图6-13　TCL王牌LCD32E64机型中AV音频转换电路原理图

表 6-11 U104(4052 电子开关电路)引脚使用功能

引脚	符 号	使用功能	引脚	符 号	使用功能
①	Y0	用于 TV-Rin-b 电视右声道音频信号输入	⑨	B	转换控制信号输入 B,受控于 U100(MST718BU)63脚
②	Y2	用于 AV2-Rin-b 外部视频 2 右声道音频信号输入	⑩	A	转换控制信号输入 A,受控于 U100(MST718BU)62脚
③	Y	用于右声道音频信号选择输出	⑪	X3	未用,但外接 1μF 滤波电容
④	Y3	未用,但外接 1μF 滤波电容	⑫	X0	用于 TV-Lin-b 电视左声道音频信号输入
⑤	Y1	用于 AV_1-Rin-b 外部视频 1 右声道音频信号输入	⑬	X	用于左声道音频信号选择输出
			⑭	X1	用于 AV1-Lin-b 外部视频 1 左声道音频信号输入
⑥	INH	使能端,接地			
⑦	VEE	负电源接地	⑮	X2	用于 AV2-Lin-b 外部视频 2 左声道音频信号输入
⑧	GND	芯片电路接地	⑯	VCC	9VN(+9V)电源

小结:图 6-13 中,Q109、Q108 为 AV 转换控制管,当 U100 的62、63脚均输出高电平时,Q109、Q108 同时导通,U104 的⑨、⑩脚均为低电平,此时 U104 的③、⑬脚输出 TV 音频信号;当 U100 的62脚输出低电平,63脚仍输出高电平时,Q109 截止,U104 的⑩脚高电平,Q108 导通,U104 的⑨脚低电平,此时 U104 的③、⑬脚输出 AV1 音频信号。因此,当 Q109 漏电或击穿短路时,U104 的⑩脚始终为低电平,故当系统转换在 AV1 状态时,U104 应处于 TV 转换状态,此时 TV 伴音已消失,因而导致 AV1 状态无伴音故障。

14. TCL 王牌 LCD32E64TV 状态伴音有噪声

检查与分析:TV 状态伴音有噪声,一般是伴音中频制式电路有故障,检修时可先检查中频信号处理电路,其电路原理如图 6-14 所示。

经检查,发现 Q611 不良,将其换新后,故障排除。

小结:图 6-14 中,Q611 用于伴音中频制式控制,并受控于 IC601(TD98861)的㉒脚。当 IC601 的㉒脚输出高电平时,Q611 导通,D610 截止,Z611 滤波器工作在 NTSC 状态,④、⑤脚输出 33.5MHz 伴音第一中频信号,经中频处理后形成 4.5MHz 伴音第二中频信号;当 IC601 的㉒脚输出低电平时,Q611 截止,D610 导通,Z611 的④、⑤脚输出 31.5MHz 伴音第一中频信号,经中频处理后形成 6.5MHz 伴音第二中频信号。因此,当接收 PAL 制信号出现伴音噪声时,应重点检查 Q611 和 Z611,必要时将其直接换新。

15. TCL 王牌 LCD26E64 显示屏不亮

检查与分析:显示屏不亮的故障原因较多,检修难度较大,检修时首先注意观察背光灯是否能够点亮。若背光灯也不亮,则应注意检查供电源及升压板电路;若背光灯可以点亮,则应首先检查液晶屏供电电路。经检查,发现 Q122 开路,将其换新后,故障排除。其电路原理如图 6-15 所示。

小结:图 6-15 中,Q123 与 Q122 等组成液晶屏供电源控制电路,并受控于 U100(MST718BU)的57脚。当 U100 的57脚输出低电平时,Q123 截止 Q122 导通,U109B(SP8J1 内置双 P 沟道场效应管)导通,Vcc-Panel(+5V)正常输出,液晶屏正常显示;当 U100 的57脚输出

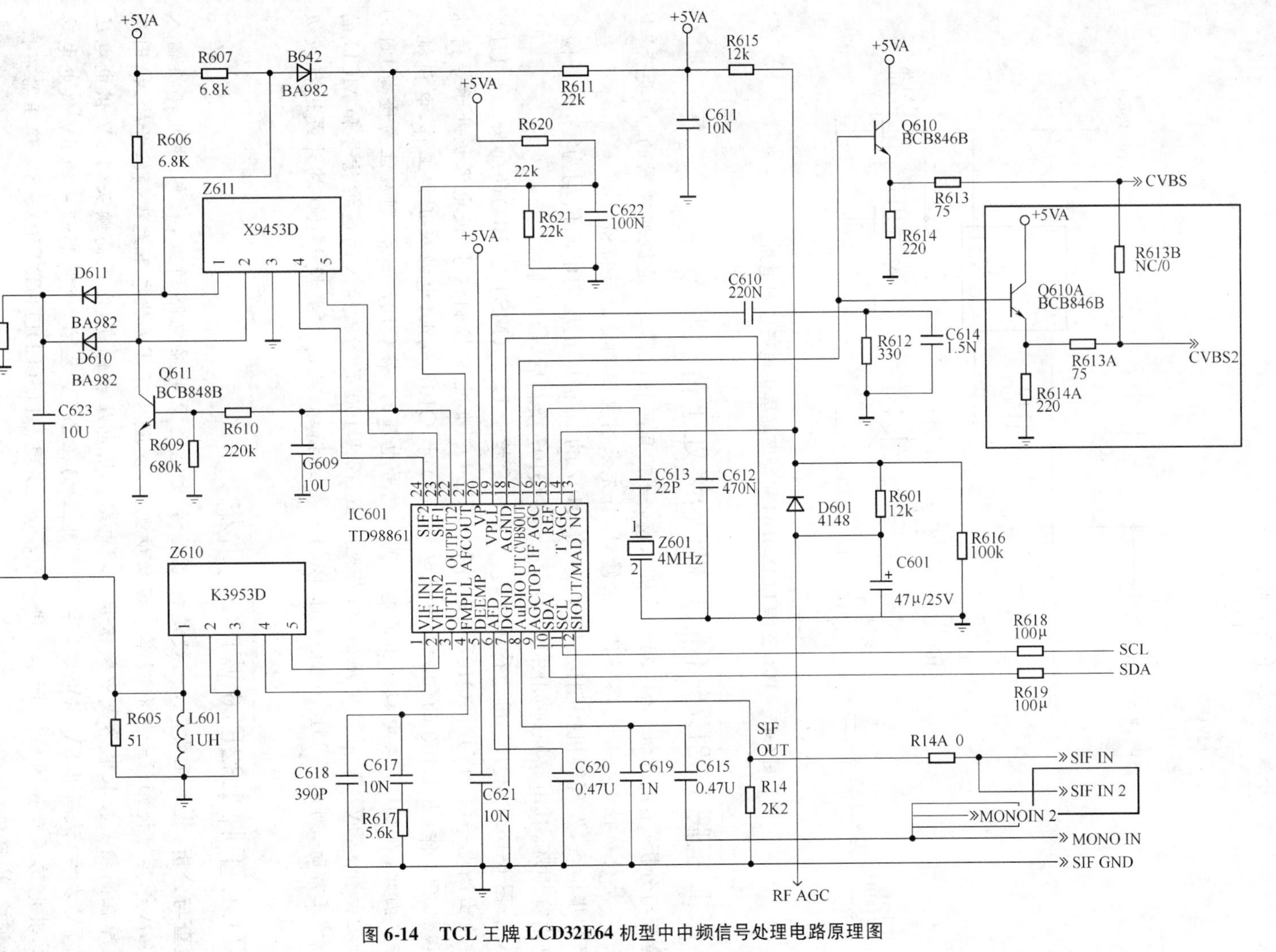

图 6-14　TCL 王牌 LCD32E64 机型中中频信号处理电路原理图

高电平时，Q123 导通，Q122 截止，U109B 截止，液晶屏不亮。因此，当 U122 开路时，U109B 则始终处于截止状态，导致显示屏不亮故障。

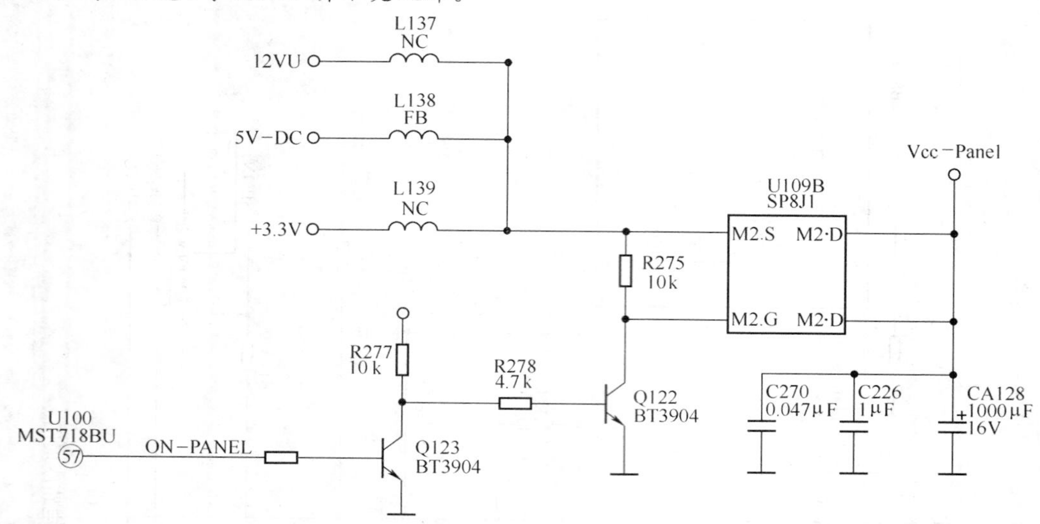

图 6-15 TCL 王牌 LCD26E64 机型液晶屏供电压控制电路

16. TCL 王牌 L32E76 不能开机，始终处于待机状态

检查与分析：不能开机，始终处于待机状态，一般有两种故障，一是微处理器的“四要素”电路不良；二是待机控制接口电路不良。检修时，首先采用电阻测量法进行检查。

经初步检查，发现待机控制接口电路中的 Q107 的 ce 极间正反向电阻值均为零，拆下检查发现已击穿损坏，其电路原理如图 6-16 所示。将 Q107 换新后，故障排除。

小结：图 6-16 中，Q107 用于待机控制，其基极受控于 U100(MST718BU)的⑥⓪脚。当 U100 的⑥⓪脚输出高电平(1.0V)时，Q107 导通并输出 PS-ON 低电平控制信号，使电源板处于等待状态，电视机不工作；当 U100 的⑥⓪脚输出低电平(0V)时，Q107 截止，电源板正常工作，电视机正常工作。因此，在 Q107 集电极输出低电平关机信号电压时，若 Q107 正常，则应注意检查 U100 的⑥⓪脚是否有 1.0V/0V 转换电压输出；若无输出，而 U100 的⑥⑤脚输入的遥控信号和 MCU 的“四要素”正常时，则说明 U100(MST718BU)不良或损坏，此时需更换 U100 芯片或进行板级维修。

17. TCL 王牌 L32E76 蓝屏，无雪花

检查与分析：蓝屏无雪花，一般是视频信号没能送至屏显电路所致，检修时可转换输入 AV、VGA 等其他视频信号进行观察。经初步观察，发现只有 TV 状态下无视频信号输入，因而判断故障在高频头接收电路或中频信号处理电路。用电压表检查，发现高频头的 5V 供电电压仅有 2.7V 左右，试断开 5V 供电端，再测 5V 电压仍在 2.7V 左右，说明高频头的 5V 供电电路有故障，其电路原理如图 6-17 所示。进一步检查，发现 U115(LD1117DT50)+5V 稳压器不良，将其换新后，故障排除。

小结：在该机中，高频电路组装在一个独立的小板上，其 5V 供电是由主板中的 U115、D140、D141、CA143、CA145 等组成，其电路原理如图 6-18 所示。当 5V 供电压异常时，除了要

注意检查 U115 是否正常外，还要进一步检查 9VA 供电压是否正常。只有在 5V 供电压正常的情况下，才能进一步检查高频调谐器，否则不可盲目更换高频板。

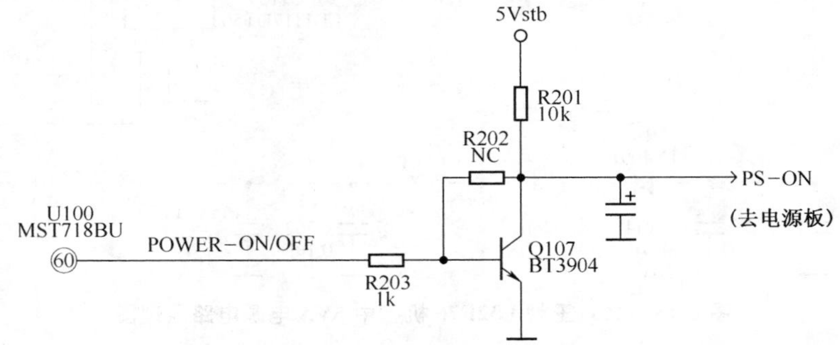

图 6-16　TCL 王牌 L32E76 机型中待机控制接口电路原理图

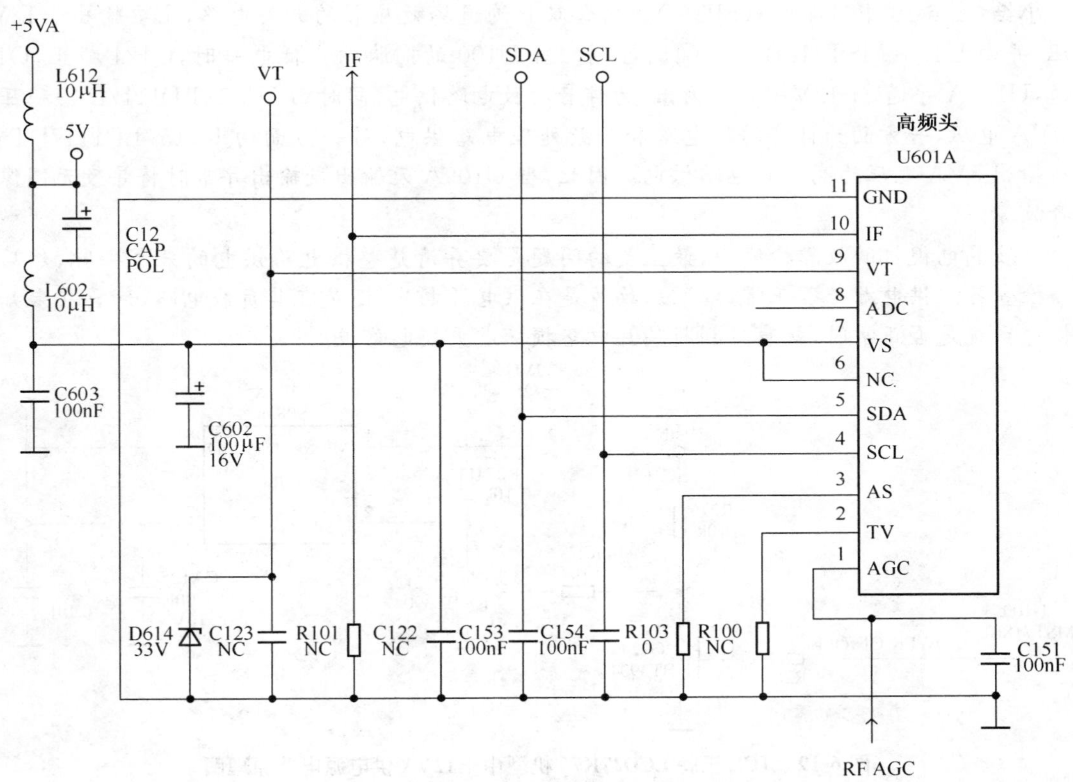

图 6-17　TCL 王牌 L32E76 机型中高频头引脚电路原理图

18. TCL 王牌 LCD27K76 无图像，无伴音

检查与分析：在该机中，无图像无伴音的故障原因比较多，检修比较复杂。根据检修经验，首先应采用电阻测量法对一些功率较大的元器件进行在线检查，在没有短路和开路的情况下，再通电检查各组供电压是否正常。经初步检查，发现 5VA、9VA 电压均较正常值低许多，进一步检查 12VA 电压仅有 7.6V 左右，检查＋12VU 电压基本正常，判断＋12VA 供电源电路有故障，其电路原理如图 6-19 所示。

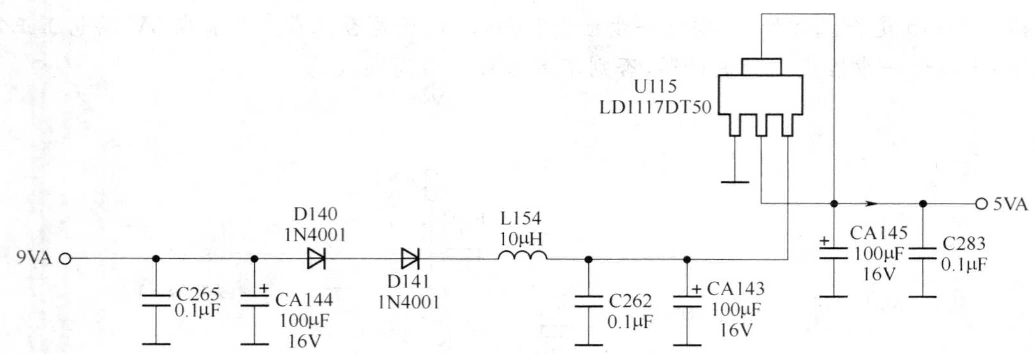

图 6-18 TCL 王牌 L32E76 机型中 5VA 电源电路原理图

经进一步检查,更换 U109A 后,故障排除。

小结:图 6-19 中,U109A(SP8J1)为内含双 P 沟道场效应管的开关电路,主要输出+12VA 电压,并由 U100(MST718BU)的⑥⓪脚控制。当 U100 的⑥⓪脚输出低电平时,Q124 截止,Q121 导通,U109A 导通,+12VA 正常输出,为伴音功放电路供电,同时由 U114(LD1117DT)稳压输出 9VA 电压,一方面为伴音转换电路和音效处理电路供电,另一方面由 U115(LD1117DT50)稳压输出 5VA 电压为高中频电路供电。因此,当 U109A 无输出或输出异常时将导致无图像无伴音故障。

在液晶电视机的故障检修中,最主要的问题是要弄清楚整机电路供电的来龙去脉,然后再逐一检查各组供电源是否正常,以区别故障是在供电源电路,还是在其负载电路,切忌在未知高清供电系统是否正常时,就盲目判断芯片电路损坏或更换电路板。

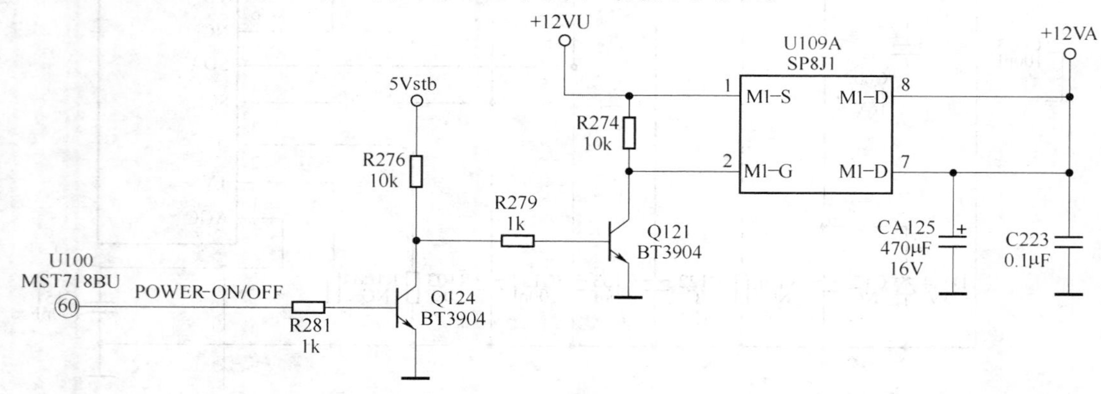

图 6-19 TCL 王牌 LCD27K76 机型中+12VA 供电源电路原理图

19. TCL 王牌 LCD27K76 无伴音,有图像

检查与分析:无伴音,有图像,一般是伴音电路有故障。首先采用电阻测量法检查,发现有关伴音电路中的元器件均正常,在测量关机静噪管基极对地正反向电阻值时,发现正反向阻值均很小,且没有明显的充放电现象,因而怀疑关机静噪管的基极电路有故障,其电路原理如图 6-20 所示。

进一步检查,发现 CA119(2.2μF/16V)电解电容器严重漏电,将其换新后,故障排除。

小结:图 6-20 中,CA119(2.2μF/16V)电解电容器与 CA120(220μF/16V)和 Q114 等组成

开关机静噪电路。在刚开机时，由于 CA119 充电电流较大，近似直流导通状态，Q114 基极电压下降，在 12VP 电源作用下，使 Q114 正偏导通，但随着 CA119 充电结束，Q114 的基极电压上升，并导致反偏截止。在 Q114 导通时，静噪功能动作，扬声器无声。因此，当 CA119 严重漏电使 Q114 基极电位下降时，导致静噪功能误动作。检修时应将 CA119 直接换新。

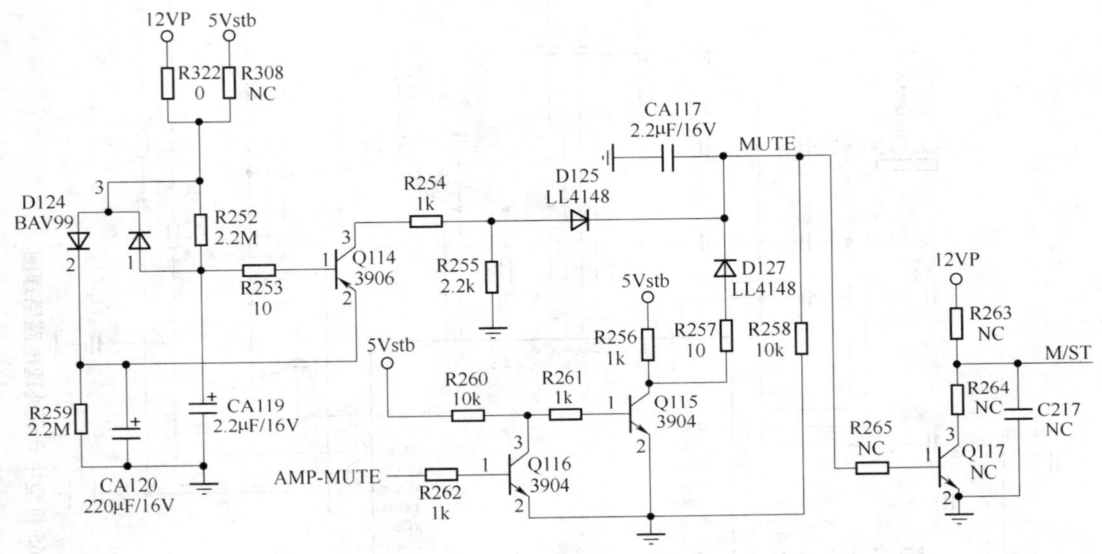

图 6-20　TCL 王牌 LCD27K76 机型中开关机静噪电路原理图

20. TCL 王牌 LCD32B65 无伴音，图像正常

检查与分析：无伴音，图像正常，一般是伴音小信号处理电路或伴音功放电路有故障。在该机中，伴音小信号处理电路主要由 U6（MSP3450G）及少量外围元件等组成，伴音功放电路主要由 U802（MAX9714）及少量外围元件等组成，其电路原理如图 6-21 和图 6-22 所示。

经检查，未见有短路现象，通电用示波器观察 U802（MAX9714）的㉕、㉖、㉛、㉜脚和⑯、⑩脚均无信号波形，观察 U6（MSP3450G）的㊿脚（TV 伴音中频信号输入端）有伴音中频信号波形，而输出端无输出波形，说明故障在音频处理电路，这时应特别注意检查 U6（MSP3450G）的引脚电路，其引脚的使用功能见表 6-12。

经反复检查，更换 C79（22μF/16V）电容后，故障排除。

小结：图 6-21 中，C79（22μF/16V）并接在 U6（MSP3450G）的⑯脚与地之间，用于 U6 芯片复位。在刚开机时，5V3 电源向 C79（22μF/16V）充电，在刚开始充电时，由于 C79 的充电电流较大，U6 的⑯脚电位为低电平，IC 内部电路复位；当 C79 充电结束后，两端有较高电压，U6 的⑯脚电压升高，IC 内部电路复位结束，芯片进入正常工作状态。因此，当 C79 复位电容不良时，U6 的⑯脚的复位功能无效，芯片就始终不能进入工作状态，导致无伴音故障。检修时可将 C79 直接换新。

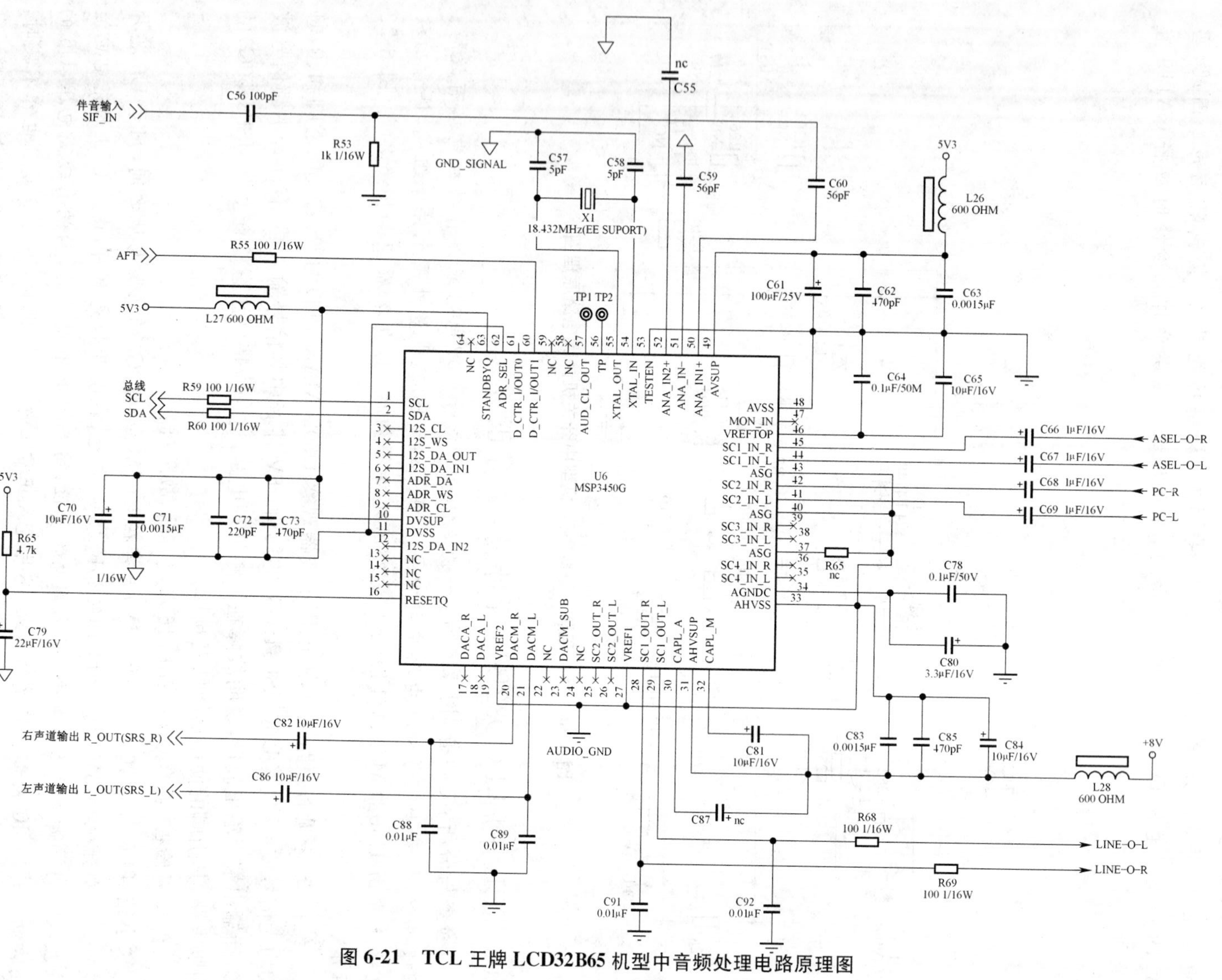

图 6-21 TCL 王牌 LCD32B65 机型中音频处理电路原理图

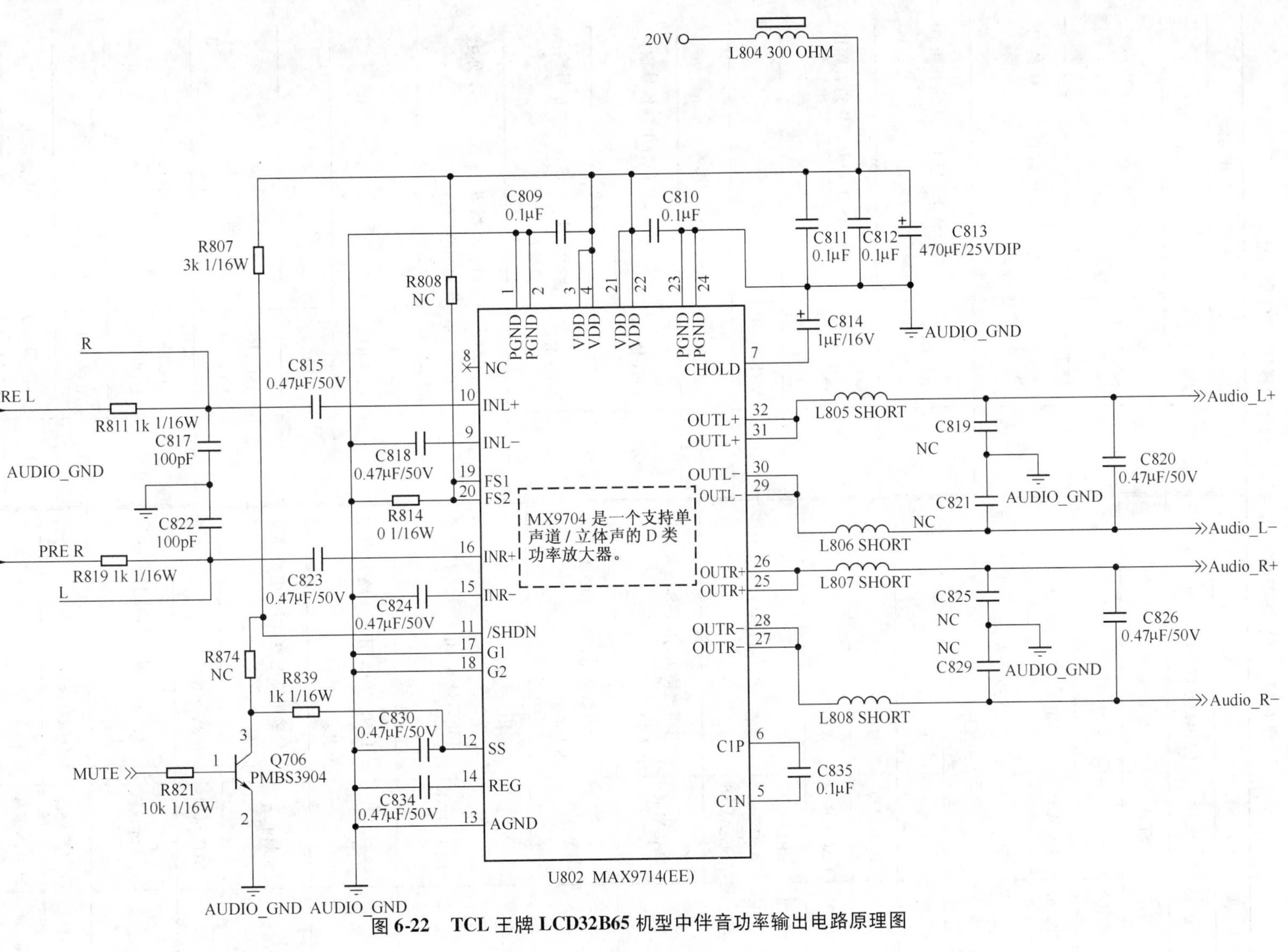

图 6-22　TCL 王牌 LCD32B65 机型中伴音功率输出电路原理图

表 6-12 U6(MSP3450G 多标准音频处理器)引脚使用功能

引 脚	符 号	使用功能
①	SCL	I^2C 总线时钟线
②	SDA	I^2C 总线数据线
③～⑨	—	未用
⑩	DVSUP	5V3(5.3V)电源输入
⑪	DVSS	GND-SIGNAL,发信号部分电路接地
⑫～⑮	NC	未用
⑯	RESETQ	复位
⑰、⑱	DACA-R/V	未用
⑲、㉗、㉝、㊵、㊸、㊽、㊸	VREF2/1 AHVSS、ASG AVSS	接地(AUD10-GND)
⑳	DACM-R	右声道输出,用于 SRS-R 环绕声右声道
㉑	DACM-L	左声道输出,用于 SRS-L 环绕声左声道
㉒～㉖	NC	未用
㉘	SC1-OUT-R	LINE-O-R,用于线路右声道输出
㉙	SC1-OUT-L	LINE-O-L,用于线路左声道输出
㉚	CAPL-A	外接钳位电容,用于模拟伴音信号
㉛	AHVSUP	+8V 电源
㉜	CAPL-M	外接钳位电容,用于重低音信号
㉞	AGNDC	外接滤波电容
㉟、㊱	SC4-IN-R/L	未用
㊲	ASG	外接下拉电阻
㊳、㊴	SC3-IN-R/L	未用
㊶	SC2-IN-L	用于 PC-L 左声道音频信号输入
㊷	SC2-IN-R	用于 PC-R 右声道音频信号输入
㊹	SC1-IN-L	用于 ASEL-O-L 左声道音频信号输入
㊺	SC1-IN-R	用于 ASEL-O-R 右声道音频信号输入
㊻	VREFTOP	参考电压
㊾	AVSUP	5V3(5.3V)电源
㊿	ANA-IN1+	SIF-IN TV 伴音中频信号输入(正极性)
51	ANA-IN—	SIF-IN TV 伴音中频信号输入(负极性)
54、55	XTAL-OUT/IN	时钟振荡输入/输出,外接 18.432MHz 振荡器
56、57	TP、AUD-CL-OUT	测试端 TP2、TP1
58、59	NC	未用
60	D-CTR-I/OUT1	AFT 输入
61	D-CTR-I/OUT2	未用
62	ADR-SEL	接地
63	STANDBYQ	5V3(5.3V)电源输入
64	NC	未用

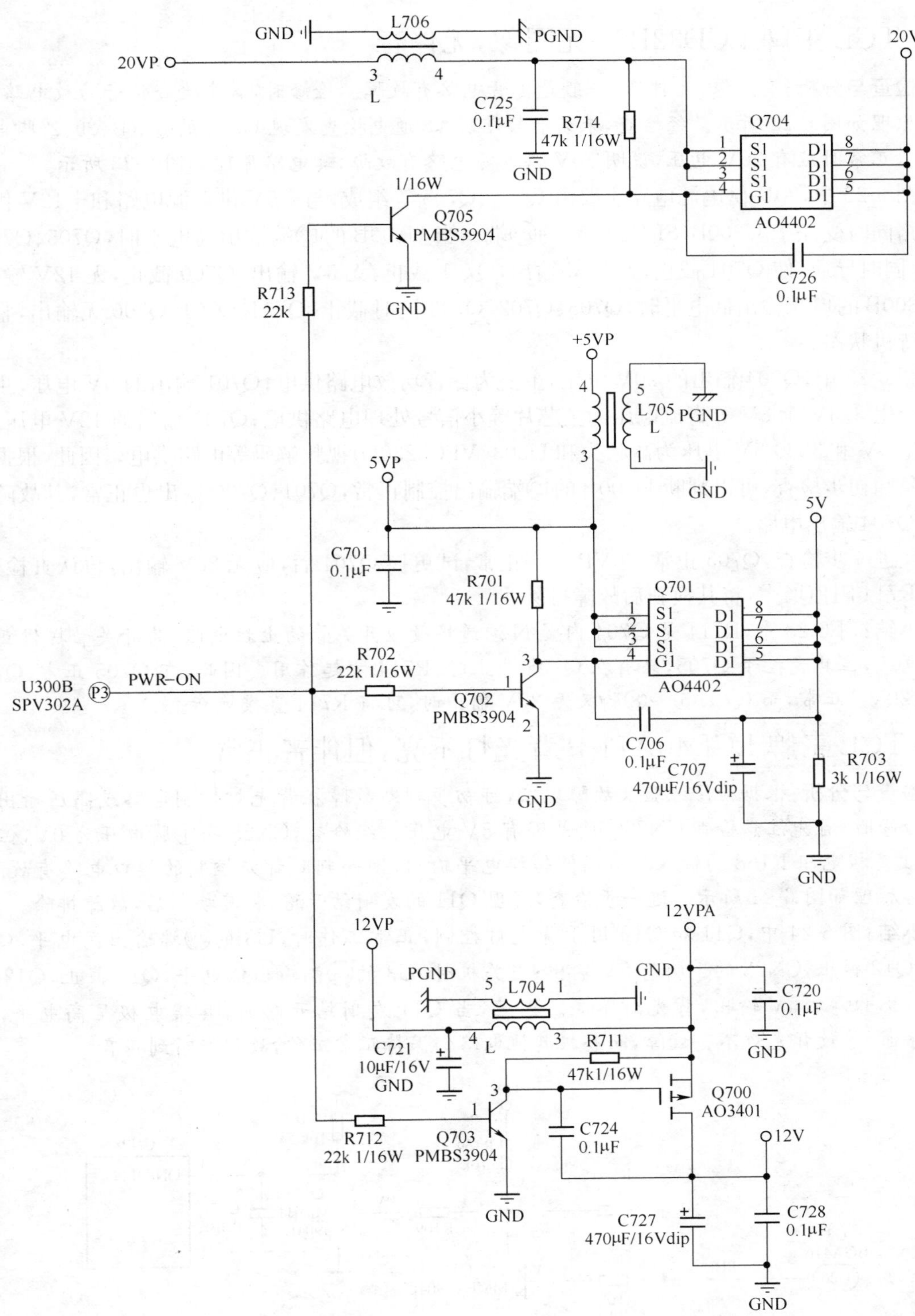

图 6-23　TCL 王牌 LCD32B65 机型中 20V/5V/12V 供电源电路原理图

21. TCL 王牌 LCD32B65 无图像，无伴音

检查与分析：有图像，无伴音，一般是伴音电路有故障。检修时，首先检查伴音功放电路，其电路原理如图 6-22 所示。经检查，未见有短路现象，通电检查发现 U802 的③、④、㉑、㉒脚电压为 0V，正常时应有 20V 电压，说明 20V 供电源电路有故障，其电路原理如图 6-23 所示。

图 6-23 中，20V 供电源电路主要由 Q704、Q705 等组成，与+5V 供电源电路和+12V 供电源电路同时受控于 U300B(SPV302A)的Ⓟ3端。当 U300B 的Ⓟ3端输出高电平时，Q705、Q702、Q703 同时导通，使 Q704 截止，无 20V 输出，Q701 截止，无 5V 输出，Q700 截止，无 12V 输出；当 U300B 的Ⓟ3端输出低电平时，Q705、Q702、Q703 同时截止，Q704、Q701、Q700 无输出，整机处于待机状态。

图 6-23 中，Q704 输出的 20V 电压，主要为伴音功放电路供电；Q701 输出的 5V 电压，主要用于产生 3.3V、1.8V 等直流电压为主芯片等小信号处理电路供电；Q700 输出的 12V 电压，主要产生 5V 和 3230-5V 电压为高频头和 U203(VPC3230D)视频解码等电路供电。因此，根据故障现象和初步检查，可以判断 U300B 的Ⓟ3端输出控制正常，Q701、Q700 输出也正常，其故障仅限于 Q704 输出电路。

经进一步检查，Q705 正常，20VP 电压正常，试更换 Q704 后，应无 20V 输出，再认真检查，发现 R714 阻值增大，将其换新后故障排除。

小结：图 6-23 中，R714 是 Q704 内置 N 沟道场效应开关管的上拉电阻，为开关管提供正向偏置电压，但其受控于 Q705，只有在 Q705 截止时，R714 才起作用。因此，在 Q705 正常、Q704 正常、20VP 正常，而 Q704⑤～⑧脚又无 20V 输出时，可将 R714 直接换新。

22. TCL 王牌 LCD40A71-P 背光灯不亮，但伴音正常

检查与分析：根据检修经验及故障现象，可初步判断故障在背光灯控制电路或高压输出电路。检修时，首先注意检查 CN28①脚是否有 5V 电压。经检查，CN28 的①脚电压为 0V，但检查 Q11 基极电阻 R168 的输入端有高低转换电平输出，因而判断背光控制的接口电路有故障，其电路原理如图 6-24 所示。进一步检查，发现 Q11 的发射结开路，将其换新后，故障排除。

小结：图 6-24 中，Q11 和 Q12 用于背光灯控制，正常工作时，U3 的Ⓤ26端输出高电平，Q11 导通，Q12 截止，CN28 的①脚有 5V 输出；当关机时，U3 的Ⓤ26端输出低电平，Q11 截止，Q12 导通，CN28①脚无 5V 输出，背光灯不亮。因此，当 Q11 发射结开路时，其集电极呈高电平，使 Q12 导通，导致背光灯不亮故障，而整机其他电路仍保持正常工作，故仍能听到声音。

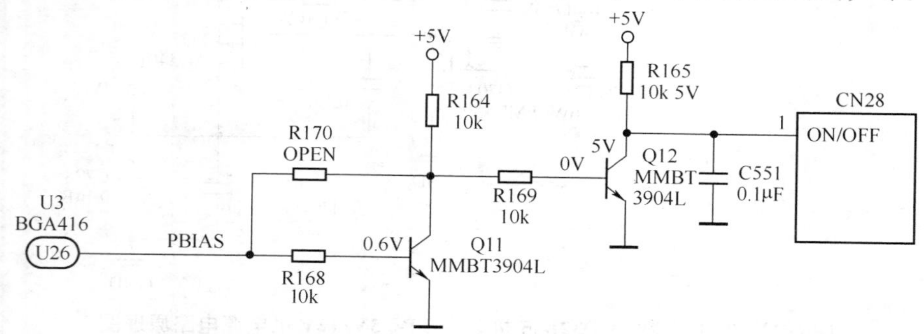

图 6-24 TCL 王牌 LCD40A71-P 机型中背光控制电路原理图

第 7 章　SVA 上广电数字平板电视机维修笔记

SVA 上广电数字平板电视机是我国电视机市场中的主要品牌之一，自从 2001 年在我国率先推出平板电视机以来，已有众多型号进入广大用户家中，如上广电 LCD 1705、LCD1503、HD4208TIII 等。因此，了解和掌握 SVA 上广电数字平板彩色电视机的机心结构及维修技术，对维修其他品牌型号的数字平板电视机都有很大帮助及指导意义。本章主要介绍一些 SVA 上广电平板电视机维修笔记，以供维修参考。

1. SVA 上广电 LCD1705 花屏，有垂直条，伴音正常

检查与分析：花屏，有垂直条，伴音正常，一般是格式控制或 LVDS 接口驱动电路有故障，根据检修经验及先易后难的原则，检修时可先从检查 LVDS 接口及其驱动电路入手。

在该机中，LVDS 接口采用了双路 8 位 LVDS 接口，其电路原理如图 7-1 所示。其中 ATX0－、ATX0＋、ATX1－、ATX1＋、ATX2－、ATX2＋、ACLKTX－、ACLKTX＋、ATX3－、ATX3＋为奇路低压差分数字对信号，BTX0－、BTX0＋、BTX1－、BTX1＋、BTX2－、BTX2＋、BCLKTX－、BCLKTX＋、BTX3－、BTX3＋为偶路低压差分数字对信号，其信号格式如图 7-2 所示。检修时，首先采用电阻测量法，在没有短路、开路等异常现象后，再通电观察各数字对信号波形及工作电压。经检修，J102 接口电路正常，通电检查时，数字对信号时有时无，且不完全一致。因而判断 LVDS 信号驱动电路有故障。

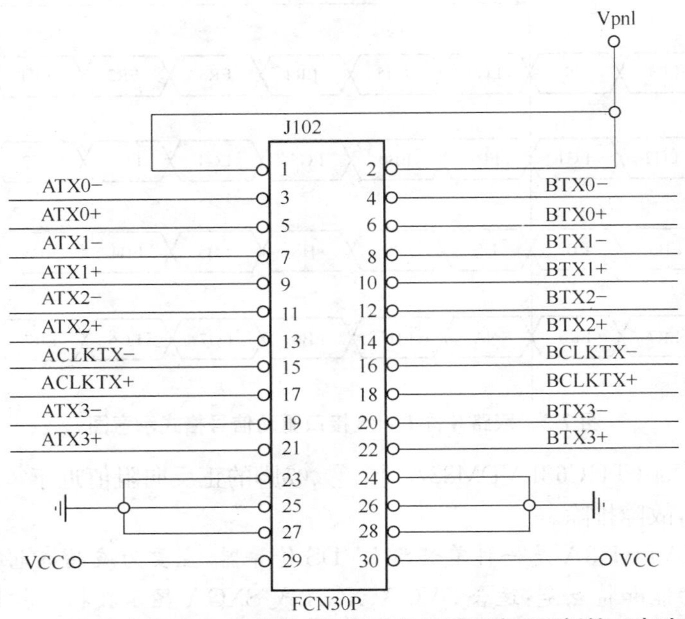

图 7-1　SVA 上广电 LCD1705 机型中双路 8 位 LVDS 液晶面板接口电路原理图

在该机中，LVDS 信号驱动电路由两只 THC63 LVDM83A 单链路 LVDS 传导器及少量外

围元件等组成，其电路原理如图 7-3 所示，引脚使用功能见表 7-1 和表 7-2。

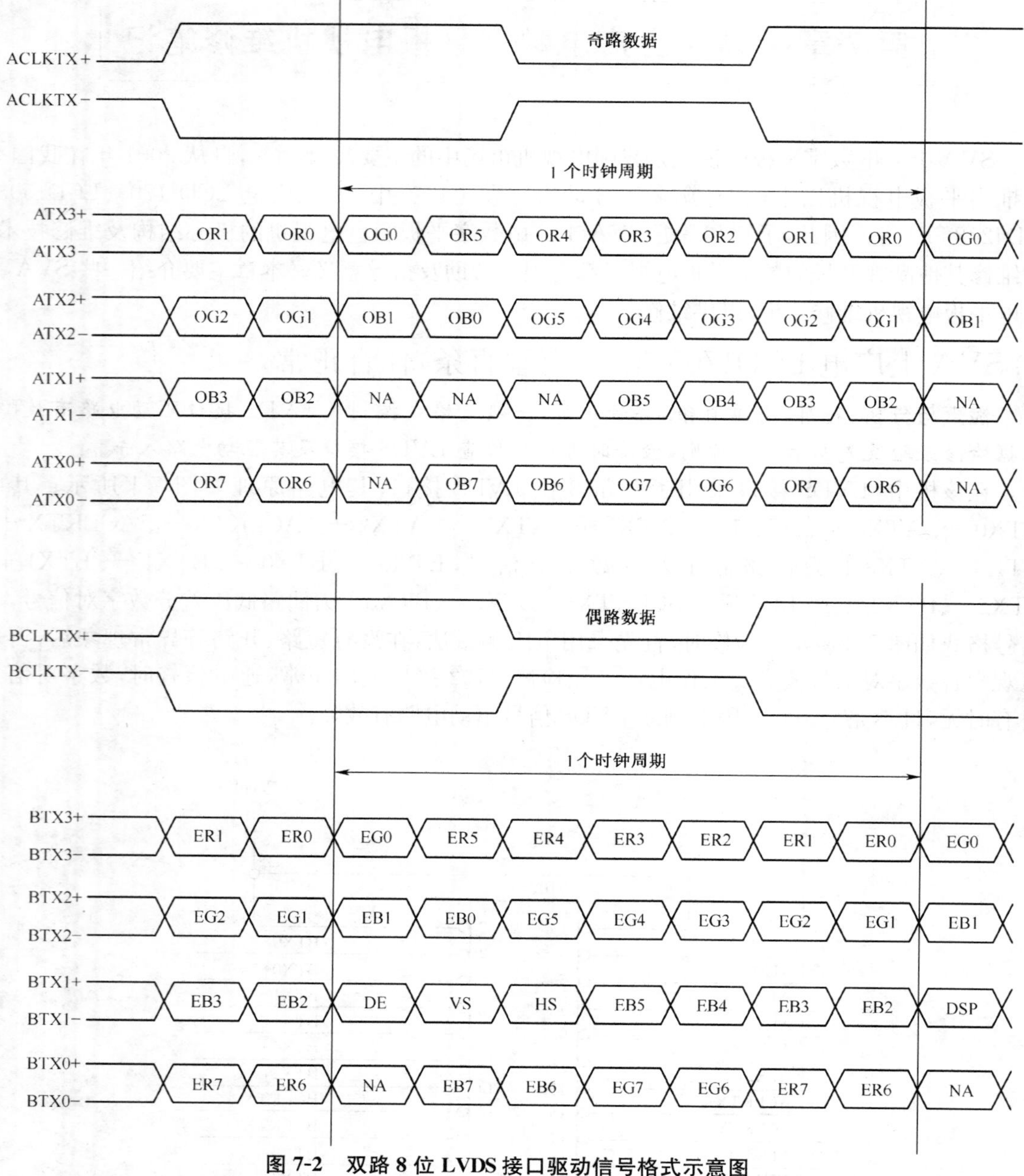

图 7-2 双路 8 位 LVDS 接口驱动信号格式示意图

经检查，发现 U30（THC63LVDM83A）㊺、㊻、㊼脚的正反向阻值近于零，判断 U30 不良或损坏。将其换新后，故障排除。

小结：THC63LVDM83A 是一种单链路 LVDS 传导器，主要为液晶板电路提供低压差分数字对信号，其主要功能和特点是：适合 SVGA、XGA 或 SXGA 显示数据从控制器到显示器的传导；与 THC63LVD823 兼容，支持双链路显示屏接口；PLL 无需外围无件；低功率的 3.3VCMOS 设计；具有掉电保护功能等。当其不良或损坏时，需板级维修。

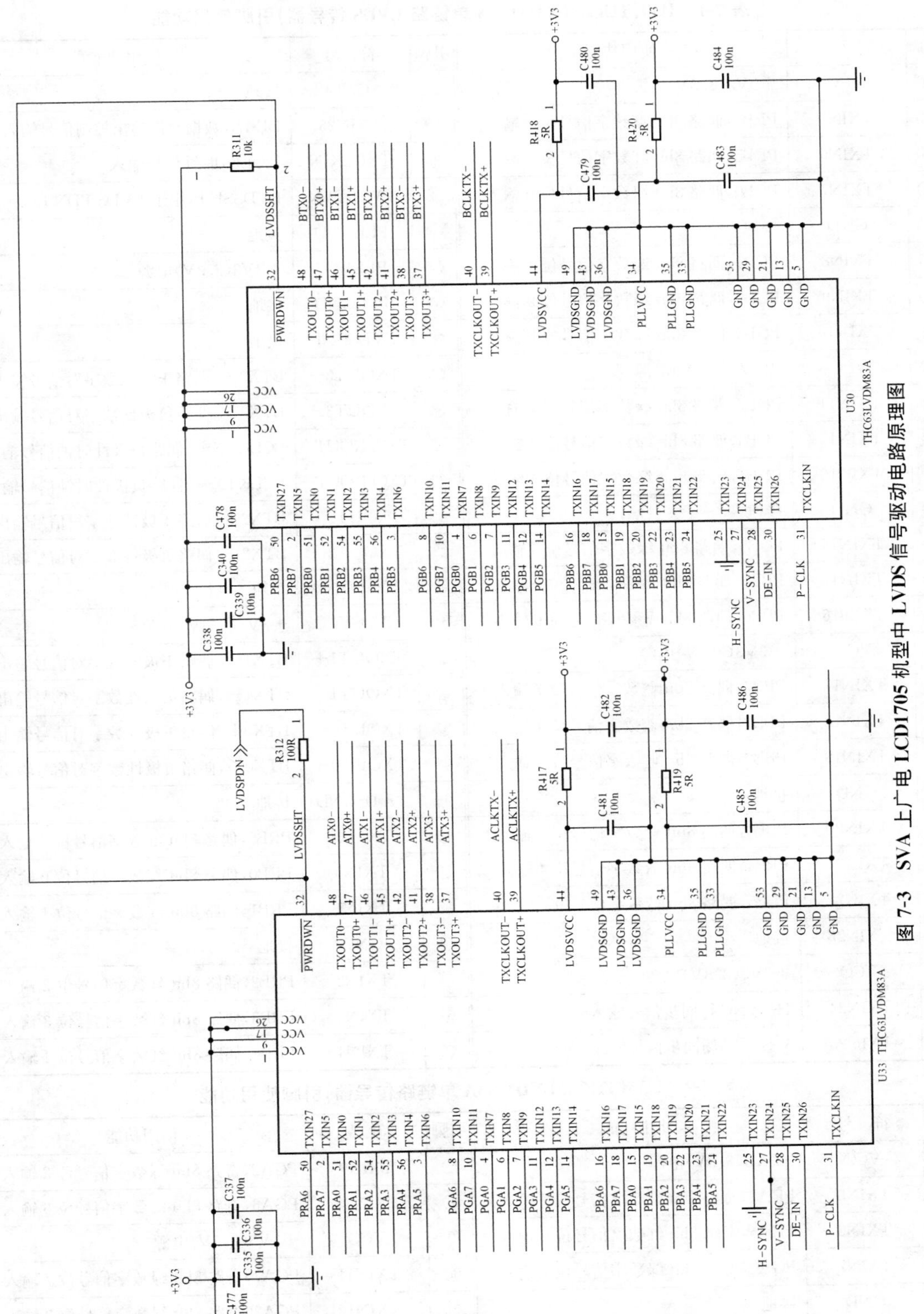

图 7-3　SVA 上广电 LCD1705 机型中 LVDS 信号驱动电路原理图

表 7-1 U30(THC63LVDM83A 单链路 LVDS 传导器)引脚使用功能

引脚	符 号	使用功能	引脚	符 号	使用功能
①	VCC	+3V3(3.3V)电源	㉙	GND	接地
②	TXIN5	PRB7,偶路 8bit 红数字信号位 7 输入	㉚	TXIN26	DE-IN,数据允许输出控制信号输入
③	TXIN6	PRB5,偶路 8bit 红数字信号位 5 输入	㉛	TXCLKIN	P-CLK,时钟信号输入
④	TXIN7	PGB0,偶路 8bit 绿数字信号位 0 输入	㉜	PWRDWN	LVDSSHT,用于 LVDS PDN 控制
⑤	GND	接地	㉝	PLLGND	接地
⑥	TXIN8	PGB1,偶路 8bit 绿数字信号位 1 输入	㉞	PLLVCC	+3V3(3.3V)电源
⑦	TXIN9	PGB2,偶路 8bit 绿数字信号位 2 输入	㉟	PLLGND	接地
⑧	TXIN10	PGB6,偶路 8bit 绿数字信号位 6 输入	㊱	LVDSGND	接地
⑨	VCC	+3V3(3.3V)电源	㊲	TXOUT3+	BTX3+,偶路正极性数字对信号输出 3
⑩	TXIN11	PGB7,偶路 8bit 绿数字信号位 7 输入	㊳	TXOUT3−	BTX3−,偶路负极性数字对信号输出 3
⑪	TXIN12	PGB3,偶路 8bit 绿数字信号位 3 输入	㊴	TXCLKOUT+	BCLKTX+,偶路正极性时钟信号输出
⑫	TXIN13	PGB4,偶路 8bit 绿数字信号位 4 输入	㊵	TXCLKOUT−	BCLKTX−,偶路负极性时钟信号输出
⑬	GND	接地	㊶	TXOUT2+	BTX2+,偶路正极性数字对信号输出 2
⑭	TXIN14	PGB5,偶路 8bit 绿数字信号位 5 输入	㊷	TXOUT2−	BTX2−,偶路负极性数字对信号输出 2
⑮	TXIN15	PBB0,偶路 8bit 蓝数字信号位 0 输入	㊸	LVDSGND	接地
⑯	TXIN16	PBB6,偶路 8bit 蓝数字信号位 6 输入	㊹	LVDSVCC	+3V3(3.3V)电源
⑰	VCC	+3V3(3.3V)电源	㊺	TXOUT1+	BTX1+,偶路正极性数字对信号输出 1
⑱	TXIN17	PBB7,偶路 8bit 蓝数字信号位 7 输入	㊻	TXOUT1−	BTX1−,偶路负极性数字对信号输出 1
⑲	TXIN18	PBB1,偶路 8bit 蓝数字信号位 1 输入	㊼	TXOUT0+	BTX0+,偶路正极性数字对信号输出 0
⑳	TXIN19	PBB2,偶路 8bit 蓝数字信号位 2 输入	㊽	TXOUT0−	BTX0−,偶路负极性数字对信号输出 0
㉑	GND	接地	㊾	LVDSGND	接地
㉒	TXIN20	PBB3,偶路 8bit 蓝数字信号位 3 输入	㊿	TXIN27	PRB6,偶路 8bit 红数字信号位 6 输入
㉓	TXIN21	PBB4,偶路 8bit 蓝数字信号位 4 输入	51	TXIN0	PRB0,偶路 8bit 红数字信号位 0 输入
㉔	TXIN22	PBB5,偶路 8bit 蓝数字信号位 5 输入	52	TXIN1	PRB1,偶路 8bit 红数字信号位 1 输入
㉕	TXIN23	接地	53	GND	接地
㉖	VCC	+3V3(3.3V)电源	54	TXIN2	PRB2,偶路 8bit 红数字信号位 2 输入
㉗	TXIN24	H-SYNC 行同步信号输入	55	TXIN3	PRB3,偶路 8bit 红数字信号位 3 输入
㉘	TXIN25	V-SYNC 场同步信号输入	56	TXIN4	PRB4,偶路 8bit 红数字信号位 4 输入

表 7-2 U33(THC63LVDM83A 单链路传导器)引脚使用功能

引脚	符 号	使用功能	引脚	符 号	使用功能
①	VCC	+3V3(3.3V)电源	⑦	TXIN9	PGA2,奇路 8bit 绿数字信号位 2 输入
②	TXIN5	PRA7,奇路 8bit 红数字信号位 7 输入	⑧	TXIN10	PGA6,奇路 8bit 绿数字信号位 6 输入
③	TXIN6	PRA5,奇路 8bit 红数字信号位 6 输入	⑨	VCC	+3V3(3.3V)电源
④	TXIN7	PGA0,奇路 8bit 绿数字信号位 7 输入	⑩	TXIN11	PGA7,奇路 8bit 绿数字信号位 7 输入
⑤	GND	接地	⑪	TXIN12	PGA3,奇路 8bit 绿数字信号位 3 输入
⑥	TXIN8	PGA1,奇路 8bit 绿数字信号位 1 输入	⑫	TXIN13	PGA4,奇路 8bit 绿数字信号位 4 输入

续表 7-2

引脚	符　号	使用功能	引脚	符　号	使用功能
⑬	GND	接地	㉟	PLLGND	接地
⑭	TXIN14	PGA5，奇路 8bit 绿数字信号位 5 输入	㊱	LVDSGND	接地
⑮	TXIN15	PBA0，奇路 8bit 蓝数字信号位 0 输入	㊲	TXOUT3＋	ATX3＋，奇路正极性数字对信号输出 3
⑯	TXIN16	PBA6，奇路 8bit 蓝数字信号位 6 输入	㊳	TXOUT3－	ATX3－，奇路负极性数字对信号输出 3
⑰	VCC	＋3V3(3.3V)电源	㊴	TXCLKOUT＋	ACLKTX＋，奇路正极性时钟信号输出
⑱	TXIN17	PBA7，奇路 8bit 蓝数字信号位 7 输入	㊵	TXCLKOUT－	ACLKTX－，奇路负极性时钟信号输出
⑲	TXIN18	PBA1，奇路 8bit 蓝数字信号位 1 输入	㊶	TXOUT2＋	ATX2＋，奇路正极性数字对信号输出 2
⑳	TXIN19	PBA2，奇路 8bit 蓝数字信号位 2 输入	㊷	TXOUT2－	ATX2－，奇路负极性数字对信号输出 2
㉑	GND	接地	㊸	LVDSGND	接地
㉒	TXIN20	PBA3，奇路 8bit 蓝数字信号位 3 输入	㊹	LVDSVCC	＋3V3(3.3V)电源
㉓	TXIN21	PBA4，奇路 8bit 蓝数字信号位 4 输入	㊺	TXOUT1＋	ATX1＋，奇路正极性数字对信号输出 1
㉔	TXIN22	PBA5，奇路 8bit 蓝数字信号位 5 输入	㊻	TXOUT1－	ATX1－，奇路负极性数字对信号输出 1
㉕	TXIN23	接地	㊼	TXOUT0＋	ATX0＋，奇路正极性数字对信号输出 0
㉖	VCC	＋3V3(3.3V)电源	㊽	TXOUT0－	ATX0－，奇路负极性数字对信号输出 0
㉗	TXIN24	HSYNC，行同步信号输入	㊾	LVDSGND	接地
㉘	TXIN25	VSYNC，场同步信号输入	㊿	TXIN27	PRA6，奇路 8bit 红数字信号位 6 输入
㉙	GND	接地	51	TXIN0	PRA0，奇路 8bit 红数字信号位 0 输入
㉚	TXIN26	DE-IN，数据允许输出控制信号输入	52	TXIN1	PRA1，奇路 8bit 红数字信号位 1 输入
㉛	TXCLKIN	P-CLK，时钟信号输入	53	GND	接地
㉜	PWRDWN	LVDSSHT，LVDSPDN 控制	54	TXIN2	PRA2，奇路 8bit 红数字信号位 2 输入
㉝	PLLGND	接地	55	TXIN3	PRA3，奇路 8bit 红数字信号位 3 输入
㉞	PLLVCC	＋3V3(3.3V)电源	56	TXIN4	PRA4，奇路 8bit 红数字信号位 4 输入

2. SVA 上广电 LCD1705 花屏，伴音正常

检查与分析：在检修经验中，花屏的故障原因常是随机存储器不良，检修时首先注意检查随机存储器。在该机中，随机存储器为 U25(M12L16161A)，其电路原理如图 7-4 所示，引脚使用功能见表 7-3。

经检查，未见有明显异常，将其换新后，故障排除。

小结：图 7-4 中，U25(M12L16161A)是一个 16MB 存储容量的同步动态随机存储器(DRAM)，其主要特点是：供电电压可在 3.0～3.6V 之间选择；数据的输入/输出和系统时钟的上升沿完全同步；内置 2 个存储体；具有自动刷新功能；脉冲宽度和类型可编程，维修更换时需抄写程序；列地址选通执行时间可编程为 1、2、3 个时钟周期；所有芯片引脚和 LVTTL 接口兼容。在实际应用中，M12L16161A 的故障率较高，检修时应特别注意，常需板级维修。

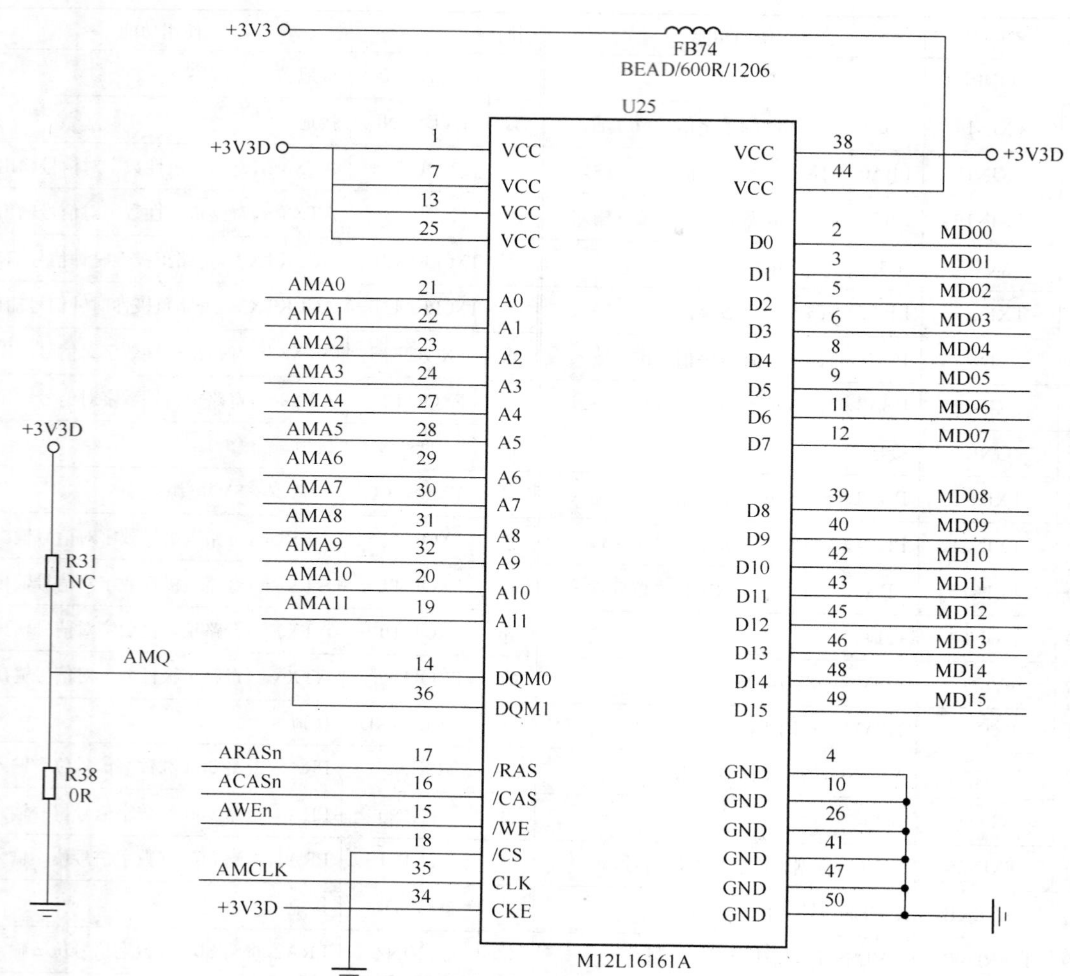

图 7-4　SVA 上广电 LCD1705 机型中随机存储器电路原理图

表 7-3　U25(M12L16161A 随机存储器)引脚使用功能

引脚	符　号	使用功能	引脚	符　号	使用功能
①	VCC	＋3V3D(3.3V)电源	⑪	D6	MDO6,16bit 数据总线输入/输出位 6
②	D0	MDO0,16bit 数据总线输入/输出位 0	⑫	D7	MDO7,16bit 数据总线输入/输出位 7
③	D1	MDO1,16bit 数据总线输入/输出位 1	⑬	VCC	＋3V3D(3.3V)电源
④	GND	接地	⑭	DQM0	AMQ,数据输入/输出屏蔽控制 0
⑤	D2	MDO2,16bit 数据总线输入/输出位 2	⑮	/WE	AWEn,写允许控制
⑥	D3	MDO3,16bit 数据总线输入/输出位 3	⑯	/CAS	ACASn,列地址选通
⑦	VCC	＋3V3D(3.3V)电源	⑰	/RAS	ARASn,行地址选通
⑧	D4	MDO4,16bit 数据总线输入/输出位 4	⑱	/CS	片选输入,但接地
⑨	D5	MDO5,16bit 数据总线输入/输出位 5	⑲	A11	AMA11,12bit 地址总线位 11 输入
⑩	GND	接地	⑳	A10	AMA10,12bit 地址总线位 10 输入

续表 7-3

引脚	符　号	使用功能	引脚	符　号	使用功能
㉑	A0	AMA0,12bit 地址总线位 0 输入	㊱	DQM1	AMQ,数据输入/输出屏蔽控制 1
㉒	A1	AMA1,12bit 地址总线位 1 输入	㊲	NC	空脚
㉓	A2	AMA2,12bit 地址总线位 2 输入	㊳	VCC	+3V3D(3.3V)电源
㉔	A3	AMA3,12bit 地址总线位 3 输入	㊴	D8	MDO8,16bit 数据总线输入/输出位 8
㉕	VCC	+3V3D(3.3V)电源	㊵	D9	MDO9,16bit 数据总线输入/输出位 9
㉖	GND	接地	㊶	GND	接地
㉗	A4	AMA4,12bit 地址总线位 4 输入	㊷	D10	MDO10,16bit 数据总线输入/输出位 10
㉘	A5	AMA5,12bit 地址总线位 5 输入	㊸	D11	MDO11,16bit 数据总线输入/输出位 11
㉙	A6	AMA6,12bit 地址总线位 6 输入	㊹	VCC	+3V3D(3.3V)电源
㉚	A7	AMA7,12bit 地址总线位 7 输入	㊺	D12	MDO12,16bit 数据总线输入/输出位 12
㉛	A8	AMA8,12bit 地址总线位 8 输入	㊻	D13	MDO13,16bit 数据总线输入/输出位 13
㉜	A9	AMA9,12bit 地址总线位 9 输入	㊼	GND	接地
㉝	NC	未用	㊽	D14	MDO14,16bit 数据总线输入/输出位 14
㉞	CKE	时钟控制,外接+3.3V 电源	㊾	D15	MDO15,16bit 数据总线输入/输出位 15
㉟	CLK	AMCLK,系统时钟输入	㊿	GND	接地

3. SVA 上广电 LCD1705 无图像,有伴音

检查与分析:无图像,有伴音,一般是输入到液晶屏的视频信号终断,检修时主要检查视频信号输入电路。在该机中,RGB 模拟视频信号首先经 U15(ma9884)转换输出 8bit RGB 数字信号,并直接送入 U24(ma103aa 格式控制转换处理电路),经处理后,转换为双路奇偶数字信号送至 LVDS 信号驱动电路(如图 7-3 所示)。检修时,可先检查 U15(ma9884)的信号输出引脚电路,其电路原理如图 7-5 所示,引脚使用功能见表 7-4。

经检查,未见有短路、开路等异常现象,通电后用示波器观察未见有信号波形,但⑦、⑮、㉒脚有模拟信号波形,故判断 U15(ma9884)电路有故障。用电压表检查,发现 VD、VPLL 测试端无电压,但 U20(CM1117-3V3)的③脚电压正常,因而判断 U15 不良或损坏,将其换新后,故障排除。其电路原理如图 7-6 所示。

小结:图 7-6 中,U20(CM1117-3V3)是一种 3.3V 稳压器,主要为 U15(ma9884)供电。当其不良(内部开路)时,U15 不工作,伴音电路不受影响,故导致无图像、有伴音故障。

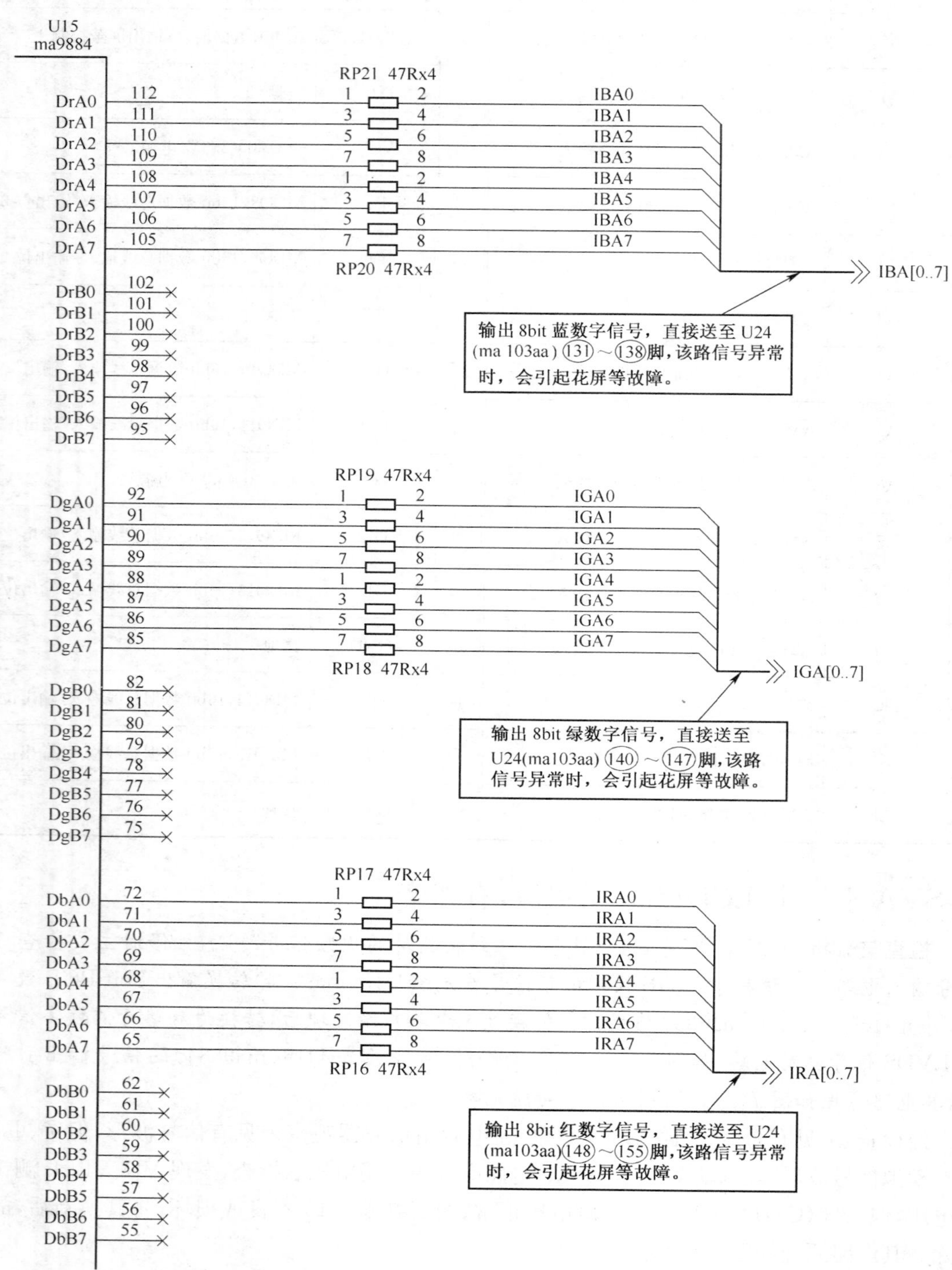

图 7-5 SVA 上广电 LCD1705 机型中 U15(ma9884)数字信号输出电路原理图

表7-4　U15(ma9884A/D转换器)引脚使用功能

引　脚	符　号	使用功能
④、⑧、⑩、⑪、⑯、⑱、⑲、㉓、㉕、(124)、(128)	VD	3.3VCC3(3.3V)电源
(54)、(64)、(74)、(84)、(94)、(104)、(114)、(120)	VDD	+3V3(3.3V)电源
㉝、㉞、㊸、㊽、㊿	PVD	3.3VCC3(3.3V)电源，用于锁相环路供电
⑦	R-IN	模拟红基色信号输入
⑮	G-IN	模拟绿基色信号输入
㉒	B-IN	模拟蓝基色信号输入
㉘、㉗	CLAMP、CLKINV	接地
㊵	HSYNC	行同步信号输入
㊶	COAST	COAST
㊹	CLKEXT	外部时钟，但接地
㊺	FILT	外接双时间常数滤波器，引入3.3V电源(VPLL)
(127)、(126)	REF-IN/OUT	参考电压输入/输出，外接滤波电容
(125)	PWRDN	ADC PDN控制输入
㉙	SDA	I^2C总线数据线
㉚	SCL	I^2C总线时钟线
㉛、㉜	A0、A1	地址0、地址1，接地
⑤、⑨、⑫、⑰、⑳、㉔、㉖、㉟、㊴、㊷、㊼、㊾、(51)～(53)、(63)、(73)、(83)、(93)、(103)、(113)、(119)、(121)～(123)	GND	接地
⑥、⑬、㉑	GND	ADC-GNDA，模拟电路接地
(118)	SOG OUT	CSIN，绿同步信号输出
(117)	HS OUT	IAHS，行同步信号输出
(116)、(115)	DATACK	CKADCA，时钟信号输出
(55)～(62)	DbB7～DbB0	8bit数据输出端口，未用
(65)～(72)	DbA7～DbA0	8bit蓝数据信号输出
(75)～(82)	DgB7～DgB0	8bit数据输出端口，未用
(85)～(92)	DgA7～DgA0	8bit绿数据信号输出
(95)～(102)	DrB7～DrB7	8bit数据输出端口，未用
(105)～(112)	DrA7～DrA0	8bit红数据信号输出

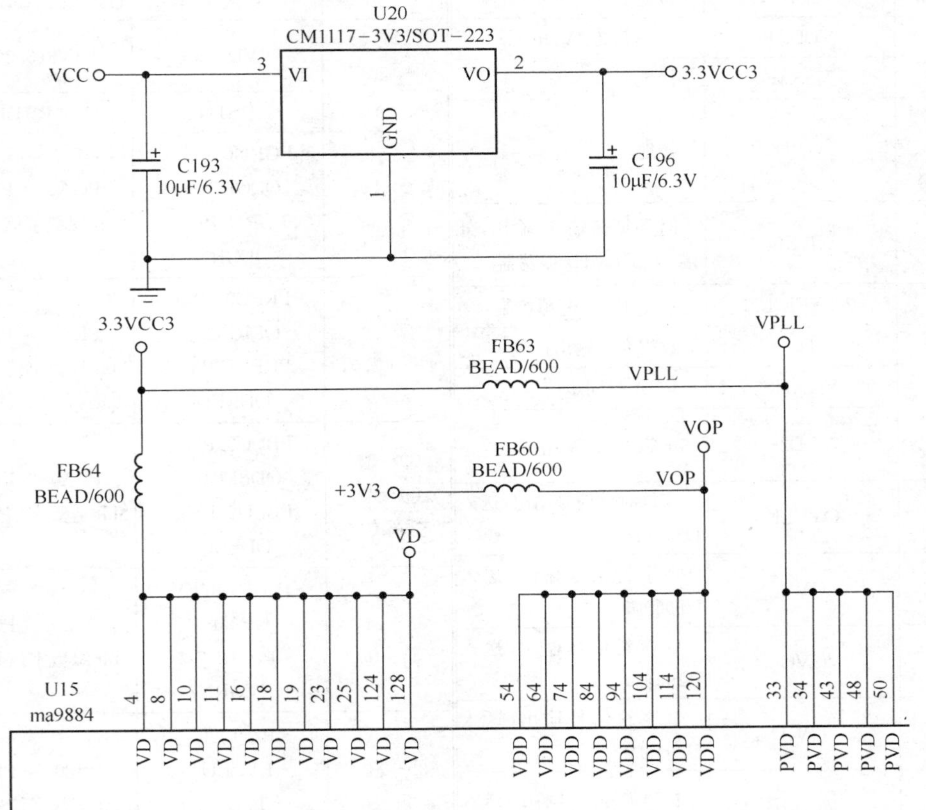

图7-6　SVA上广电LCD1705机型中U15(ma9884)供电电路原理图

4. SVA 上广电 LCD1503 无规律无图像

检查与分析:无规律无图像，一般是信号通道有不良元件。在该机中，信号通道主要由U15(ma9884)、U24(ma103aa)等组成，检修时可首先注意观察U24(ma103aa)信号输入输出波形及各引脚外部电路，其引脚使用功能见表7-5。

通过示波器检测，发现在故障出现时，U24(ma103aa)的输入端信号正常，而输出端无信号，说明U24(ma103aa)格式控制转换处理电路有故障。检修时应从检查“四要素”电路入手。

进一步检查，发现在故障出现时，U24(ma103aa)的⑨、⑩脚振荡波形抖动几下后消失。因而怀疑时钟振荡电路不良，其电路原理如图7-7所示。试将Y1(14.318MHz)晶体振荡器换新后，故障排除。

小结:图7-7中，Y1(14.318MHz)晶体振荡器并接在U24的⑨、⑩脚，与IC内部的CRYSTAL(晶振)部分组成时钟信号产生电路，为U24正常工作提供基准时钟频率，同时为(121)脚输出的调宽脉冲(PWM)提供基准频率。PWM主要用于背光亮度控制。

表 7-5 U24(ma103aa格式控制转换处理器)引脚使用功能

引脚	符号	使用功能
①～④、(157)～(160)	P2RED0/EVRED0～P2RED0/EVRED7	PRB0～PRB5，偶路8bit红数字信号输出
⑤	VSSAM	接地
⑥	VDDAP	+2V5(2.5V)电源
⑦	VSSAP	接地
⑧、㉕、㉗、㊱、(56)、(70)、(100)、(116)、(156)	GND	接地
⑨、⑩	XI、XO	时钟振荡输入/输出，外接14.318MHz振荡器
⑪	POWER-DN	ASICPOP，电源控制
⑫	DE	数据允许输出控制
⑬	VGAHS	VGA行同步信号
⑭、㉙、(67)、(98)、(111)、(139)	VDD25	+2V5(2.5V)电源
⑮	OVCLK	字符时钟信号输出，送入U29(ma102ca)
⑯	OVR	R字符信号输出，送入U29⑮脚
⑰	OVG	G字符信号输出，送入U29⑭脚
⑱	OVB	B字符信号输出，送入U29⑬脚
⑲	OVFB	快速消隐信号输出，送入U29⑫脚
⑳	OVS	场同步信号输出，送入U29⑩脚
㉑	OHS	行同步信号输出，送入U29⑤脚
㉒、(85)、(104)、(120)、(127)、(71)	VDD33	+3V3(3.3V)电源
㉓	RSTN	TTfc-RSTn，复位控制
㉖、㉔、(54)～㊽	PGRN0/PU0/ODGRN0～PGRN/PU7/ODGRN7	PGA0～PGA7，奇路8bit绿数字信号输出
㉚、㉘、(61)～(57)、(55)	PRED0/PY0/ODRED0～PRED7/PY7/ODRED7	PRA0～PRA7，奇路8bit红数字信号输出
㉛～㉜、㊼～㊺、㉟～㉝	PBLU0/PV0/ODBLU0～PBLU7/PV7/ODBLU7	PBA0～PBA7，奇路8bit蓝数字信号输出
(81)～(84)、㊵～㊲	P2GRN0/EVGRN0～P2GRN7/EVGRN7	PGB0～PGB7，偶路8bit绿数字信号输出
㊶～㊹、(77)～(80)	P2BLU0/EVBLU0～P2BLU7/EVBLU7	PBB0～PBB7，偶路8bit蓝数字信号输出

续表 7-5

引　脚	符　号	使用功能	引　脚	符　号	使用功能
㊿	INTN	TTfc-INTn,中断控制	(118)	I^2CADDR	接地
(63)	PCLK	ZCLK 时钟信号输出	(119)	CLAMP/PWMRO	未用
(64)	PVSYNC	PVSYNC 场同步信号输出	(121)	PWM	调宽脉冲输出
(65)	PDE	PDE 数据允许输出控制	(122)	RGHS	行同步信号输入
(66)	PHSYNC	PHSYNC 行同步信号输出	(123)	COAST	COAST 控制
(68)	SCL	I^2C 总线时钟线	(124)	CSYNC	同步信号输出
(69)	SDA	I^2C 总线数据线	(128)	ICLK(YUVLLC)	时钟信号输出
(72)~(75)、(86)~(97)	MD15~MD00	MD15~MD00,16bit 数据总线输入输出端口	(129)	IVSYNC	场同步信号输出
(99)	MCLK	AMCLK 时钟输出	(130)	IHSYNC	行同步信号输出
(101)	WEN	存储器数据读出控制	(131)~(138)	IBLU0/UV0~IBLU7/UV7	IBA0~IBA7,8bit 蓝数字信号输入
(102)	CASN	例地址选通控制	(140)~(147)	IGRN0/YUVCREF~IGRN7/YUV LLC2/RGB3	IGA0~IGA7,8bit 绿数字信号输入
(103)	RASN	行地址选通控制	(148)~(155)	IRED0/YIN0/YUV0/RGB4~IRED7/YIN7/YUV7/RGB11	IRA0~IRA7,8bit 红数字信号输入
(105)~(110)、(112)~(115)、(125)~(126)	AMA11~AMA0	12bit 地址总线控制			
(117)	OVI	中断控制,接 U29(ma102ca)⑪脚			

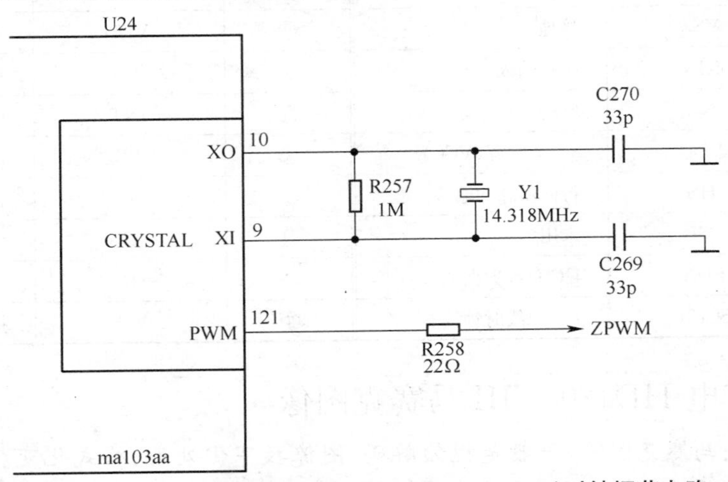

图 7-7　SAS 上广电 LCD1503 机型中 U24(ma103aa)时钟振荡电路

5. SVA 上广电 LCD1503 有时无字符

检查与分析:根据检修经验,无字符的故障原因,一般是字符振荡电路不良。在该机中,用于字符产生的电路主要由 U29(ma102ca)和 U24(ma103aa)的部分引脚等组成,其电路原理如图 7-8 所示,U29 的引脚使用功能见表 7-6。

经检查,发现 C272 漏电,将其换新后,故障排除。

小结:图 7-8 中,U29(ma102ca)为字符电路,其中②脚用于时钟信号输入,C272 用于吸收尖峰脉冲。当 C272(10pF)漏电或短路时,输入到②脚的时钟信号被旁路,从而引起无字符故障。检修时应注意检查②脚的时钟信号是否正常。

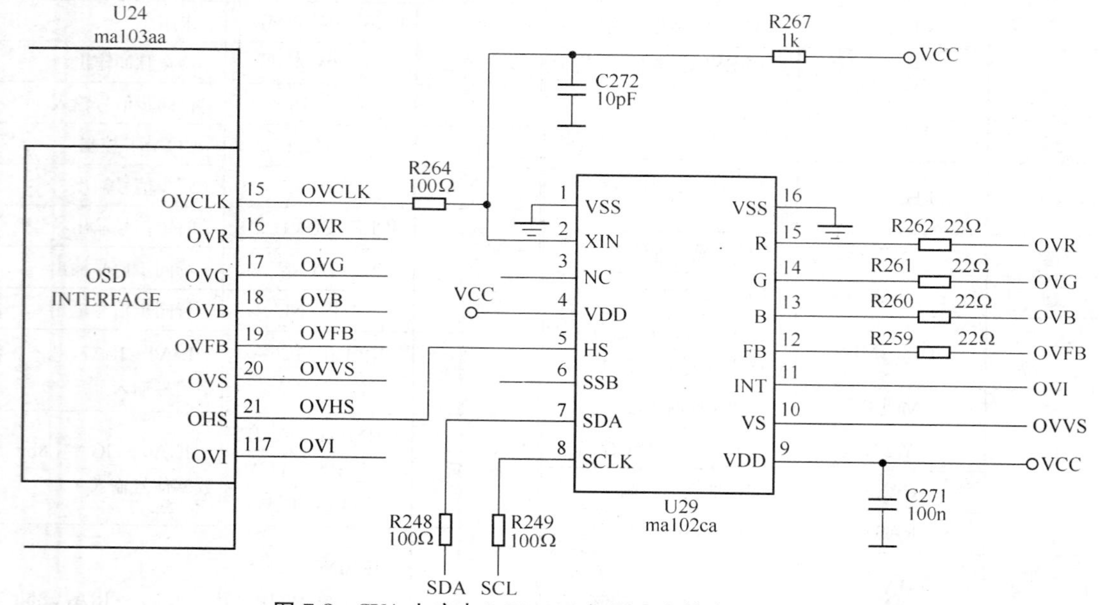

图 7-8 SVA 上广电 LCD1503 机型中字符电路原理图

表 7-6 U29(ma102ca 字符电路)引脚使用功能

引 脚	符 号	使用功能	引 脚	符 号	使用功能
①	VSS	接地	⑨	VDD	3.3V 电源(VCC)
②	XIN	时钟输入	⑩	VS	场同步脉冲输入
③	NC	空脚	⑪	INT	中断控制
④	VDD	3.3V 电源(VCC)	⑫	FB	消隐信号输入
⑤	HS	行同步脉冲输入	⑬	B	蓝字符信号
⑥	SSB	未用	⑭	G	绿字符信号
⑦	SDA	I^2C 总线数据线	⑮	R	红字符信号
⑧	SCLK	I^2C 总线时钟线	⑯	VSS	接地

6. SVA 上广电 HD4208TIII 马赛克图像

检查与分析:马赛克图像,一般是视频解码、图像数字化处理、格式化变换等电路有故障。在该机中,图像信号处理主要由 N2(AD9884AKS-140)、N11(PW364)完成,最终向显示屏送入双路 RGB 视频数字信号。检修时,可先检查 N2(AD9884AKS-140)的输入输出电路是否正常,其电路原理如图 7-9 所示,引脚使用功能见表 7-7。

经检查,N2 的外围元件均正常,其供电压也都正常,用示波器观察,发现其输出端部分引脚无输出信号波形,因而判断 N2(AD9884AKS-140)内电路局部不良。将其换新后,故障排除。

小结:图 7-9 中,N2(AD9884AKS-140)是具有 140MSymbol/S 最大转换率、模拟带宽 300MHz 的图像数字化处理电路,不良时会引起无图像、花屏等故障,维修时常需板级维修。

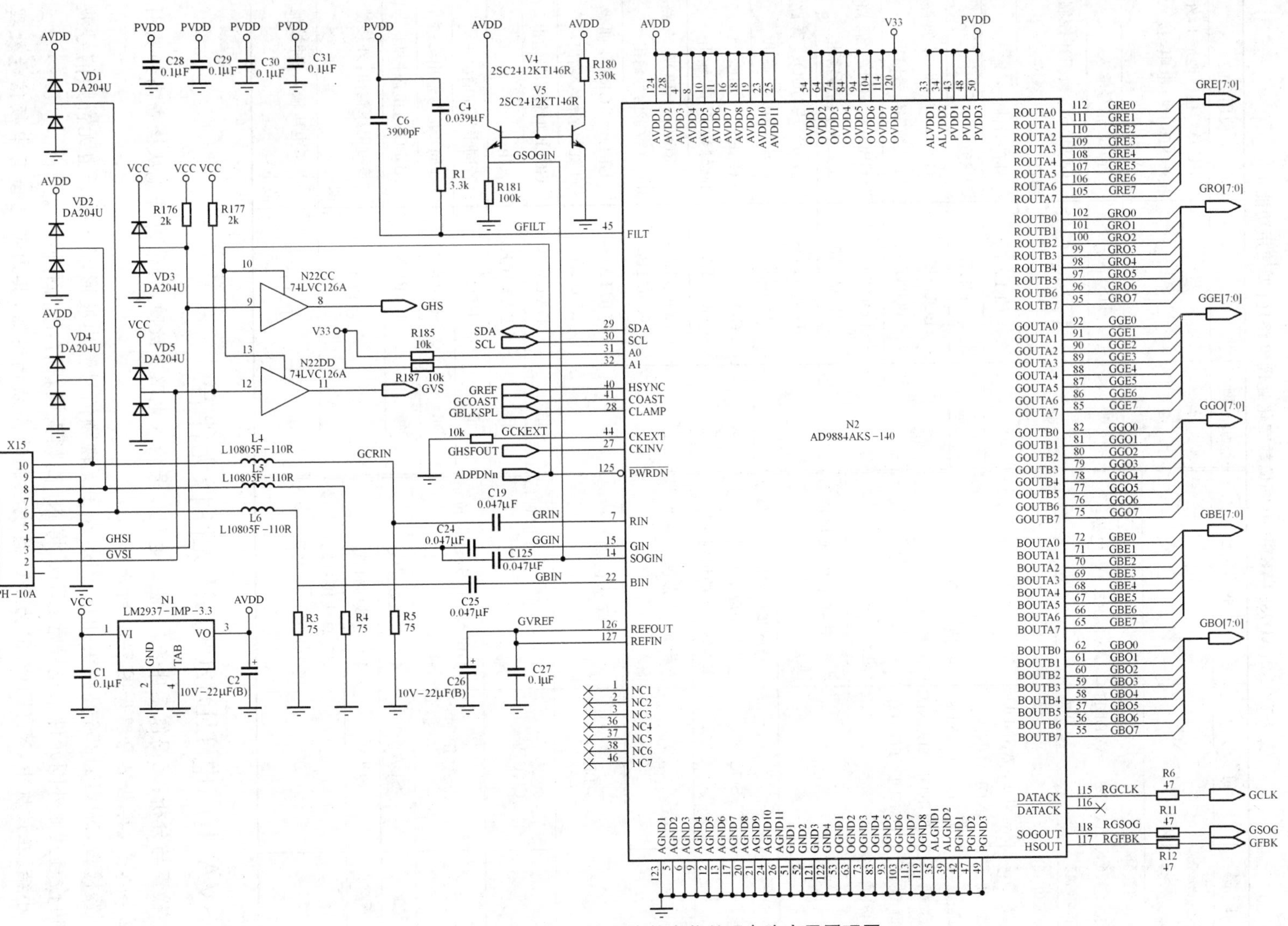

图 7-9　AD9884AKS-140 图像数字化处理电路应用原理图

表 7-7 N2(AD9884AKS-140 图像数字化处理电路)引脚使用功能

引 脚	符 号	使用功能
①、②、③、㊱、㊱、㊳、㊻	NC1～NC7	空脚,未用
④、⑧、⑩、⑪、⑯、⑱、⑲、㉓、㉕、⑿、⑿	AVDD1～AVDD11	AVDD(3.3V)电源
⑤、⑥、⑨、⑫、⑬、⑰、⑳、㉑、㉔、㉖、51、52、121、122、53、63、73、83、93、103、113、119、㉟、㊴、㊷、㊼、㊾、123	AGND1～AGND11、GND1～GND4、OGND1～OGND8、ALGND1、ALGND2、PGND1～PGND3	接地
⑦	RIN	模拟红基色视频信号输入
⑭	SOGIN	绿同步信号输入(在绿基色信号中取出的同步信号,作为解码器的识别信号)
⑮	GIN	模拟绿基色视频信号输入
㉒	BIN	模拟蓝基色视频信号输入
㉗	CKINV	GHSFOUT 用于时钟信号输入
㉘	CLAMP	GBLKSPL,外部钳位信号输入
㉙	SDA	I^2C 总线数据线
㉚	SCL	I^2C 总线时钟线
㉛	A0	I^2C 总线接口地址 0,外接 10kΩ 上拉电阻,接入 3.3V 电源
㉜	A1	I^2C 总线接口地址 1,外接 10kΩ 上拉电阻,接入 3.3V 电源
㊵	HSYNC	行同步信号输入
㊶	COAST	GCOAST,锁相环控制输入
㊹	CKEXT	外部时钟信号输入
㊺	FILT	滤波
55～62	BOUTB7～BOUTB0	GBO0 ～ GBO7,偶路 8bit 蓝数字信号输出
65～72	BOUTA7～BOUTA0	GBE0 ～ GBE7,偶路 8bit 蓝数字信号输出
75～82	GOUTB7～GOUTB0	GGO0 ～ GGO7,奇路 8bit 绿数字信号输出
85～92	GOUTA7～GOUTA7	GGE0 ～ GGE7,偶路 8bit 绿数字信号输出
95～102	ROUTB7～ROUTB0	GRO0 ～ GRO7,奇路 8bit 红数字信号输出
105～112	ROUTA7～ROUTA0	GRE0 ～ GRE7,偶路 8bit 红数字信号输出
115	DATACK	GCLK 时钟信号输出
116	DATACK	未用
117	HSOUT	行同步脉冲输出
118	SOGOUT	绿同步信号输出
125	PWRDN	ADPDNn 电源控制
126	REFOUT	参考电压输出,外接滤波电容
127	REFIN	参考电压输入,外接滤波电容

7. SVA 上广电 HD4208TIII 无图像无伴音

检查与分析:无图像无伴音,一般是电视信号输入电路有故障,检修时可先从检查高频头引脚电路入手,其电路原理如图 7-10 所示。

经检查,N1(FI1256 高频头)的 CVBS 端子无视频信号输出波形,AF 端子也无音频信号波形,再检查其他外围元件未见异常。但试将 N1 高频头换新后,故障排除。

小结:在该机中,N1(FI1256)为 I^2C 总线控制的高频调谐器,其内部包含有中频信号处理电路,可直接输出视频信号和音频信号,不良时会引起无图像、无伴音或黑光栅、不开机等故障,检修时可将其直接换新,一定要保持型号一致。

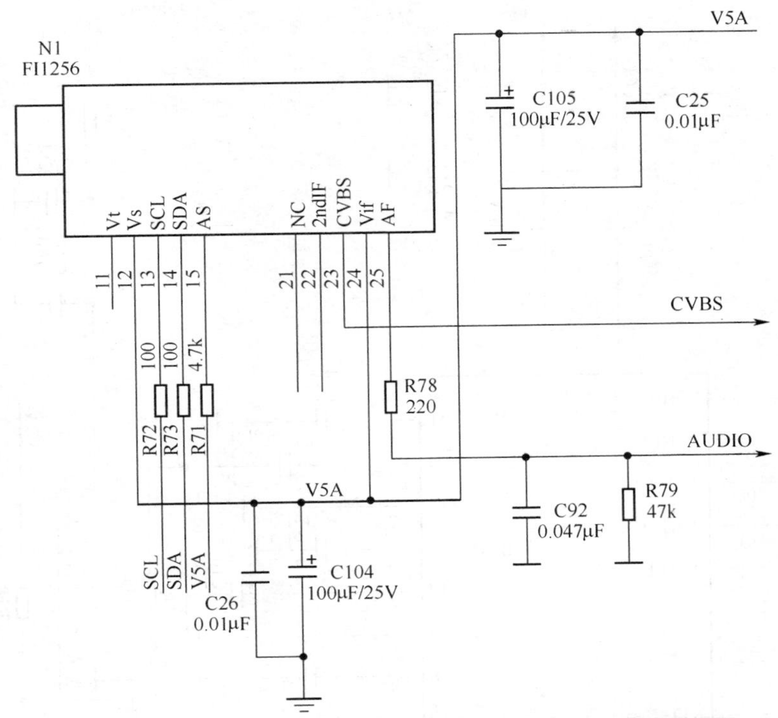

图 7-10　SVA 上广电 HD4208TIII 机型中高频头引脚电路原理图

8. SVA 上广电 HD4208TIII 无伴音，但图像正常

检查与分析：无伴音，但图像正常，一般是单纯性音频信号通道有故障，检修时应首先采用电阻检查法，在没有短路性故障时，再用示波器观察各主要工作点的信号波形，或用电压表测量相关工作点的电压值，然后再做出初步判断。在该机中，伴音信号通道主要由 N3(PT2314)、N4(NTM2188)、N2(TDA1554Q)等组成，但检修时可从信号终端（功放输出端）入手，也可从信号输入端（音频信号选择电路）入手。在该机中，音频信号输入及选择输出电路主要由 N3(PT2314)及少量外围元件等组成，其应用电路原理如图 7-11 所示，引脚使用功能见表 7-8。

经检查，发现 N3(PT2314)不良，将其换新后，故障排除。

小结：图 7-11 中，N3(PT2314)供有 4 路输入信号，其中⑪、⑯脚用于输入 VGA 音频信号；⑩、⑮脚用于输入 YUV 音频信号；⑨、⑭脚用于输入 S 端子音频信号；⑧、⑬脚用于输入 TV/AV 音频信号，TV/AV 音频信号是经 N5(CD4053BE)转换后，有选择地送入⑧脚和⑬脚。因此，当该机在 TV 状态无伴音时，应首先转换输入 AV 伴音信号，并检查 N5 是否正常，必要时将 N5 直接换新；当 TV/AV 状态均无伴音时，应转换输入 VGA 或 YUV、S 端子音频信号，必要时将 N3 直接换新。

9. SVA 上广电 HD4208TIII 不开机，但有 3.3V 电源

检查与分析：根据检修经验，不开机，但有 3.3V 电源，一般是微控制系统有故障，检修时应首先注意检查微控制系统。在该机中，微控制系统包含在 N11(PW364)主芯片内部，并通过部分引脚对外电路进行控制，其电路原理如图 7-12 所示，引脚使用功能见表 7-9。

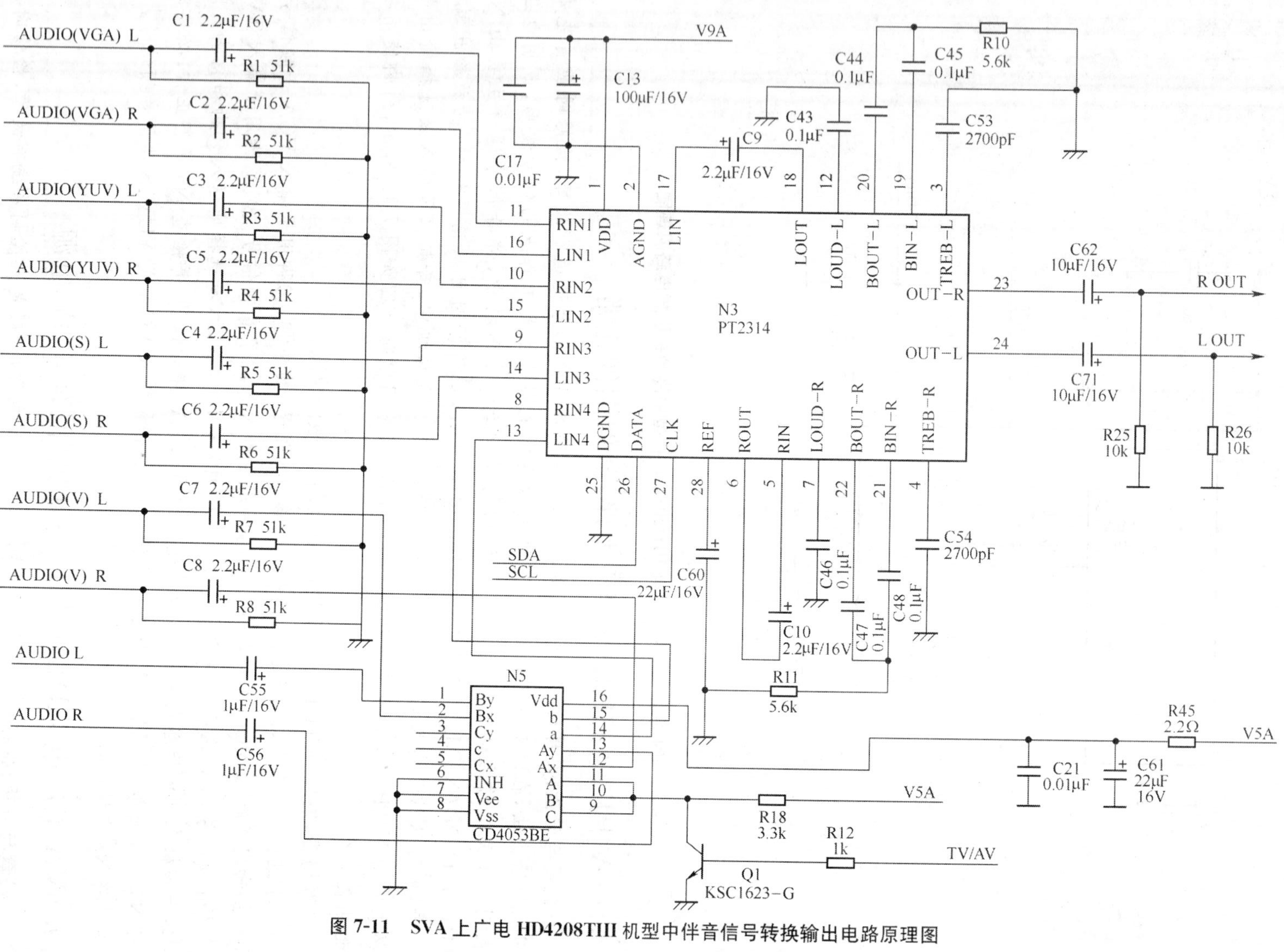

图 7-11 SVA 上广电 HD4208TIII 机型中伴音信号转换输出电路原理图

表 7-8　N3(PT2314 伴音信号转换输出电路)引脚使用功能

引脚	符　号	使用功能	引脚	符　号	使用功能
①	VDD	V9A(+9V)电源	⑭	LIN3	左声道音频信号输入 3
②	AGND	模拟电路接地	⑮	LIN2	左声道音频信号输入 2
③	TREB-L	左声道高音频信号调节,外接 2700pF 滤波电容	⑯	LIN1	左声道音频信号输入 1
			⑰	LIN	模拟左声道信号输入
④	TREB-R	右声道高音频信号调节,外接 2700pF 滤波电容	⑱	LOUT	模拟左声道信号输出
			⑲	BIN-L	左声道低音输入,外接 RC 滤波电路
⑤	RIN	模拟右声道信号输入	⑳	BOUT-L	左声道低音输出,外接耦合电容
⑥	ROUT	模拟右声道信号输出	㉑	BIN-R	右声道低音输入,外接 RC 滤波电路
⑦	LOUD-R	右声道扬声器音频信号滤波	㉒	BOUT-R	右声道低音输出,外接耦合电容
⑧	RIN4	右声道音频信号输入 4	㉓	OUT-R	右声道音频信号选择输出
⑨	RIN3	右声道音频信号输入 3	㉔	OUT-L	左声道音频信号选择输出
⑩	RIN2	右声道音频信号输入 2	㉕	DGND	数字电路接地
⑪	RIN1	右声道音频信号输入 1	㉖	DATA	SDA,I^2C 总线数据线
⑫	LOUD-L	左声道扬声器音频信号滤波	㉗	CLK	SCL,I^2C 总线时钟线
⑬	LIN4	左声道音频信号输入 4	㉘	REF	参考电压,外接滤波电容

经检查,发现Ⓒ1、Ⓒ2端的对地正反向阻值差距较大,其中Ⓒ2端(SCL)对地正反向阻值仅有 0.7kΩ,进一步检查外接元件均未见异常,因而判断 N11(PW364)内电路局部不良,此时需要板级维修。

小结:在社会维修中,板级维修困难较大,常需与厂商联系,但判断主板芯片损坏则应慎重。

10. SVA 上广电 HD4208TIII 不开机,遥控功能无效

检查与分析:根据检修经验,不开机,遥控功能无效,一般是控制系统有故障,检查微控制系统的相关引脚电路时,均未发现异常,其相关电路如图 7-12 所示。

在检查微控制系统的相关元件未见异常后,通电检查,发现 N11DD(PW364)的Ⓔ1端(RESET)在开机时和开机后始终为 0V,说明复位电路有故障。在该机中,N11DD(PW364)Ⓔ1端的外接复位电路由 N12(DS1708)及少量外围元件等组成,其电路原理如图 7-13 所示,引脚使用功能见表 7-10。

经检查,未见有不良元件,将 N12(DS1708T)换新后,故障排除。

小结:图 7-13 中,N12(DS1708T)是一种专用复位电路,它可以输出两路复位信号,一路由⑧脚输出,用于 CPU 复位;另一路由⑦脚输出,用于其他功能电路复位。因此,当 N12 不良或损坏时,CPU 不工作,整机处于“死”机状态。

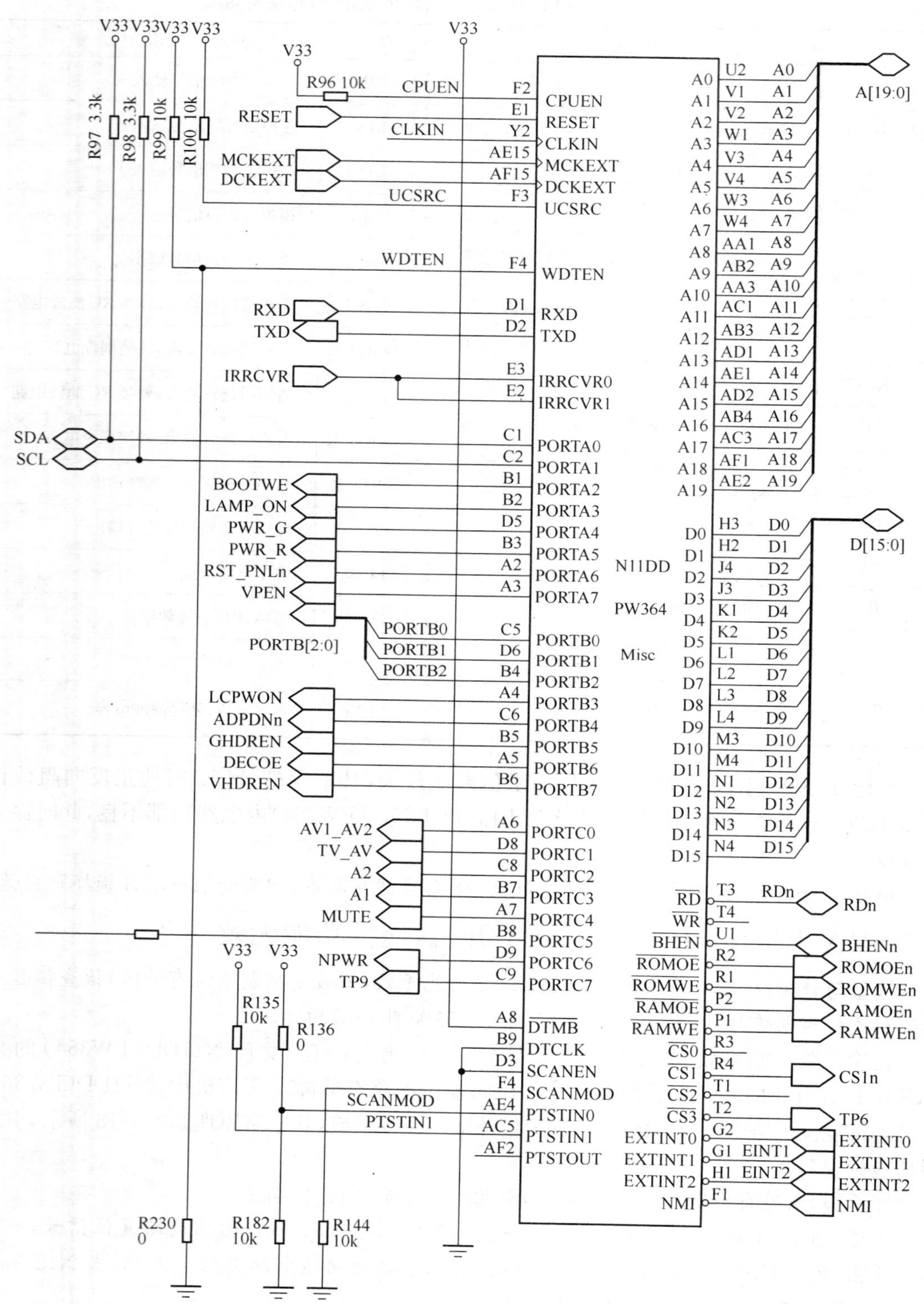

图 7-12 SVA 上广电 HD4208TIII 机型中主芯片(PW364)控制部分电路原理图

表 7-9　N11DD(PW364 主芯片)控制部分引脚使用功能

引　脚	符　号	使用功能	引　脚	符　号	使用功能
F2	CPUEN	CPU 使能控制、外接上拉电阻	C9	PORTC7	TP9 测试端
E1	RESET	复位输入	A8	DTMB	V33(3.3V)电源
Y2	CLKIN	时钟输入	B9	DTCLK	接地
AE15	MCKEXT	外部主时钟信号输入	D3	SCANEN	接地
AF15	DCKEXT	外部数据时钟信号输入	E4	SCANMOD	外接 10kΩ 下拉电阻
F3	UCSRC	外接 10kΩ 上拉电阻	AE4、AC5	PTSTIN0/1	外接偏置电路
F4	WDTEN	WDTEN	AF2	PTSTOUT	未用
D1	RXD	经串行口接收数据	F1	NM1	NMI 输入，向微控制器发出不可屏蔽中断信号
D2	TXD	经串行口发送数据	H1	EXTINT2	EXTINT2，外部中断信号输入 2
E3、E2	IRRCVR0/1	遥控信号输入	G1	EXTINT1	EXTINT1，外部中断信号输入 1
C1	PORTA0	SDA，I^2C 总线数据线	G2	EXTINT0	EXTINT0，外部中断信号输入 0
C2	PORTA1	SCL，I^2C 总线时钟线	T2	CS3	TP6 测试点
B1	PORTA2	BOOTWE 输出	T1	CS2	未用
B2	PORTA3	LAMP-ON 输出，用于钳位脉冲输出	R4	CS1	CSIn 输出，用于综合芯片选择
D5	PORTA4	PWR-G 输出，用于绿指示灯控制	R3	CS0	未用
B3	PORTA5	PWR-R 输出，用于红指示灯控制	P1	RAMWE	RAMWEn 输出，用于 RAM 存储器写允许控制
A2	PORTA6	RST-PNLn 输出，复位控制	P2	RAMOE	RAMOEn 输出，用控制 RAM 存储器从外部读入数据
A3	PORTA7	VPEN 输出，用于视频端口使能输入控制	R1	ROMWE	ROMWEn 输出，用于控制 ROM 存储器写入数据
C5、D6、B4	PORTB0/1/2	PORTB0～PORTB2 输出	R2	ROMOE	ROMOEn 输出，用于控制 ROM 存储器从外部读入数据
A4	PORTB4	LCPWON 输出	U1	BHEN	BHENn 输入/输出，用于高位数据有效控制
C6	PORTB5	ADPDNn 输出	T4	WR	向外部其他器件写入数据，但未用
B5	PORTB6	DECOE 输出	T3	RD	RDn 输入/输出，用于从外部 RAM 或其他器件读取数据
B6	PORTB7	VHDREN 输出	N4～N1、M4、M3、L4～L1、K2、K1、J3、J4、H2、H3	D15～D0	D0～D15，16bit 数据总线输入输出，用于 N7(TE28F800C3BA90)随机存储器存取数据信息
A6	PORTC0	AV1～AV2 输出，用于 AV1/AV2 转换控制	AE2、AF1、AC3、AB4、AD2、AE1、AD1、AB3、AC1、AA3、AB2、AA1、W4、W3、V4、V3、W1、V2、V1、U2	A19～A0	A0～A19，20bit 地址总线输入/输出，用于 N7(TE28F800C3BA90)随机存储器地址控制
D8	PORTC1	TV-AV 输出，用于 TV/AV 转换控制			
C8	PORTC2	A2 输出，CPU 地址选择 2			
B7	PORTC3	A1 输出，CPU 地址选择 1			
A7	PORTC4	MUTE 输出，用于静音控制			
B8	PORTC5	PWR 输出，开关电源待机状态控制			
D9	PORTC6	NPWR 输出，待机控制			

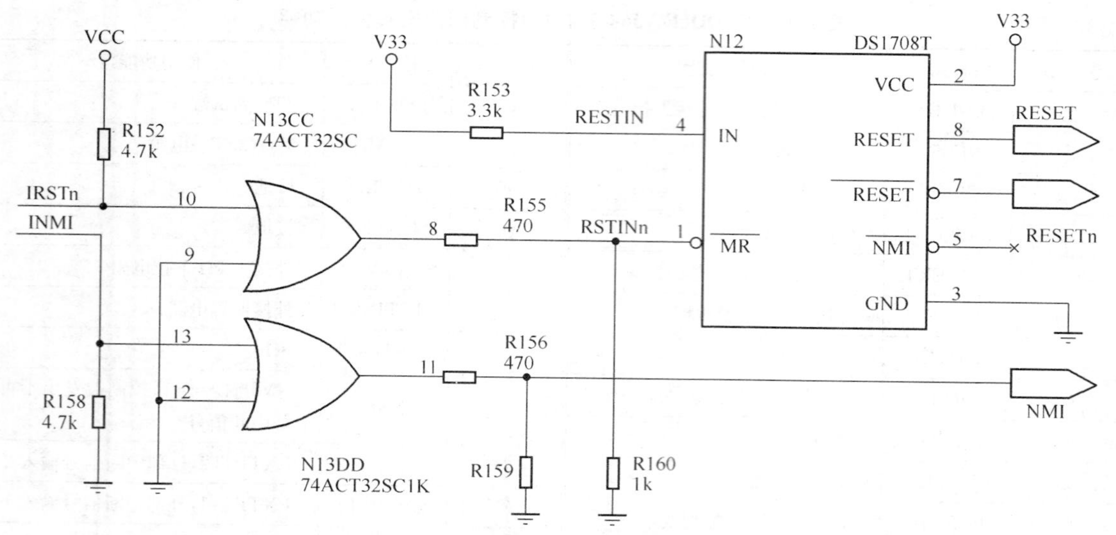

图 7-13 SVA 上广电 HD4208TIII 机型中主芯片复位电路原理图

表 7-10 N12(DS1708T 复位电路)引脚使用功能

引　脚	复　位	使用功能	引　脚	复　位	使用功能
①	MR	RSTINn 复位控制	⑥	—	未用
②	VCC	V33(3.3V)电源	⑦	RESET	复位信号输出,低电平复位,用于芯片复位
③	GND	接地			
④	IN	复位输入,外接 3.3k 上拉电阻	⑧	RESET	复位信号输出,低电平复位,用于 CPU 复位
⑤	NMI	不可屏蔽中断信号输出,但未用			

11. SVA 上广电 HD4208TIII 不开机,遥控功能失效

检查与分析:根据检修经验及故障现象,检修时应首先注意检查 N11DD(PW364)的控制脚电路,如图 7-12 所示。经检查(用示波器观察),发现 N11DD(PW364)的 AE15、AF15 端始终无时钟信号波形,说明主芯片的时钟振荡电路有故障。在该机中,N11DD(PW364)主芯片的时钟振荡电路主要由 N21/N20(ICS502M)、N3(74LVC126A)等组成,其电路原理如图 7-14 所示,N20/N21 的引脚使用功能见表 7-11。

经检查,发现 N3(74LVC126A)不良,将其换新后,故障排除。

小结:图 7-14 中,N3(74LVC126A)为两路缓冲器电路,用于输出时钟信号,其中 N3A 的③脚输出 DCKEXT 时钟信号,送入 N11DD(PW364)的 AF15 端,用于数字电路控制;N3B 的⑥脚输出 MCKEXT 时钟信号,送入 N11DD(PW364)的 AE15 端,用于 CPU 控制。因此,当 N3(74LVC126A)不良或损坏时,N11DD(PW364)内部的 CPU 不工作,导致不开机故障。在 N3 的③、⑥脚无输出时,应重点检查 N20 和 N21,以及 G4(14.318MHz)、G3(26MHz)振荡器,必要时将其直接换新。

12. SVA 上广电 HD4208TIII 图像正常,但声音失真有噪声

检查与分析:根据检修经验及故障现象,检修时可先注意检查音频信号处理电路。在该机中,音频信号处理主要由 N4(NJM2188)来完成,其电路原理如图 7-15 所示,引脚使用功能见表 7-12。

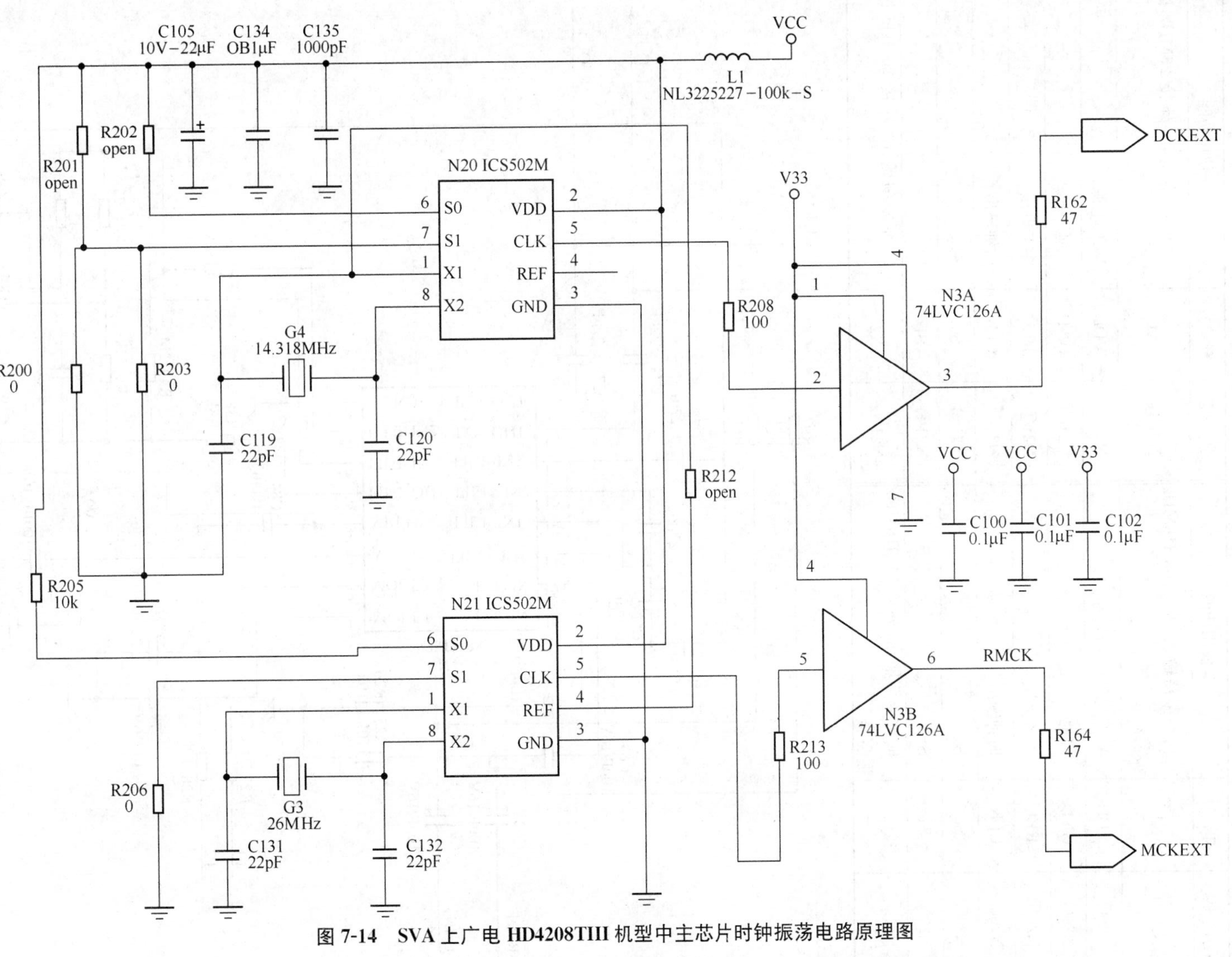

图 7-14　SVA 上广电 HD4208TIII 机型中主芯片时钟振荡电路原理图

表 7-11 N20/N21(ICS502M 时钟电路)引脚使用功能

引 脚	符 号	使用功能	引 脚	符 号	使用功能
N20①	X1	时钟振荡输入，外接 14.318MHz 振荡器	N21①	X1	时钟振荡输入，外接 26MHz 振荡器
N20②	VDD	VCC 电源(5V)	N21②	VDD	VCC 电源
N20③	GND	接地	N21③	GND	接地
N20④	REF	参考电压	N21④	REF	参考电压
N20⑤	CLK	时钟输出	N21⑤	CLK	时钟输出
N20⑥	S0	S0	N21⑥	S0	S0
N20⑦	S1	S1	N21⑦	S1	S1
N20⑧	X2	时钟振荡输出，外接 14.318MHz 振荡器	N21⑧	X2	时钟振荡输出，外接 26MHz 振荡器

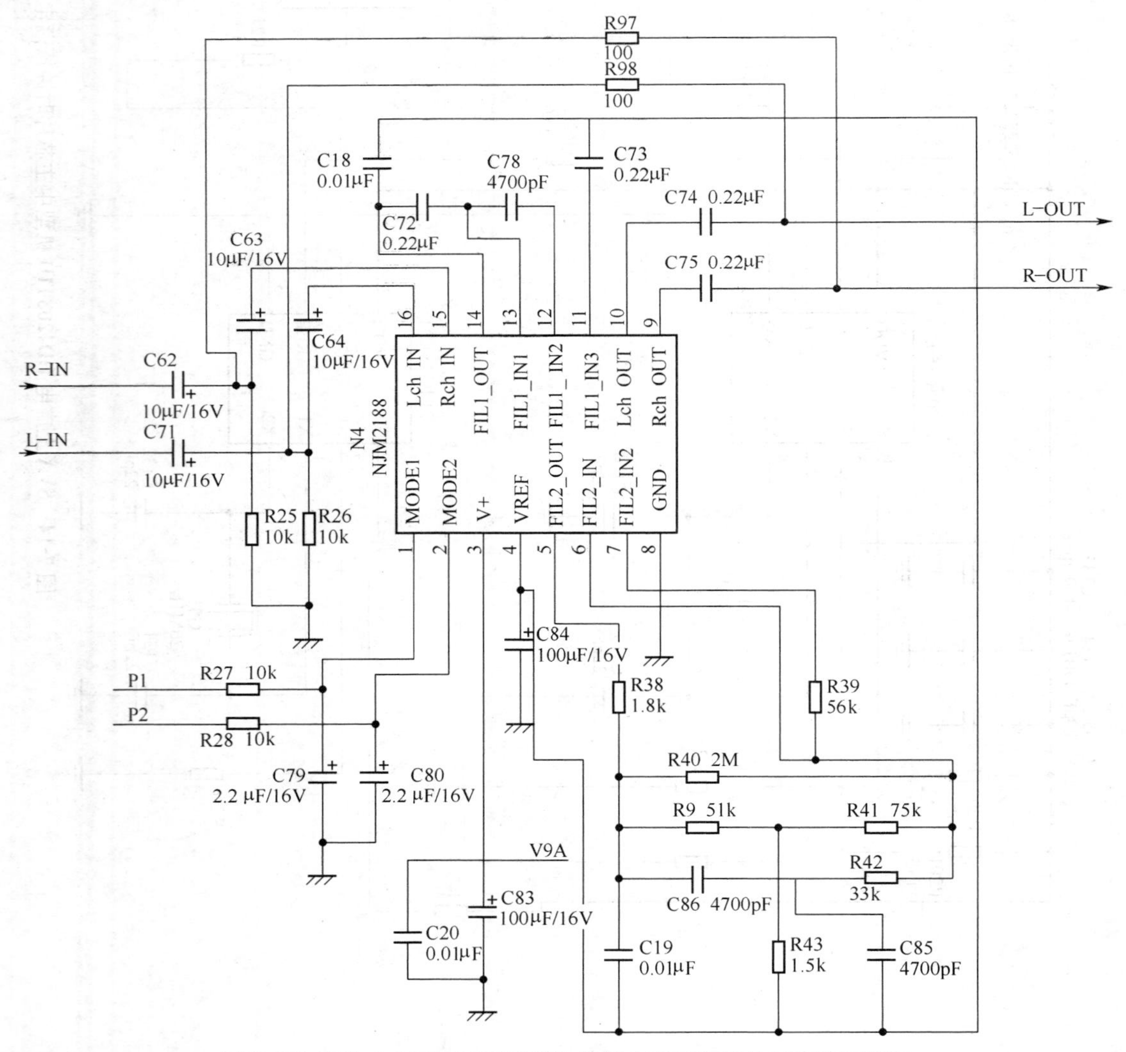

图 7-15 SVA 上广电 HD4208TIII 机型中音频信号处理电路原理图

经检查，发现 C62(10μF/16V)耦合电容不良，将其换新后，故障排除。

小结：图 7-15 中，C62(10μF/16V)和 C71(10μF/16V)为左右声道音频信号耦合输入电容，其故障率较高，严重时导致无伴音故障。维修更换时应提高其耐压值，如选择 10μF/25V 电解电容器。

表 7-12　N4(NJM2188 音频信号处理电路)引脚使用功能

引　脚	符　号	使用功能	引　脚	符　号	使用功能
①	MODE1	模式控制 1	⑨	Rch OUT	右声道音频信号输出
②	MODE2	模式控制 2	⑩	Lch OUT	左声道音频信号输出
③	V+	V9A(9V)电源	⑪	FIL1-IN3	滤波 1 输入 3
④	VREF	参考电压	⑫	FIL1-IN2	滤波 1 输入 2
⑤	FIL2-OUT	滤波 2 输出	⑬	FIL1-IN1	滤波 1 输入 1
⑥	FIL2-IN	滤波 2 输入	⑭	FIL1-OUT	滤波 1 输出
⑦	FIL2-IN2	滤波 2 输入 2	⑮	Rch IN	右声道音频信号输入
⑧	GND	接地	⑯	Lch IN	左声道音频信号输入

13. SVA 上广电 HD4208TIII 图像正常，无规律无伴音

检查与分析：图像正常，无规律无伴音，一般是伴音电路中有不良元件或有接触不良。根据检修经验，检修时首先检查伴音功率放大级电路。在该机中，伴音功放电路主要由 N2(TDA1554Q)及少量元件等组成，其电路原理如图 7-16 所示，引脚使用功能见表 7-13。

经检查，发现 Q7(2SA1015Y)不良，将其换新后，故障排除。

小结：图 7-16 中，Q7(2SA1015Y)与 Q8(C1815Y)组成静音控制电路，当其中有一个不良时都会引起无伴音故障。检修时应特别注意，必要时将其换新。

14. SVA 上广电 HD4208TIII 无光栅，指示灯不亮

检查与分析：无光栅，指示灯不亮，一般是电源电路有故障，检修时首先注意检查主板与电源板相连接的 X2(VH-8A)插座引脚电压。经检查，12V、5V 均正常，检测 C585 的正极端无电压，而 C579 正极端 12V 电压正常，故 C592 两极端电压正常，故判断 VCC(5V)电压输出电路有故障，其电路原理如图 7-17 所示。

进一步检查，发现 VD16(Hz6.2)不良，将其换新后，故障排除。

小结：图 7-17 中，VD16(Hz6.2)主要起钳位作用，一旦 VCC 电压过高时，VD16 会反向击穿导通，以保护其负载电路不被破坏。

15. SVA 上广电 HD4208TIII 不开机，但指示灯亮

检查与分析：不开机，但指示灯亮，说明微控制系统基本正常，检修时首先注意检查 DC-DC 直流电压。经检查，发现 SW5V 电压为 0V，怀疑 SW5V 电源电路异常，其电路原理如图 7-18 所示。

进一步检查，发现 V550 不良，将其换新后，故障排除。

小结：图 7-18 中，V550(2SC2412KT146R)为待机控制管，主要用于控制 SW5V 电压输出。在开机时，PWR 控制信号为高电平，V550 导通，N550AA/BB 导通，SW5V 输出；在待机时，PWR 控制信号为低电平，V550 截止，N550AA/BB 截止，SW5V 无输出。

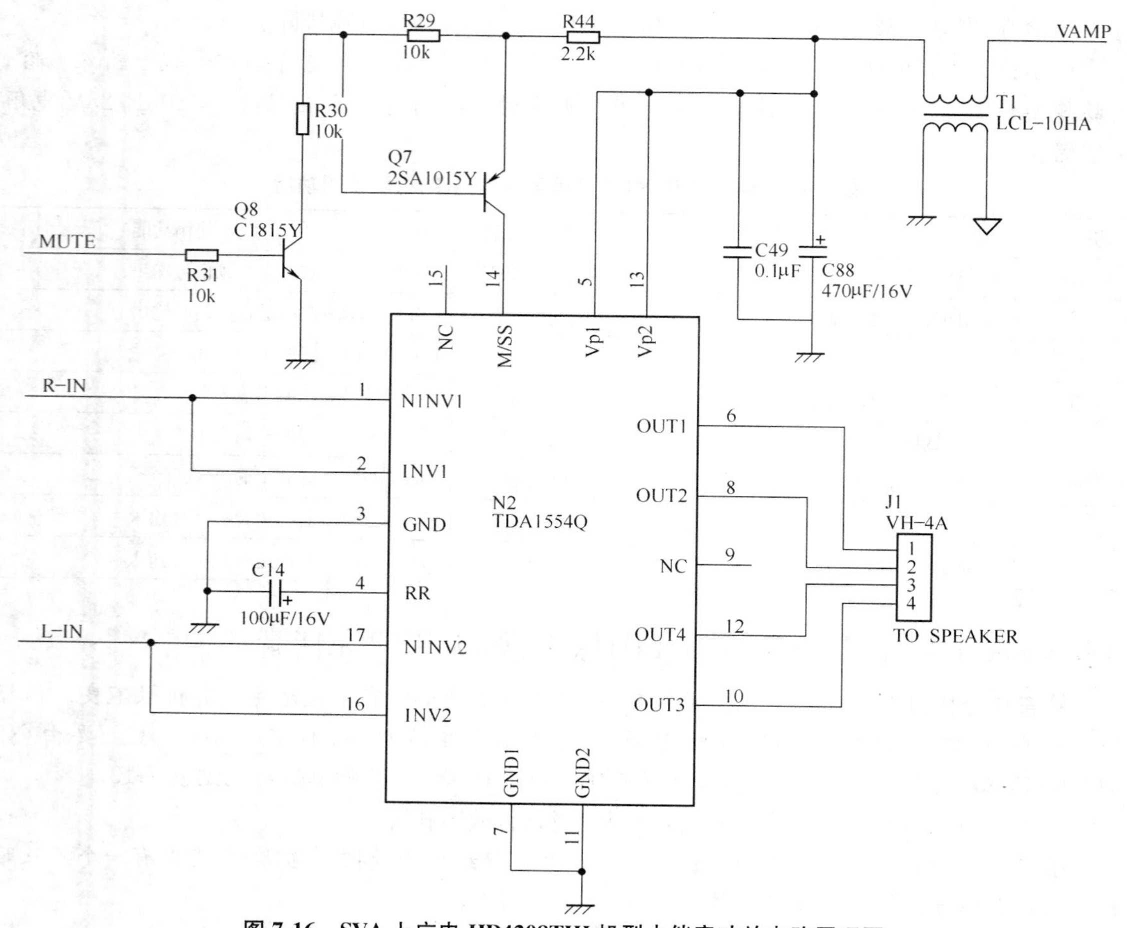

图 7-16 SVA 上广电 HD4208TIII 机型中伴音功放电路原理图

表 7-13 N2(TDA1554Q 伴音功放电路)引脚使用功能

引　脚	符　号	使用功能	引　脚	符　号	使用功能
①、②	NINV1/INV1	用于右声道音频信号输入	⑨	NC	未用
③	GND	接地	⑩	OUT3	功率输出 3
④	RR	纹波滤波	⑫	OUT4	功率输出 4
⑤、⑬	VP1/VP2	VAMP 工作电源	⑭	M/SS	静噪/待机控制
⑥	OUT1	功率输出 1	⑮	NC	未用
⑦、⑪	GND1/GND2	接地	⑯、⑰	INV2/INV2	右声道音频信号输入
⑧	OUT2	功率输出 2			

16. SVA 上广电 HD4208TIII 无光栅，电源指示灯亮

检查与分析：根据检修经验及故障现象，检修时首先注意检查 DC-DC 直流变换电路。经检查，发现 N14(LM3940-1SX-303)的输出端对地正反向阻值仅有 0.1kΩ，检查其负载电路元件未见异常，因而怀疑 3.3V 电源电路有故障，其电路原理图如图 7-19 所示。将 N14 换新后，故障排除。

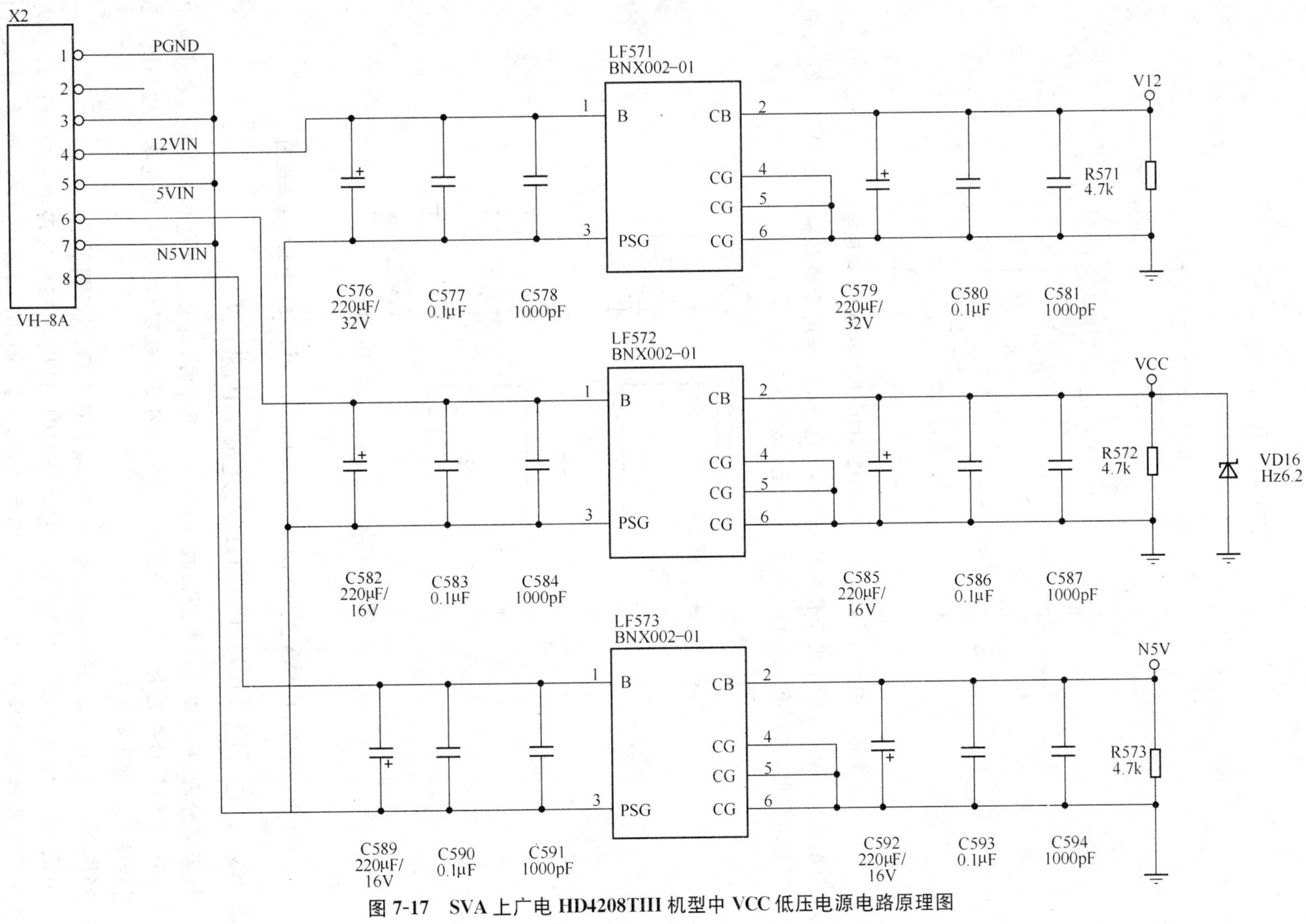

图 7-17　SVA 上广电 HD4208TIII 机型中 VCC 低压电源电路原理图

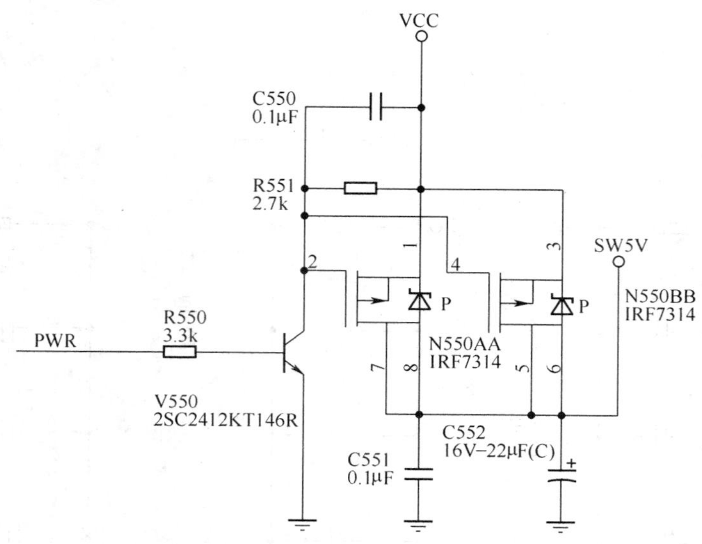

图 7-18 SVA 上广电 HD4208TIII 机型中 SW5V 电源电路

小结：图 7-19 中，N14 用于稳压输出 3.3V 电压，N16 用于稳压输出 2.5V 电压，均为小信号处理电路供电，其中有一个损坏都会引起无光栅故障。

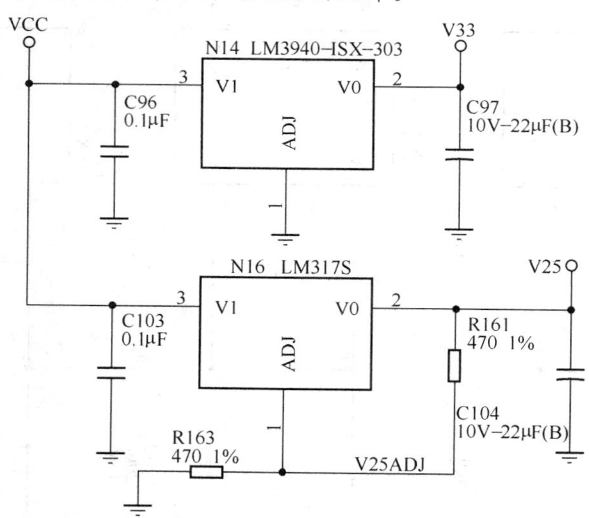

图 7-19 SVA 上广电 HD4208TIII 机型中 3.3V/2.5V 电源电路原理图

17. SVA 上广电 HD4208TIII 无光栅，电源正常

检查与分析：无光栅的故障原因较多，如供电源异常、屏显接口电路不良等。在该机中，电源及休眠、中继等功能是由 N1101(HT48R06A 快闪微处理器)控制的，其电路原理如图 7-20 所示，引脚使用功能见表 7-14。

经检查，发现 G1101(4MHz)振荡器不良，将其换新后，故障排除。

小结：图 7-20 中，G1101(4MHz)并接在 N1101(HT48R06A 快闪微处理)的⑬、⑭脚，为 N1101 提供基准时钟频率。当 G1101 不良或损坏时，N1101 将不能工作，中继、休眠、LED、POWER 等功能失效，导致无光栅故障。

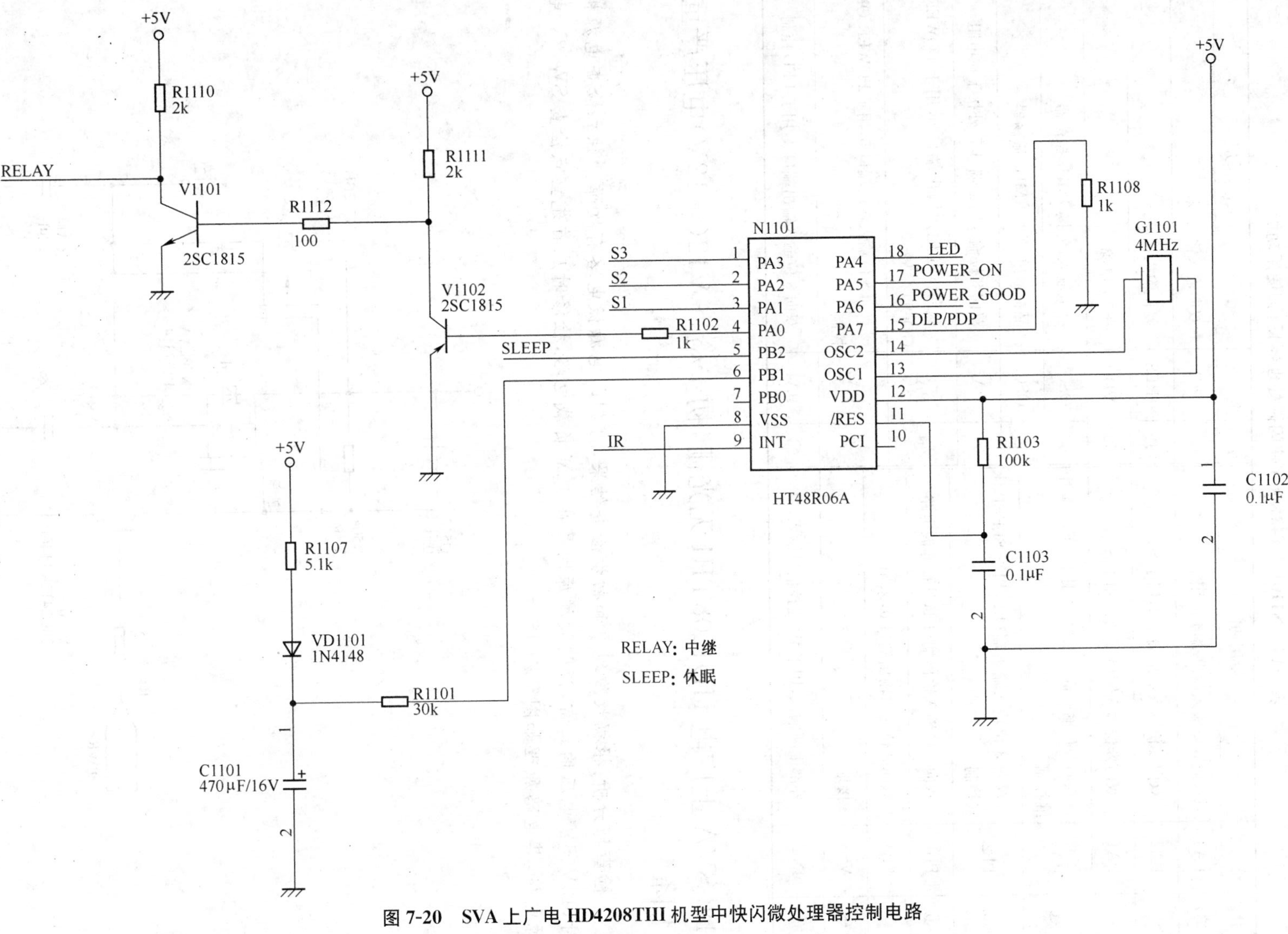

图 7-20　SVA 上广电 HD4208TIII 机型中快闪微处理器控制电路

表 7-14　N1101(HT48R06A 快闪微处理器)引脚使用功能

引脚	符　号	使用功能	引脚	符　号	使用功能
①	PA3	双向 8 位输入输出端口 3,用于 S3	⑩	PC1	双向输入输出,未用
②	PA2	双向 8 位输入输出端口 2,用于 S2	⑪	/RES	复位输入
③	PA1	双向 8 位输入输出端口 1,用于 S1	⑫	VDD	+5V 电源
④	PA0	双向 8 位输入输出端口 0,用于 RELAY 中继控制	⑬	OSC1	晶振输入,外接 4MHz 振荡器
			⑭	OSC2	晶振输出,外接 4MHz 振荡器
⑤	PB2	双向 3 位输入输出端口 2,用于 SLEEP 休眠控制	⑮	PA7	双向 8 位输入输出端口 7,外接下拉电阻
⑥	PB1	双向 3 位输入输出端口 1,外接滤波电路	⑯	PA6	双向 8 位输入输出端口 6,用于 POWER-GOOD 控制
⑦	PB0	双向 3 位输入输出端口 0,未用			
⑧	VSS	接地	⑰	PA5	双向 8 位输入输出端口 5,用于 POWER-ON 控制
⑨	INT	外部中断输入,用于 IR 遥控信号输入	⑱	PA4	双向 8 位输入输出端口 4,用于 LED 控制

18. SVA 上广电 HD4208TIII 无光栅,初步检查 V12(+12V)电压严重下降

检查与分析:根据故障现象和初步检查结果,可判断电源板电路有故障。独立检查电源板时,12V、5V 电压均正常,说明故障原因是在 12V 负载电路,检修时应首先重点检查 SW12V 电源电路,其电路原理如图 7-21 所示。

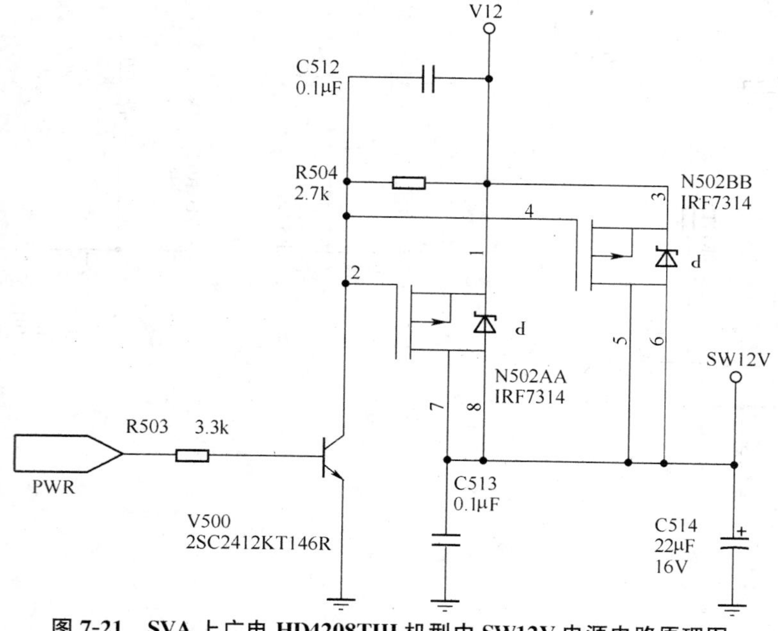

图 7-21　SVA 上广电 HD4208TIII 机型中 SW12V 电源电路原理图

经检查,发现 V500 击穿损坏、N502AA/BB 软击穿损坏(①、②脚间严重漏电),将 V500、N502AA/BB 换新后,故障排除。

小结:图 7-21 中,N502AA/BB 是一种内置 P 沟道场效应开关管,用于输出 SW12V 电压,但它受控于 V500,只有在 V500 导通时才有 SW12V 输出。因此,当 V500 击穿时,N502AA/BB 将始终处于导通状态,同时由于 N502AA/BB 的①～②脚间严重漏电,V12(＋12V)电源通过击穿的 V500 对地旁路,导致 V12(＋12V)电压严重下降的故障。

19. SVA 上广电 HD4208TIII 无光栅,初步检查 SWN5V 电压为零

检查与分析:在该机中,SWN5V 电压是由 N551AA 的⑦脚输出,其受控于 V554,其电路原理如图 7-22 所示。经检查,未见有明显不良及损坏元件,检查 N5V 电压又正常。将 V554 直接换新后,故障排除。

小结:图 7-22 中,V554 为 PNP 型管,在 PWR 控制信号为低电平时呈导通状态,此时 N551AA(内置 N 沟道场效应管)截止,SWN5V 无输出。因此,在 V554 出现软故障时,将会因误动作导通,使 N551AA 截止,导致 SWN5V 电压为零故障。在 V554 软故障时,不易一下检查出来,检修时可先将其直接换新。

20. SVA 上广电 HD4208TIII 无光栅,初步检查 SW5VA 电压为零

检查与分析:在该机中,SW5VA 电压由 N551BB 的⑤脚输出,其电路原理如图 7-23 所示。经检查,发现 C557(0.1μF)严重漏电。将其换新后,故障排除。

小结:图 7-23 中,C557(0.1μF)主要用于滤除 SW5VA 电压中的高频成分,当其严重漏电时,不仅将 SW5VA 电压旁路,还极易使 N551BB(内置 P 沟道场效应管)因过电流而损坏,同时也使 VCC 电源电压下降,造成其他 DC-DC 直流电压下降,使整机小信号电路不能正常工作,导致无光栅故障。

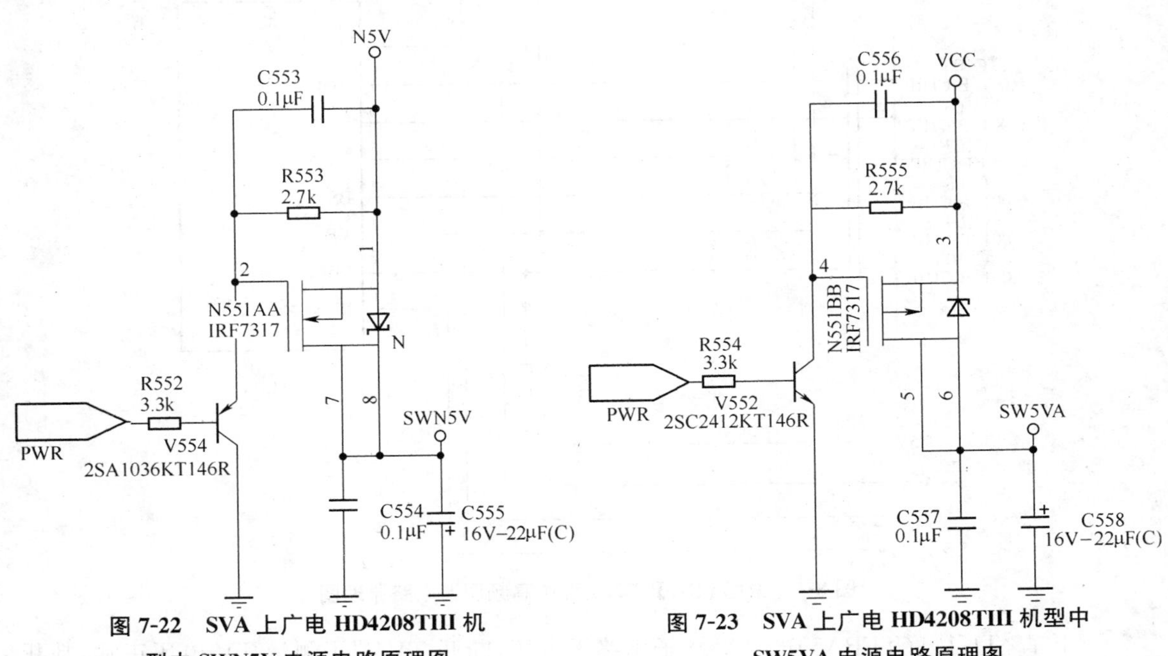

图 7-22　SVA 上广电 HD4208TIII 机型中 SWN5V 电源电路原理图

图 7-23　SVA 上广电 HD4208TIII 机型中 SW5VA 电源电路原理图

第 8 章　索尼数字平板电视机维修笔记

索尼数字平板电视机是我国平板电视市场中的主要品牌之一，也是我国进口平板电视的主要品牌之一，其主要是由上海索广映像有限公司生产，主要型号有：FDL-PT22、FDL-PT22/JE、KLV-S40A10E、KDL-S40A11E、KDL-S40A12U、KDL-40V2500、KDL-46V2500、KDL-46V25L1、KD-36NX200U、KDE-P42MRX1D、KDEP50MRX1D、KDE-P37XS1、KDE-P42XS1、KDL-46V4800 等。因此，了解和掌握索尼数字平板彩色电视机的机心结构及维修技术，对维修其他品牌型号的数字平板电视机都有指导意义。本章主要介绍一些索尼平板电视机维修笔记，以供维修者参考。

1. 索尼 FDL-PT22 无图像，但光栅中有雪花

检查与分析：无图像，但光栅中有雪花，一般是高频信号没有输入，检修时可先检查高频头引脚电路，其电路原理如图 8-1 所示，引脚使用功能见表 8-1。

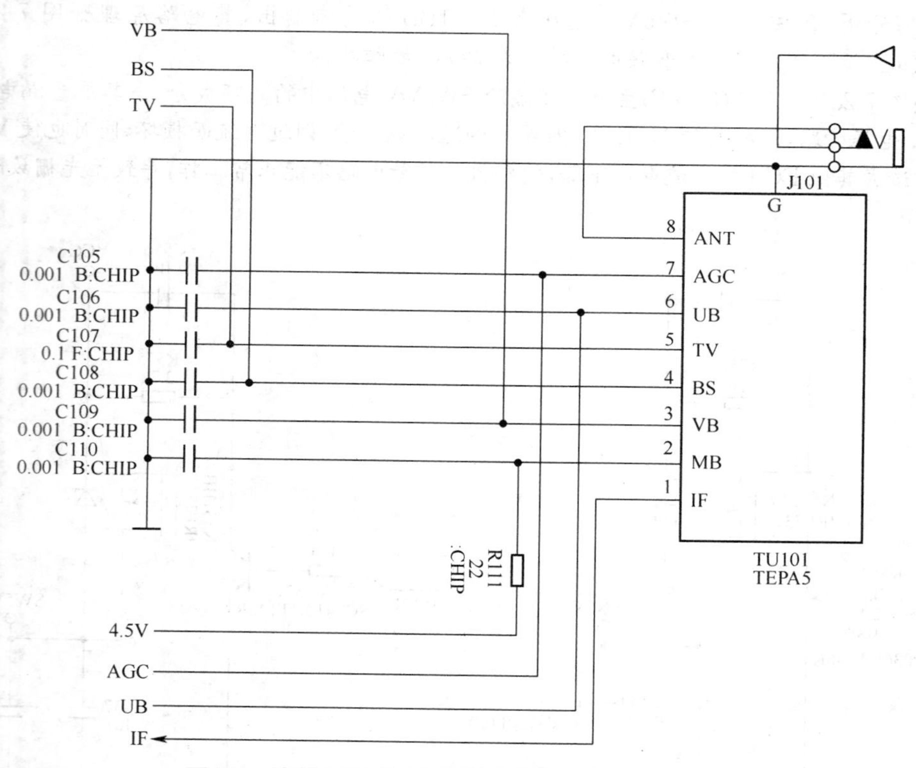

图 8-1　索尼 FDL-PT22 机型中高频调谐电路原理图

经检查，TU101(TEPA5)的 TV 端子始终无电压，断开 TV 端子测量 TV 电压正常，判断高频头损坏，将其换新后，故障排除。

小结：在该机中，TU101(TEPA5)与模拟电视中的高频头基本相似，维修时可参考代换，要

注意工作电压需一致。

表 8-1　TU101(TEPA5 调谐器)引脚使用功能

引脚	符　号	使用功能	参考电压(V)	引脚	符　号	使用功能	参考电压(V)
①	IF	38MHz 中频	0.1	⑤	TV	调谐电压	0～30V
②	MB	工作电压输入端	4.5	⑥	UB	UHF 波段电压输入端	0/3.8
③	VB	VHF 波段电压输入端	3.8/0	⑦	AGC	高效级自动增益控制	1.6
④	BS	波段控制电压输入端	0.1/4.5	⑧	ANT	外接 J101 插口	—

2. 索尼 FDL-PT22 图像时有时无，无图像时白光栅中有少量细小雪花点

检查与分析：根据故障现象和检修经验，初步判断高中频电路有故障。检修时可先检查 AGC 电压，结果发现加到 TU101(TEPA5)的 AGC 端子电压时有时无，试断开 AGC 端子再测 AGC 电压仍然时有时无，说明图像中频处理电路有故障。在该机中，图像中频处理电路主要由 IC201(M51348AFP)及少量分立元件等组成，其电路原理如图 8-2 所示，IC201(M51348AFP)内部方框组成如图 8-3 所示，引脚使用功能及参考电压见表 8-2。

表 8-2　IC201(M51348AFP 图像伴音中频处理电路)引脚使用功能

引脚	符　号	使用功能	参考电压(V)	引脚	符　号	使用功能	参考电压(V)
①	AGCFILEROUT	中频 AGC 滤波输出	3.4	⑬	AUDIO OUT	伴音信号输出	1.3
②	AGCFILTERIN	中频 AGC 滤波输入	3.4	⑭	E-VDL	DEF 控制	3.5
③	RFAGCOUT	射频 AGC 输出	1.6	⑮	FM DETIN	调频检波	2.1
④	RFAGC DELAY	射频 AGC 延迟调整	3.3	⑯	LIMITER OUT	调频检波输出	1.5
⑤	VCC(VIF)	+4.5V 电源，用于图像中频电路供电	4.2	⑰	AFT OUT	AFT 输出	2.4
				⑱	DET OUT	视频检波输出	2.0
⑥	IF IN	中频输入	3.4	⑲	REF COIL	图像检波回路，外接中周	1.9
⑦	IF IN	中频输入	3.4				
⑧	GND(VIF)	图像中频信号处理电路接地	0	⑳	REF COIL	图像检测回路，外接中周	1.9
⑨	VCC(SIF)	+4.5V 电源，用于伴音中频电路供电	4.3	㉑	AFT COIL	AFT 检波回路，外接 AFT 中周	3.4
⑩	SIF IN	伴音中频信号输入	1.6				
⑪	DL F/B	伴音中频处理电路直流反馈	1.6	㉒	SYNC SEP	同步分离	3.4
				㉓	SYNC OUT	同步信号输出	0.4
⑫	GND(SIF)	伴音中频信号处理电路接地	0	㉔	IF AGC ADJ	中频 AGC 调节，未用	1.7

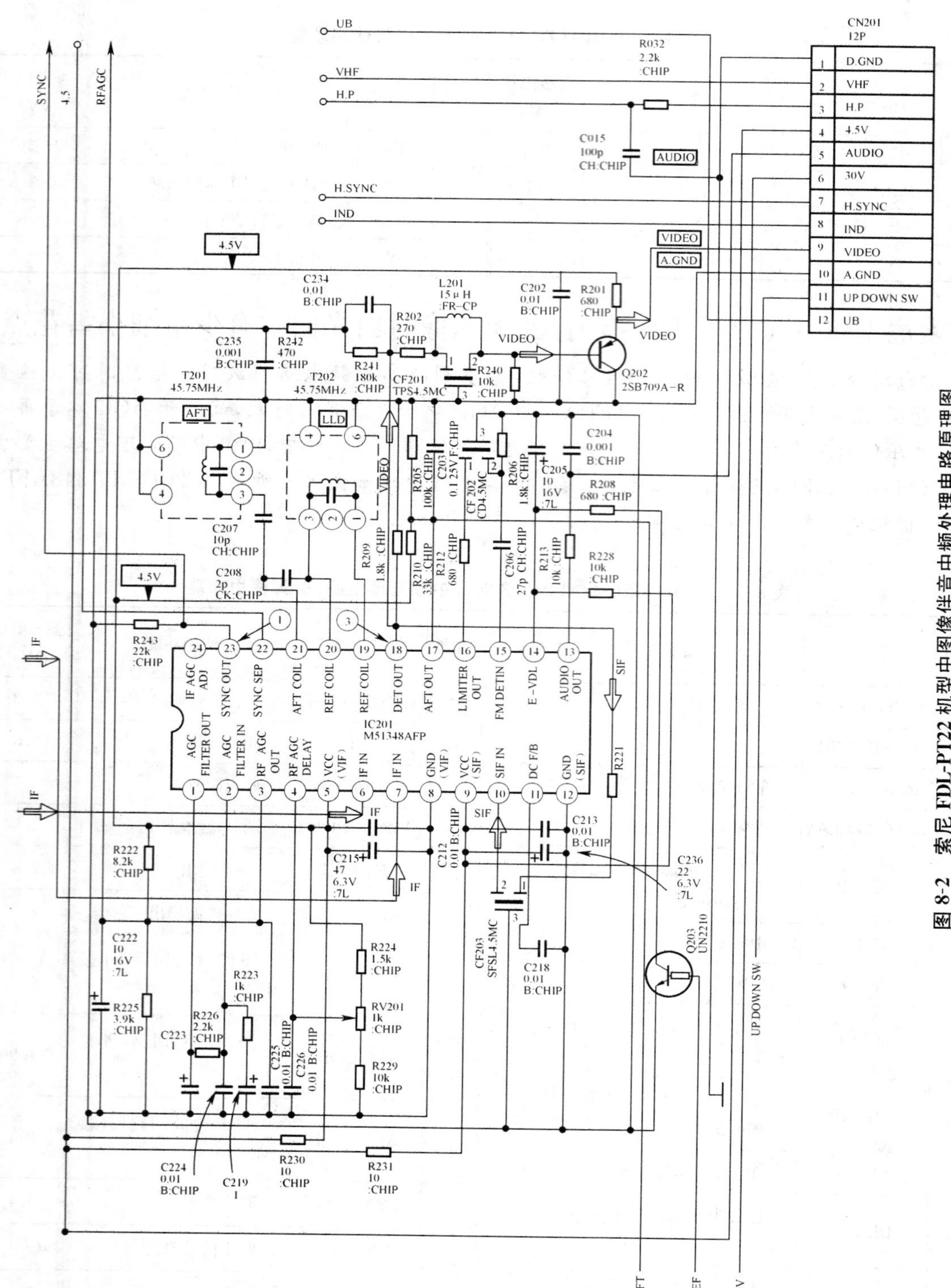

图 8-2 索尼 FDL-PT22 机型中图像伴音中频处理电路原理图

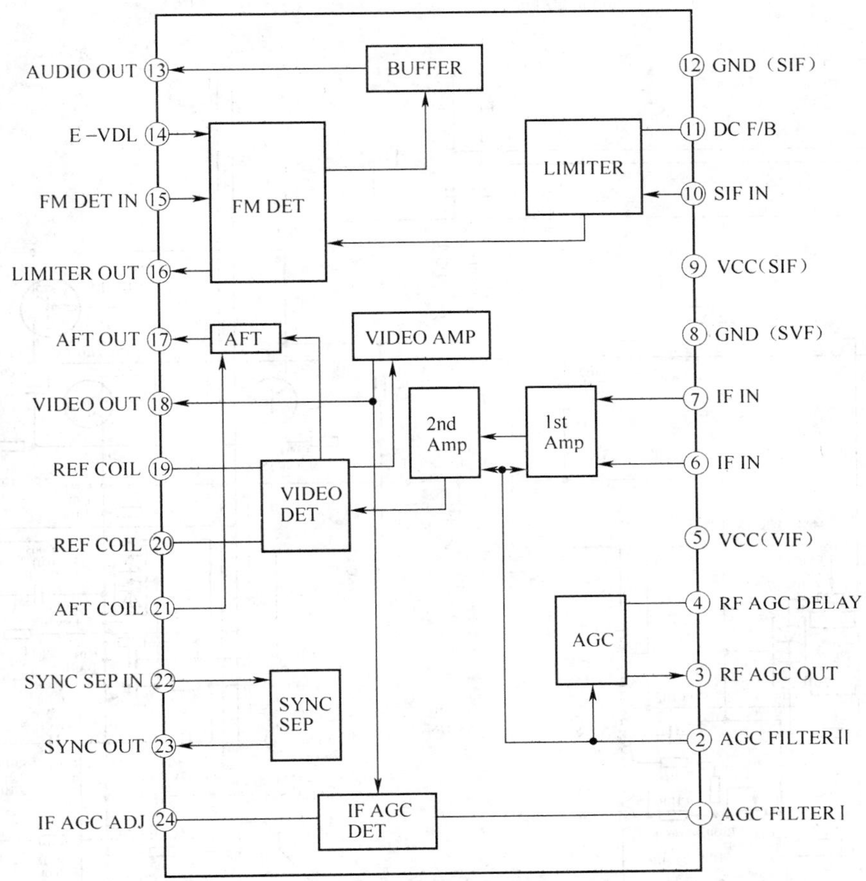

图 8-3　M51348AFP 图像伴音中频信号处理集成电路内部方框组成示意图

经检查，发现 C222(10μF/16V)电解电容器不良(漏电)，将其换新后，故障排除。

小结：图 8-2 中，C222(10μF/16V)用于 IC201(M51348AFP)的③脚 RFAGC 输出滤波，正常工作时，IC201 的③脚有 1.6V 电压，并直接送入高频头的 AGC 端子，用于自动控制高放级增益；当 C222 漏电或击穿短路时，IC201 的③脚输出电压被旁路，导致无图像或白光栅等故障。

3. 索尼 FDL-PT22 无图像，雪花光栅

检查与分析：根据检修经验及故障现象，检修时可先注意检查 IC001(AN5707NFAP)调谐控制电路，其电路原理如图 8-4 所示。

图 8-4 中，IC001(AN5707NFAP)主要用于波段转换、调谐选台以及波段工作电压输出等控制，其内部方框组成如图 8-5 所示，引脚使用功能见表 8-3。经检查，发现 Q001(2SB709A-R)集电极始终无调谐电压(TV)输出，检查 IC001(AN5707NFAP)的㉖脚有变化电压输出，说明 IC001㉖脚外接电路有故障。进一步检查，发现 Q002 发射极滤波电容 C018 击穿短路，将其换新后，故障排除。

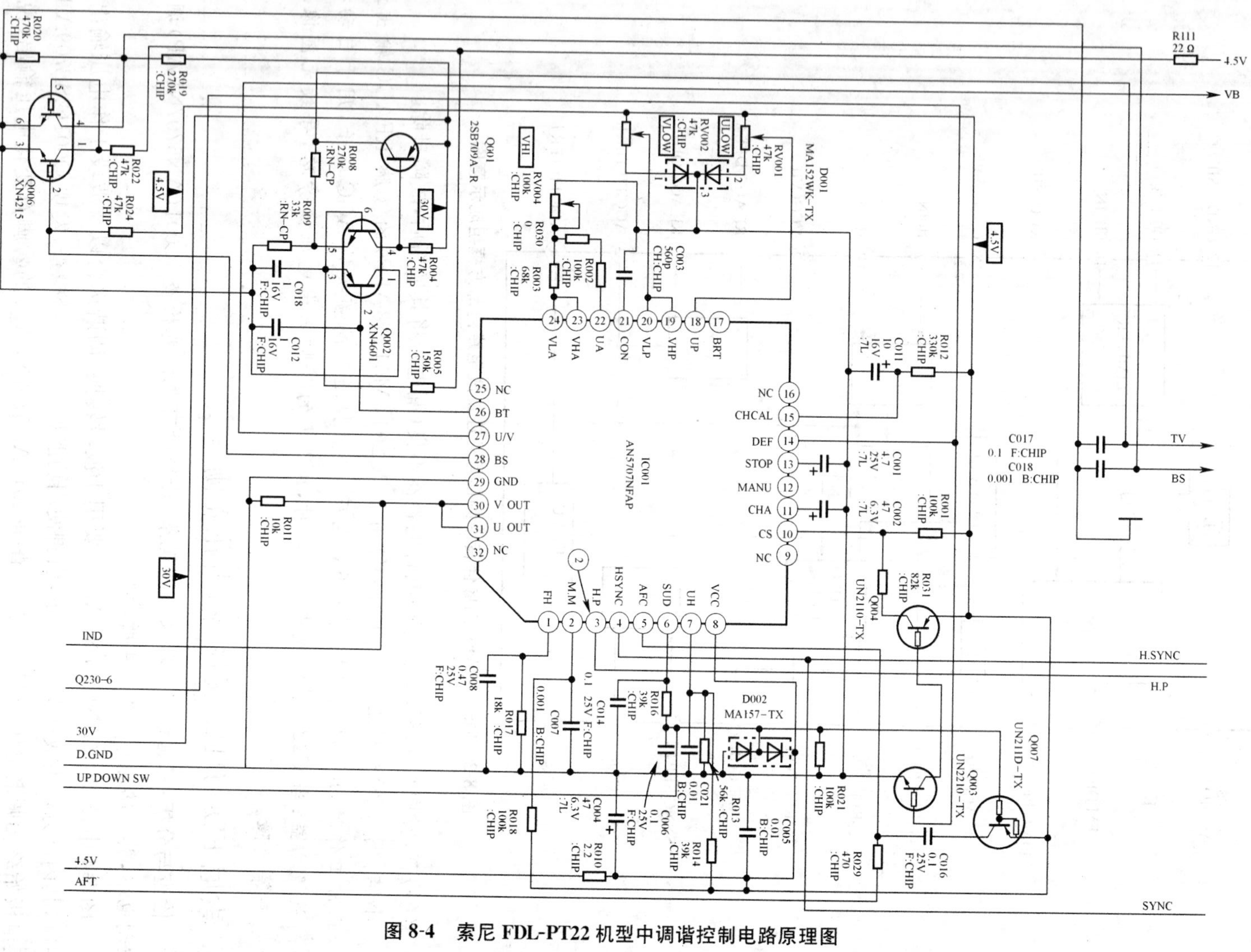

图 8-4 索尼 FDL-PT22 机型中调谐控制电路原理图

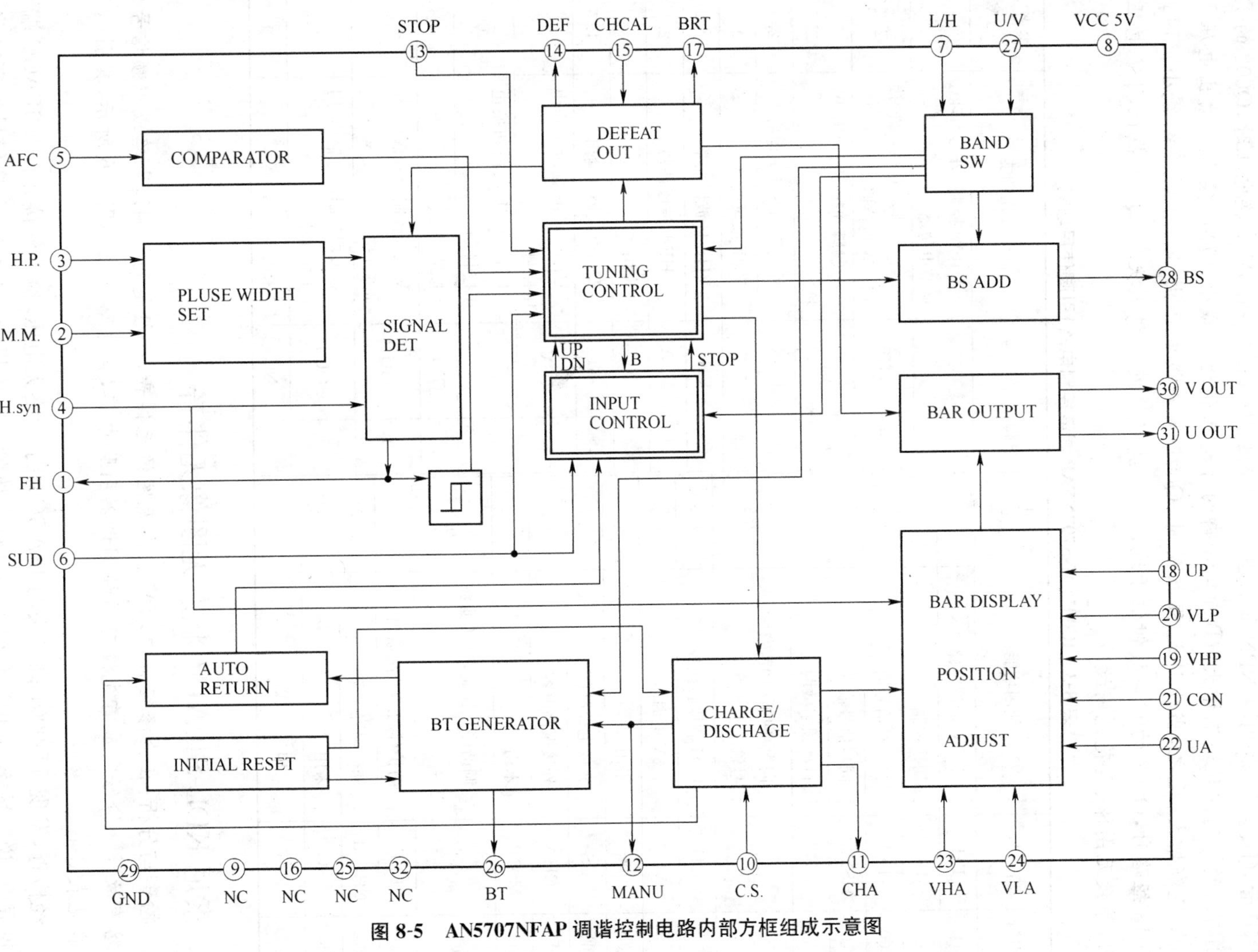

图 8-5　AN5707NFAP 调谐控制电路内部方框组成示意图

小结：图 8-4 中，Q002(XN4601)为内含两只晶体管的调谐控制元件，其中①、②、③脚内接 PNP 管，④、⑤、⑥脚内接 NPN 管。当 IC001 的㉖脚输出 0～4.5V 变换电压时，Q002 的①脚和③脚间的导通阻值逐渐增大，④脚与⑤脚的导通阻值逐渐减小，Q001 集电极输出电压由 0～30V 逐渐增大；反之，当上述过程相反时，Q001 集电极电压由 30～0V 逐渐减小。因此，当 C018 短路时，Q002 的⑥脚被钳位于地，④、⑤脚始终处于截止状态，Q001 截止，TV 电压无输出，导致无图像、雪花光栅故障。

表 8-3　IC001(AN5707NFAP 调谐控制电路)引脚使用功能

引脚	符　号	使用功能	参考电压(V)	引脚	符　号	使用功能	参考电压(V)
①	FH	外接 C 滤波电路	2.7	⑱	UP	U10W 控制、外接 47kΩ 调节电位器	0
②	M・M	切换控制	0	⑲	VHP	与⑳脚并接，外接 VLOW 电位器	2.2
③	H・P	行扫描信号输入	0.3	⑳	VLP	与⑲脚并接用于 VLOW 控制	2.2
④	HSYNC	同步信号输入	0.5	㉑	CON	外接 560pF 滤波电容	2.9
⑤	AFT	自动频率微调输入	2.5	㉒	UA	UHF 波段调整	0.8
⑥	SUD	向上/向下调谐转换开关信号输入	2.5	㉓	VHA	VHF-H 波段调整	2.1
⑦	UH	L/H 波段转换控制	2.5	㉔	VLA	VHF-L 波段调整	2.1
⑧	VCC	4.5V 电源	4.3	㉕	NC	未用	—
⑨	NC	未用	—	㉖	BT	调谐电压控制输出	1.7
⑩	CS	充放电控制(振荡)	0.7	㉗	U/V	UHF/VHF 频段工作电压控制	3.8
⑪	CHA	外接振荡电容	2.5	㉘	BS	UHF/VHF 波段切换电压控制	0
⑫	MANU	未用	0	㉙	GND	接地	0
⑬	STOP	调谐停止控制，外接滤波电容	0.3	㉚	VOUT	V 波段控制信号输出，与㉛脚并接	0
⑭	DEF	防护(阻止)控制输出	0	㉛	UOUT	U 波段控制信号输出，用于 IND 控制	0
⑮	CHCAL	外接偏置电路	3.7	㉜	NC	未用	0
⑯	NC	未用	—				
⑰	BRT	未用	—				

4. 索尼 KDL-S40ATV 状态无图像无伴音

检查与分析：在检修经验中，TV 状态无图像无伴音，一般是高频调谐电路或中频信号处理电路有故障。检修时应首先检查高频调谐器引脚电路，其电路原理如图 8-6 所示，其引脚使用功能见表 8-4。

经检查，发现 TU0001 高频头的 IFAGC 端子始终无电压，检查外接元件及 IFAGC 端子均未见异常，说明数字 IF 中频信号处理电路有故障。在该机中，数字 IF 中频信号处理电路主要由 IC3504(CXD1976R-T6)及少量外围元件等组成，其电路原理如图 8-7 所示，IC3504(CXD1976R-T6)的引脚使用功能见表 8-5。

经检查，发现 C3532(100pF)电容漏电，将其换新后，故障排除。

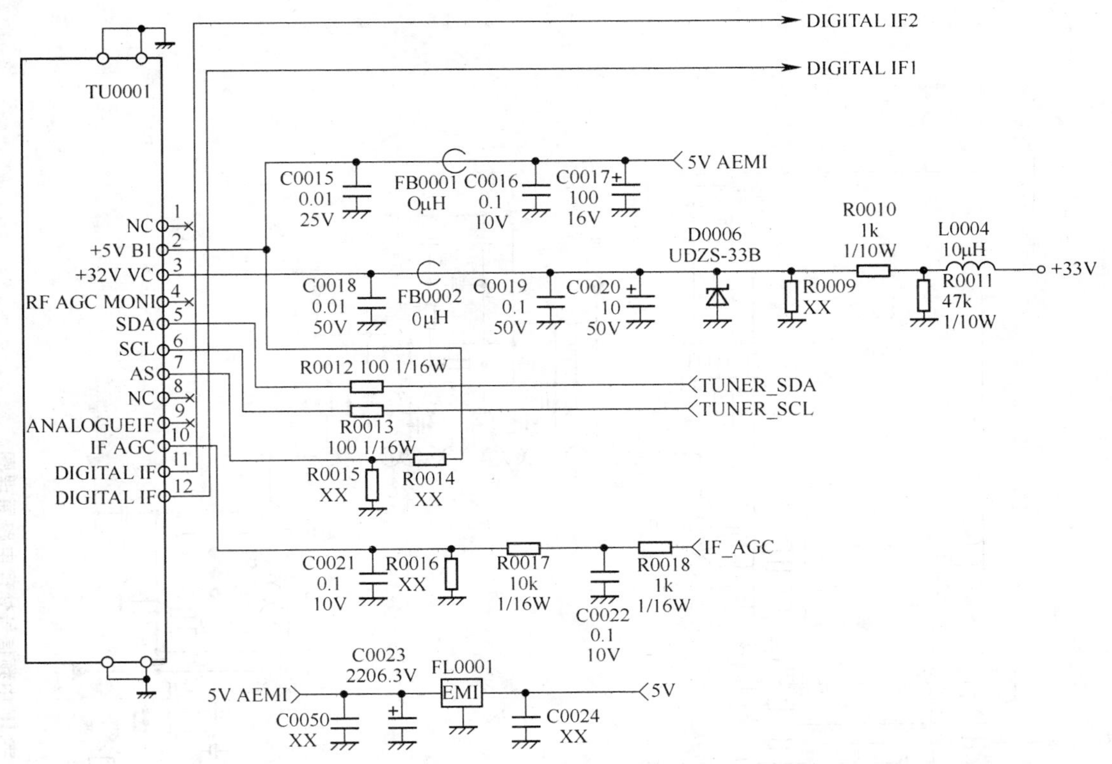

图 8-6　索尼 KDL-S40A 机型中 TU0001 高频头引脚电路原理图

表 8-4　TU0001(高频调谐器)引脚使用功能

引脚	符　号	使用功能	引脚	符　号	使用功能
①	NC	空脚	⑦	AS	外接偏置电路
②	+5VB1	5VAEM1(+5V)电源	⑧	NC	空脚
③	+32V VC	+32V 电源,用于调谐选台	⑨	ANALOGUE IF	模拟 IF 中频信号输出,但未用
④	RFAGC MON1	射频 AGC,未用	⑩	IF AGC	中频 AGC 输入
⑤	SDA	I^2C 总线数据线	⑪	DIGITAL IF	数字 IF 中频信号输出 1
⑥	SCL	I^2C 总线时钟线	⑫	DIGIAL IF	数字 IF 中频信号输出 2

注:表中引脚序号由作者编注。

小结:图 8-7 中,C3532 并接在 IC3504 的57脚与地之间,用于 IFAGC 滤波。当 C3532 漏电时,IFAGC 电压被旁路,TU001 高频头因无 AGC 输入而无中频信号输出,从而导致无图像、无伴音故障。

5. 索尼 KDL-S40A 图像正常,无伴音

检查与分析:图像正常,无伴音,一般是单纯性的伴音处理电路有故障。因此,检修时主要检查伴音处理电路。在该机中,伴音处理电路主要由 IC7804(MSP4411K-QA-D5-001)及少量外围元件等组成,其电路原理如图 8-8 所示,IC7804(MSP4411K-QA-D5-001)的引脚使用功能及参考电压见表 8-6。

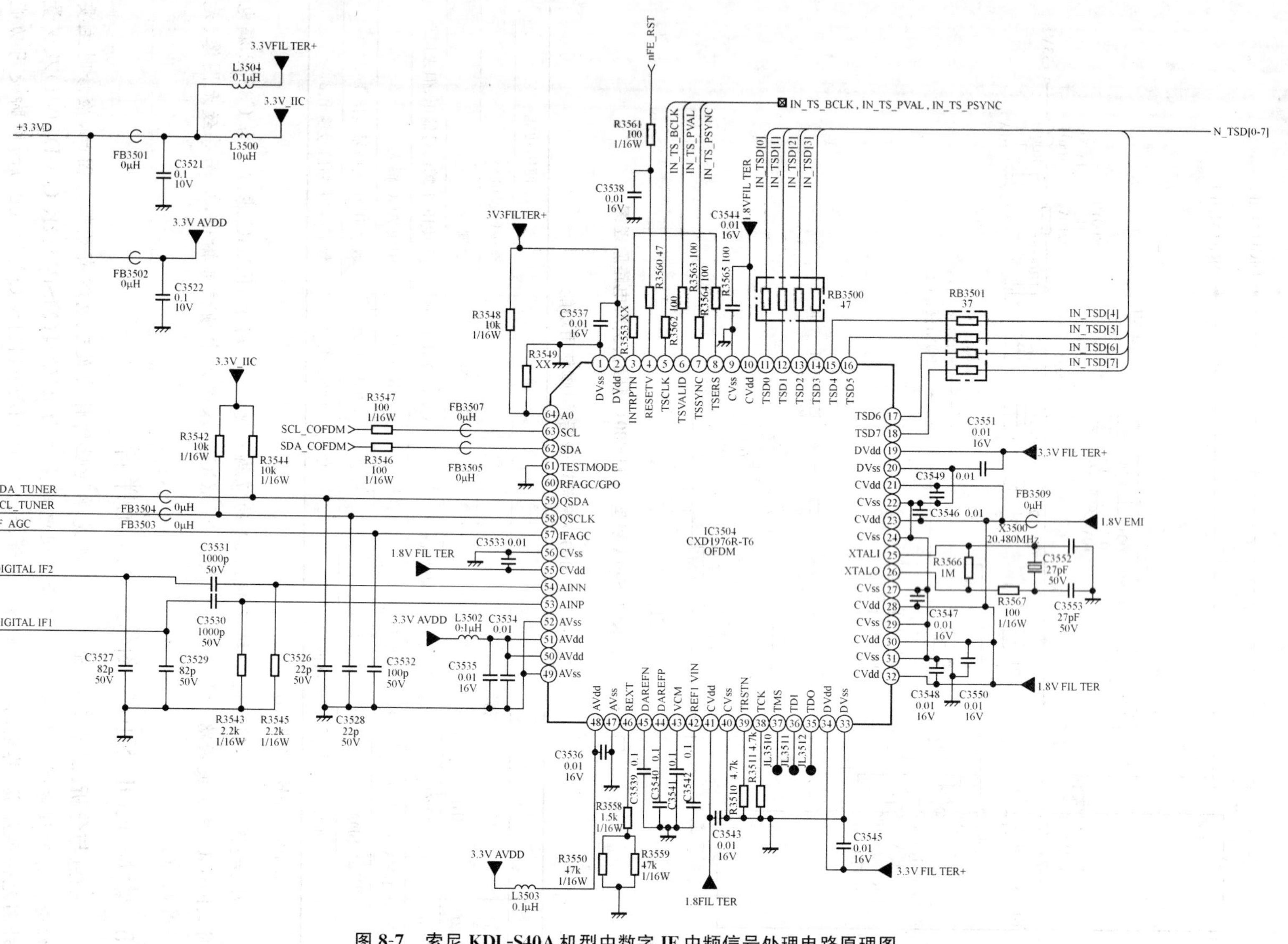

图 8-7 索尼 KDL-S40A 机型中数字 IF 中频信号处理电路原理图

表 8-5　IC3504(CXD1976R-T6 数字 IF 中频信号处理电路)引脚使用功能

引脚	符　号	使用功能
①	DVSS	接地
②	DVDD	3.3VF1LTER+(3.3V)电源
③	INTRPTN	TNTRPTN,通过电阻与⑧脚相接
④	RESETN	复位输入
⑤	TSCLR	时钟输入
⑥	TSVALID	PVAL 控制输入
⑦	TSSYNC	PSYNC 同步信号输入
⑧	TSERR	TSERR,通过电阻与③脚相接
⑨	CVSS	接地
⑩	CVDD	1V8FILTER(1.8V)电源
⑪～⑱	TSD0～TSD7	8bit 数字信号输出
⑲	DVDD	3V3FILTER(3.3V)电源
⑳	DVSS	接地
㉑	CVDD	1V8EM1(1.8V)电源
㉒	CVSS	接地
㉓	CVDD	1V8EM1(1.8V)电源
㉔	CVSS	接地
㉕	XTAL1	时钟振荡输入,外接 20.480MHz 振荡器
㉖	XTAL0	时钟振荡输出,外接 20.480MHz 振荡器
㉗	CVSS	接地
㉘	CVDD	1V8FILTER(1.8V)电源
㉙	CVSS	接地
㉚	CVDD	1V8FILTER(1.8V)电源
㉛	CVSS	接地
㉜	CVDD	1V8FILTER(1.8V)电源
㉝	DVSS	数字电路接地
㉞	DVDD	3V3FILTER+(3.3V 电源)
㉟	TD0	未用
㊱	TD1	未用
㊲	TMS	未用
㊳	TCK	未用,但外接下拉电阻
㊴	TRSTN	外接下拉电阻
㊵	CVSS	接地
㊶	CVDD	1V8FILTER(1.8V 电源)
㊷	REF1 VIN	参考电压输入 1
㊸	VCM	外接滤波电容
㊹	DAREFP	数模参考电压(正极性)
㊺	DAREFN	数模参考电压(负极性)
㊻	REXT	外部电阻电路
㊼	AVSS	接地
㊽	AVDD	3V3AVDD(3.3V 电源),用于模拟电路供电
㊾	AVSS	接地
㊿	AVDD	3V3AVDD(3.3V 电源),用于模拟电路供电
51	AVDD	3V3AVDD(3.3V 电源),用于模拟电路供电
52	AVSS	接地
53	AINP	用于数字 IF 中频信号输入(正极性)
54	AINN	用于数字 IF 中频信号输入(负极性)
55	CVDD	1V8FILTER(1.8V)电源
56	CVSS	接地
57	IFAGC	自动增益控制信号输出
58	QSCLR	I^2C 总线时钟线,用于高频调谐器
59	QSDA	I^2C 总线数据线,用于高频调谐器
60	RFAGC/GPO	射频 AGC,未用
61	TESTMODE	测试端,接地
62	SDA	I^2C 总线数据线
63	SCL	I^2C 总线时钟线
64	A0	地址 0,外接偏置电路

经检查,发现 C7818(0.1μF/25V)电容漏电,将其换新后,故障排除。

小结:图 8-8 中,C7818 用于 IC7804 的㉑脚复位滤波,当其漏电或击穿时,输入到 IC7804㉑脚的复位信号将被旁路,使 IC7804 不能复位且无法进入工作状态,从而导致无伴音故障。

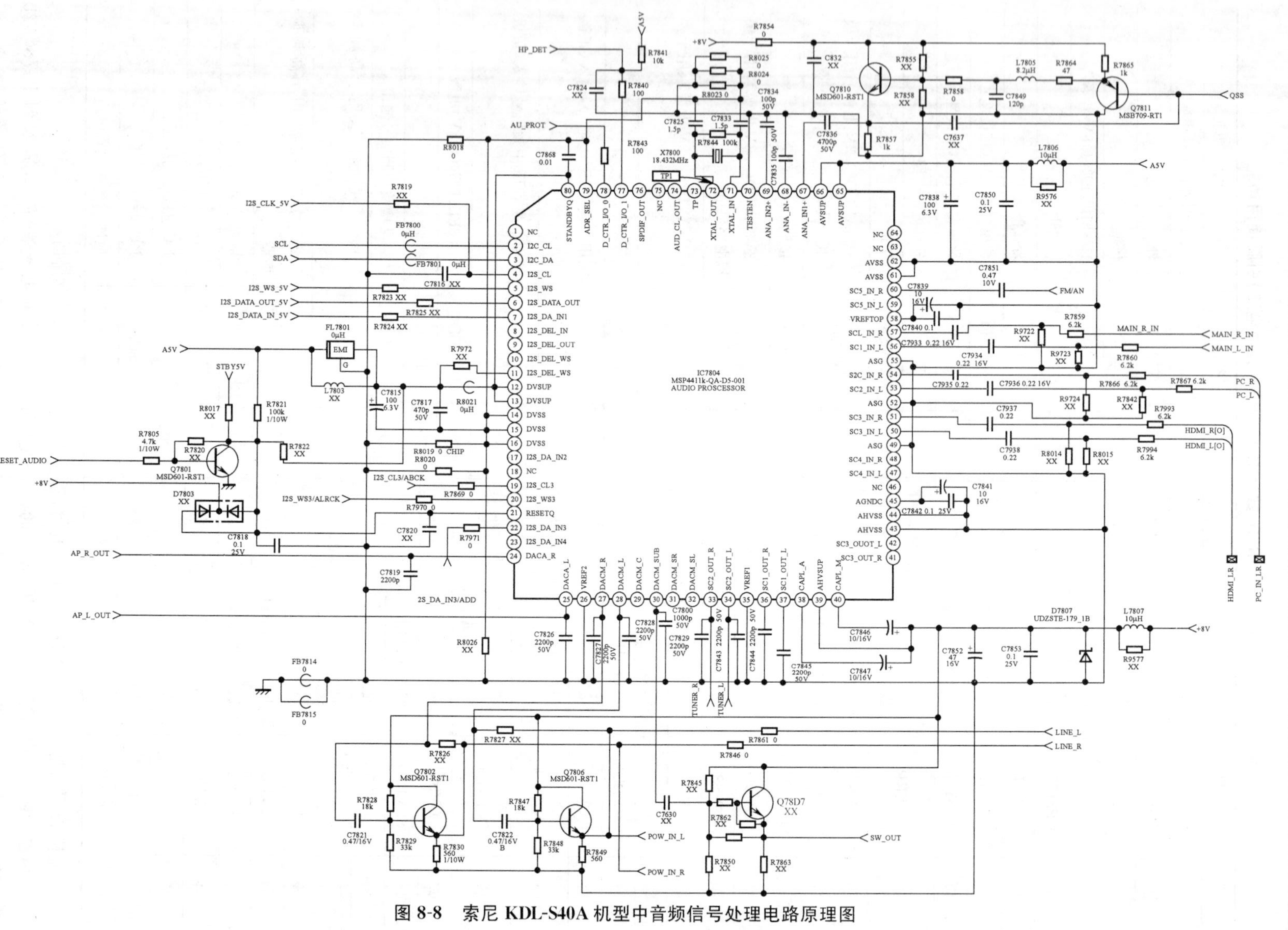

图 8-8 索尼 KDL-S40A 机型中音频信号处理电路原理图

表 8-6　IC 7804(MSP4411K-QA-D5-001 音频处理电路)引脚使用功能

引脚	符　号	使用功能	参考电压(V)
①、⑱、⑥③、⑥④、⑦⑤	NC	未用	—
②	I2C-CL	I^2C 总线时钟线	3.5
③	I2C-DA	I^2C 总线数据线	3.5
④	I2S-CL	I2S-CLK-5V,未用	0
⑤	I2S-WS	I2S-WS-5V,未用	0
⑥	I2S-DATA-OUT	I2S-DATA-OUT-5V,未用	0
⑦	I2S-DA-IN_1	I2S-DATA -IN-5V,未用	0.3
⑧	I2S-DEL-IN	未用	0.3
⑨	I2S-DEL-OUT	未用	0.3
⑩	I2S-DEL-WS	未用	0.3
⑪	I2S-DEL-WS	未用	0.3
⑫、⑬	DVSUP	A5V(+5V)电源	4.9
⑭～⑯	DVSS	接地	0
⑰	I2S-DA-IN2	未用	0.2
⑲	I2S-CL3	I2S-CL3/BCK 时钟输入	1.7
⑳	I2S-WS3	I2S-WS3/ALRCK	1.7
㉑	RESETQ	复位	4.6
㉒	I2S-DA-IN3	I2S-DA-IN3/ADD	1.7
㉓	I2S-DA-IN4	未用	0.3
㉔	DACA-R	AP-R-OUT,右声道输出	0
㉕	DACA-L	AP-L-OUT,左声道输出	0
㉖	VREF2	参考电压,接地	0
㉗	DACM-R	LINE-R	0.2
㉘	DACM-L	LINE-L	0.2
㉙	DACM-C	未用	0.2
㉚	DACM-SUB	未用	0.2
㉛	DACM-SR	未用	0.2
㉜	DACM-SL	未用	0.2
㉝	SC2-OUT-R	TUNER-R	1.3
㉞	SC2-OUT-L	TUNER-L	1.3
㉟	VREF1	参考电压、接地	0
㊱	SC1-OUT-R	外接滤波电容	3.8
㊲	SC1-OUT-L	外接滤波电容	3.8
㊳	CAPL-A	外接钳位电容,接入+8V电源	7.4

引脚	符　号	使用功能	参考电压(V)
㊴	AHVSUP	+8V 电源	8.1
㊵	CAPL-M	外接钳位电容,接入+8V 电源	7.2
㊶、㊷	SC3-OUT-L/R	未用	1.3
㊸、㊹	AHVSS	接地	0
㊺	AGNDC	外接钳位电容	3.8
㊻、㊼、㊽	NC、SC4-IN-L/R	未用	3.8
㊾、52、55	ASG	接地	0
㊿	SC3-IN-L	HDMI-L 左声道音频信号输入	3.8
51	SC3-IN-R	HDMI-R 右声道音频信号输入	3.8
53	SC2-IN-L	PC-L 左声道音频信号输入	3.8
54	SC2-IN-R	PC-R 右声道音频信号输入	3.8
56	SC1-IN-L	MAIN-L-IN 左声道音频信号输入	3.8
57	SC1-IN-R	MAIN-R-IN 右声道音频信号输入	3.8
58	VREFTOP	参考电压	2.6
59	SC5-IN-L	未用	3.8
60	SC5-IN-R	用于 FM/AM 音频信号输入	3.8
61、62	AVSS	接地	0
63、64	NC	未用	—
65、66	AVSUP	A5V(+5V)电源	5.0
67	ANA-IN1+	QSS	1.5
68	ANA-IN−	外接滤波电容	1.5
69	ANA-IN2+	外接滤波电容	0.2
70	TESTEN	测试端,接地	0
71	XTAL-IN	时钟振荡输入,外接 18.432MHz 振荡器	2.4
72	XTAL-OUT	时钟振荡输出,外接 18.432MHz 振荡器	2.3
73～76	AUD-CL-OUT NC、SPDIF -OUT、TP	未用	—
77	D-CTR-I/O-1	用于 HP-DET 输入	0.5
78	D-CTR-I/O-0	用于 AU-PROT 输入	3.3
79	ADR-SEL	接地	0
80	STANDB-YQ	A5V(+5V)电源	4.9

6. 索尼 KDL-S40A 图像伴音正常,但时而出现无彩色故障

检查与分析:根据故障现象分析,视频电路中可能有接触不良或漏电元件出现,检修时应重点检查色度译码电路。在该机中,色度译码电路主要由 IC2501(CXA2163AQ-T6)及少量外围元件等组成,其电路原理如图 8-9 所示,引脚使用功能及参考电压见表 8-7 所示。

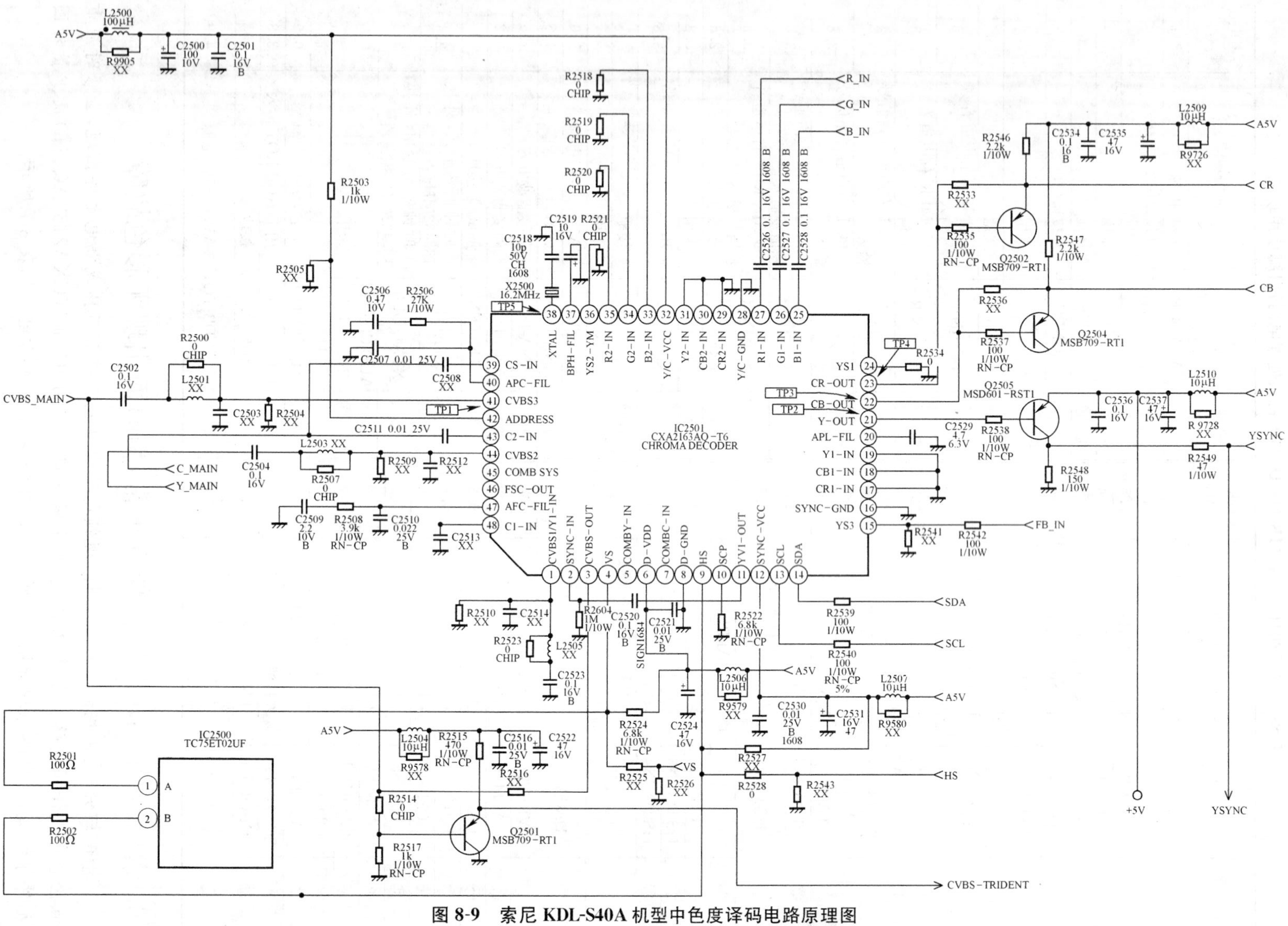

图 8-9 索尼 KDL-S40A 机型中色度译码电路原理图

经检查，发现 C2507(0.01μF)电容漏电，将其换新后，故障排除。

小结：图 8-9 中，C2507 并接在 IC2501(CXA2163AQ-T6)的㊵脚，与 C2506、R2506 组成双时间常数滤波器，主要用于色度解码电路中的自动相位控制(APC)滤波，以提高色信号的捕捉速度。当 APC 滤波电路不良时会引起无彩色或彩色出现迟缓等故障，检修时应加以注意，必要时将 APC 滤波元件直接换新。

表 8-7　IC2501(CXA2163AQ-T6 色度译码电路)引脚使用功能及参考电压

引脚	符　号	使用功能	参考电压(V)	引脚	符　号	使用功能	参考电压(V)
①	CVBS1/Y1-IN	视频 1/亮度 1 输入，未用	1.9	㉘	Y/C-GND	Y/C 电路接地	0
②	SYNC-IN	同步信号输入	2.2	㉙	CR2-IN	隔行色度 U 分量信号输入 2，未用，接地	0
③	CVBS-OUT	视频信号输出	1.8	㉚	CB2-IN	隔行色度 U 分量信号输入 2，未用，接地	0
④	VS	场脉冲输入	2.0	㉛	Y2-IN	亮度信号输入 2，未用，接地	0
⑤	COMB Y-2N	未用	1.9	㉜	Y/C-VCC	A5V(+5V)电源	4.9
⑥	D-VDD	A5V(+5V)电源	5.0	㉝	B2-IN	B 基色信号输入 2，未用，接地	0
⑦	COMB C-2N	未用	2.5	㉞	G2-IN	G 基色信号输入 2，未用，接地	0
⑧	D-GND	接地	0	㉟	R2-IN	R 基色信号输入 2，未用，接地	0
⑨	HS	行脉冲输入	1.9	㊱	YS2-YM	亮度信号输入 2，未用，接地	0
⑩	SCP	沙堡脉冲	0.8	㊲	BPH-FIL	BPH 滤波	1.1
⑪	YV1-OUT	同步信号输出	2.6	㊳	XTAL	时钟振荡，外接 16.2MHz 振荡器	3.9
⑫	SYNC-VCC	A5V(+5V)电源	5.0	㊴	C3-IN	色度信号输入 3	1.7
⑬	SCL	I^2C 总线时钟线	3.4	㊵	APC-FIL	APC 滤波	3.3
⑭	SDA	I^2C 总线数据线	3.5	㊶	CVBS3	视频信号输入 3 端口，输入主视频信号	2.5
⑮	YS3	FB 消隐信号输入	0	㊷	ADDRESS	A5V(+5V)电源	4.9
⑯	SYNC-GND	接地	0	㊸	C2-IN	色度信号输入 2	1.7
⑰	CR1-IN	隔行 V 信号输入，未用，接地	0	㊹	CVBS2	视频信号输入 2 端口，输入主亮度信号	1.9
⑱	CB1-IN	隔行 U 信号输入，未用，接地	0	㊺	COMB SYS	未用	4.9
⑲	Y1-IN	亮度信号输入，未用，接地	0	㊻	FSC-OUT	副载波输出，未用	2.2
⑳	APL-FIL	APL 自相位锁相环路滤波	2.4	㊼	AFL-FIL	AFC 滤波	3.7
㉑	Y-OUT	亮度信号输出	1.8	㊽	CI-IN	色度信号输入 1，未用，外接滤波电容	1.7
㉒	CB-OUT	隔行色度 U 分量信号输出	1.8				
㉓	CR-OUT	隔行色度 V 分量信号输出	1.8				
㉔	YS1	快速开关信号 1，但未用	0				
㉕	B1-IN	B 基色信号输入 1	2.5				
㉖	G1-IN	G 基色信号输入 1	2.5				
㉗	R1-IN	R 基色信号输入 1	2.5				

7. 索尼 KDL-S40A 有时控制功能失效,但电源电压均正常

检查与分析:在检修经验中,有时控制功能失效,而电源电压又均正常时,一般是微控制器的"四要素"不良,即时钟振荡、复位、I^2C 总线接口、工作电压电路有故障。检修时应首先注意检查时钟振荡电路。在该机中,时钟振荡电路是由 IC3201(KA5SDKASO1TSL)和 X3200(27MHz)等组成,其电路原理如图 8-10 所示。经检查,发现 X3200(27MHz)的一引脚脱焊,将其补焊后,故障排除。

小结:图 8-10 中,X3200 为 27MHz 晶体振荡器,与 IC3201 组成时钟电路,并由 IC3201 的⑤脚输出 CLK27M 时钟信号。当 X3200 开路时,IC3201 的⑤脚无输出,主机线路不工作。

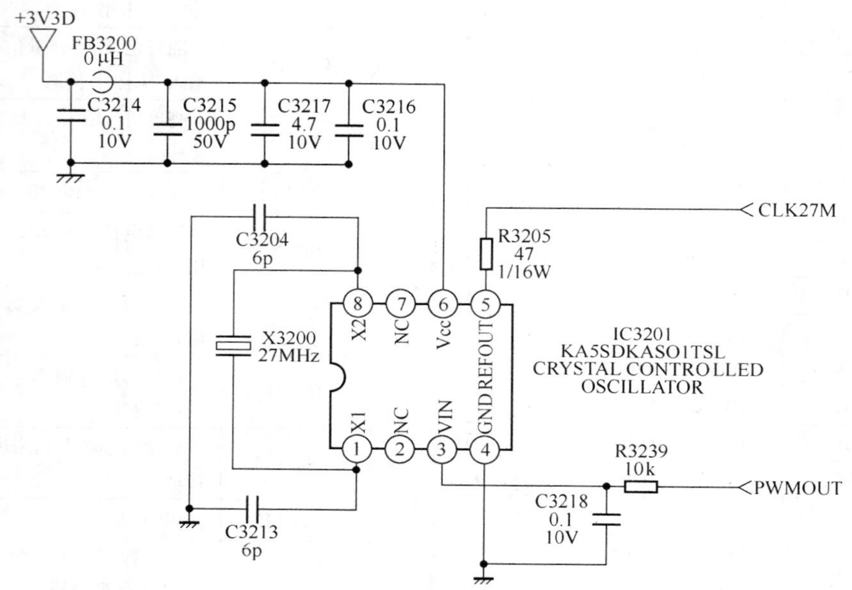

图 8-10 索尼 KDL-S40A 机型中 27MHz 时钟振荡电路

8. 索尼 KDL-S40A 图像正常,伴音时有时无

检查与分析:根据检修经验及故障现象,检修时可先转换输入 AV 视音频信号,以便进一步判断故障的产生原因。经初步检查,在输入 AV 信号时,伴音仍时有时无,判断 AV 转换电路有故障。在该机中,AV 开关转换电路由 IC9500(CXA2069Q-TL)及少量外围元件等组成,其电路原理如图 8-11 所示,引脚使用功能见表 8-8。经检查,未见有明显不良及损坏元件,在更换 IC9500 后,故障排除。

小结:图 8-11 中,IC9500(CXA2069Q-TL)为多路 AV 视频音频转换电路,内电路不良时会引起无图像无伴音或有图像无伴音、有伴音无图像等故障,检修时应注意,必要时将其直接换新。

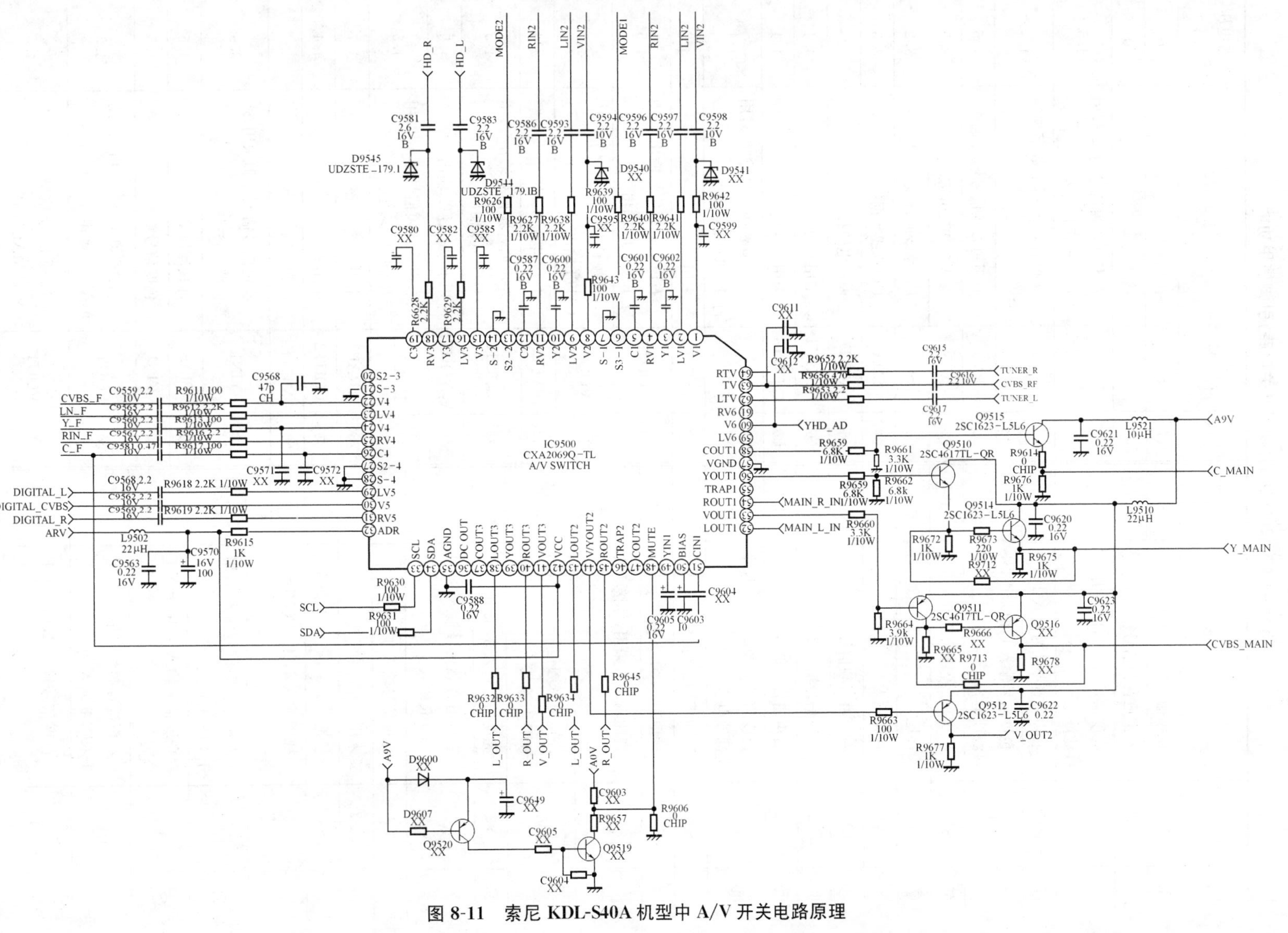

图 8-11　索尼 KDL-S40A 机型中 A/V 开关电路原理

表 8-8 IC9500(CXA2069Q-TL 视频开关电路)引脚使用功能

引脚	符号	使用功能	参考电压(V)	引脚	符号	使用功能	参考电压(V)
①	V1	视频输入 1	3.9	㉗	S2-4	接地	0
②	LV1	左声道音频信号输入 1	4.5	㉘	S-4	接地	0
③	Y1	亮度信号输入 1,但未用,外接滤波电容	3.9	㉙	LV5	左声道音频信号输入 5,用于数字音频 L 输入	4.5
④	RV1	右声道音频信号输入 1	4.5	㉚	V5	视频输入 5,用于数字视频输入	4.5
⑤	C1	色度信号输入 1,但未用,外接滤波电容	4.4	㉛	RV5	右声道音频信号输入 5	4.5
⑥	S2-1	MODE1 控制信号输入 1	0	㉜	ADR	A9V(+9V)电源输入	8.9
⑦	S-1	接地	0	㉝	SCL	I^2C 总线时钟线	3.2
⑧	V2	视频输入 2	3.9	㉞	SDA	I^2C 总线数据线	3.5
⑨	LV2	左声道音频信号输入 2	4.5	㉟	AGND	模拟电路接地	0
⑩	Y2	亮度信号输入 2	3.9	㊱	DC-OUT	未用	4.4
⑪	RV2	右声道音频信号输入 2	4.5	㊲	C OUT3	未用	4.4
⑫	C2	色度信号输入 2,但未用,外接滤波电容	4.5	㊳	LOUT3	左声道音频信号输出 3,用于 L-OUT1 输出	4.4
⑬	S2-2	MODE2 控制信号输入 2	0	㊴	YOUT3	未用	3.7
⑭	S-2	接地	0	㊵	ROUT3	右声道音频信号输出 3,用于 R-OUT1 输出	4.5
⑮	V3	视频输入 3,未用,外接滤波电容	3.9	㊶	VOUT3	视频信号输出 3,用于 V-OUT1 输出	4.5
⑯	LV3	左声道音频信号输入 3,用于 HD-L 输入	4.5	㊷	VCC	+9V 电源	9.0
⑰	Y3	亮度信号输入 3,未用	3.9	㊸	LOUT2	左声道音频信号输出 2,用于 L-OUT2 输出	4.5
⑱	RV3	右声道音频信号输入 3,用于 HD-R 输入	4.5	㊹	V/YOUT2	用于 V-OUT2 输出	4.5
⑲	C3	色度信号输入 3	4.5	㊺	ROUT2	右声道音频信号输出 2,用于 R-OUT2 输出	4.5
⑳	S2-3	未用	0	㊻	TRAP2	未用	3.7
㉑	S-3	接地	0	㊼	COUT2	未用	4.4
㉒	V4	视频输入 4,用于 CVBS-F 输入	3.9	㊽	MUTE	静音控制	0
㉓	LV4	左声道音频信号输入 4,用于 LIN-F 输入	4.5	㊾	YIN1	亮度信号输入 1,但未用,外接滤波电容	3.9
㉔	Y4	亮度信号输入 4,用于 Y-F 输入	3.9	㊿	BIAS	外接滤波电容	4.5
㉕	RV4	右声道音频信号输入 4,用于 RIN-F 输入	4.5	51	CIN1	色度信号输入 1	4.5
㉖	C4	色度信号输入 4,用于 C-F 输入	4.5	52	LOUT1	左声道音频输出 1,用 MAIN-L 输出	4.5
				53	VOUT1	视频信号输入 1,用于 CVBS-MAIN 输出	4.5

续表 8-8

引脚	符 号	使用功能	参考电压(V)	引脚	符 号	使用功能	参考电压(V)
㊹	ROUT1	右声道音频输出 1,用于 MAIN-R 输出	4.5	㊾	LV6	左声道音频信号输出 6,未用	4.5
㊺	TRAP1	未用	3.7	㊿	VS	YHD-AV 控制信号输入	3.9
㊻	YOUT1	亮度信号输出 1,用于 Y-MAIN 输出	3.2	61	RV6	右声道音频信号输出 6,未用	4.5
㊼	VGND	接地	0	62	LTV	左声道 TV 音频信号输入	4.5
㊽	COUT1	色度信号输入 1,用于 C-MAIN 输出	4.3	63	TV	TV 视频信号输入	4.5
				64	RTV	右声道 TV 音频信号输入	4.5

9. 索尼 KDL-46V4800 图像正常,无伴音

检查与分析:图像正常,无伴音,一般是伴音电路有故障,检修时可先注意检查扬声器引线插头的引脚电压,其实物组装如图 8-12 所示。

经检查,CN3400 插座的上、下两边脚既无抖动电压,也无音频信号波形。进一步检查,音频功率输出集成电路 TPA3100D2 的外围元件未见异常,因而怀疑 TPA3100D2 损坏。TPA3100D2 的引脚较少,又便于拆卸,试将其换新一试,结果故障排除。

小结:检修时,常遇见部分机型没有随机图纸,也没有相关资料的情况。根据故障现象,可先从相应的电路终端入手,进行逆向检查。由于平板电视的机心板中的分立元件较少,故在分立元件均正常时,应重点考察相应的集成电路,对于引脚较少,且又易于更换的集成电路,可直接代换。

10. 索尼 KDL-46V4800 黑光栅,控制功能失效,但检查电源电路正常

检查与分析:根据检修经验及故障现象,拆开后盖对机内电路实物进行逐一检查,其实物组装如图 8-13 所示。经检查,电源板中的元件未见异常,通电检查 CN6150 引脚输出电压正常。CN6151 引脚输出电压正常,说明故障点在主板电路。

在主板电路中,由于元器件的引脚十分细密,不易于通电检测(不慎短路会造成人为故障),因此,应采用电阻测量法。经检查,未见有明显异常之处,但拆下 VGA 插座等防护罩板,检查 CXB1444R 所属的 24CO2WP 存储器时发现⑤、⑥脚间有异物,将其清除后,故障排除,其实物组装如图 8-14 所示。

小结:图 8-14 中,CXB1444R 与 24CO2WP 组成 HDMI 数字视频信号编解码驱动电路,并通过 I^2C 总线受微控制器控制。当 24CO2WP 存储器⑤、⑥脚因异物而漏电或短路时,I^2C 总线的时钟线和数据线将产生混路,使 I^2C 总线控制功能失效,导致黑光栅或不开机等故障。因此,在平板电视检修中,应注意检查线路板及元器件是否清洁、整齐。

11. 索尼 KDE-P42MRX1D 无光栅,不能二次开机,指示灯不亮

检查与分析:无光栅,不能二次开机,一般是待机电源或控制系统有故障。检修时,应首先注意检查+6V 待机电压是否正常,二次开机时是否能够听到继电器的跳动声。经检查,+6V 电

压为零，说明待机电源有故障，应注意检查＋6V 待机电源。在该机中，待机电源主要由 IC601(MIP2C2)、PH601(PC123Y2200F)、T603(TRANSFORME)、D604(D1NL20U-TR2)等组成，其电路原理如图 8-15 所示。经检查，IC601、PH601、IC602 均已击穿损坏，再查其他元件未见异常后，将损坏元件换新，通电试机，＋6V 电压输出正常；二次开机，电视机恢复正常工作，但工作几分钟后，故障重现，说明电路中仍有潜伏的不良元件。

根据检修经验，将 C608、C610 等电容元件全部换新后，故障彻底排除。

小结：在开关稳压电源出现击穿短路元件的故障检修中，应注意检查自动稳压环路元件和有关定时等电容，特别是电容元件在出现软故障时很不易查出，检修时应将其直接换新，以绝后患。

图 8-12 索尼 KDL-46V4800 机型中伴音功率输出电路元件实物组装图

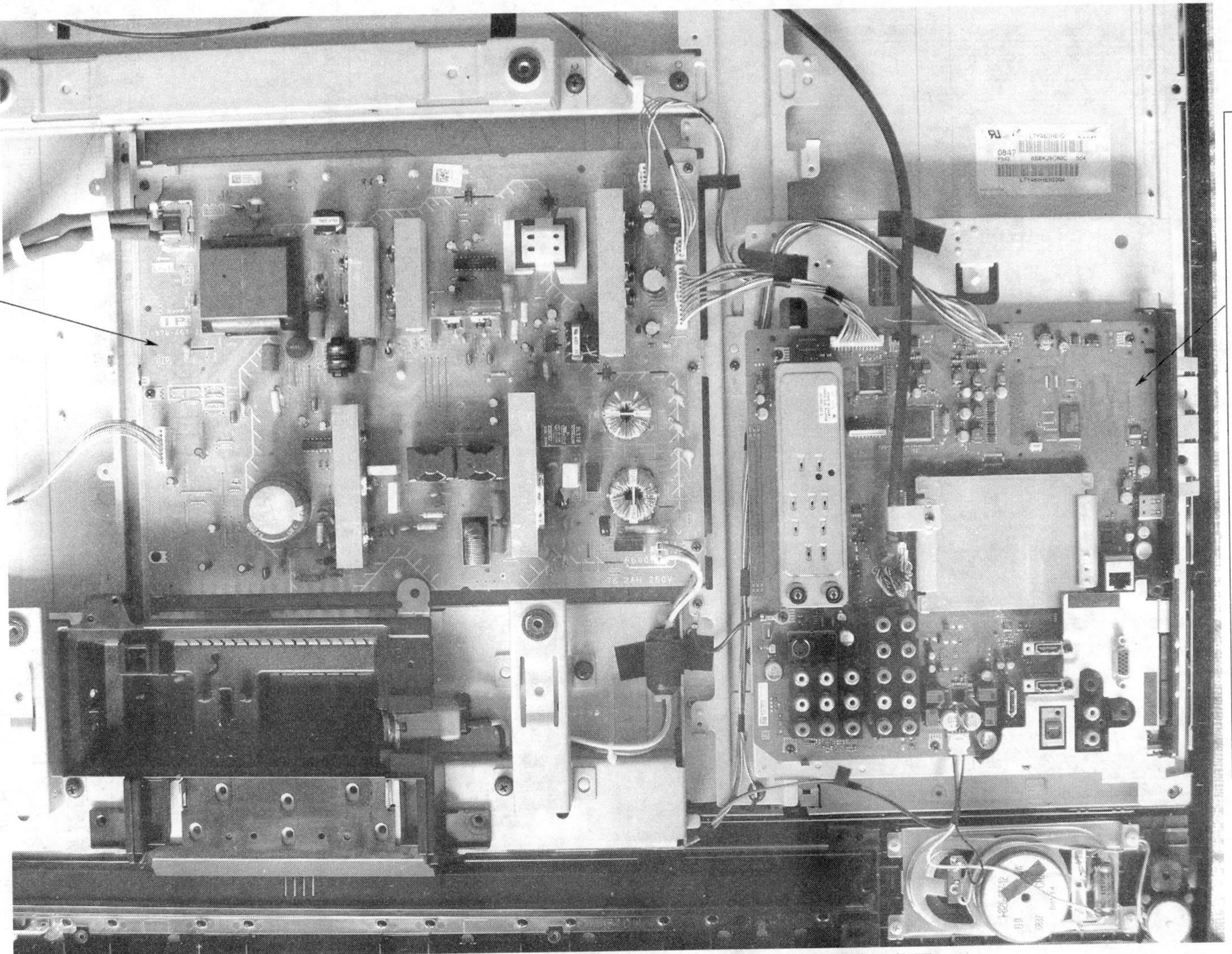

图 8-13　索尼 KDL-46V4800 液晶数字电视接收机内部电路组成实物图

图 8-14　索尼 KDL-46V4800 机型中 HDMI 接口电路元件实物组装图

12. 索尼 KDE-P42MRX1D 不能二次开机，但电源指示灯亮

检查与分析：在该机中，不能二次开机，但电源指示灯亮时，说明＋6V 待机电源正常(其电路原理如图 8-15 所示)，检修时应重点检查控制电路。检修前应注意是否有继电器的跳动声，以便进一步判断故障原因。

经初步检查，发现 R614 开路，再进一步检查发现 Q601 击穿损坏、D605 反向漏电，将其换新后，故障排除，如图 8-15 所示。

小结：图 8-15 中，Q601 为 RY601 继电器控制管，D605 为 RY601 继电器绕组保护二极管，R614(8.2Ω)为 RY601 供电限流电阻。在正常状态下，当二次开机信号(POWERON)为高电

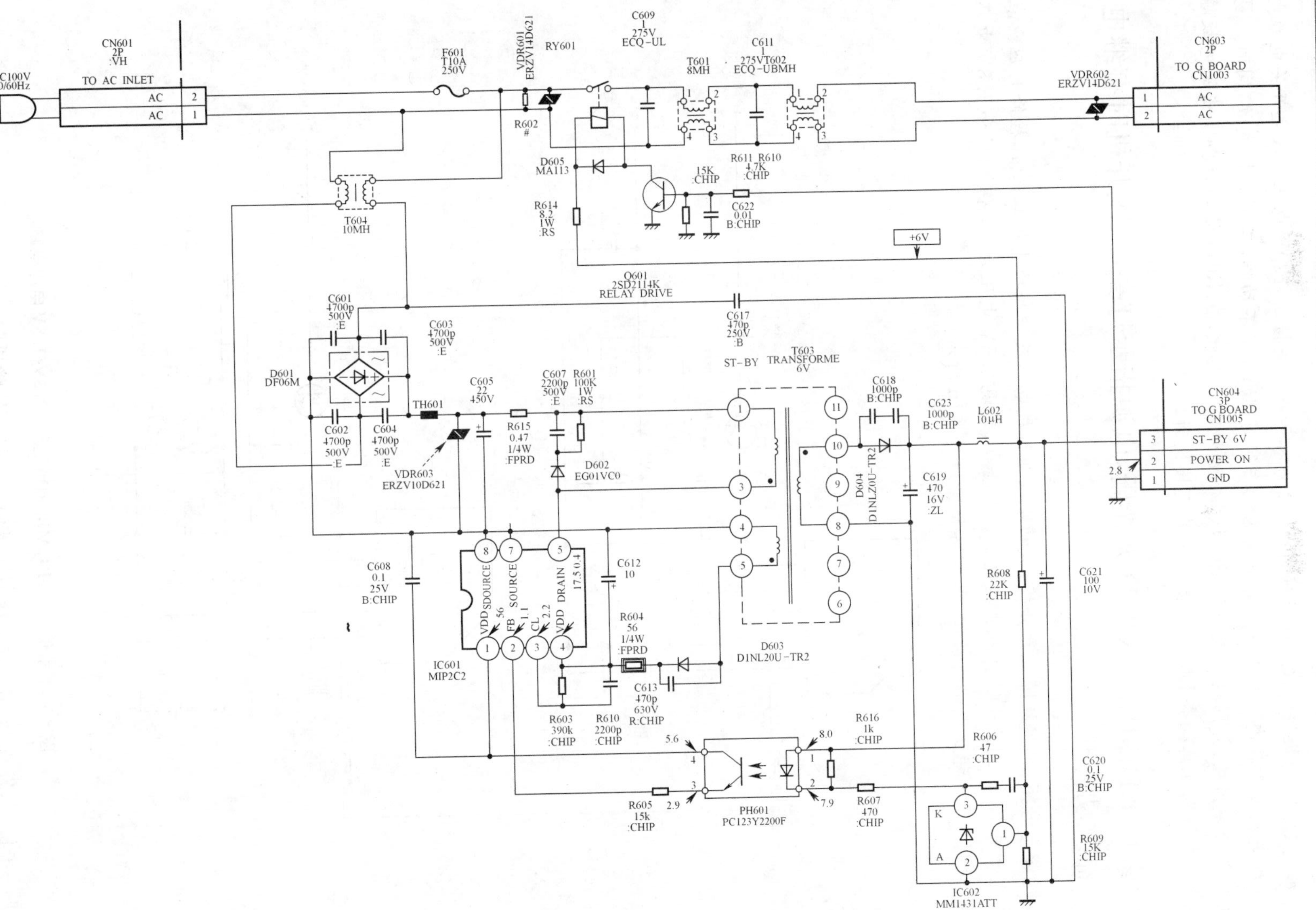

图 8-15　索尼 KDE-P42MRX1D 机型中+6V待机电源电路原理图

平并加到 Q601 的基极时，Q601 导通，RY601 内部触点开关接通，220V 电压送入主开关电源电路，整机进入工作状态。当 D605 反向漏电或击穿时，RY601 不动作，二次开机失效，同时又易使 Q601 击穿损坏，并因过电流而使 R614(8.2Ω)烧断。因此，在 R614 烧断、Q601 击穿的故障检修时，应特别注意检查 D605，必要时将其直接换新。

13. 索尼 KDE-P42MRX1D 无光栅，电源指示灯亮，二次开机时有继电器跳动声

检查与分析：根据故障现象分析，可初步判断待机电源及控制功能基本正常，检修时应重点检查主开关电源及 DC-DC 直流变换电路。经检查，发现 2.5V 电压为零，但 11V 和 1.8V 电压正常，说明 2.5V 稳压电路有故障，其电路原理如图 8-16 所示。

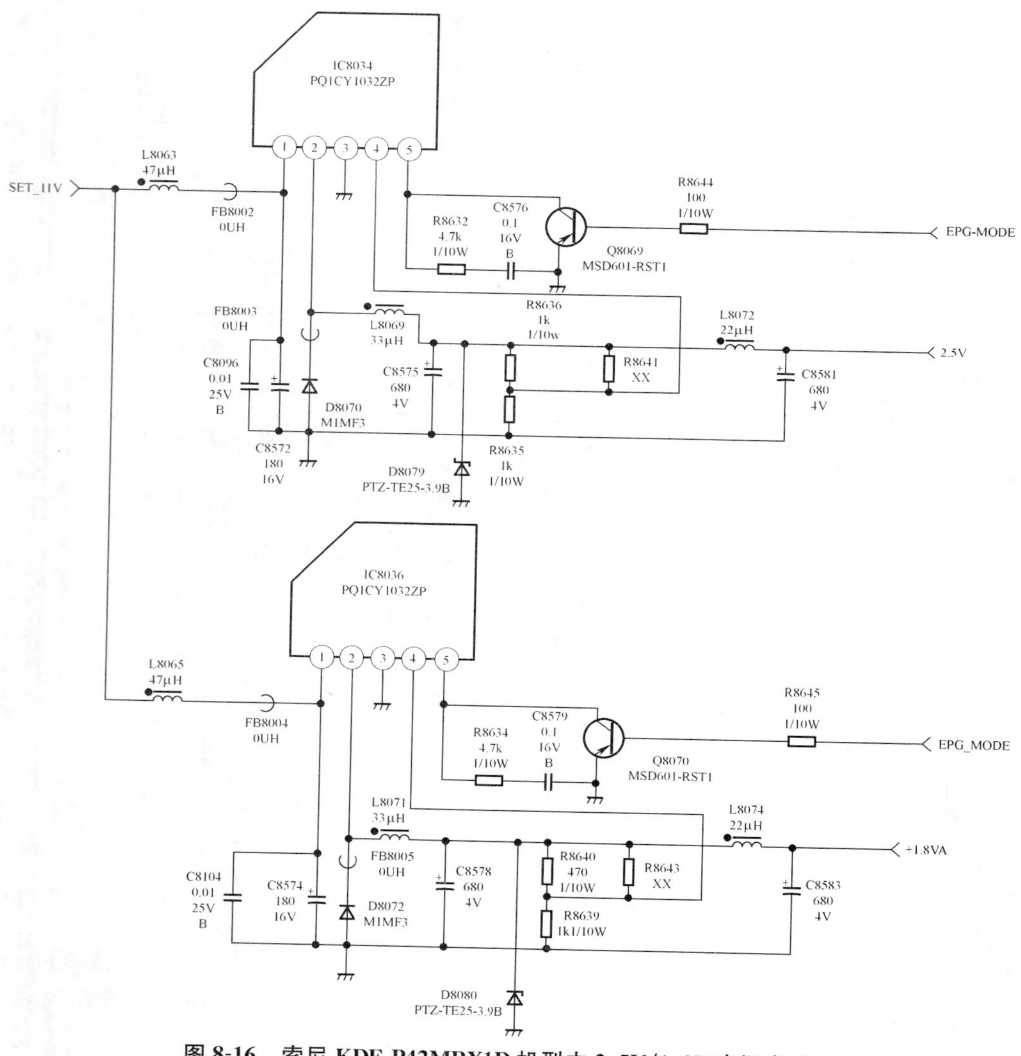

图 8-16　索尼 KDE-P42MRX1D 机型中 2.5V/1.8V 电源电路

进一步检查，发现 D8079 软击穿损坏，将其换新后，故障排除。

小结: 图 8-16 中,D8079 为 3.9V 稳压二极管,主要起保护作用,因此,当 D8079 击穿损坏时,应进一步检查 IC8034,必要时将其直接换新。

14. 索尼 KDE-P50MRX1D 无光栅,电源指示灯亮

检查与分析: 无光栅、电源指示灯亮,一般是供电系统或待机控制电路有故障。在该机中,供电系统及待机控制电路均很复杂,检修难度较大,检修时应首先采用电阻测量法。

经检查,发现 Q1809 的发射极与基极之间的正反向阻值近于零,将其拆下检查发现其已击穿损坏。在该机中,Q1809 与 Q1811 等组成 PANEL ON 屏电源控制电路,其电路原理如图 8-17 所示。将 Q1809 换新后,故障排除。

小结: Q1809 是一种内含偏置电阻的开关元件,在线检查时不易判断是否损坏,检修时应将其焊下检查,必要时将其直接换新。

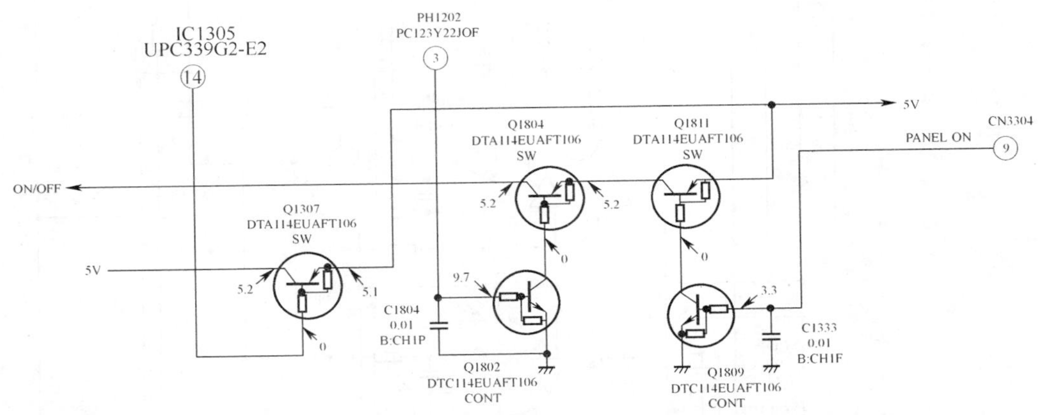

图 8-17　索尼 KDE-P50MRX1D 机型中 PANEL ON 屏电源控制电路原理图

15. 索尼 KDE-P50MRX1D 无光栅,不开机,指示灯亮

检查与分析: 无光栅、不开机、指示灯亮的故障原因比较多,如待机保护功能动作等。检修时可先注意检查 SS/PROTECT 保护控制电路,其电路原理如图 8-18 所示。

图 8-18 中,IC1002(BA10324AF)为四比较器电路,主要用于 SS/PROTECT 控制,其引脚使用功能见表 8-9。

经检查,发现 IC1002 的①脚始终为 0V 低电平,但检查②、③脚电压正常,故判断 IC1002①脚内接 A 比较器局部损坏。将其换新后,故障排除。

小结: 图 8-8 中,IC1002 的①脚用于待机控制,输出高电平时整机正常工作。

16. 索尼 KDL-40V2500 无光栅,不开机,指示灯亮

检查与分析: 无光栅、不开机、指示灯亮说明开关电源基本正常,检修时可首先检查 5V 电压是否正常。经检查,5V 电压仅有 0.3V 左右,判断 5V 电压输出电路或其负载电路有故障。检修时应首先检查 5V 电压输出电路,其电路原理如图 8-19 所示。

经检查,发现 D7010 漏电,将其换新后,故障排除。

小结: 图 8-19 中,D7010 为 5.6V 稳压二极管,主要起钳位保护作用。当其击穿损坏时,应注意检查 IC7001 的②脚输出电压是否升高,必要时将 IC7001 换新。

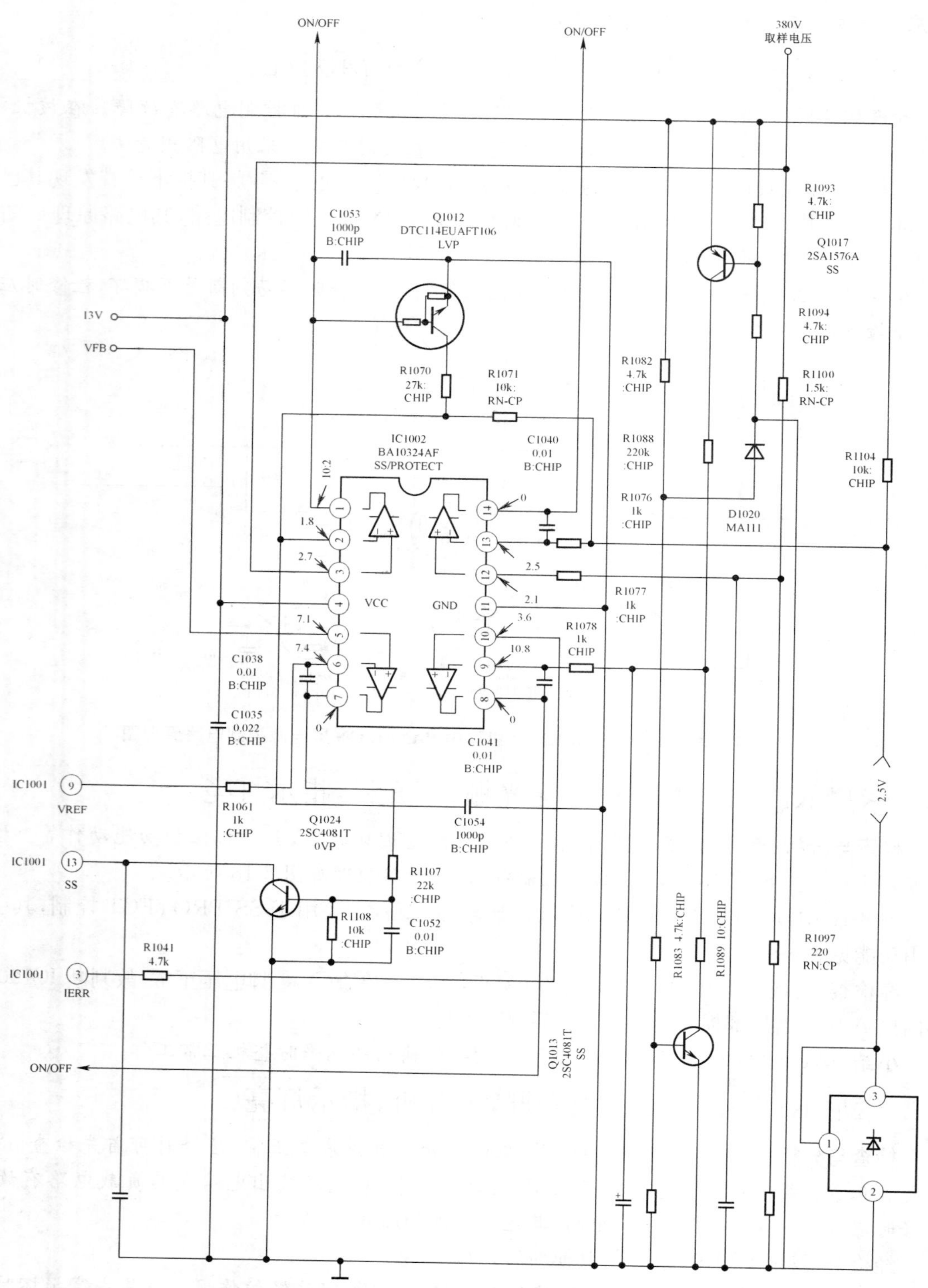

图 8-18 索尼 KDE-P50MRX1D 机型中 SS/PROTECT 电路原理图

表 8-9　IC1002(BA10324AF 四比较器)引脚使用功能及参考电压

引脚	使用功能	参考电压(V)	引脚	使用功能	参考电压(V)
①	A 比较器输出端,用于待机控制	10.2	⑦	B 比较器输出端	0
②	A 比较器反相输入端,高电平时(大于 2.7V)保护功能动作	1.8	⑧	C 比较器输出端	0
			⑨	C 比较器反相输入	10.8
③	A 比较器正相输入,外接偏置电路,作为基准电压	2.7	⑩	C 比较器正相输入	3.6
			⑪	接地	0
④	VCC(13V)工作电源	13.0	⑫	D 比较器正相输入	2.1
⑤	B 比较器正相输入	7.1	⑬	D 比较器反相输入	2.5
⑥	B 比较器反相输入	7.4	⑭	D 比较器输出端	0

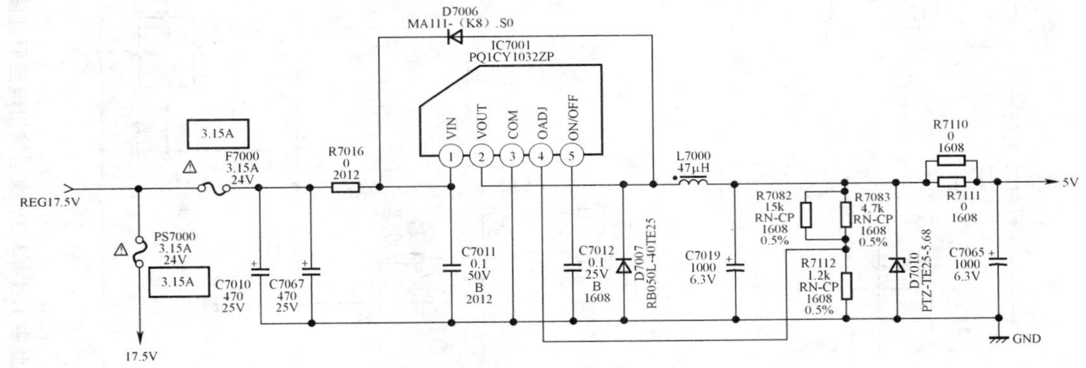

图 8-19　索尼 KDL-40V2500 机型中 5V 电压输出电路

17. 索尼 KDL-40V2500 无光栅,检查 1.8V/3.3V 电压均为零,5V 电压正常

检查与分析:根据故障现象和初步检查结果判断 1.8V/3.3V 稳压输出及其控制电路有故障,其电路原理如图 8-20 所示。

经检查,发现 IC7002(MB39C011A)不良,将其换新后,故障排除。

小结:图 8-20 中,IC7002 为低压电源开关控制电路,其②、③脚用于控制 Q7000、Q7003 的④脚,输出高电平时,Q7000、Q7003 内置场效应管导通,并由⑤～⑧脚输出 1.8V 电压,为小信号电路供电;⑭、⑮脚用于控制 Q7002、Q7004 的③脚,输出高电平时,Q7002、Q7004 内置场效应管导通,并由①、②、⑤、⑥脚输出 3.3V 电压,为芯片电路供电。因此,当 IC7002②、③脚和⑭、⑮脚无输出时,1.8V 和 3.3V 电压无输出,应注意检查 IC7002 的⑬脚是否有 POWER2 控制信号输入,只有在 POWER2 控制信号有正常的高/低转换电平时,方可判断 IC7002 不良或损坏。

18. 索尼 KDL-40V2500 液晶屏不亮,有伴音

检查与分析:液晶屏不亮,有伴音,一般是液晶屏供电压电路有故障,而主机心电路基本正常工作,因此,检修时应重点检查液晶屏供电电路。在该机中,液晶屏供电电压(PANEL-VCC)是由 IC7000(BD9775FV)的⑳脚输出,其电路原理如图 8-21 所示。经检查,发现 D7009 反向漏电,将其换新后,故障排除。

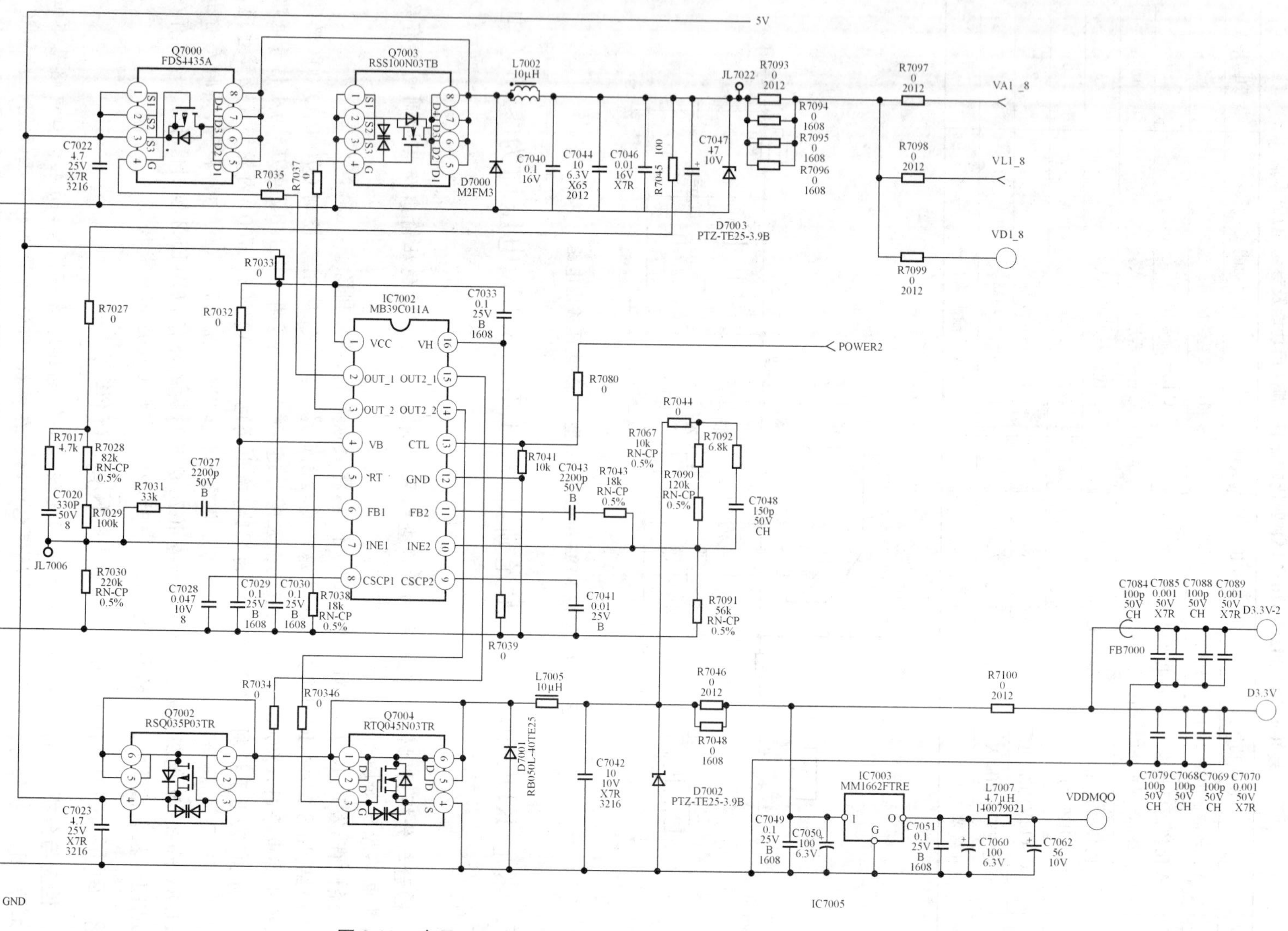

图 8-20 索尼 KDL-40V2500 机型中 1.8V/3.3V 稳压输出电路原理图

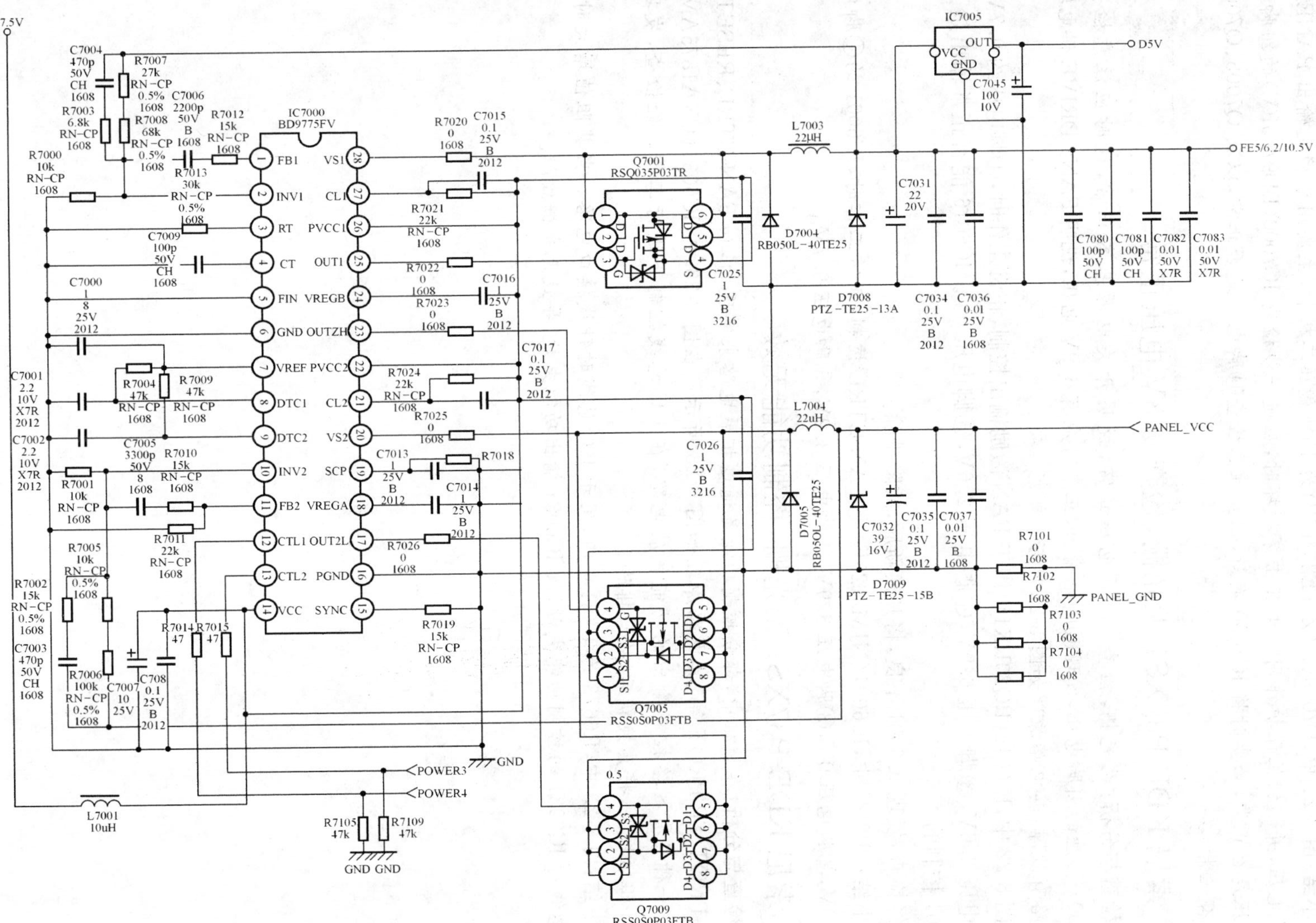

图 8-21　索尼 KDL-40V2500 机型中屏电源控制电路原理图

小结:图 8-21 中,D7009(PTZ-TE25-15B)为 15V 稳压二极管,主要用于稳定输出 PANEL-VCC 电压,并起钳位保护作用。当其击穿损坏时,应进一步检查 IC7000(BD9775FV)的⑳脚输出电压是否正常,必要时将 IC7000 换新,但要注意检查⑭脚电压是否正常,以及 Q7005、Q7009 等是否正常。

19. 索尼 KDE-P37XS1 无光栅,检查 9.8V 电压正常

检查与分析:无光栅,检查 9.8V 电压正常,说明开关电源基本正常,这时应注意检查 CN6004 插座的引脚电压,发现⑪脚无输出,正常时应有 6.9V 电压,说明 FAN4-DRIVE 供电输出电路有故障,其电路原理如图 8-22 所示。

图 8-22 中,IC6016(PQ20RX11)用于 FAN 激励输出控制,正常工作时,①脚电压约 9.7V,②脚电压 2.6V,③脚电压 6.9V,④脚电压 2.6V,⑤脚电压 0V。IC6016 能否正常输出是受 IC6001 控制的。

经检查,发现 IC6001 不良,将其换新后,故障排除。

小结:图 8-22 中,IC6001(NJM2125F)受 FAN-CTRL 控制,正常工作时,IC6001 的①脚电压 3.9V,②脚电压 0V,③脚电压 3.9V,④脚电压 3.9V,⑤脚电压 9.7V。

20. 索尼 KDE-P37XS1 无光栅,控制功能无效

检查与分析:在该机中,部分控制功能是通过扩展电路来实现的,如 FAN-CTRL、RESET、FAN-PROT、SP-PROT 等,其电路原理如图 8-23 所示。在图 8-23 中,IC6031(CXA1875AM-T4)是一种具有 8 路控制输出的功能扩展电路,在 I^2C 总线控制下进行工作。经检查,发现 R6673 阻值增大,将其换新后,故障排除。

小结:图 8-23 中,R6673 为 100Ω 电阻,用于 I^2C 总线时钟线接口电路。当其阻值增大时,I^2C 总线对 IC6031 的控制功能失效,故 IC6031 输出功能失效,导致无光栅故障。

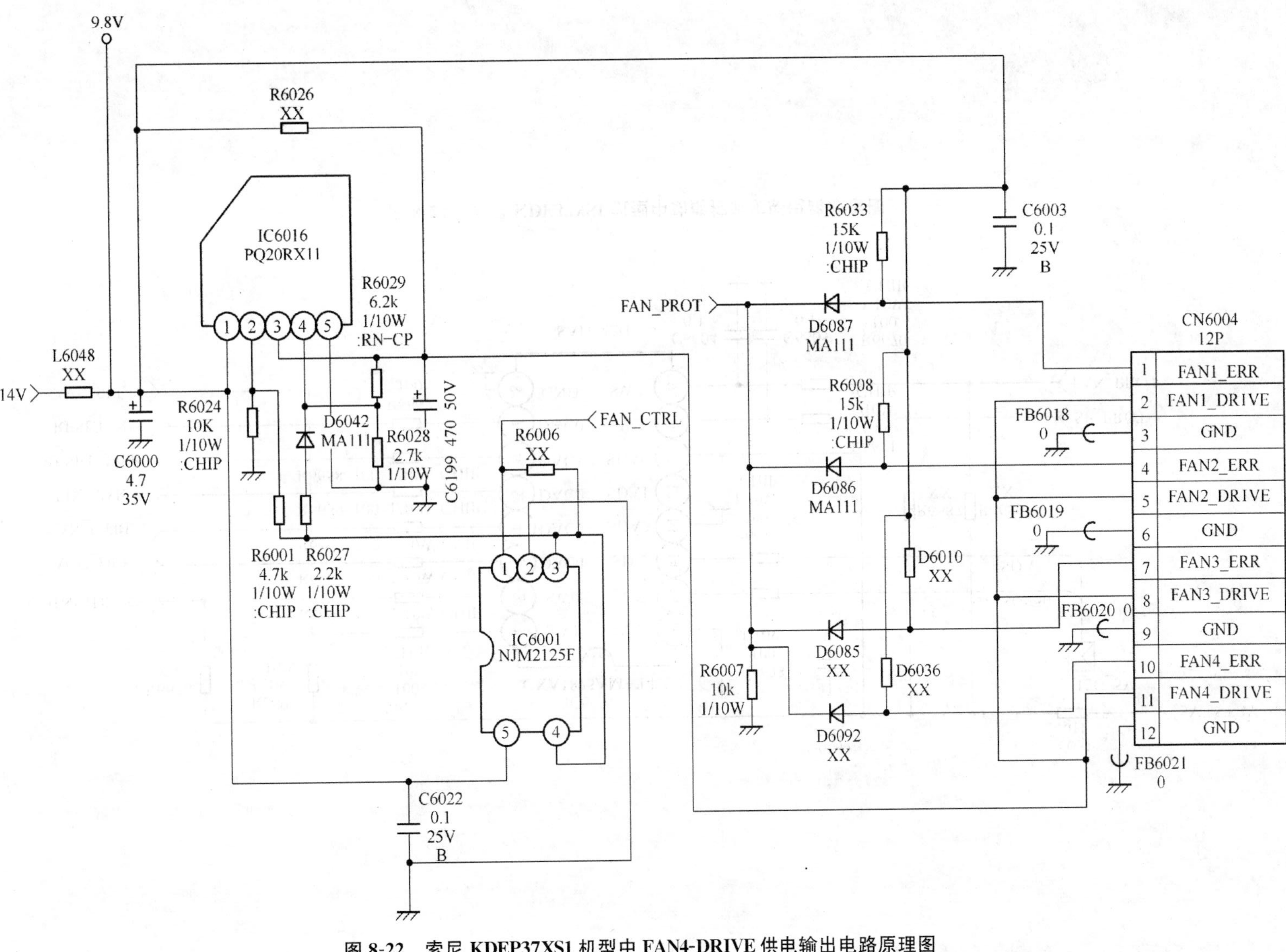

图 8-22　索尼 KDEP37XS1 机型中 FAN4-DRIVE 供电输出电路原理图

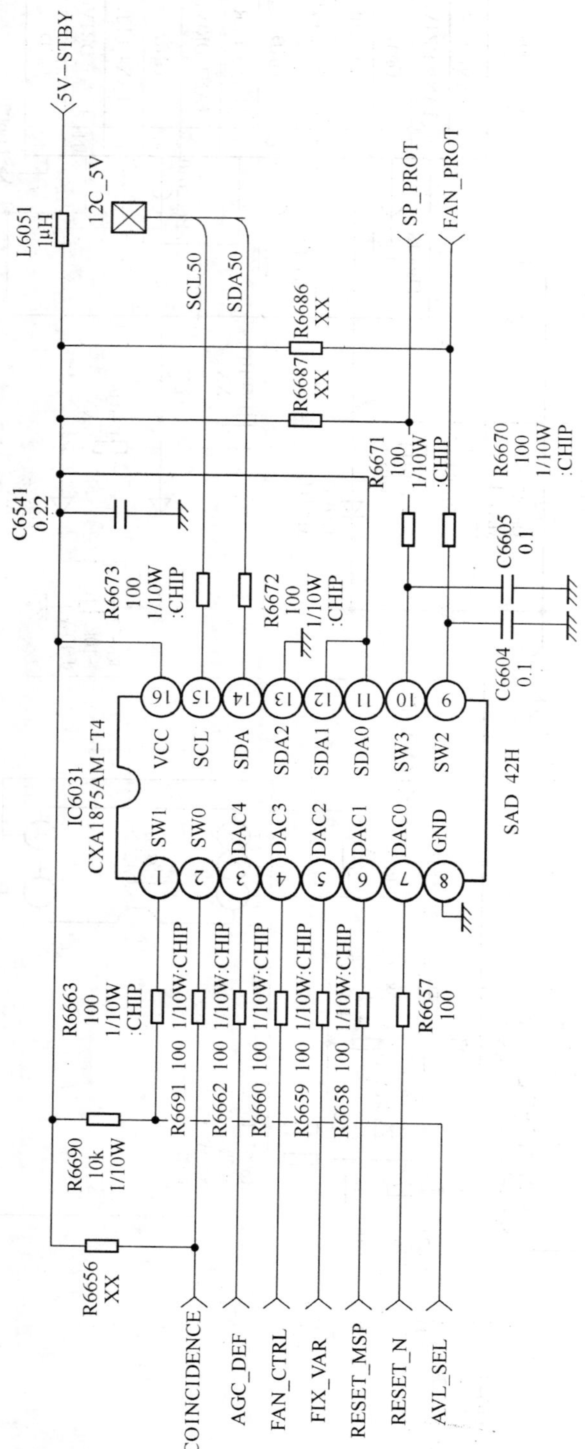

图 8-23 索尼 KDE37XS1 机型中功能控制扩展电路原理图

第 9 章　东芝数字平板电视机维修笔记

东芝数字平板电视机是我国平板电视机市场中的主要品牌之一，也是我国进口平板电视机的主要品牌之一，但东芝数字平板电视机主要由大连东芝电视有限公司生产，其主要型号有：20VL66C/T/H/M/R/E/A、20VL65R、20OL76、26WL46C、32WL48C、14VL36C、20VL36C、20VL43P、14VL43P 等。因此，了解和掌握东芝数字平板彩色电视机的机心结构及维修技术，对维修其他品牌型号的数字平板电视机都有指导意义。本章主要介绍一些东芝平板电视机维修笔记，以供维修者参考。

1. 东芝 32WL48C TV 状态无图像

检查与分析： TV 状态无图像，一般是高中频接收电路有故障，检修时应首先检查高中频电路。在该机中，高中频电路均包含在 H001（ENG39A07GF 二合一调谐器）内部，因此，检修时主要检查 H001 的引脚电路，其电路原理如图 9-1 所示，引脚使用功能参考电压见表 9-1。

经检查，H001 引脚电压基本正常，用示波器观察 H001 的⑰脚有视频信号波形，但 L105 无视频信号输出，判断 Q102 不良，将其焊下检查，发现 Q102 集电结反向漏电，用同型号 PNP 管换新后，故障排除。

小结： 图 9-1 中，Q102（KETSU）为缓冲放大管，用于放大由 H001 的⑰脚输出的视频信号。因此，当其不良或损坏时，L105 将无视频信号输出，导致 TV 状态无图像故障。

2. 东芝 32WL48C 有时自动出现 AV 功能

检查与分析： 根据检修经验，有时自动出现 AV 功能，一般是键盘电路有故障，检修时可先试按动一下本机键盘的所有按键，发现在按下 MENU 菜单键时出现 AV 功能，判断 MENU 键控电路有故障，其电路原理如图 9-2 所示。

根据检修经验，将 MENU 键触开关直接换新后，故障排除。

小结： 在该种故障中，主要是 MENU 键触开关内部不良，误动作时其导通阻值较大，且恰好接近 VIDEO 键的电路阻值，故导致自动出现 AV 功能故障。

在检修经验中，一旦键触开关有一个不良，应全部换新，以绝后患。

3. 东芝 32WL48C 图像正常，无伴音

检查与分析： 在检修经验中，图像正常，无伴音，一般是伴音电路有故障，检修时应首先检查伴音功放电路。在该机中，伴音功效电路主要由 Q610（TA8246AHQ）及少量外围元件等组成，其电路原理如图 9-3 所示，Q610 的引脚功能及参考电压见表 9-2。

经检查，发现 Q610 的⑨脚电压仅有 3.7V 左右，断开⑨脚再测 26V 电压正常，说明 Q610 不良，将其换新后，故障排除。

小结： 图 9-3 中，Q610（TA8246AHQ）是一种内置静噪功能的伴音功率放大输出电路，检修时除注意检查⑨脚工作电压是否正常外，还应注意检查⑤、⑦脚电压是否为 0V，若大于 0.5V 则为静噪功能动作。

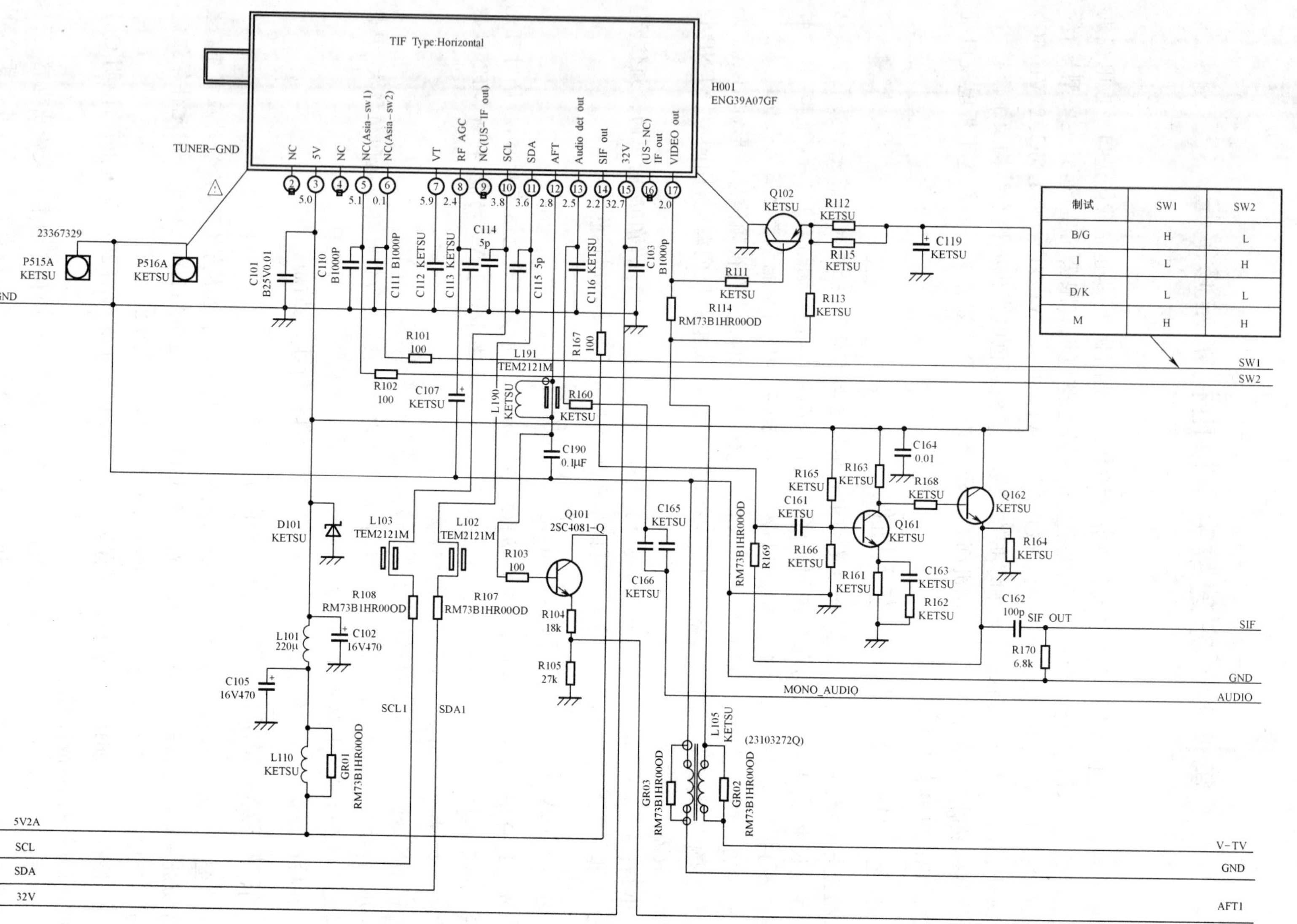

图 9-1 东芝 32WL48C 机型中高频调谐器引脚电路原理图

表 9-1　H001(ENG39A07GF 调谐器)引脚使用功能及参考电压

引脚	符　号	使用功能	参考电压(V)	引脚	符　号	使用功能	参考电压(V)
①	—	未用	—	⑩	SCL	I²C 总线时钟线	3.8
②	NC	未用	—	⑪	SDA	I²C 总线数据线	3.6
③	5V	+5V 工作电压	5.0	⑫	AFT	自动频率微调	2.8
④	NC	未用	—	⑬	Audio det out	音频信号输出	2.5
⑤	SW1	系统制式转换控制输入 1	5.1	⑭	SIF OUT	伴音中频输出	2.2
⑥	SW2	系统制式转换控制输入 2	0.1	⑮	32V	调谐选台电压输入	32.7
⑦	VT	调谐电压	5.9	⑯	IF OUT	未用	—
⑧	RF AGC	射频 AGC 输入	2.4	⑰	VIDEO OUT	视频信号输出	2.0
⑨	NC	未用	—				

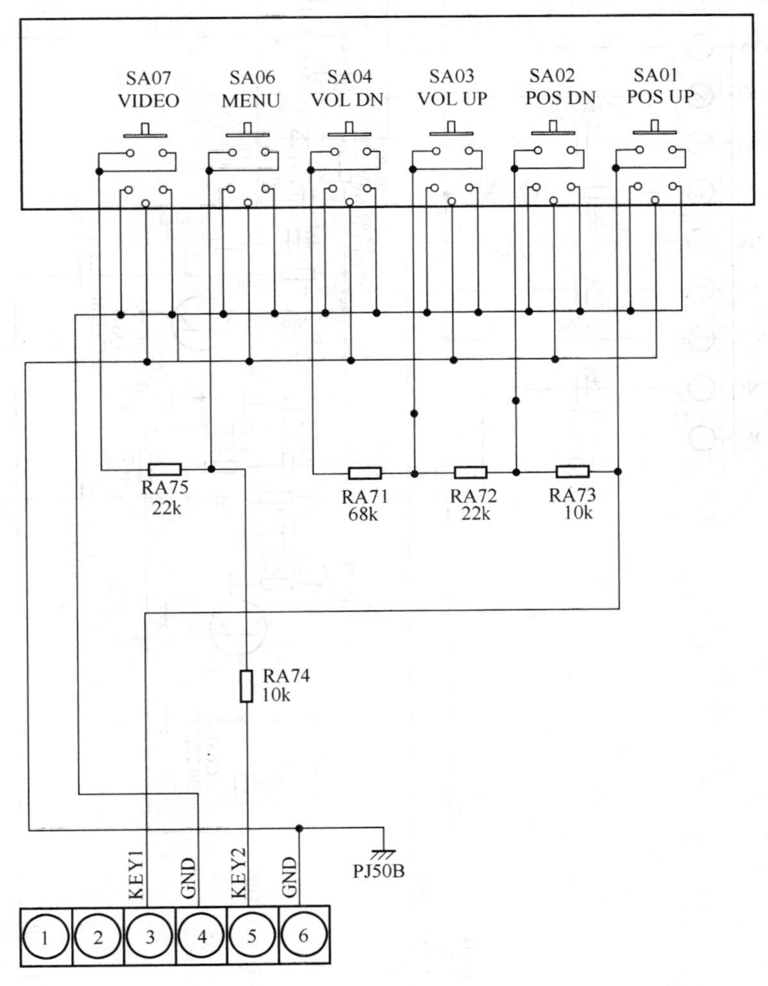

图 9-2　东芝 32WL48C 机型中 MENU 键控电路原理图

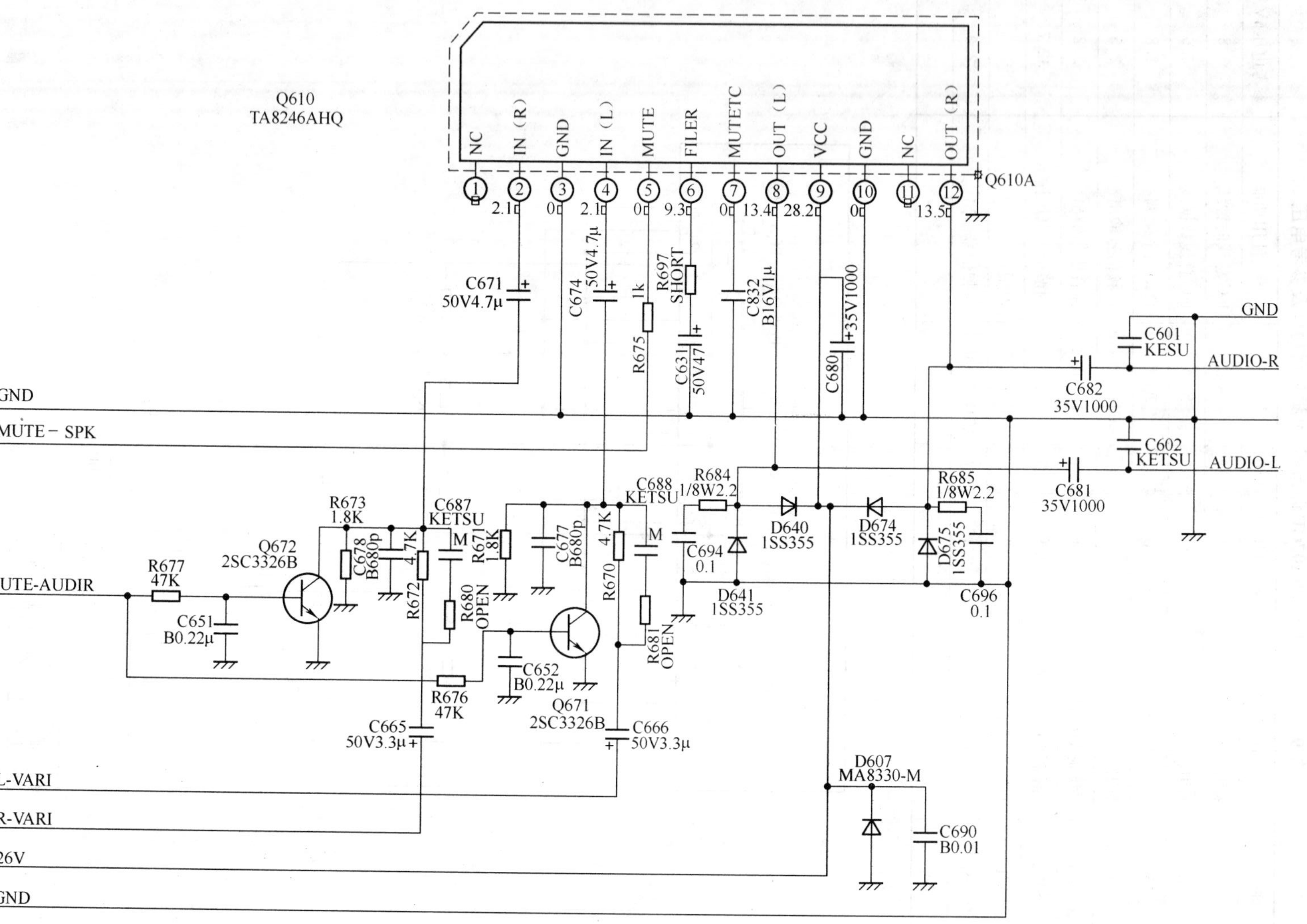

图 9-3 东芝 32WL48C 机型中伴音功放电路原理图

表 9-2　Q610(TA8246AHQ 伴音功放电路)引脚使用功能

引脚	符　号	使用功能	参考电压(V)	引脚	符　号	使用功能	参考电压(V)
①	NC	空脚	—	⑦	MUTETC	外接滤波电容	0
②	IN(R)	右声道音频信号输入	2.1	⑧	OUT(L)	左声道音频功率信号输出	13.4
③	GND	接地	0	⑨	VCC	＋26V 电源	20.2
④	IN(L)	左声道音频信号输入	2.1	⑩	GND	接地	0
⑤	MUTE	静音控制	0	⑪	NC	空脚	—
⑥	FILTER	滤波	9.3	⑫	OUT(R)	右声道音频功率信号输出	13.5

4. 东芝 32WL48C 无光栅、无图像、无伴音，但初步检查开关电源正常

检查与分析：根据故障现象和初步检查结果，可判断主芯片电路或 DC-DC 直流电压转换电路有故障。检修时应进一步检查低压直流电压是否正常。

进一步检查，发现 3.3VS-11 电压为 0V，9V-1 电压正常，说明 3.3VS-11 电源输出电路不良，其电路原理如图 9-4 所示。试将 IC765 换新后，故障排除。

小结：图 9-4 中，IC765 为 3.3V 稳压器，输出 3.3VS-11 电源，为 IC720(M30626FHPGP)等芯片电路供电。当 3.3VS-11 电源无输出时，将形成“三无”故障。因此，在检修时应特别注意检查 IC765，必要时将其直接换新。

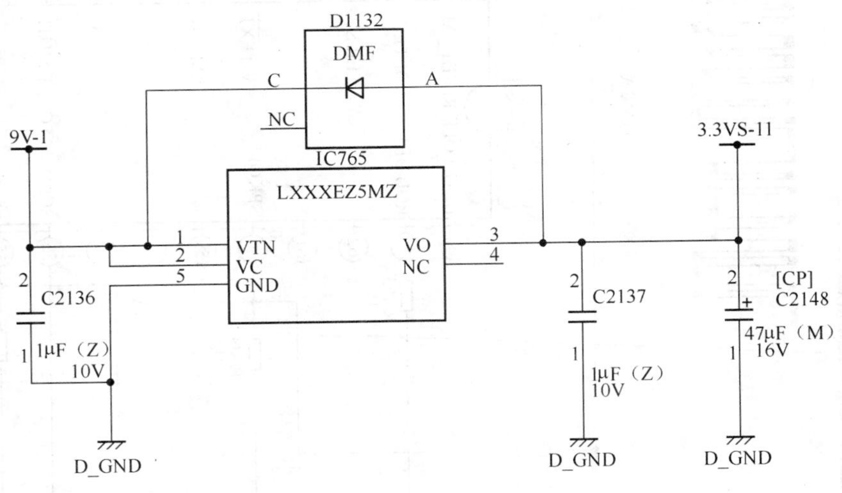

图 9-4　东芝 32WL48C 机型中 3.3VS-11 电源输出电路原理图

5. 东芝 26WL46C 无光栅，不开机，但初步检查＋5V1 电压正常

检查与分析：在该机中，＋5V1 电压主要供给 QA01(CXP7500P10S-1)中央微控制器等电路，因此，有＋5V1 电压，而无光栅，不开机时，应注意检查中央微控制器电路。检修时，需重点检查 I^2C 总线接口部分电路，其电路原理如图 9-5 所示，QA01 的引脚使用功能及参考电压见表 9-3。

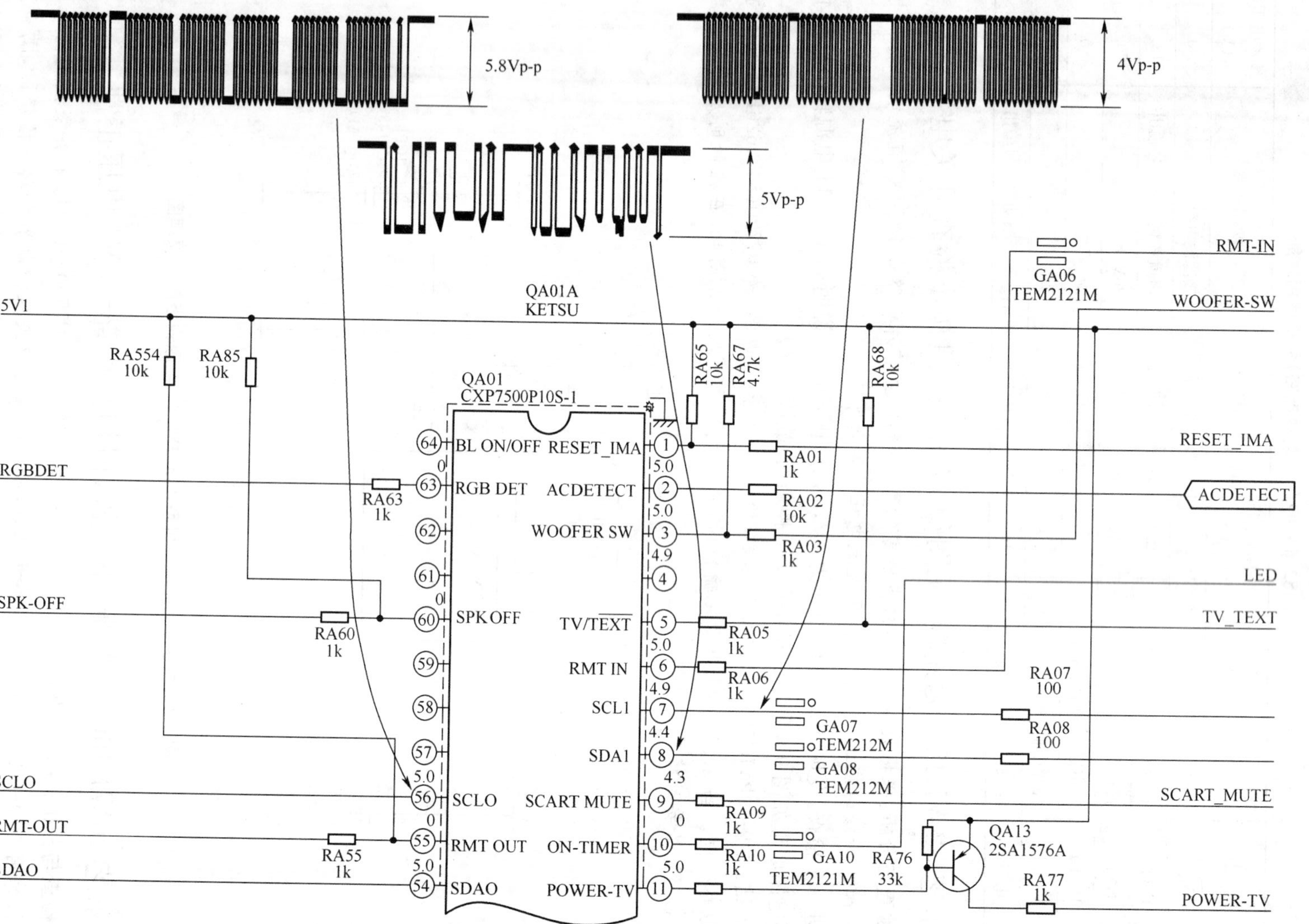

图 9-5 东芝 26WL46C 机型中 QA01(CXP7500P10S-1)I²C 总线接口部分电路原理图

表 9-3　QA1(CXP7500P10S-1 微控制器)引脚使用功能

引脚	符　号	使用功能	参考电压(V)	引脚	符　号	使用功能	参考电压(V)
①	RESET-IMA	复位控制	5.0	㉜	MTRX-SW	MTRX 开关,未用	—
②	ACDE TECT	交流检测输入	5.0	㉝	—	未用	—
③	WOOFER SW	重低音开关控制	4.9	㉞	FAULT	DET-FAULT 输入	0.2
④	—	未用	—	㉟	SUB SYNC	SUB 同步信号输入	4.5
⑤	TV/TEXT	TV/AV 开关转换控制	5.0	㊱	HD	行同步脉冲输入	0.2
⑥	RMT IN	遥控信号输入	4.9	㊲	VD	场同步脉冲输入	3.5
⑦	SCL1	I^2C 总线时钟线 1	4.4	㊳	R	未用	—
⑧	SDA1	I^2C 总线数据线 1	4.3	㊴	G	未用	—
⑨	SCART MUTE	SCART-MUTE 静控制	0	㊵	B	未用	—
⑩	ON-TIMER	计时器控制	5.0	㊶	Var1/F1X	VARI-FIX 输出	0
⑪	POWER-TV	TV 电源控制	0	㊷	—	未用	—
⑫	DETECT	检测输入	5.0	㊸	HT-SW	未用	—
⑬	SCL3	I^2C 总线时钟线 3	4.6	㊹	XTC	未用	—
⑭	SDA3	I^2C 总线数据线 3	5.0	㊺	EXLC	接入+5V 电压	5.0
⑮	RST	复位	5.0	㊻	NC	空脚	—
⑯	VSS	接地	0	㊼	VDD	+5V 电源	5.0
⑰	XTAL	时钟振荡输入,外接 16.0MHz 振荡器	2.1	㊽	GND	接地	0
				㊾	NC	接地	0
⑱	XTAL	时钟振荡输入,外接 16.0MHz 振荡器	2.3	㊿	—	未用	—
				51	—	未用	—
⑲	SUB AFT IN	未用	—	52	—	未用	—
⑳	MAIN AFT IN	主信号 AFT 输入	3.5	53	SP MUTE	SP MUTE 静音控制	0
㉑	KEY A	键扫描输入 A	5.0	54	SOA0	I^2C 总线数据线 0	5.6
㉒	KEY B	键扫描输入 B	5.0	55	RMT OUT	RMT 输出	0
㉓	SGV	SGV 控制输出	0	56	SCL0	I^2C 总线时钟线 0	5.0
㉔	MAIN SYNC	主同步信号输入	4.3	57	—	未用	—
㉕	POWER-SIGNAL	SIGNAL 接通信号发出	5.0	58	—	未用	—
㉖	POWER-POP	未用	—	59	—	未用	—
㉗	POWER-FAN	FAN 电源控制	5.0	60	SPK OFF	SPK-OFF 控制	0
㉘	STOP-FAN	FAN 停止控制	4.7	61	—	未用	—
㉙	AV-LINK0	AVLINK 控制	5.0	62	—	未用	—
㉚	AV-LINK1	与㉙脚并接	5.0	63	RGB DET	RGB 检测输入	0
㉛	RGB-SW	RGB 开关	5.0	64	BL ON/OFF	未用	—

经检查,发现 QA01(CXP7500P10S-1)的⑦脚信号波形异常,且时有时无,正常时应有 $4V_{P-P}$ 的脉冲波形,再观察⑧、56脚信号波形正常,如图 9-5 所示。判断 QA01 内电路局部不良,

此时需更换 QA01 芯片，但更换时必须保持版本号一致（需与厂商联系）。在更换 QA01 后，故障排除。

小结：在松散型的社会维修中，更换中央微控制器的难度较大，且费用也较高。因此，在确认中央微控制器不良或损坏时，一定要慎重，要采取综合性多种手段对其进行检验，特别是需用示波器观察工作波形，不能仅用电压值和电阻值的变化情况加以判断。

6. 东芝 26WL46C 不开机，电源指示灯亮

检查与分析：不开机，电源指示灯亮，说明开关电源基本正常，检修时可先注意检查 QA01（CXP7500P10S-1）微控制器的时钟振荡及复位电路，其电路原理如图 9-6 所示。

经检查，发现 QA05（PST9146NL）不良，将其换新后，故障排除。

小结：图 9-6 中，QA05（PST9146NL）为复位电路，为 QA01 提供复位信号。当其不良或损坏时，QA01 因不能复位而不能进入正常工作状态，导致不开机故障。

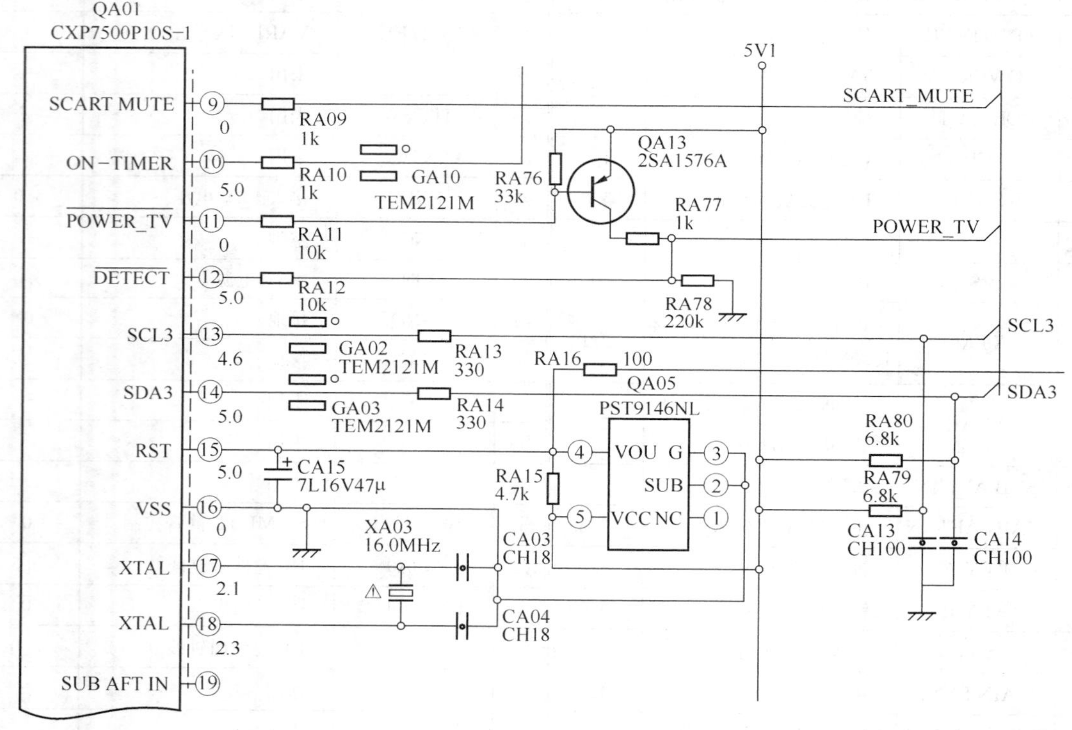

图 9-6 东芝 26WL46C 机型中 QA01（CXP7500P10S-1）时钟振荡及复位电路原理图

7. 东芝 26WL46C 无光栅，不开机

检查与分析：无光栅，不开机的故障原因较多，如供电源系统、中央微控制系统不良等，检修时应首先检查供电源系统。经检查，供电源电路正常，加到 QA01（CXP7500P10S-1）㊼脚的+5V 电压也正常，因此，应重点检查 QA01 中央微控制器的总线接口、复位电压、时钟振荡等电路。经检查，发现 QA01㊹脚无信号波形，但断开 QA02（AT24C64A-10PI-2.7）的⑤脚后，再观察 QA01㊹脚时，有信号波形出现，说明 QA02 损坏，其电路原理如图 9-7 所示。将 QA02 换新后，故障排除。

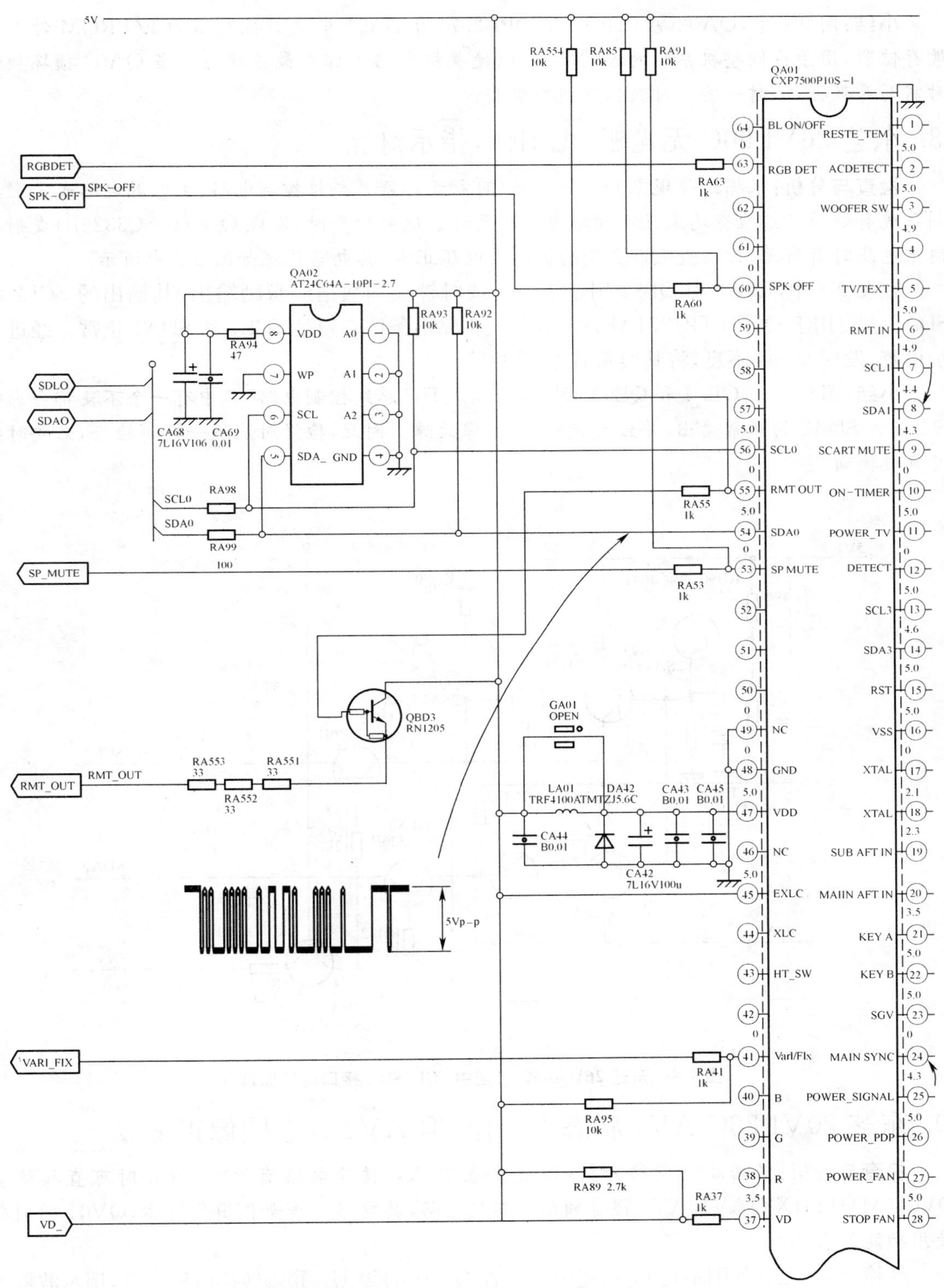

图 9-7　东芝 26WL46C 机型中 QA01 中央微控制器存储器扩展电路原理图

小结：图 9-7 中，QA02（AT24C64A-10PI-2.7）为 QA01 中央微控制器的 E^2PROM 外部扩展存储器，用于存储整机系统的控制数据，以使整机电路工作在最佳状态。当 QA02 损坏换新时需写入数据，并对一些项目数据做适当调整。

8. 东芝 26VL66C 无光栅，无图像，指示灯亮

检查与分析：根据故障现象和检修经验，可初步怀疑是待机控制电路、主电源电路或是微控制系统有故障。经检查均未见有短路或开路元件。通电检查时，发现 QB81（2SC3326B）发射极输出电压时有时无，但检查 QB82 发射极输出电压正常，其电路原理如图 9-8 中所示。

在图 9-8 中，QB81 和 QB82 用于 I^2C 总线时钟线和数据线激励输出，其输出的 SCL2 和 SDA2 主要用于 Q501（TB1274AF）控制，其正常输出条件必须是 SCL1 和 SDA1 正常。经进一步检查，发现 QB94 不良，将其换新后，故障排除。

小结：图 9-8 中，QB94 和 QB93、QB92 等组成 I^2C 总线控制电路，其中有一个不良都会影响 SCL2 和 SDA2 的正常输出，导致无光栅、无图像故障。因此，检修时应逐一焊下检查，必要时将其直接换新。

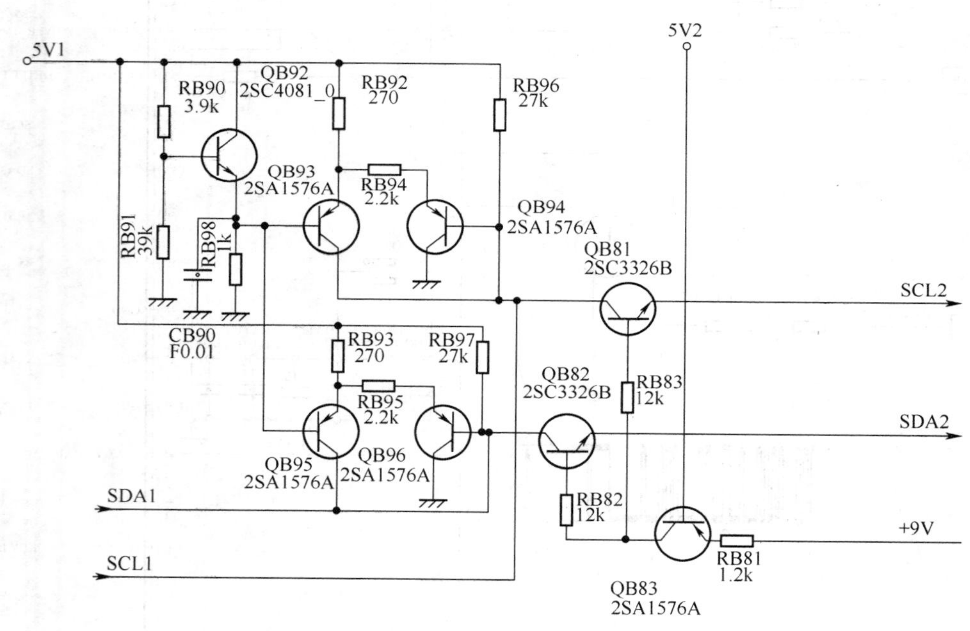

图 9-8　东芝 26WL46C 机型中 SCL/SDA 接口电路原理图

9. 东芝 20VL36C AV1 状态无图像，但 AV2 状态图像正常

检查与分析：根据故障现象分析，该现象表明 AV 转换电路有故障，检修时可直接检查 QV01（MM1231XF）AV1/AV2 视音频信号转换电路，其电路原理如图 9-9 所示，QV01 的引脚使用功能见表 9-4。

经检查，未见有外围不良元件，通电后检查 QV01 的②、⑦、⑫脚转换电压正常，用示波器观察 QV01 的⑧脚在输入 AV1 视频信号时有正常波形，但转换 AV1 时（⑦脚低电平），⑥脚无波形。判断 QV01 局部损坏，将其换新后，故障排除。

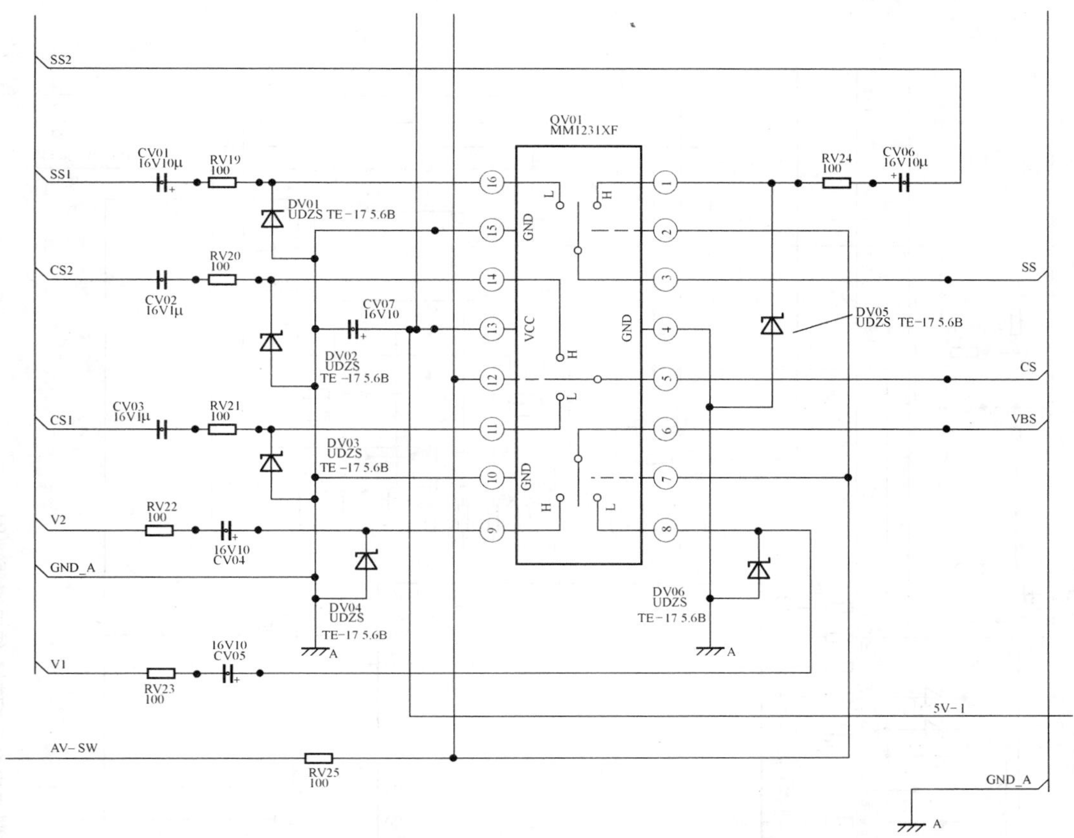

图 9-9　东芝 20VL36C 机型中 AV 转换电路原理图

表 9-4　QV01(MM1231XF)引脚使用功能

引脚	符号	使用功能	引脚	符号	使用功能
①	SS2	音频信号输入 2(S),由 PV02 插口输入	⑨	V2	视频信号输入 2,由 PV03 视频插口输入
②	AV-SW	AV 开关信号输入,用于转换①、⑯脚输入信号	⑩	GND	接地
③	SS	音频信号选择输出,②脚高电平时选择①脚信号	⑪	CS1	音频信号输入 1(C),由 PV07 插口输入
④	GND	接地	⑫	AV-SW	AV 开关信号输入,用于转换⑪、⑭脚输入信号
⑤	CS	音频信号选择输出,⑫脚高电平时选择⑭脚输入信号	⑬	VCC	5V-1(+5V)电源
⑥	VBS	视频信号选择输出,⑦脚高电平时选择⑨脚输入信号	⑭	CS2	音频信号输入 2(C),由 PV02 插口输入
⑦	AV-SW	AV 开关信号输入,用于转换⑧、⑨脚输入信号	⑮	GND	接地
⑧	V1	视频信号输入 1,由 PV05 视频插口输入	⑯	SS1	音频信号输入 1(S),由 PV07 插口输入

小结:图 9-9 中,QV01(MM1231XF)为双 3 路视音频电子开关电路,可同时转换两组左右声道音频信号和视频信号,检修时应加以注意,必要时将其直接换新。

10. 东芝 20V43P 无光栅,控制功能失效

检查与分析:无光栅,控制功能失效,常有两种原因,一个是电源电路有故障,另一个是微控制系统有故障。检修时可先检查+5V-1 电压是否正常,以判断中央控制系统是否正常。经检查,+5V-1 电压正常,QA01(LC863264A)的⑦脚有 5V 电压,进一步检查时发现⑬脚复位电压为 0V,判断 QA01 或外电路不良,其电路原理如图 9-10 所示,QA01 的引脚使用功能见表 9-5。

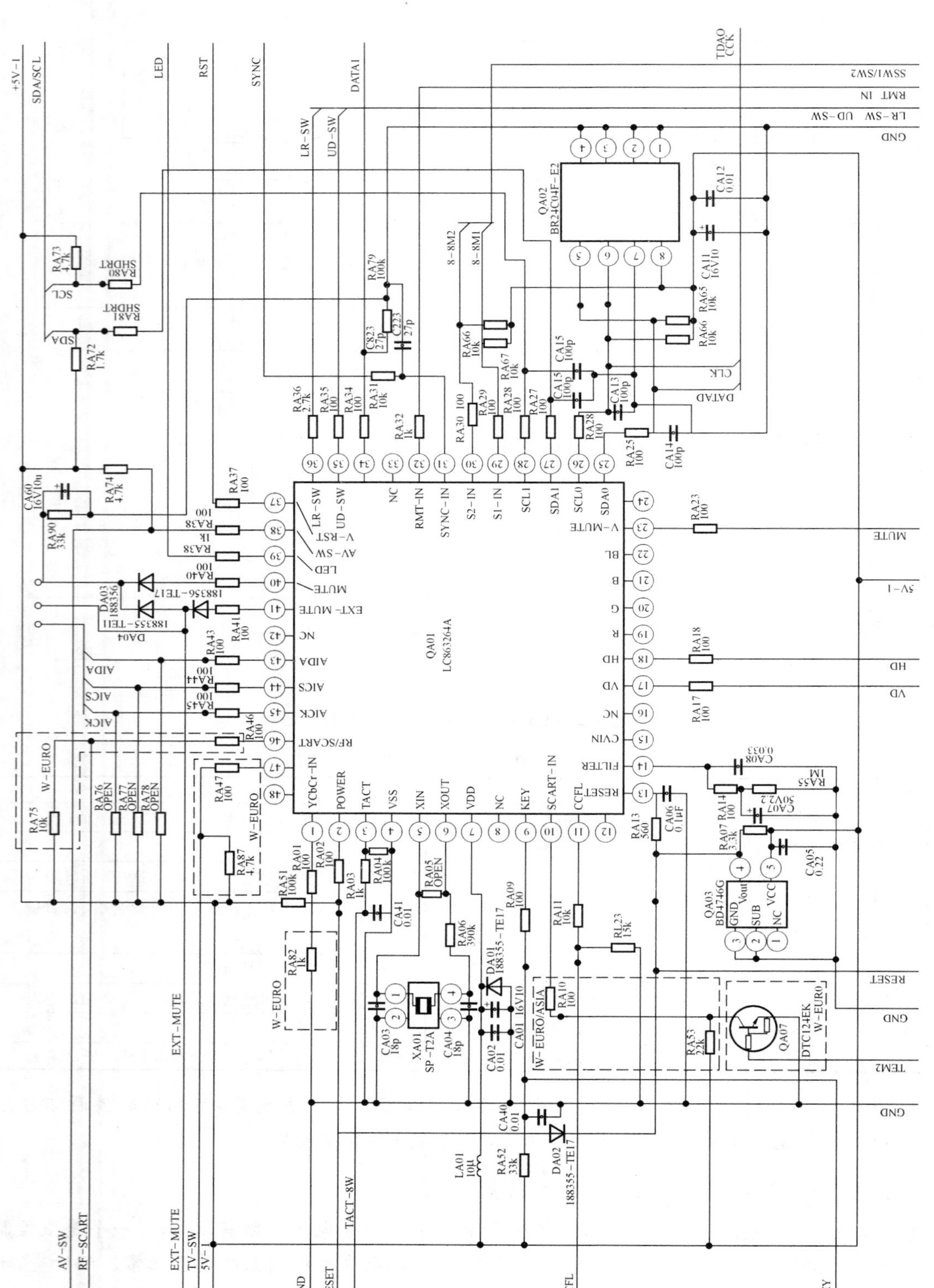

图 9-10 东芝 20V43P 机型中中央微控制系统电路原理图

表 9-5　QA01(LC863264A 微控制器)引脚使用功能

引脚	符　号	使用功能	引脚	符　号	使用功能
①	Ycbcr-IN	隔行高清信号输入，但未用，外接下拉电阻	㉕	SDAO	I^2C 总线数据线 0，用于外部 E^2PROM 存储器控制
②	POWER	待机控制	㉖	SCLO	I^2C 总线时钟线 0，用于外部 E^2PROM 存储器控制
③	TACT	TACT-SW 开关控制	㉗	SDA1	I^2C 总线数据线 1，用于主芯片等电路控制
④	VSS	接地	㉘	SCL1	I^2C 总线时钟线 1，用于主芯片等电路控制
⑤	XIN	时钟振荡输入，外接 SP-T2A 振荡器	㉙	S1-IN	S-SW1 控制信号输出 1，用于 AV 转换控制
⑥	XOUT	时钟振荡输出，外接 SP-T2A 振荡器	㉚	S2-IN	S-SW2 控制信号输出 2，用于 AV 转换控制
⑦	VDD	5V-1(+5V)电源	㉛	SYNC-IN	同步信号输入
⑧	NC	未用	㉜	RMT-IN	遥控信号输入
⑨	KEY	键扫描信号输入	㉝	NC	未用
⑩	SCART-IN	TEM2 控制信号输入	㉞	DATA1	DATA1 数据输出 1
⑪	CCFL	CCFL 控制	㉟	UD-SW	UD-SW 开关控制
⑫	—	未用	㊱	LR-SW	LR-SW 开关控制
⑬	RESET	复位	㊲	V-RST	复位控制
⑭	FILTER	滤波	㊳	AV-SW	AV-SW 开关控制
⑮	CVIN	未用	㊴	LED	指示灯控制
⑯	NC	未用	㊵	MUTE	静噪控制
⑰	VD	场同步信号输入	㊶	EXT-MUTE	外部静噪控制
⑱	HD	行同步信号输入	㊷	NC	未用
⑲	R	R 字符信号输出，未用	㊸	AIDA	用于 QL01(LC74986WF)⑱脚控制
⑳	G	G 字符信号输出，未用	㊹	AICS	用于 QL01(LC74986WF)⑰脚控制
㉑	B	B 字符信号输出，未用	㊺	AICK	用于 QL01(LC74986WF)⑲脚控制
㉒	BL	字符消隐信号输出，未用	㊻	RF/SCART	用 SCART-R/G/B/YS 信号输出控制
㉓	V-MUTE	静噪控制	㊼	—	用于 TV 开关控制
㉔	—	未用	㊽	—	未用

进一步检查，发现 QA03(BD4746G)不良，将其换新后，故障排除。

小结：图 9-10 中，QA03(BD4746G)为复位电路，通过 RA13(560Ω)电阻为 QA01 的⑬脚提供复位信号电压。当其不良或损坏时，QA01 不能复位，故微控制系统不工作，导致无光栅、控制功能失效等故障。因此，检修时应特别注意检查 QA03，必要时将其直接换新。

11. 东芝 14VL36C 不开机，检查 8V 电压为零，但 12V 输入正常

检查与分析：在该机中，电源由 12V 电源适配器供电，12V 电源在进入机内后，由 Q817 控制输出，同时又经 Q801(BA08FP)稳压产生 8V 电压，其电路原理如图 9-11 所示。

图 9-11 中，Q817 由 Q819 控制。当 ST-B 为高电平时，Q819 导通，Q817 的④脚被钳位于低电平，Q817 内部场效管截止，其⑤～⑧脚无 12V 电源输出。当 ST-B 为低电平时，Q819 截止，Q817④脚为高电平，其⑤～⑧脚输出 12V 电压。因此，当检查 8V 电压为零，而 12V 输入又正常时，应重点检查 C803 和 Q801。

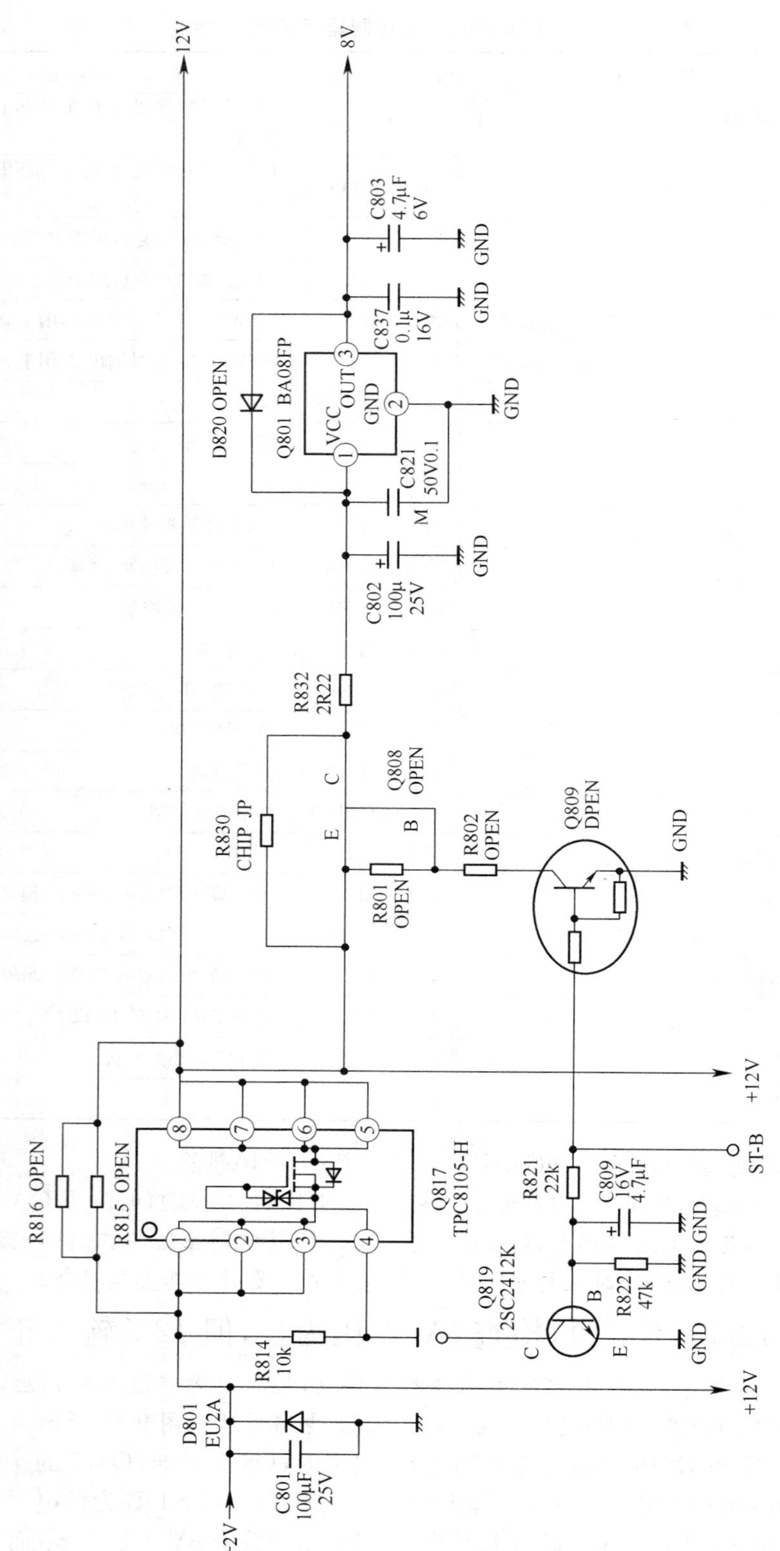

图 9-11 东芝 14VL-36C 机芯中 12V 电源输入控制电路原理图

进一步检查,发现Q801不良,将其换新后,故障排除。

小结:图9-11中,Q801为8V稳压器,主要为一些接口电路等供电。当其不良无输出时,将会引起不开机故障,检修时应加以注意。

12. 东芝14VL43P在TV状态无图像无伴音、雪花光栅,但输入AV信号时图像正常

检查与分析:根据故障现象和检修经验,可初步判断高中频电路有故障,检修时应首先检查高频头引脚电路,其电路原理如图9-12所示,引脚使用功能见表9-6。

经检查,发现H001⑦脚无32V电压,断开⑦脚测32V电压仍为零,说明32V电压电路有故障,应进一步检查32V供电压电路,其电路原理如图9-13所示。

进一步检查,发现Q802不良,将其换新后,故障排除。

小结:图9-13中,Q802用于调谐器选台电压控制,但它受控于ST-B。当ST-B为低电平时,Q810导通,Q802的②脚输出12V,经D826、D827、D828升压后,产生32V调谐电压。因此,当32V电压无输出时,应注意检查Q810、D826、D827、D828,必要时将其直接换新。

表9-6 H001(EL981LW高频调谐器)引脚使用功能

引脚	符 号	使用功能	引脚	符 号	使用功能
①	RF-AGC	射频AGC输入端,但外接偏置电路	⑮	SDA	I²C总线数据线
②	VT	调谐控制,未用	⑯	+5V	+5V电源
③	ADS	外接上拉电阻	⑰	R-IN	右声道音频信号输入,用于输入AV1/AV2音频信号
④	SCL	I²C总线时钟线	⑱	L-IN	右声道音频信号输入,用于输入AV1/AV2音频信号
⑤	SDA	I²C总线数据线	⑲	GND	接地
⑥	5V	+5V电源	⑳	TV-LOUT	TV左声道音频信号输出,用于AV输出
⑦	32V	32V电源,用于调谐选台	㉑	TV-ROUT	TV右声道音频信号输出,用于AV输出
⑧	IF-OUT	中频载波信号输出,但未用	㉒	RESET	复位
⑨	GND	接地	㉓	L-OUT	左声道音频信号输出,用于PV01接口
⑩	NC	空脚	㉔	R-OUT	右声道音频信号输出,用于PV01接口
⑪	+9V	+9V电源(实际为8V,由Q801提供,见图9-11)	㉕	NC	输出左声道音频信号,用于Q630(TDA7267A)输出
⑫	VIDEO OUT	视频信号输出	㉖	NC	输出右声道音频信号,用于Q610(TDA7267A)输出
⑬	RF-AGC	射频AGC测试端,与①脚并接			
⑭	SCL	I²C总线时钟线			

13. 东芝14VL43P液晶屏不亮

检查与分析:根据检修经验,在液晶不亮时,应首先注意检查5V-PANEL供电电路,其电路原理如图9-14所示。经检查,发现Q806不良,将其换新后,故障排除。

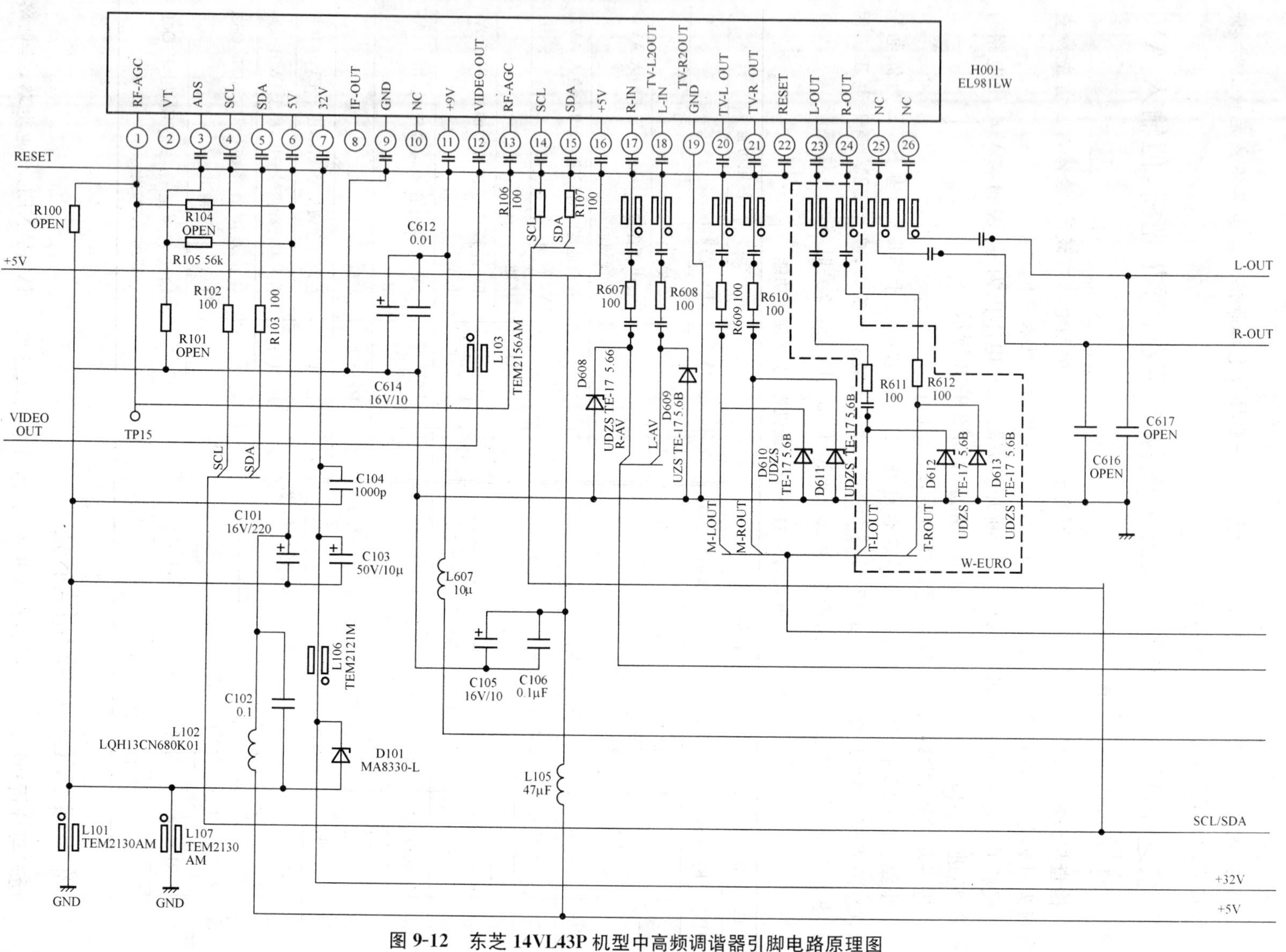

图 9-12 东芝 14VL43P 机型中高频调谐器引脚电路原理图

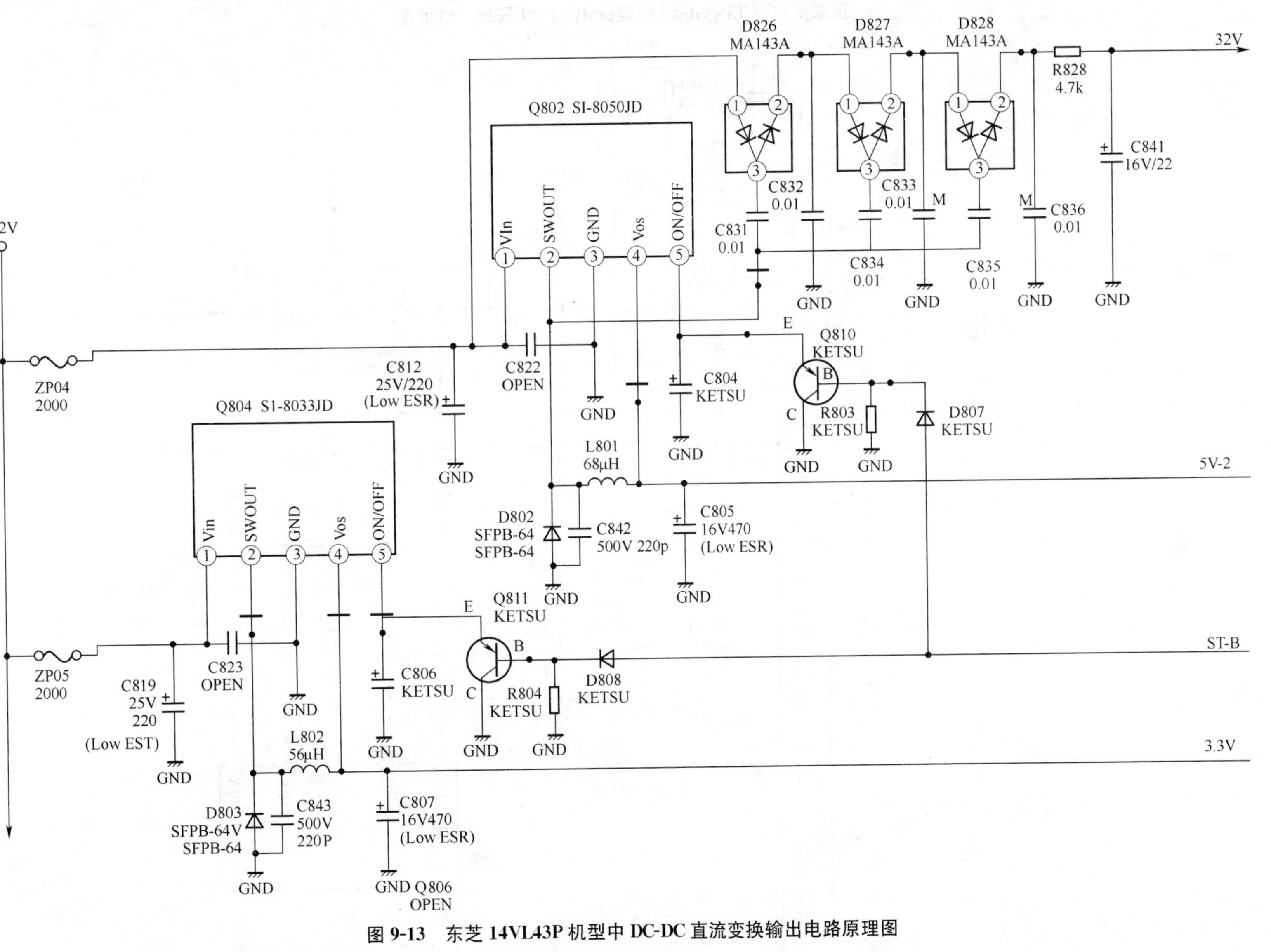

图 9-13　东芝 14VL43P 机型中 DC-DC 直流变换输出电路原理图

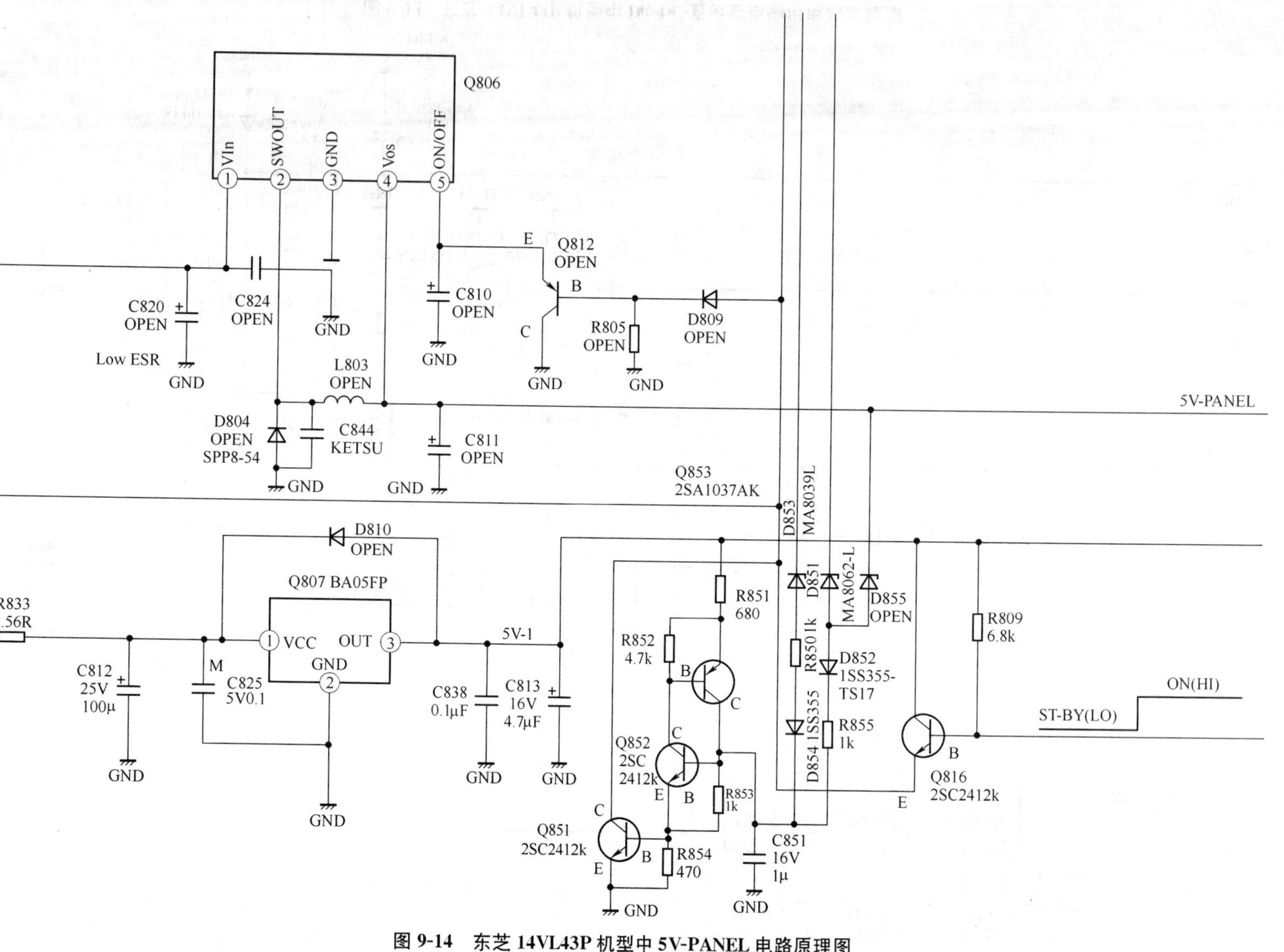

图 9-14 东芝 14VL43P 机型中 5V-PANEL 电路原理图

小结:图 9-14 中,Q806 用于 5V-PANEL 供电输出,为液晶屏电路提供工作电压,其受 Q812 控制,检修时应注意检查 Q812。Q812 为 5V-PANEL 开/关控制管,受 Q816 及 Q851～Q853 控制,但 Q816 和 Q851～Q853 有一个故障时,不仅 5V-PANEL 无输出,2.5V、3.3V 等低压直流电压也无输出,检修时需注意。

14. 东芝 26WL46C 无光栅,无图像

检查与分析:无光栅,无图像的故障原因较多,但此时的故障表现常有背光灯不能点亮等,检修时应首先注意检查屏显供电电路及行场扫描同步处理及视频信号输出等电路。

经检查,发现 Q4200(TA1318AF)的⑨脚电压仅有 0.3V 左右,正常时应为 5.2V,其电路原理如图 9-15 所示。

图 9-15 中,Q4200(TA1318AF)为同步处理器,用于行场频率控制,具有锁相环控制功能,其引脚使用功能见表 9-7。进一步检查,发现㉑、㉒脚电压异常,判断 Q4200 损坏,将其换新后,故障排除。

小结:图 9-15 中,Q4200 的㉑、㉒脚为 I^2C 总线接口,当其引脚电压异常时,将使 I^2C 总线控制功能失效。在判断 Q4200 损坏时,要断开㉑、㉒脚的外电路做进一步检查,以便做出正确判断。

表 9-7　Q4200(TA1318AF 同步处理器)引脚使用功能及参考电压

引脚	符　号	使用功能	参考电压(V)
①	HD2・IN	行脉冲输入 2,未用	—
②	VD2・IN	场脉冲输入 2,未用	—
③	HD1・IN	行脉冲输入 1,用于 TV 行同步信号输入	0.4
④	VD1・IN	场脉冲输入 1,用于 TV 场同步信号输入	4.3
⑤	GND	接地	0
⑥	NC	未用(接地)	0
⑦	AFC FIlter	自动频率控制滤波	6.5
⑧	NC	未用(接地)	0
⑨	HVCO	行振荡,外接 TCR1023 振荡器	5.2
⑩	NC	未用(接地)	0
⑪	VCC	+9V 电源	9.0
⑫	DAC2	未用	—
⑬	VD3-IN	场脉冲输入 3,用于 PC 场同步信号输入	0.4
⑭	HD3-IN	行脉冲输入 3,用于 PC 行同步信号输入	5.2
⑮	CP-OUT	未用	—
⑯	HD1-OUT	经同步处理后的行同步信号输出	4.5
⑰	NC	接地	0
⑱	GND	用于数字电路接地	0
⑲	HD2-OUT	未用	—
⑳	NC	接地	0
㉑	SDA	I^2C 总线数据线	4.3
㉒	SCL	I^2C 总线时钟线	4.4
㉓	Address sw	接地	0
㉔	SYNC2-IN	未用	—
㉕	DAC1	未用	—
㉖	SYNC1-IN	Y-SYNC 同步信号输入	2.5
㉗	NC	接地	0
㉘	VD1-OUT	同步处理后的场脉冲输出	4.2
㉙	VD2-OUT	未用	—
㉚	DAC3	DAC 端口 3 偏置输入	0.3

15. 东芝 26WL46C 无图像,白光栅

检查与分析:在该机中,无图像,白光栅的故障原因主要是视频信号没能送入屏显电路。检修时应注意检查高中频信号处理及 AV 视频信号转换输出电路。经检查发现 QZ01 的⑭、⑯脚无信号波形,但③脚输入波形正常,判断 QZ01(TDA9181T)或其外部元件有故障,应重点检查 QZ01 及其外围元件,其电路原理如图 9-16 所示,QZ01 的引脚使用功能见表 9-8。经进一步检查,发现 QZ09 不良,将其换新后,故障排除。

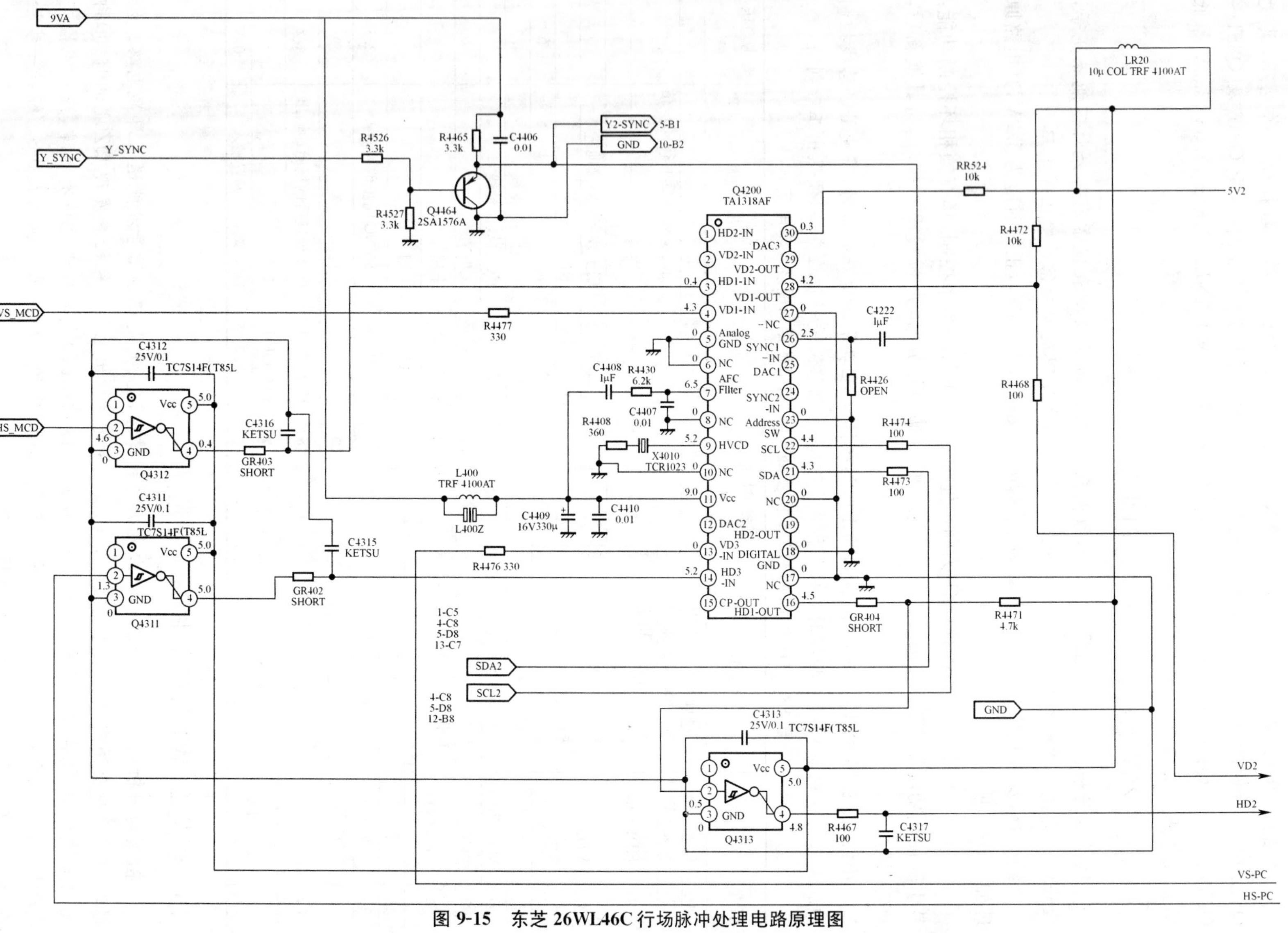

图 9-15 东芝 26WL46C 行场脉冲处理电路原理图

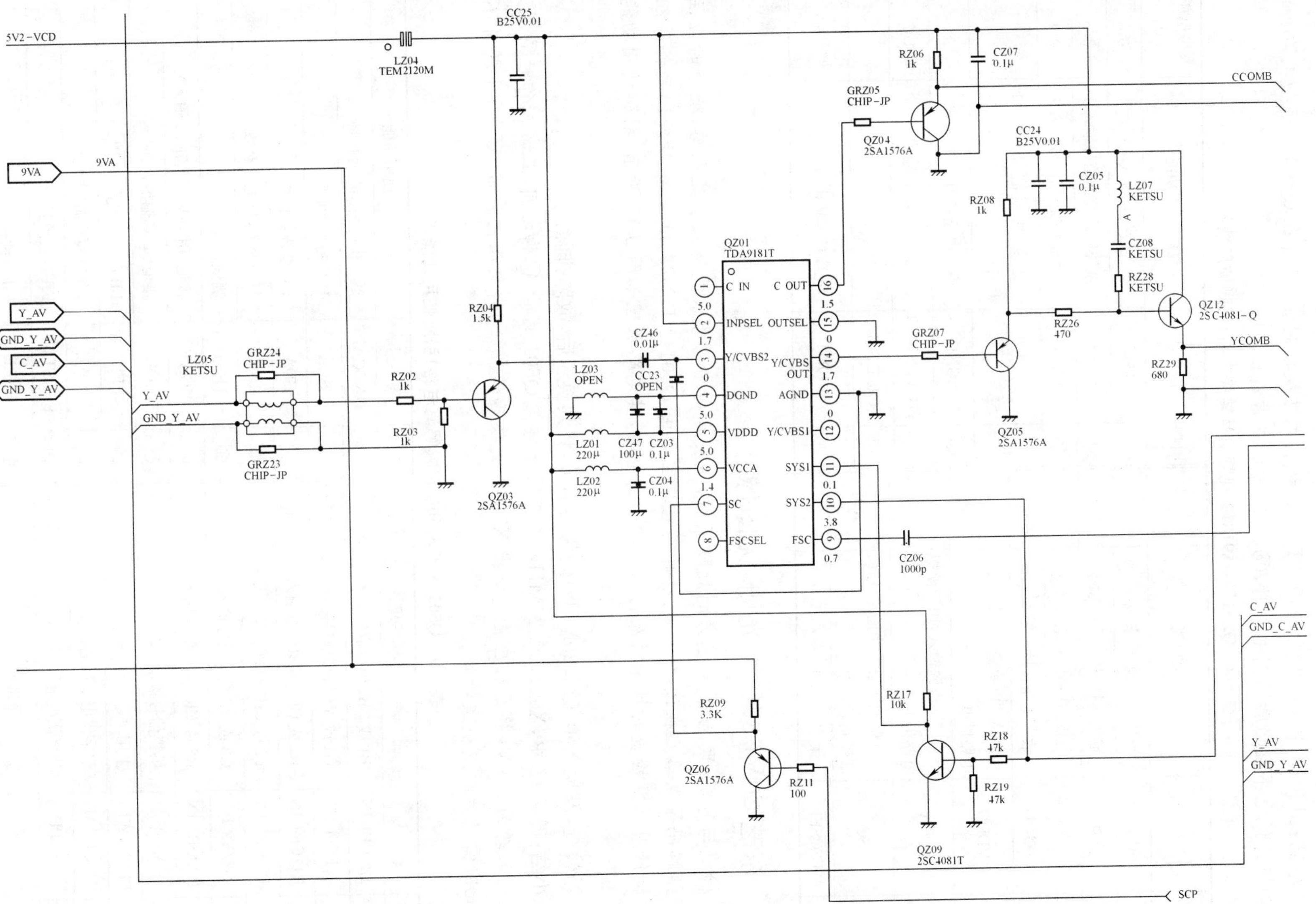

图 9-16　东芝 26WL46C AV 视频信号转换输出电路

小结：图 9-16 中，QZ09(2SC4081T)为系统制式转换控制管，只有在 QZ09 导通使 QZ01 的⑪脚保持低电平且⑩脚为高电平时，⑭、⑯脚才能正常输出。

表 9-8 QZ01(TDA9181T 视频信号转换电路)引脚使用功能

引脚	符 号	使用功能	参考电压(V)	引脚	符 号	使用功能	参考电压(V)
①	C IN	色度信号输入，未用	—	⑨	FSC	副载波信号输入	0.7
②	INPSEL	输入选择，接入 5V 电源	5.0	⑩	SYS2	系统制式控制信号输入 2	3.8
③	Y/CVBS2	亮度/视频信号输入 2	1.7	⑪	SYS1	系统制式控制信号输入 1	0.1
④	DGND	数字电路接地	0	⑫	Y/CVBS1	亮度/视频信号输入 1，未用	—
⑤	VDDD	+5V2 电源输入，用于数字电路供电	5.0	⑬	AGND	模拟电路接地	0
⑥	VCCA	+5V2 电源输入，用于模拟电路供电	5.0	⑭	Y/CVBS OUT	亮度/视频信号输出	1.7
⑦	SC	沙堡脉冲输入，用于信号识别控制	1.4	⑮	OUT SEL	接地	0
⑧	FSCSEL	未用	—	⑯	C OUT	色度信号输出	1.5

16. 东芝 20VL36C 黑光栅，无图像

检查与分析：黑光栅、无图像的故障原因，一般是视频信号未能送入屏显电路，检修时应注意视频解码等电路。在该机中，视频解码电路主要由 Q501(VPC3230D)及少量外围元件等组成。检修时注意检查时钟振荡及行场脉冲输出电路，其电路原理如图 9-17 所示，引脚使用功能见表 9-9。

经检查，发现 X501(20.25MHz)振荡器不良，将其换新后，故障排除。

小结：图 9-17 中，X501(20.25MHz)振荡器并接在 Q501 的62、63脚之间，正常工作时62、63脚的电压约为 2.9V，异常时应首先更换 X501。更换后若62、63脚电压仍异常，则 X501 芯片不良，此时需芯片级或板级维修。

表 9-9 Q501(VPC3230D 视频解码电路)引脚使用功能

引脚	符 号	使用功能	引脚	符 号	使用功能
①	B1/CB1 IN	B1 或 CB1 模拟信号输入	⑫	GNDCAP	数字供电去耦电容接地
②	G1/Y1 IN	G1 或 Y1 模拟信号输入	⑬	SCL	I^2C 总线时钟线
③	R1/CR1 IN	R1 或 CR1 模拟信号输入	⑭	SDA	I^2C 总线数据线
④	B2/CB2 IN	B2 或 CB2 模拟信号输入	⑮	RESQ	复位输入，低电平有效
⑤	G2/Y2 IN	G2 或 Y2 模拟信号输入	⑯	TEST	测试输入端，接地
⑥	R2/CR2 IN	R2 或 CR2 模拟信号输入	⑰	VGAV	接地(用于 VGA 场同步输入)
⑦	ASGF	模拟信号接地	⑱	YCOEQ	接地(Y/C 输出允许)
⑧	FFRSTWIN	未用	⑲	FFIE	FIFO 输入允许，未用
⑨	VSUPCAP	数字供电去耦电容	⑳	FFWE	FIFO 写控制，未用
⑩	VSUPD	数字供电电压(3.3V)	㉑	FFRSTW	FIFO 读/写复位，未用
⑪	GNDD	数字电路接地	㉒	FFRE	FIFO 读控制，未用

续表 9-9

引脚	符　号	使用功能
23	FFOE	FIFO 输出允许，未用
24	CLK20	20.25MHz 时钟输出
25	GNDA	模拟电路接地
26	VSUPPA	模拟电路供电
27	LLC2	LLC 锁相环倍频时钟输出，未用
28	LLC1	LLC 锁相环时钟输出
29	VSUPLLC	LLC 锁相环时钟电路供电(3.3V)
30	GNDLLC	LLC 锁相环时钟电路接地
31	Y7	8bit 亮度数据输出位 7
32	Y6	8bit 亮度数据输出位 6
33	Y5	8bit 亮度数据输出位 5
34	Y4	8bit 亮度数据输出位 4
35	GNDY	亮度数据输出电路接地
36	VSUPY	亮度数据输出电路供电(3.3V)
37	Y3	8bit 亮度数据输出位 3
38	Y2	8bit 亮度数据输出位 2
39	Y1	8bit 亮度数据输出位 1
40	Y0	8bit 亮度数据输出位 0
41	C7	8bit 色度数据输出位 7
42	C6	8bit 色度数据输出位 6
43	C5	8bit 色度数据输出位 5
44	C4	8bit 色度数据输出位 4
45	VSUPC	色度数据输出电路供电(3.3V)
46	GNDC	色度数据输出电路接地
47	C3	8bit 色度数据输出位 3
48	C2	8bit 色度数据输出位 2
49	C1	8bit 色度数据输出位 1
50	C0	8bit 色度数据输出位 0
51	GNDSY	同步信号输入电路接地
52	VSUPSY	同步信号输入电路供电(3.3V)
53	INTLC	隔行输出，未用
54	AVO	有效视频输出，用于测试端
55	FSY/HC/HSYA	前端同步/水平钳位脉冲输出(HD 输出)
56	MSY/HS	主同步/行同步脉冲输出
57	VS	场同步脉冲输出
58	FPDAT/VSYA	前端/后端数据输出，用于场脉冲输出(VD 输出)
59	VSTBY	待机供电电源(3.3V)
60	CLK5	CPU 5MHz 时钟输出
61	NC	空脚
62	XTAL1	时钟振荡输出，外接 20.25MHz 振荡器
63	XTAL2	时钟振荡输出，外接 20.25MHz 振荡器
64	ASGF	模拟区接地
65	GNDF	模拟前端接地
66	VRT	参考电压点
67	I^{2}_{C}SEL	I^2C 总线地址选择
68	ISGND	模拟信号输入电路接地
69	VSUPF	模拟信号输入前端电路接地
70	VOUT	模拟视频信号输出
71	CIN	S 端子色度信号输入
72	VIN1	视频 1 或 S 端子亮度信号输入
73	VIN2	视频 2 输入
74	VIN3	视频 3 输入
75	VIN4	视频 4 输入
76	VSUPAI	模拟前端器件供电(3.3V)
77	GNDAI	模拟前端器件接地
78	VREF	参考点
79	FB1 IN	RGB 快速前隐输入
80	GND AIS	模拟元件信号接地

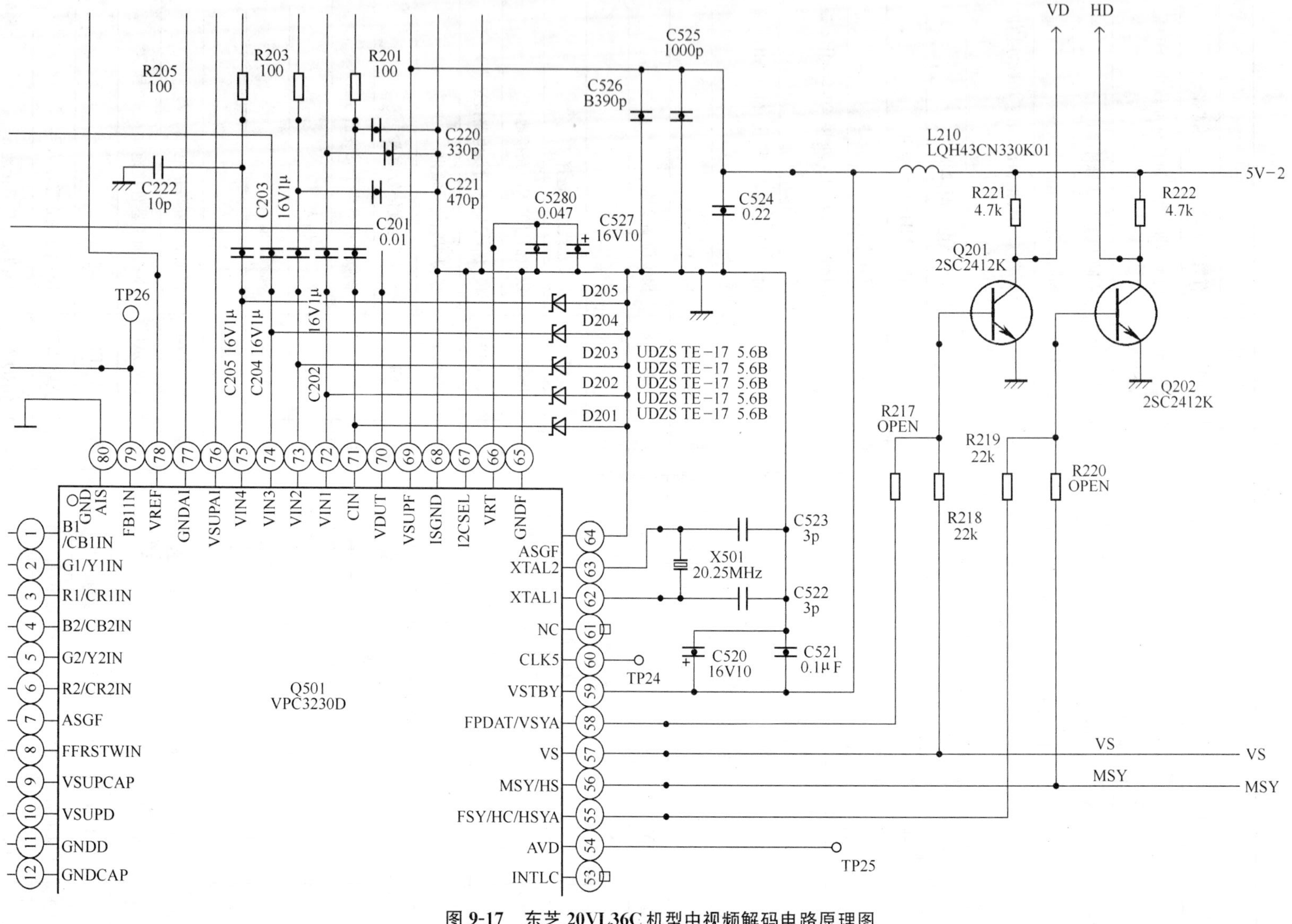

图 9-17 东芝 20VL36C 机型中视频解码电路原理图

17. 东芝 32WL48C 无伴音,但图像正常

检查与分析:无伴音,但图像正常,一般是伴音电路有故障,检修时可首先检查伴音功放电路,未见异常,再进一步检查 Q6001(MSP3410G-Q1-B8-V3)的引脚电路,发现⑯脚对地正反向阻值均为零,判断⑯脚外接复位电路不良,其电路原理如图 9-18 所示。

进一步检查,Q6009(RN1404)不良,将其换新后,故障排除。

小结:图 9-18 中,Q6009(RN1404)为复位控制管,正常工作时呈截止状态,Q6001 的⑯脚为 4.6V 高电平;异常时 Q6001 不工作,导致无伴音故障。Q6008(BD4746G)为复位电路,④脚输出复位电压(4.6V),无输出时除注意检查 Q6009 外,还要注意检查 Q6008,必要时将其换新。

18. 东芝 32WL48C 无重低音,但双伴音正常

检查与分析:根据检修经验及故障现象,检修时可直接检查重低音输出电路,其电路原理如图 9-19 所示。试将 QS103(BA4558F-E2)直接换新后,故障排除。

小结:图 9-19 中,QS103(BA4558F-E2)为双缓冲放大器,本机只使用了其中一只放大器,用于放大输出重低音信号。当其不良时,无重低音输出或重低音失真,检修时可先将其直接换新。

19. 东芝 32WL48C 无光栅,但电源指示灯亮

检查与分析:无光栅,但电源指示灯亮,一般是待机控制或低压电源电路等有故障,检修时逐一检查低压直流电压,发现 2.5V 电压为 0V,进一步检查,结果是 IC722 引脚开路,其电路原理如图 9-20 所示。将开路引脚补焊后,故障排除。

小结:在该机中,由 IC722(PQ025Y3H3ZP)稳压输出的 2.5V 电压主要供给主芯片电路,因此,当 2.5V 电压丢失时,主芯片不工作,导致无光栅故障。

20. 东芝 32WL48C 无 SIF 伴音中频信号输出

检查与分析:无 SIF 伴音中频信号输出时的故障表现,主要是在 TV 状态无伴音,检修时主要检查高频头 SIF OUT 端子及其引脚外接电路。经检查,结果是 Q161 发射结不良,将其换新后,故障排除。其电路原理如图 9-21 所示。

在图 9-21 中,Q161 和 Q162 均为 SIF 伴音中频放大输出管,其中有一个不良均会引起 TV 状态无伴音故障。检修时应注意检查,必要时将其直接换新。

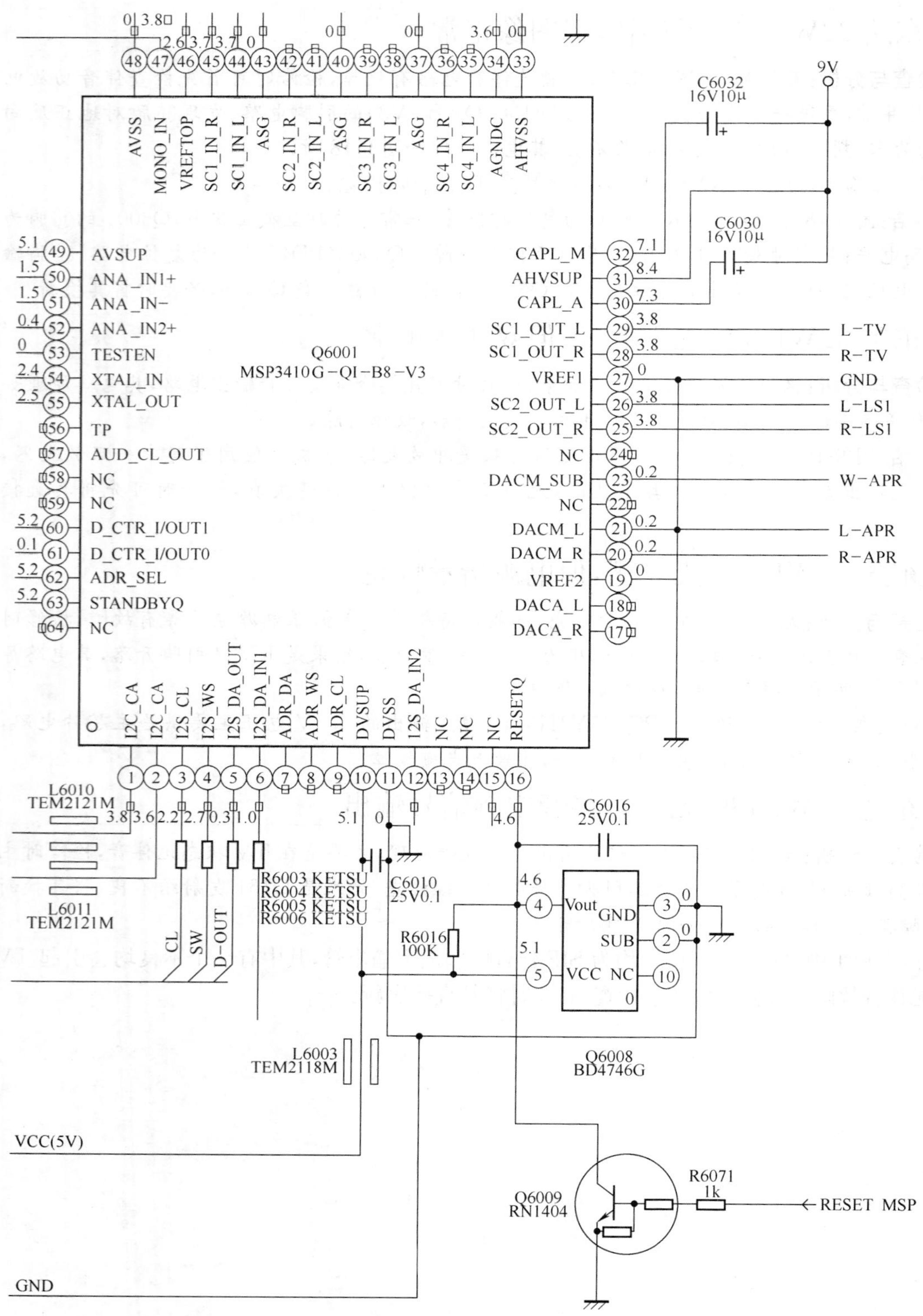

图 9-18 东芝 32WL48C 机型中数字伴音处理电路复位功能电路原理图

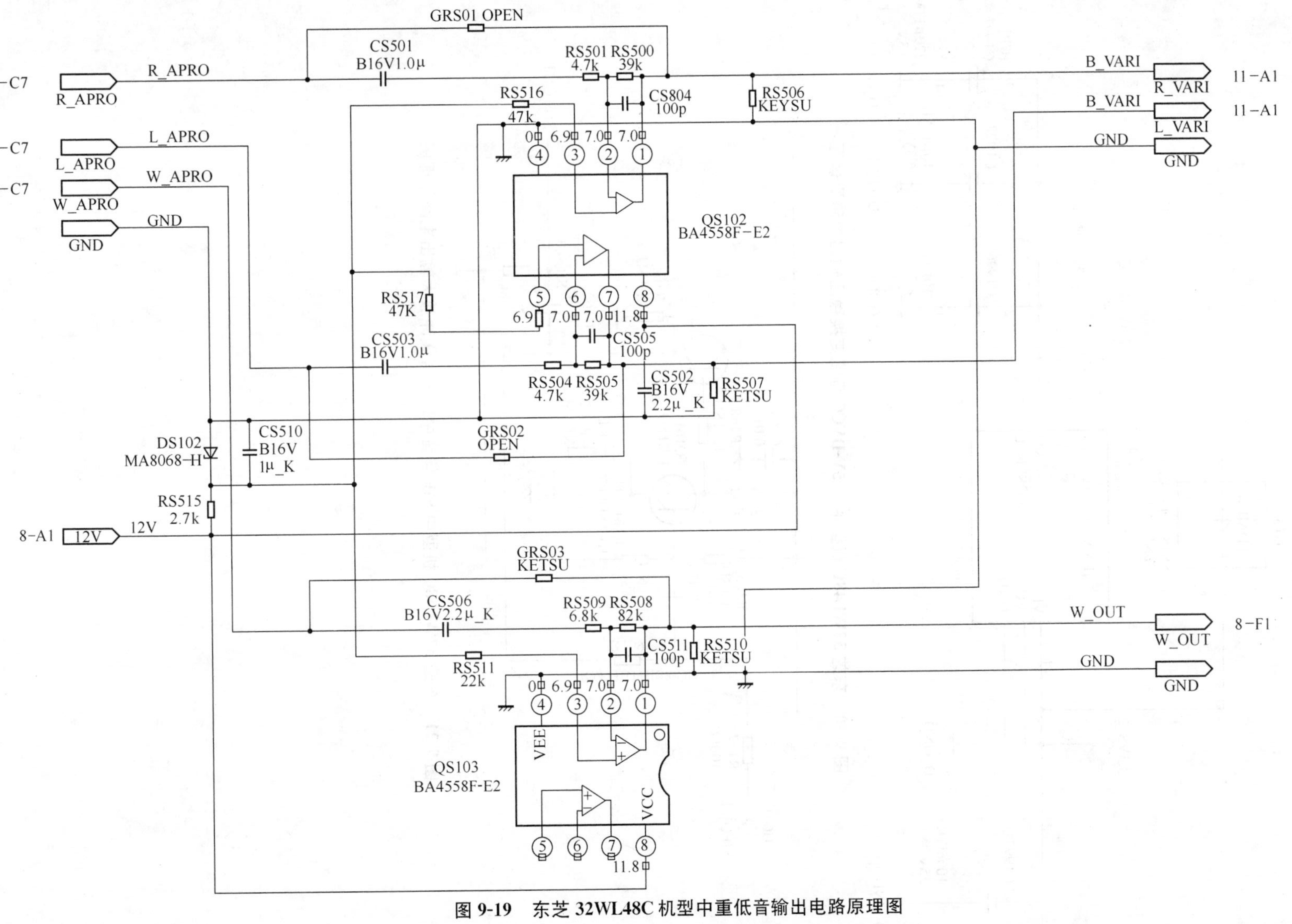

图 9-19　东芝 32WL48C 机型中重低音输出电路原理图

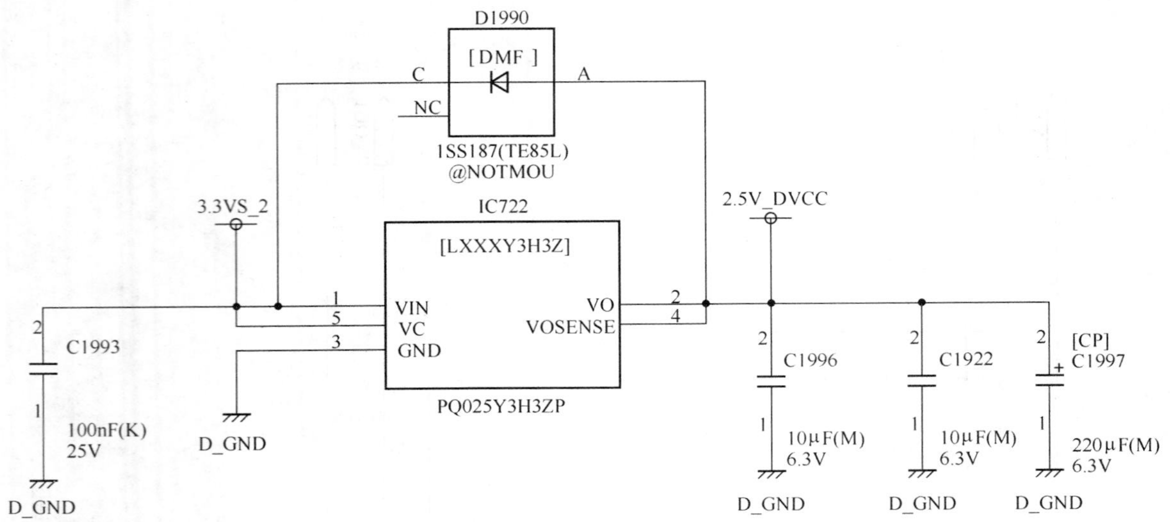

图 9-20 东芝 32WL48C 机型中 2.5V-DVCC 直流变换稳压输出电路原理图

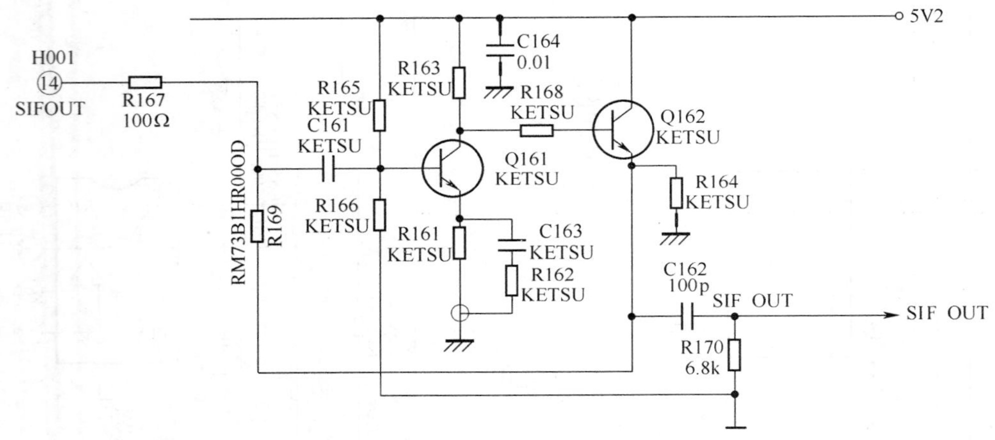

图 9-21 东芝 32WL48C 机型中 SIF 伴音中频信号缓冲放大输出电路原理图

第 10 章　飞利浦数字平板电视机维修笔记

飞利浦数字平板电视机是我国平板电视机市场中的主要品牌之一，也是我国进口平板电视机的主要品牌之一。飞利浦数字平板电视机主要是上海飞利浦(中国)投资有限公司生产，其常见的型号有：37PFL3403/93、32PFL3403、42PFL3403、47PFL3403、32HFL3330、37HFL3330 等。因此，了解和掌握飞利浦数字平板彩色电视机的机心结构及维修技术，对维修其他品牌型号的数字平板电视机都有指导意义。本章主要介绍一些飞利浦平板电视机维修笔记，以供维修者参考。

1. 飞利浦 37PFL3403/93 无光栅，指示灯不亮

检查与分析：无光栅，指示灯不亮，一般是电源板有故障。该机没有随机图纸，也没有可以参考的资料，检修时可对电源板进行独立检修，其实物组装如图 10-1 所示。

经检查，发现 D805(31DF)升压二极管击穿，D813(LT8210-B31008)二极管(贴片)击穿，Q802(K2996)场效应管击穿，D901(G122)击穿，F901(250V. 5A)熔断。检查其他元件未见异常，将损坏元件换新，故障排除。

小结：在实际维修中，由于没有原型号元件，故均采用代换元件，其中 D805 用 U4D 代换，D813 用 ES1 代换，Q802 用 11N80C3 代换，D901 用 MF1C10 代换。修复一年后应正常工作。

2. 飞利浦 37PFL3403/93 无光栅，电源熔断

出现该故障，可从以下两个方面着手分析，情况一：

检查与分析：电源熔断器熔断，一般是电源板电路有严重击穿损坏或过电流元件，检修时可先采用电阻测量法。经检查，发现 BD901 击穿损坏，其实物图如图 10-2 所示。进一步检查未见有其他损坏元件后，将 BD901 换新，故障排除。

小结：在该机中，BD901 为全桥整流块，击穿时应进一步检查功率因数校正电路。正常工作时，经功率因数校正后的输出电压为 395V。

情况二：

检查与分析：首先采用电阻测量法，对电源板元件进行检查，发现 Q902(STP20NM60FP)击穿损坏，其实物图如图 10-3 所示。Q902 用于功率因数校正开关输出，击穿时常有控制电路损坏。在该机中，功率因数校正控制电路由贴片式集成电路 IC902 及少量外围贴片式元件等组成，其实物组装如图 10-4 所示。根据检修经验，将 IC902 与 Q902 一起换新后，故障排除。

小结：在该机中，Q902 的损坏原因常是 IC902 不良，因此，在检修时若重复损坏 Q902，而又无法查出其他原因时，应将 IC902 换新。由于 IC902 为贴片式元件，拆卸时需用热风枪吹下，因此，在吹卸时应注意周围元件不被吹丢。

3. 飞利浦 42PFL3403 电源不工作，检查 B+电压约 295V

检查与分析：根据检修经验，B+电压约 295V，说明全桥整流输出电路正常，故障在功率因数校正电路。检修时重点检查功率因数校正电路，其电路原理如图 10-5 所示。

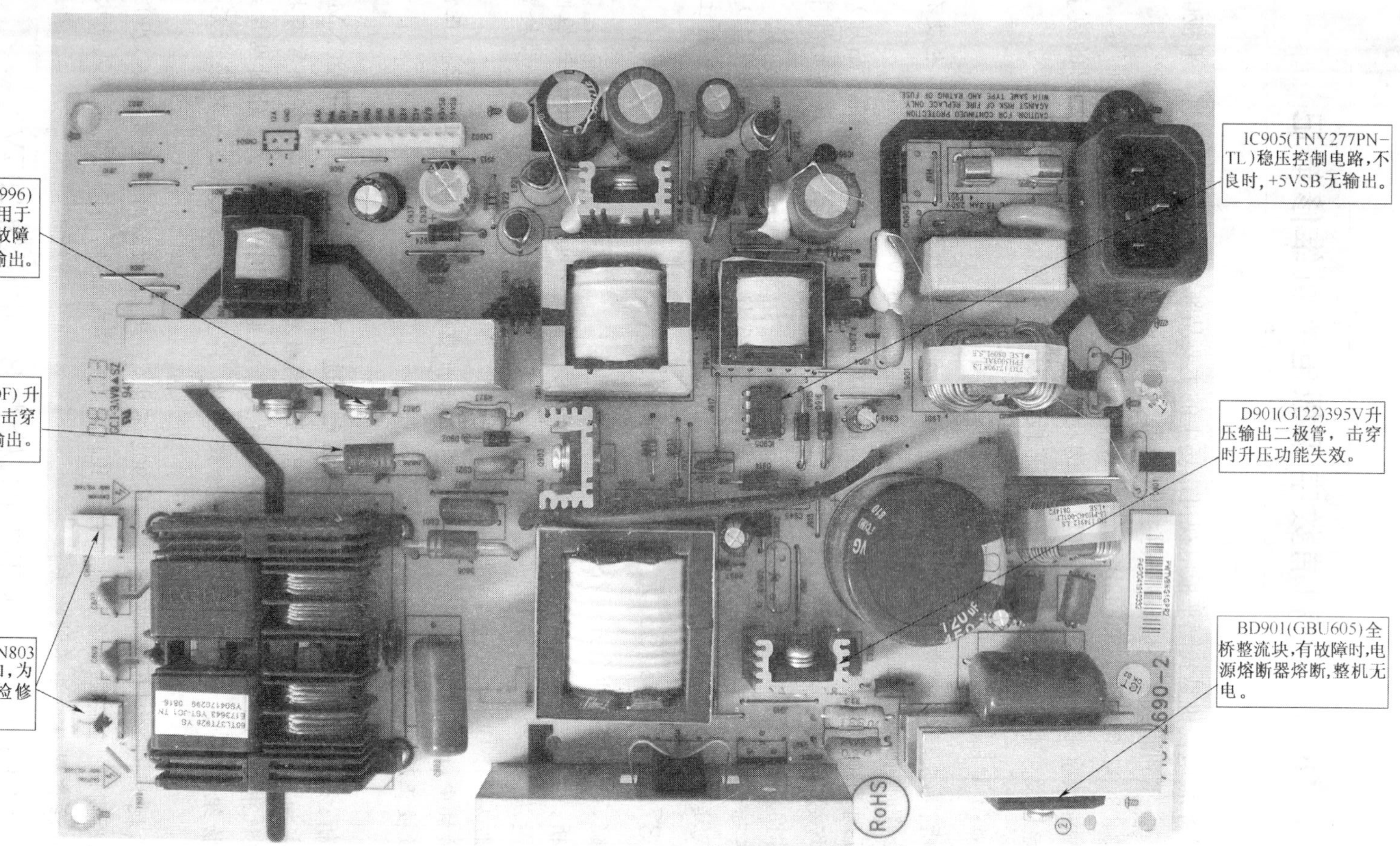

图 10-1 飞利浦 37PFL3403/93 机型中电源板实物组装图

图 10-2　BD901（GBU 605）全桥整流块实物图

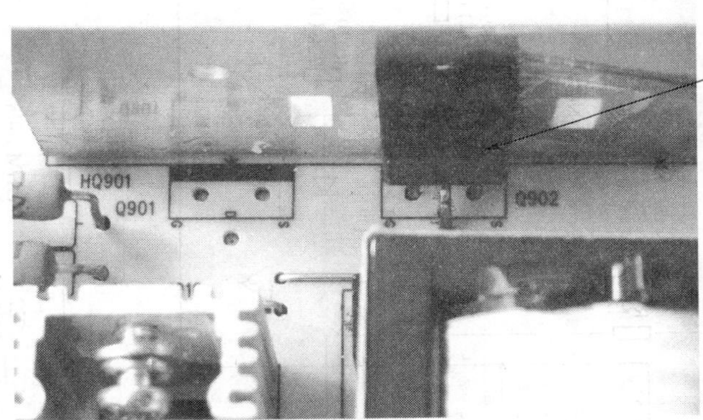

图 10-3　Q902（STP20NM60FP）功率因数校正开关元件实物图

图 10-4　IC902（SG6961）功率因数校正控制电路实物图

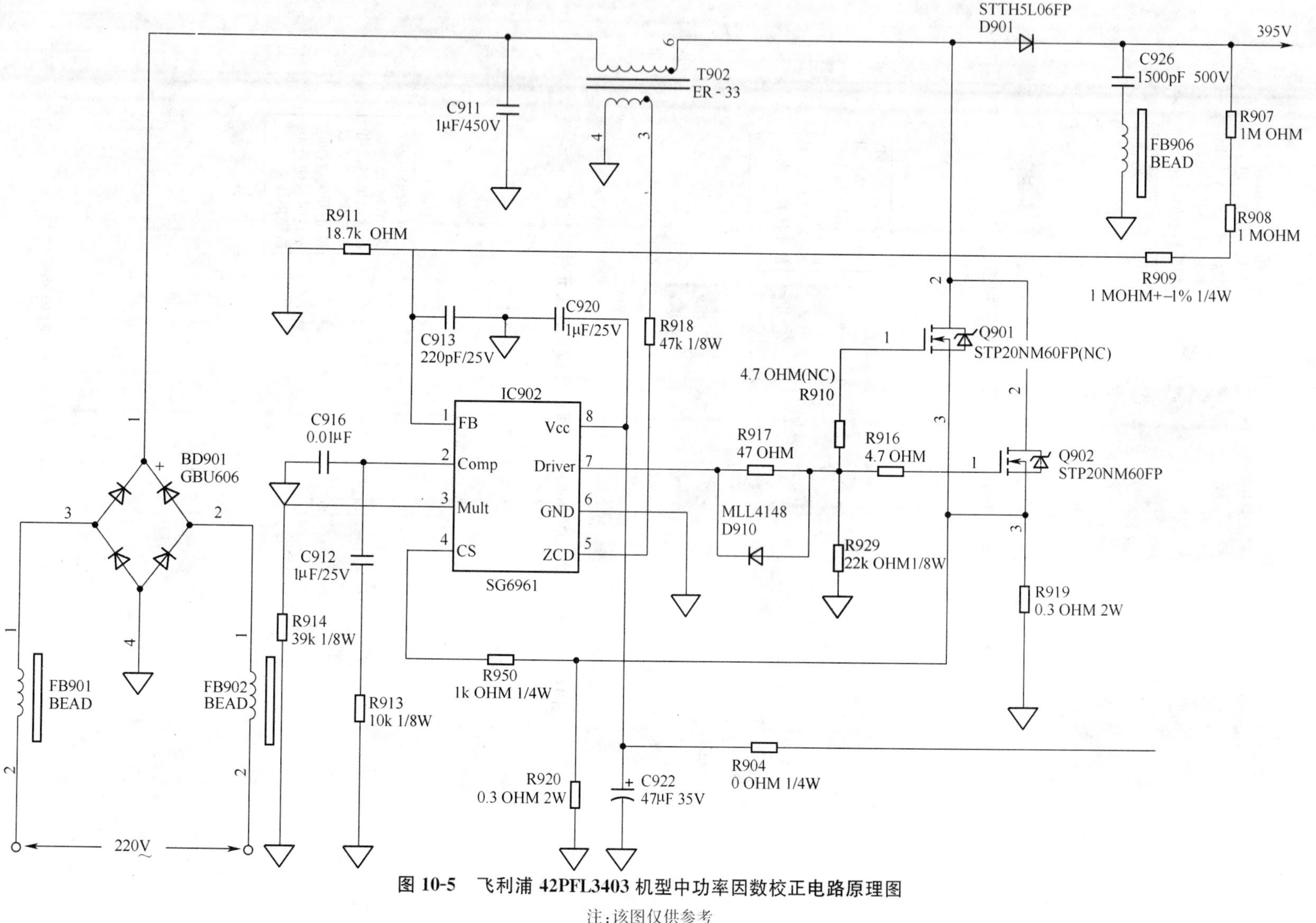

图 10-5 飞利浦 42PFL3403 机型中功率因数校正电路原理图

注：该图仅供参考

图 10-5 中，IC902(SG6961)主要用于功率因数校正控制，其引脚使用功能见表 10-1。在正常工作时，IC902 的⑦脚输出 PWM 调宽脉冲，用于自动控制 Q902 和 Q901(有些机型实物中未用)的导通与截止时间，以稳定 395V 输出。经检查 IC902⑦脚始终无输出，但检查 Q902、IC902 均正常。进一步检查，发现 R919 开路，R920 阻值增大。将 R919、R920 换新后，故障排除。

表 10-1　IC902(SG6961 功率因数控制电路)引脚使用功能

引脚	符　号	使用功能	引脚	符　号	使用功能
①	FB	反馈输入	⑤	ZCD	零电流侦测
②	comp	误差放大器外接补偿电路(相位补偿)	⑥	GND	接地
③	MU1t	MU1tFP，乘法器输入	⑦	Driver	激励脉冲输出，用于控制电源开关管
④	CS	电流检测，用于电源开关管过电流保护	⑧	VCC	工作电源

小结：图 10-5 中，R919、R920 并联组成 Q902、Q901 的限流电阻，正常时其两端电压较低，通过 R950 加到 IC902④脚的电压较低(约 0.1V)，⑦脚正常输出。当 Q902(或 Q901)过电流时，R919、R920 的端电压升高，通过 R950 加到 IC902④脚的电压也升高，当其升高电压超过 0.5V 时，IC902④脚内电路动作，使⑦脚无输出，起到过电流保护作用。当 R919、R920 阻值增大时，其端电压升高，引起保护功能动作。因此，在该机出现 B+电压为 295V 时，应注意检查 R919 和 R920，必要时将其直接换新。

4. 飞利浦 42PFL3403 不开机，检查 23V 和 12V 均为零，但 395V 电压正常

检查与分析：根据初步检查结果，进一步检修时，应重点检查 IC901、T901、Q903 等组成的 23V 和 12V 开关稳压电路，其电路原理如图 10-6 所示。

在图 10-6 中，IC901(TEA1530AT)为 23V 和 12V 开关稳压电源的核心器件，在其控制下可使功率因数校正(PFC)电路输出的 395V 直流电压变换为 12V/4A 稳定直流电压，其引脚使用功能见表 10-2。

经检查，发现 ZD926 呈软击穿损坏，将其换新后，故障排除。

小结：图 10-6 中，ZD926 为 20V 稳压二极管，它与 D923、R961 等构成过电压保护电路。在电路正常时，D923 整流输出电压小于 20V，ZD926 反偏截止。当电路中出现故障，使 23V 和 12V 电压升高时，D923 整流输出电压也升高，其升高电压超过 20V 时，ZD926 击穿导通，IC901 的③脚为高电平，其内部保护功能动作，⑥脚无输出，Q903 截止，从而起到过电压保护作用。但在 ZD926 击穿保护时，应注意检查由 IC903、IC921 等组成的自动稳压控制环路，必要时将 IC903 和 IC921 直接换新。

表 10-2　IC901(TEA1530AT 电源控制芯片)引脚使用功能

引脚	符　号	使用功能	引脚	符　号	使用功能
①	VCC	工作电源	⑥	DRIVER	激励脉冲输出，用于控制电源开关管
②	GND	接地	⑦	HVS	高压安全垫片、空脚
③	PROTECT	保护控制	⑧	DRAIN	外接 MOSFET 漏极(D)、起动电流及谷值电压检测输入
④	CTRL	控制输入			
⑤	SENSE	可编程电流检测输入			

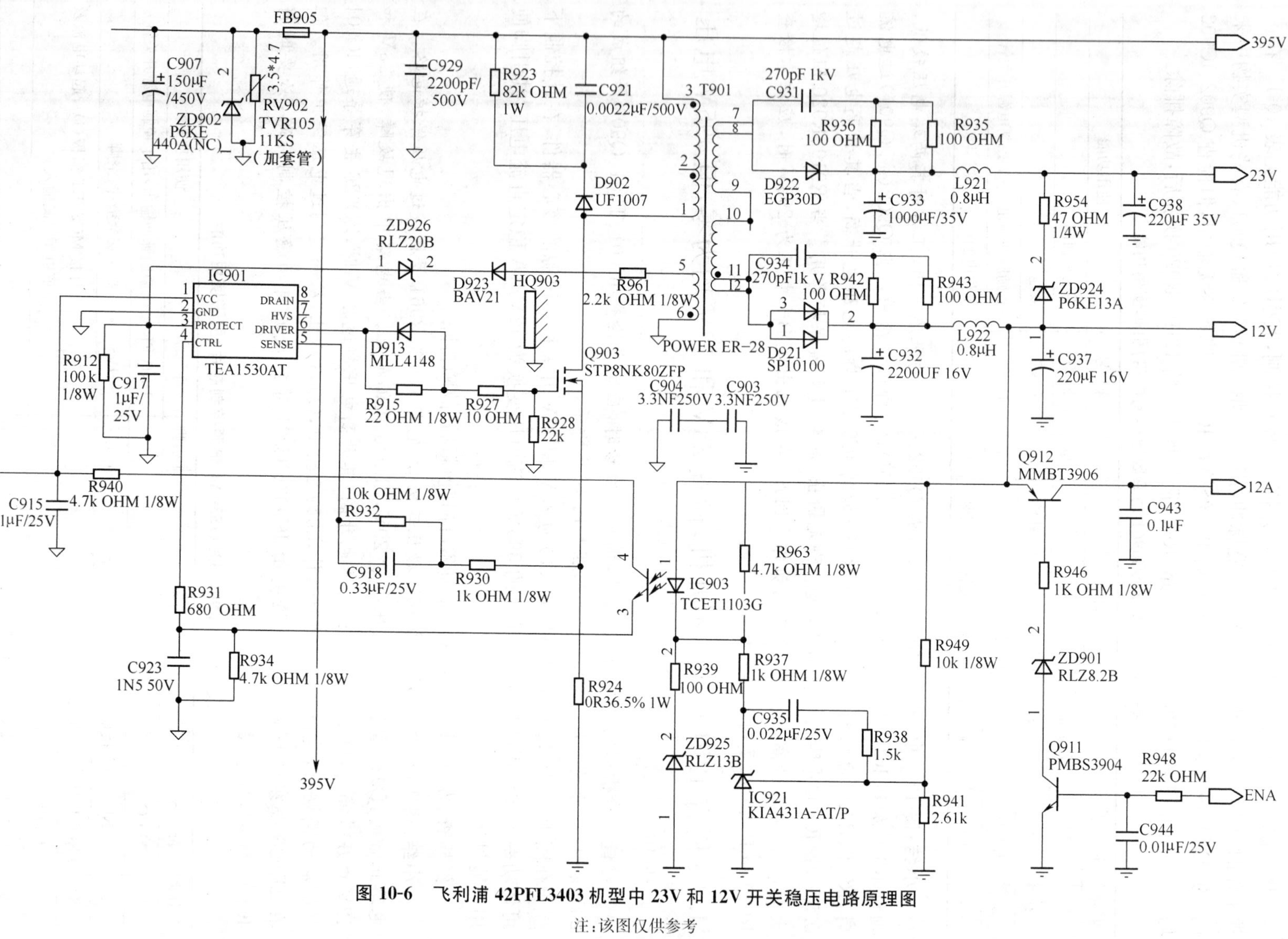

图 10-6 飞利浦 42PFL3403 机型中 23V 和 12V 开关稳压电路原理图

注：该图仅供参考

5. 飞利浦37PFL3403不开机，无电源指示灯，初步检查无+5V电压，395V电压正常

检查与分析：根据初步检查结果分析，故障在+5V稳压电路，其电路原理如图10-7所示。

经检查，发现R959(10Ω)开路，将其换新后，故障排除。

小结：图10-7中，R959为10Ω限流电阻，主要为IC905提供反馈电压，并为IC901、IC902提供VCC工作电压。因此，当R959开路时，不但IC905不能正常工作，IC901、IC902等组成的开关稳压电源电路也不工作。但在R959开路时，应进一步检查IC905是否正常。IC905是一种内含场效应管的开关控制电路，必要时将其直接换新。

6. 飞利浦37PFL3403背光灯不亮，检查CN803、CN802接口无高压输出，再查395V电压为零

检查与分析：根据初步检查，发现电源熔断器已呈焦黑状熔断，但检查功率因数校正电路元件均正常；进一步检查，发现D805、D806均击穿损坏，其实物安装如图10-8所示，应用电路原理如图10-9所示。将D805、D806换新后，故障排除。

小结：图10-8中，D805、D806击穿损坏时，常使Q801、Q802也击穿损坏，检修时应将Q801、Q802焊下检查，必要时将其一起换新。

7. 飞利浦37PFL3403背光灯不亮

检查与分析：背光灯不亮，一般是逆变器输出电路或背光源控制电路有故障，但检查逆变器电路时，未见有损坏元件，其实物组装如图10-8所示。通电检查时，Q801、Q802栅极无电压，T801的①、④端也无电压，如图10-9所示，检查395V电压正常，故判断背光源控制电路有故障。

在该机中，背光源控制电路由IC801等贴片式元件组成在电源逆变板的背面，其实物组装如图10-10所示，电路原理如图10-11所示。图10-10中，IC801为调宽脉冲控制电路，主要用于背光源亮度和开关控制，并具有过电流过电压保护功能，其引脚使用功能见表10-3。

经检查，发现C822短路，将其换新后，故障排除。

小结：图10-11中，C822并接在IC801的⑩脚与地之间，用于IC使能电压滤波。当其短路时，将使IC801的⑩脚变为低电平，IC内电路停止工作，其①脚和⑮脚无输出，逆变器电路不工作，背光灯不亮。因此，在背光灯不亮，而逆变器电路元件又正常时，应注意检查背光源控制电路。由于背光源控制电路均为贴片式元件，且又十分精密，故检修难度较大。

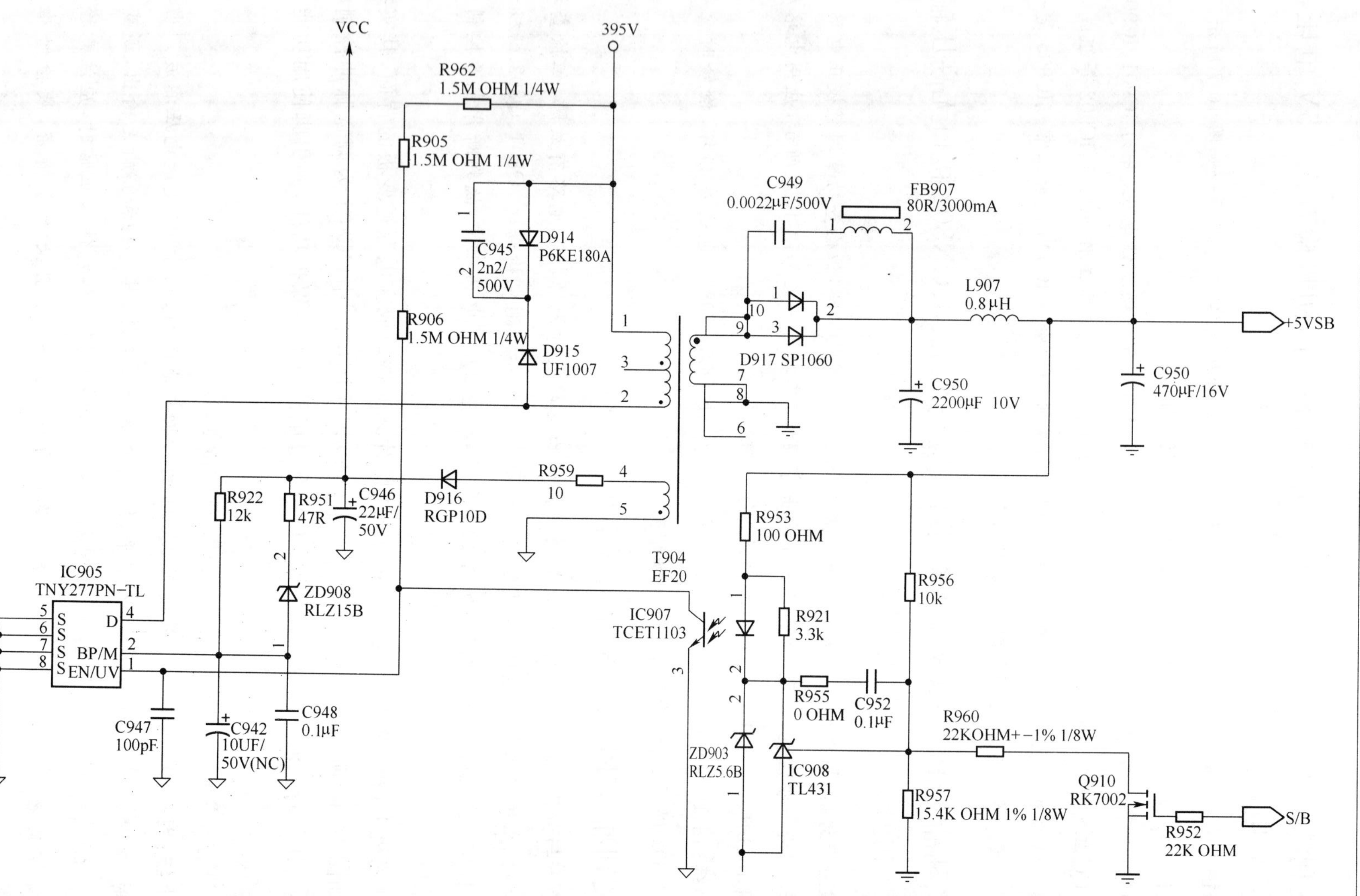

图 10-7 飞利浦 37PFL3403 机型中+5VSB 稳压电源电路原理图

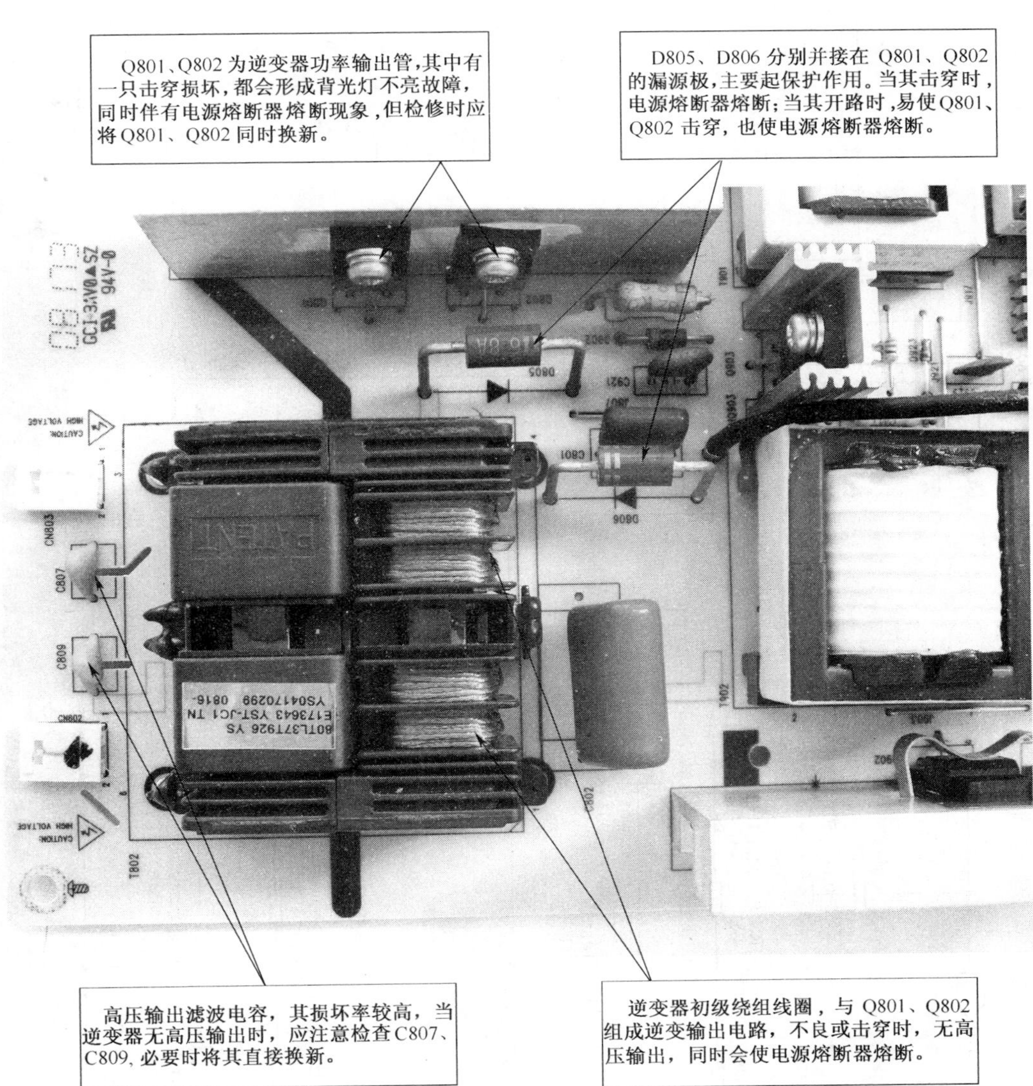

图 10-8　飞利浦 37PFL3403 机型中逆变器元件实物组装图

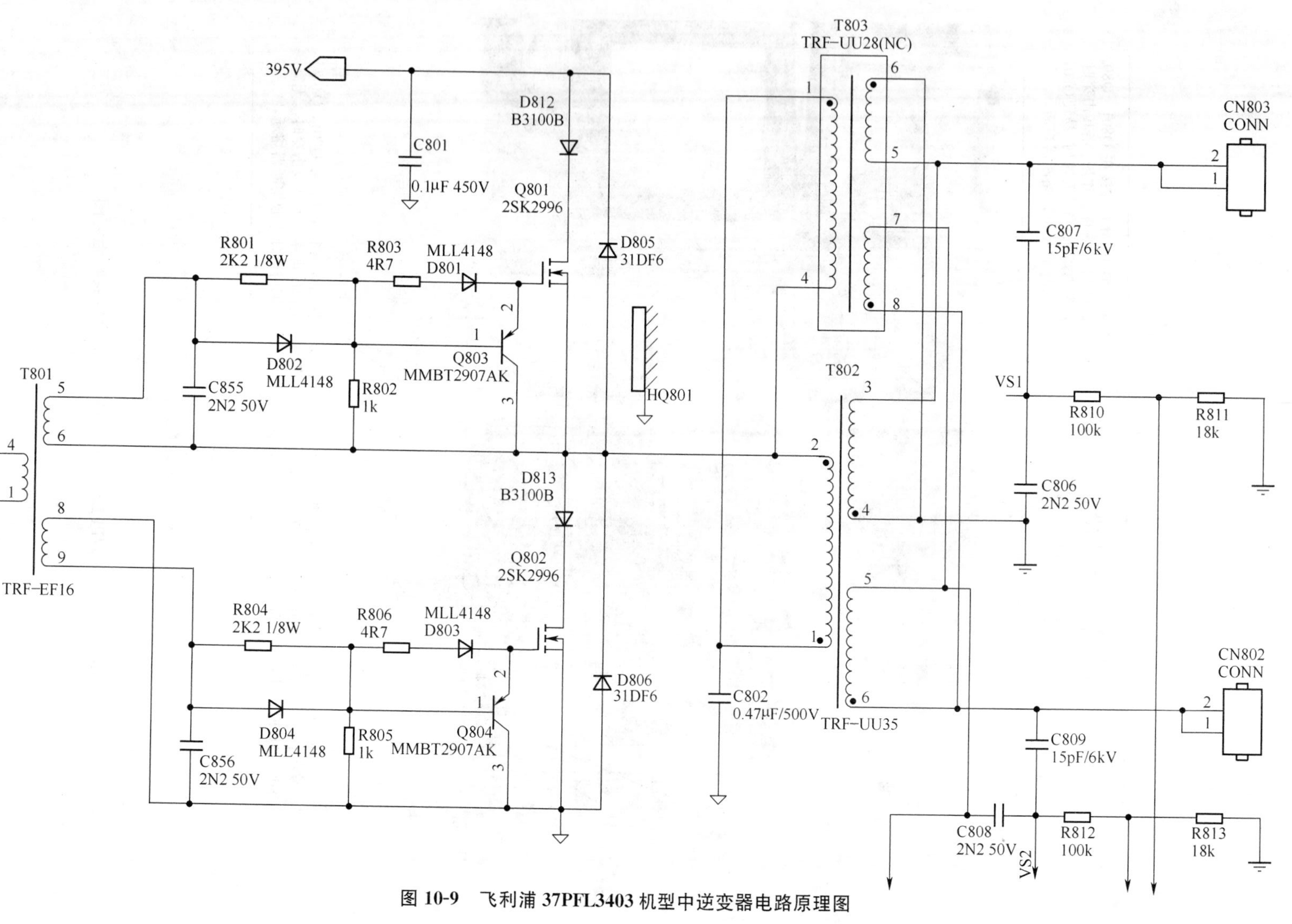

图 10-9 飞利浦 37PFL3403 机型中逆变器电路原理图

Q805(ZAJ9)为 PNP 型晶体管，用于起动控制，当其不良或损坏时，IC801 不工作，背光灯不亮。维修时，可用分立元件代换，但安装时要注意极脚不能焊错。

R828(10k)、R834(22k)组成 IC801 ⑩脚外接偏置电路，为 IC801 ⑩脚提供高电平，以使 IC801 内部电路保持在运行状态。当 R828 开路时，IC801 ⑩脚低电平，其内电路不工作。

IC801(QZ9938GN)背光源控制电路，当其不良时，会引起背光灯亮度不足，或亮度不可调，或无背光源。维修时可将其直接换新，但要保持型号一致。

D810(BA70)双二极管，用于灯管电压过压检测输出，其输出电压加到 IC801 的⑥脚。当其击穿损坏时，背光灯不亮。

图 10-10　IC801(QZ9938GN)背光源控制部分电路元件实物组装图

表 10-3　IC801(QZ9938GN 调宽脉冲控制芯片)引脚使用功能

引脚	符　号	使用功能	引脚	符　号	使用功能
①	DRV1	N 沟道 MOSFET 驱动脉冲 1 输出，用于逆变器控制	⑨	NC2	未用
			⑩	ENA	IC 运行使能端，高电平时 IC 开始运行
②	VDDA	5V 电源	⑪	LCT	外接偏置电路
③	TIMER	点灯时间定时电容	⑫	SST CMP	IC 起动、软起动定时/电流误差放大器补偿
④	DIM	模拟亮度控制电压输入	⑬	CT	外接定时电容
⑤	ISEN	灯管电流检测控制	⑭	GNDA	模拟电路接地
⑥	VSEN	电压检测控制	⑮	DRV2	N 沟道 MOSFET 驱动脉冲 2 输出，用于逆变器控制
⑦	OVPT	过电压保护输入			
⑧	NC1	未用	⑯	PGND	驱动电路接地

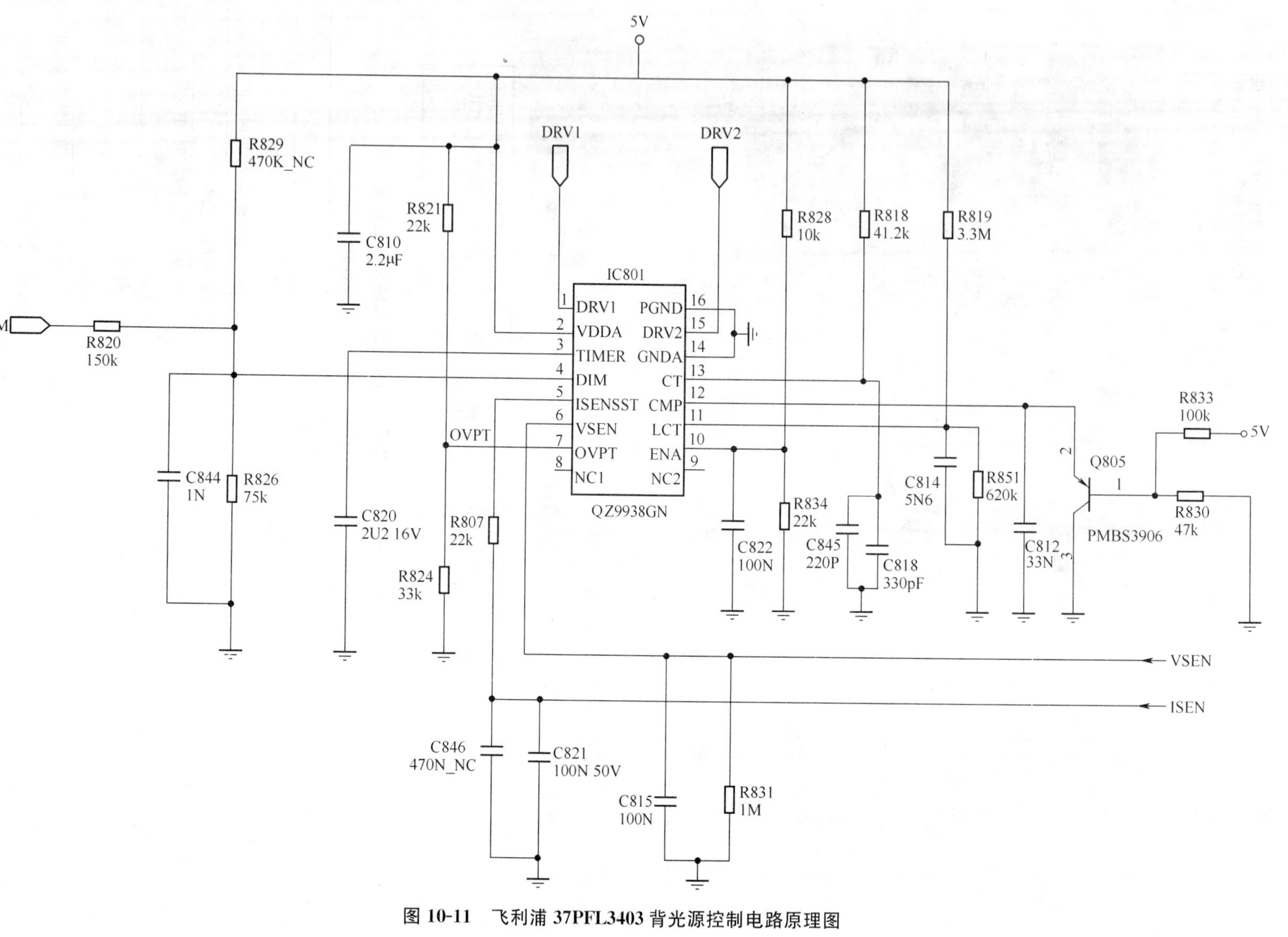

图 10-11 飞利浦 37PFL3403 背光源控制电路原理图

8. 飞利浦 37PFL3403 无 AV 音频输出，AV 视频输出正常

检查与分析：无 AV 音频输出，一般是 AV 音频输出电路有故障。在该机中，AV 音频输出电路主要由 U6201 及少量分立元件等组成，其电路原理如图 10-12 所示。

经检查，发现 U6201 不良，将其换新后，故障排除。

小结：图 10-12 中，U6201 是内含两只放大器的伴音输出电路，并由①脚和⑦脚输出左、右声道音频信号，通过 C6212、C6213 送至 AV 音频输出插口。检修时，若 U6201 的②、⑥脚有音频信号，而①、⑦脚无输出，则一般是 U6201 不良或损坏，可将其直接换新。

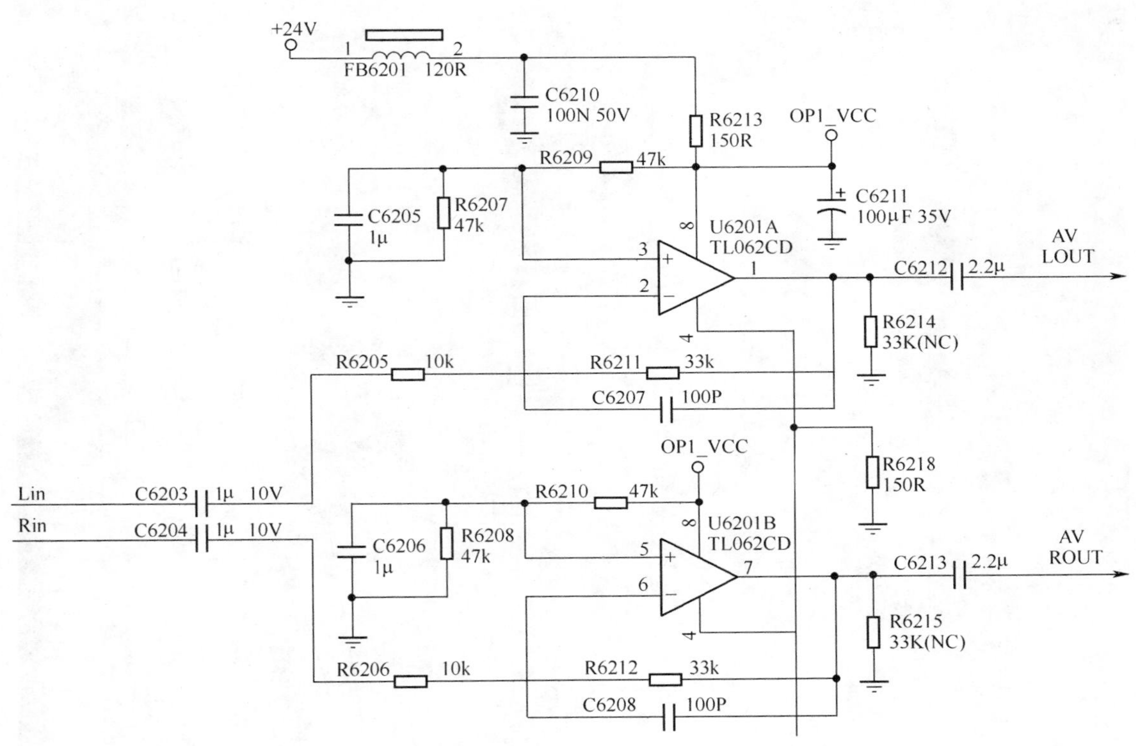

图 10-12　U6201(TL062CD)伴音输出电路原理图

9. 飞利浦 37PFL3403 背光灯不亮，声音正常

检查与分析：根据检修经验，背光灯不亮，声音正常，说明开关稳压电源及主板电路基本正常，故障主要在逆变器电路，且没有短路或不良的功率元件，因此，检修时可先从检查逆变器初级激励电路入手。在该机中，逆变器初级激励电路是由贴片式元件组成在电源逆变器板的背面印制线路中，其实物组装如图 10-13 所示，电路原理如图 10-14 所示。

经检查，发现 C817 失效，焊下检查已无容量，将其换新后，故障排除。

小结：图 10-13 和图 10-14 中，C817 用于耦合调宽脉冲信号，与 T801 初级绕组构成交流回流，当其失效无容量或开路时，T801 次级无激励信号输出，故逆变器无脉冲高压输出，背光灯不亮。

Q830、Q832 组成互补式输出电路，用于推动T801输出激励信号。其中有一只管子不良或损坏时，逆变器均无高压输出，背光灯不亮。

Q833、Q835 组成互补式输出电路，用于推动T801 输出激励信号。其中有一只管子不良或损坏时，逆变器均无高压输出。背光灯不良。

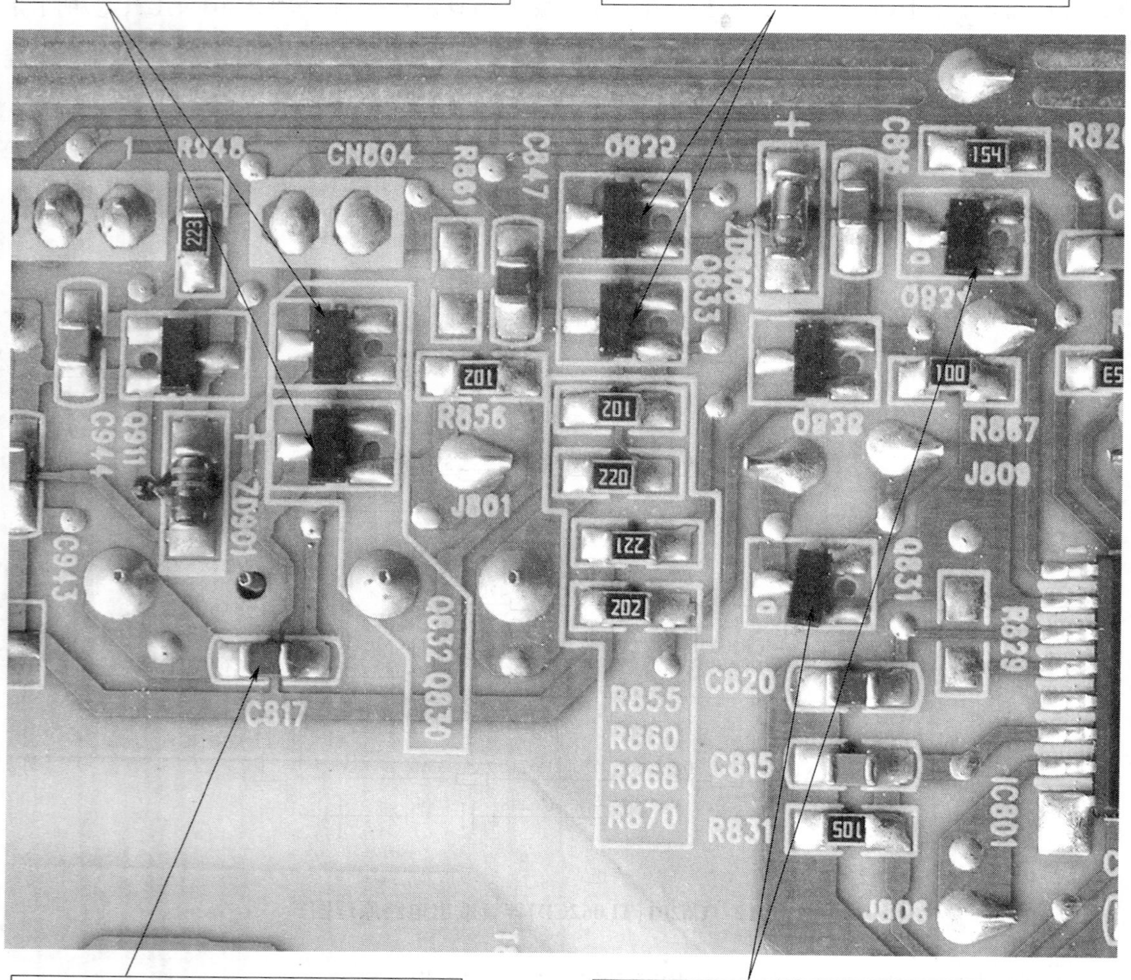

C817 (1μF) 耦合电容，用于逆变器初级回路，主要起调宽脉冲耦合输出作用。开路时，逆变器激励变压器初级绕组中无交流通过，逆变器无高压输出。

Q831、Q834 分别用于 DRV_2、DRV_1 激励控制，其中有一只管子不良或损坏，都会引起逆变器无高压输出，背光灯不亮的故障。

图 10-13　飞利浦 37PFL3403 机型中逆变器初级激励电路元件实物组装图

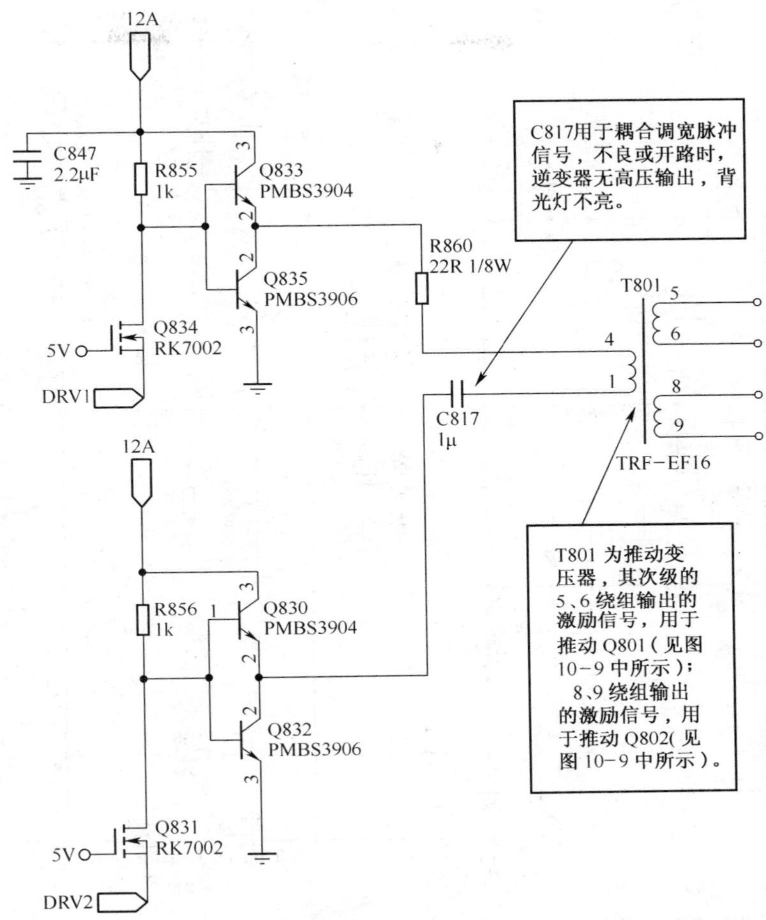

图 10-14 飞利浦 37PFL3403 机型中逆变器初级激励电路原理图

10. 飞利浦 47PFL3403 无光栅，电源指示灯亮

检查与分析：根据检修经验，该机无光栅，电源指示灯亮，常是小信号处理电路或低压供电电路有故障，而功率因数校正及＋5V 电源电路基本正常，检修时应首先注意检查小信号处理电路及低压供电电路中是否有短路或开路元件，然后再通电检测各组供电压是否正常。

经检查，未见有明显不良及损坏元件，通电后检测＋24V 和＋12V 电压均为零，判断 24V 和 12V 稳压输出电路有故障，其电路原理如图 10-15 所示。进一步检查，最终是 IC914 不良，将其换新后，故障排除。

小结：图 10-15 中，IC914 与 IC910 等组成自动稳压控制环路，开环时会引起输出电压升高，并极易使初级电路元件击穿损坏。因此，当自动稳压控制环路中有不良或击穿损坏元件时，应进一步检查初级开关振荡等元件，必要时将其直接换新。

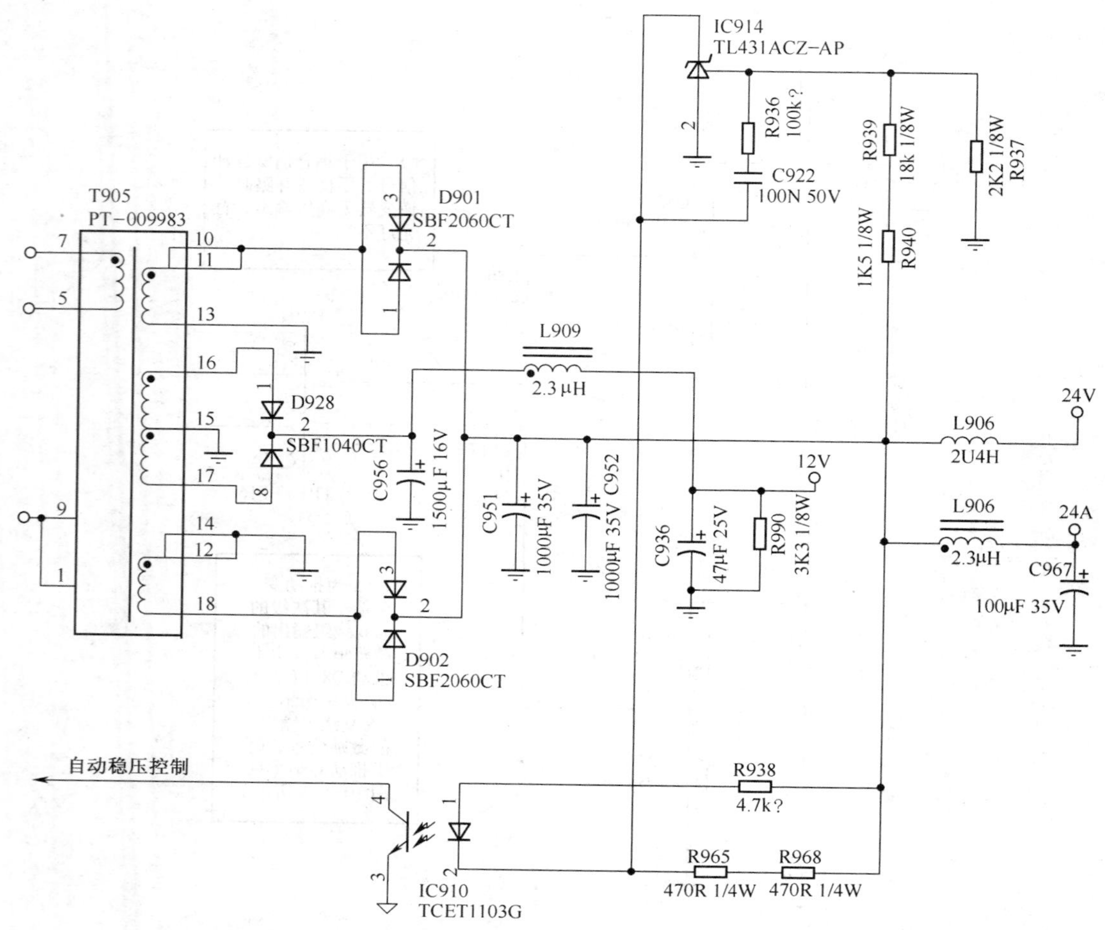

图 10-15　飞利浦 47PFL3403 机型中 24V、12V 低压输出电路原理图

11. 飞利浦 47PFL3403 无光栅，电源指示灯不亮，初步检查 B+电压(395V)正常

检查与分析：根据故障现象及初步检查结果，可判断+5V 稳压电源电路有故障，其电路原理如图 10-16 所示。

图 10-16 中，IC903(TNY277)为内含场效应管的开关器件，经检查，未见异常；IC911、IC913 等组成自动稳压控制环路，经检查，也未见异常元件。检查 IC903①脚对地正反向阻值均为零，说明 IC903①脚外接电路有短路元件。进一步仔细检查，发现 ZD912 反向击穿损坏。将其换新后，故障排除。

小结：在图 10-16 中，ZD912 为 5.1V 稳压二极管，用于市网交流电压取样检测，主要起保护作用。在市网交流电压正常时，加到 Q924 的取样电压使 Q924 反偏截止，IC911 反馈输出控制不受影响。当交流取样电压升高，且大于 5.7V 时，ZD912 将反向击穿导通，将 IC911 输出端(④脚)钳位于低电位，IC903 不工作，VCC 无输出，+5V 无输出，从而起到保护作用。因此，当 ZD912 保护功能动作时，应注意检查市网电压及交流电压取样电路。

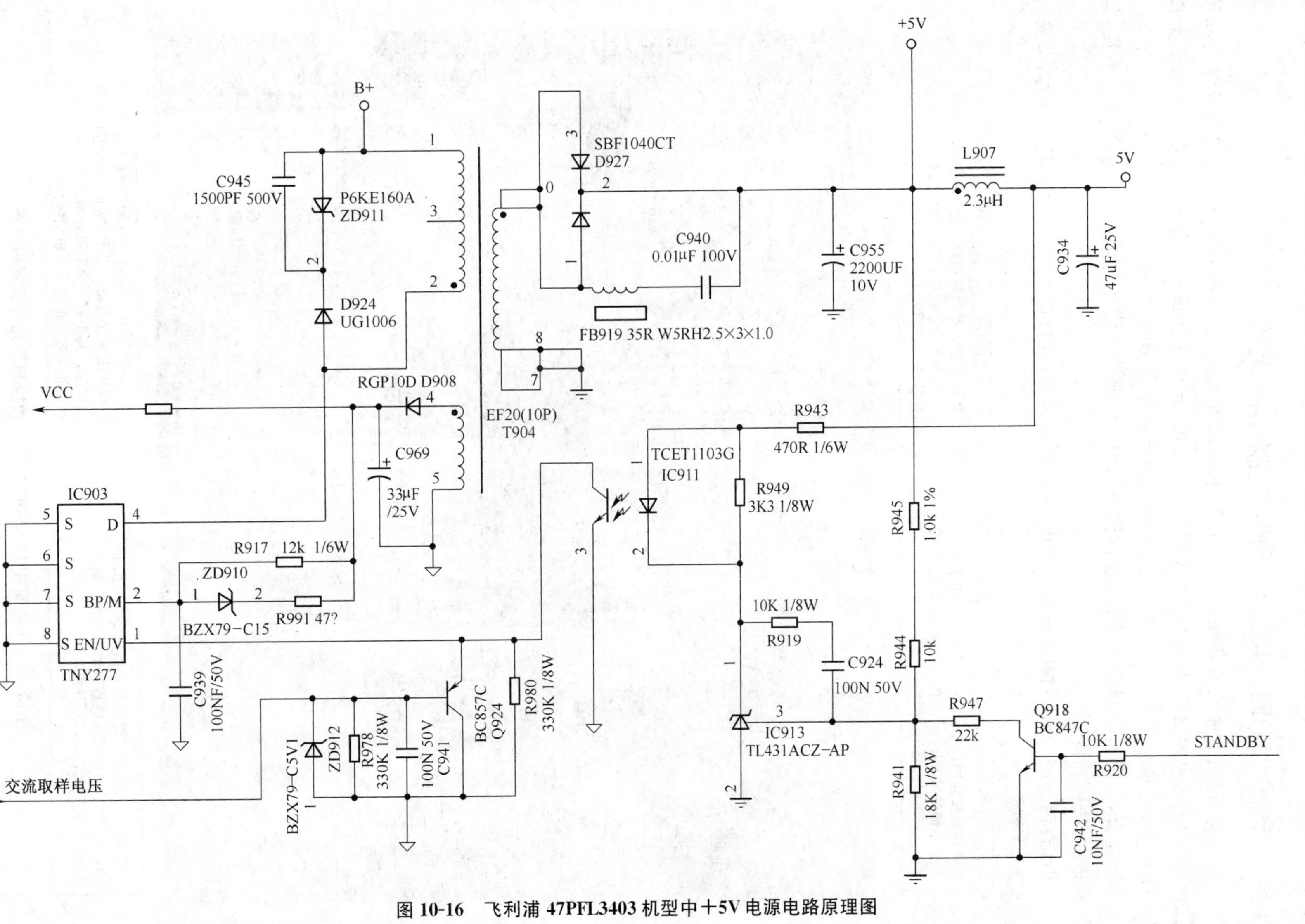

图 10-16　飞利浦 47PFL3403 机型中+5V 电源电路原理图

12. 飞利浦 47PFL3403 不开机，控制功能无效

检查与分析：首先检查各组电源均正常，但遥控开机无效，判断微控制器电路有故障。在该机中，微控制器电路主要由 U4101（WT6702F-S240）及少量外围元件等组成，其实物组装如图 10-17 所示，电路原理如图 10-18 所示，引脚使用功能见表 10-4。

经检查，未见有明显损坏元件，在检测 X1401 时，突然正常工作，因而怀疑 X1401 不良，将其换新后，故障排除。

小结：图 10-17 中，X1401 为 32.768kHz 时钟振荡器，其故障率较高，维修时应注意，必要时将其直接换新。

FB4101 为120μH 电感，用于 +3V3 供电，主要起滤波作用；C4101 为10μF电容，用于 +3V3 电源滤波，为 U4101 的㉓ ㉔ 脚供电，不良或漏电时，U4101 不工作。

U4101(WT6702F-S240) 微控制器，主要用于实现遥控、键控等控制功能，不良或损坏时，整机不工作。但维修更换时一定保持型号和版本号一致。

X1401(32.768kHz) 时钟振荡器，不良或损坏时，U4101(WT6702F) 微控制器不工作，整机处于“死”机状态，不开机。

R4102(33Ω) 和 R4104 (33k) 组成 U4101 ⑤ 脚外接偏置电路，用于 PWR-ON-OFF 开关控制，其中有一个电阻开路，PWR-ON-OFF 功能失效，形成不开机故障。

图 10-17　飞利浦 47PFL3403 机型中微控制器元件实物组装图

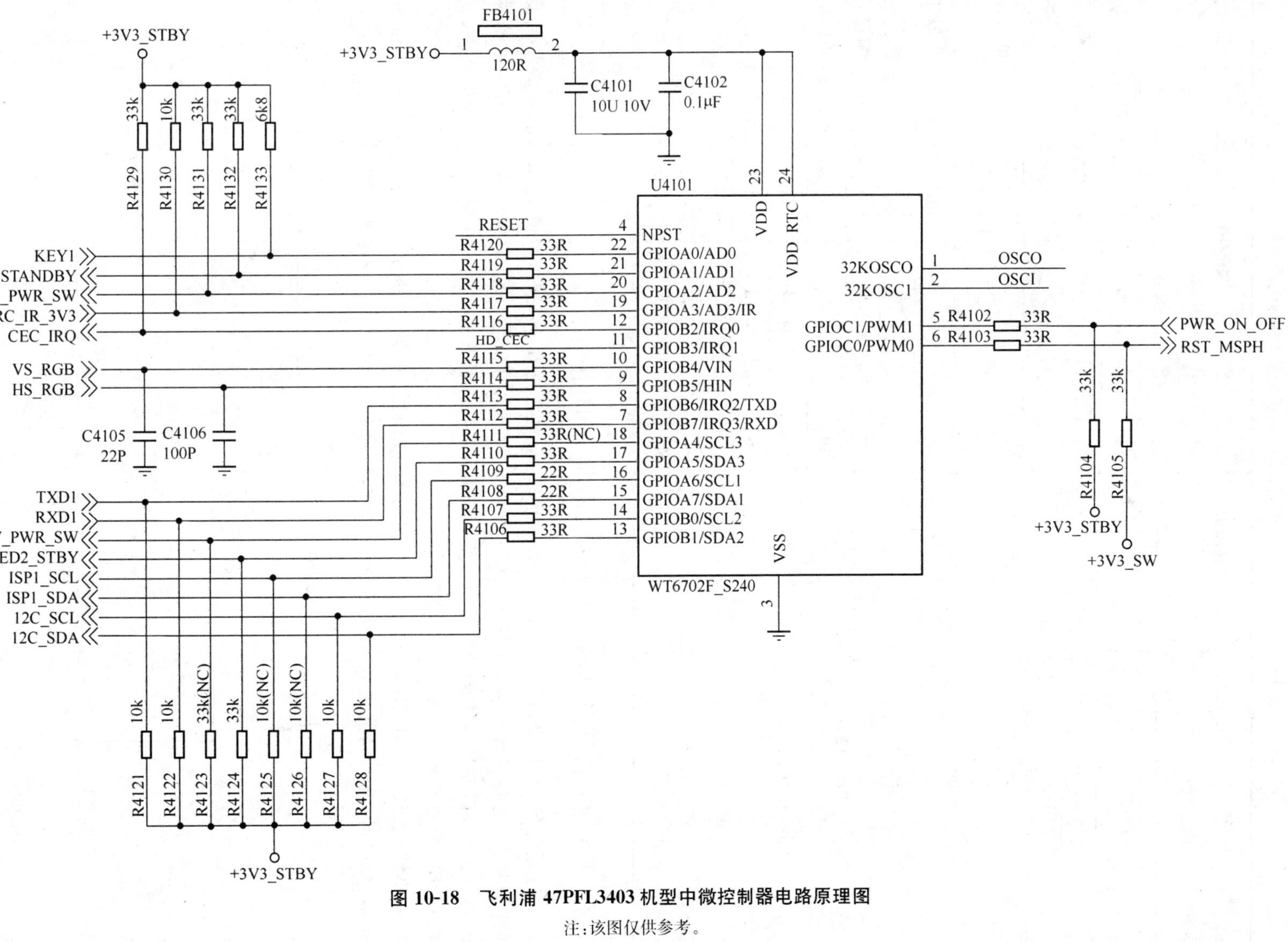

图 10-18　飞利浦 47PFL3403 机型中微控制器电路原理图

注:该图仅供参考。

表 10-4　U4101(WT6702F-S240 微控制器)引脚使用功能

引脚	符　号	使用功能	引脚	符　号	使用功能
①	32KOSC0	时钟振荡输出，外接 32.768kHz 振荡器	⑫	GPIOB2/IRQ0	CEC-IRQ 输出
②	32KOSC1	时钟振荡输入，外接 32.768kHz 振荡器	⑬	GPIOB1/SDA2	I^2C 总线数据线 2
③	VSS	接地	⑭	GPIOB0/SCL2	I^2C 总线时钟线 2
④	NPST	复位控制	⑮	GPIOA7/SDA1	I^2C 总线数据线 1
⑤	GPIOC1/PWM1	PWR-ON-OFF 电源开关控制	⑯	GPIOA6/SCL1	I^2C 总线时钟线 1
⑥	GPIOC0/PWM0	RST-MSPH 复位控制	⑰	GPIOA5/SDA3	用于 LED2-STBY 指示灯控制
⑦	GPIOB7/IRQ3/RXD	RXD1，经串行接口接收数据控制 1	⑱	GPIOA4/SCL3	用于 12V-PWR-SW 电源开关控制
⑧	GPIOB6/IRQ2/TXD	TXD1，经串行接口发送数据控制 1	⑲	GPIOA3/AD3/IR	RC-IR-3V3，遥控信号输入
⑨	GPIOB5/HIN	HS-RGB，PC 机行同步脉冲输入	⑳	GPIOA2/AD2	5V-PWR-SW，电源开关控制
⑩	GPIOB4/VIN	VS-RGB，PC 机场同步脉冲输入	㉑	GPIOA1/AD1	STANDBY，待机控制
⑪	GPIOB3/IRQ1	HD-CEC，行同步信号选择输出	㉒	GPIOAO/AD0	KEY1，键扫描输入 1
			㉓	VDD	+3V3-STBY，待机电源
			㉔	VDD-RTC	+3V3 电源输入

13. 飞利浦 47PFL3403 不开机，电源电压正常

检查与分析：根据检修经验，在该机不开机，而电源电压正常时，应首先注意检查微控制器的“四要素”电路。经检查，发现 U4101(WT6702F-S240)微控制器④脚对地正反向阻值均在 0.1kΩ 左右，因而怀疑④脚外接复位电路有故障，其电路原理如图 10-19 所示。进一步检查，发现 C4109 漏电，将其换新后，故障排除。

小结：在该机中，C4109 为 4.7μF 电解电容器(如图 10-19 中所示)，用于复位滤波，不良或开路、短路时，复位功能失效，微控制器不工作，检修时应加以注意，必要时可将其直接换新。

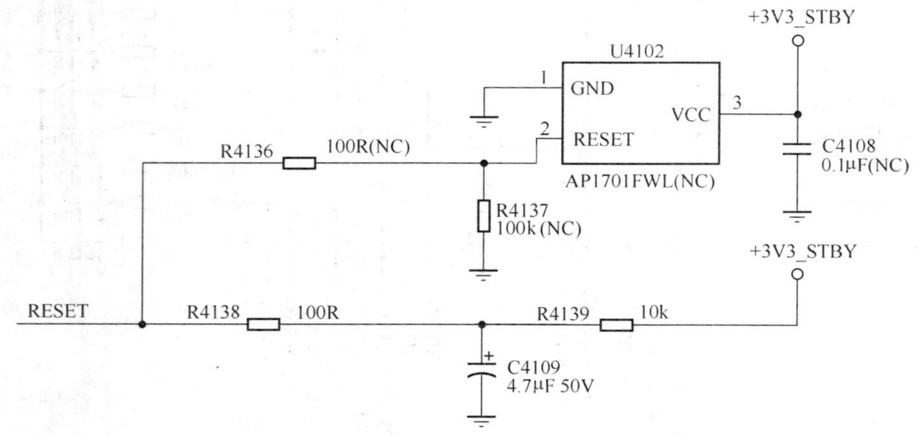

图 10-19　飞利浦 47PFL3403 机型中微控制器复位电路原理图

14. 飞利浦 32PFL3403 耳机无声，两侧扬声器声音正常

检查与分析：根据故障现象和该机音频输出电路特点，可初步判断耳机音频驱动电路有故障。在该机中，耳机音频驱动电路主要由 U6104（DRV601）及少量外围阻容元件等组成，其实物组装如图 10-20 所示，电路原理如图 10-21 所示，引脚使用功能见表 10-5。

经检查，发现 Q6107 不良，将其换新后，故障排除。

小结：图 10-20 和图 10-21 中，Q6107 为静音控制管，受控于 U4201（MST98981CLD-LF）主芯片的㉔③脚。检修时应注意检查 U4201㉔③脚输出是否正常，若异常则需板级维修。

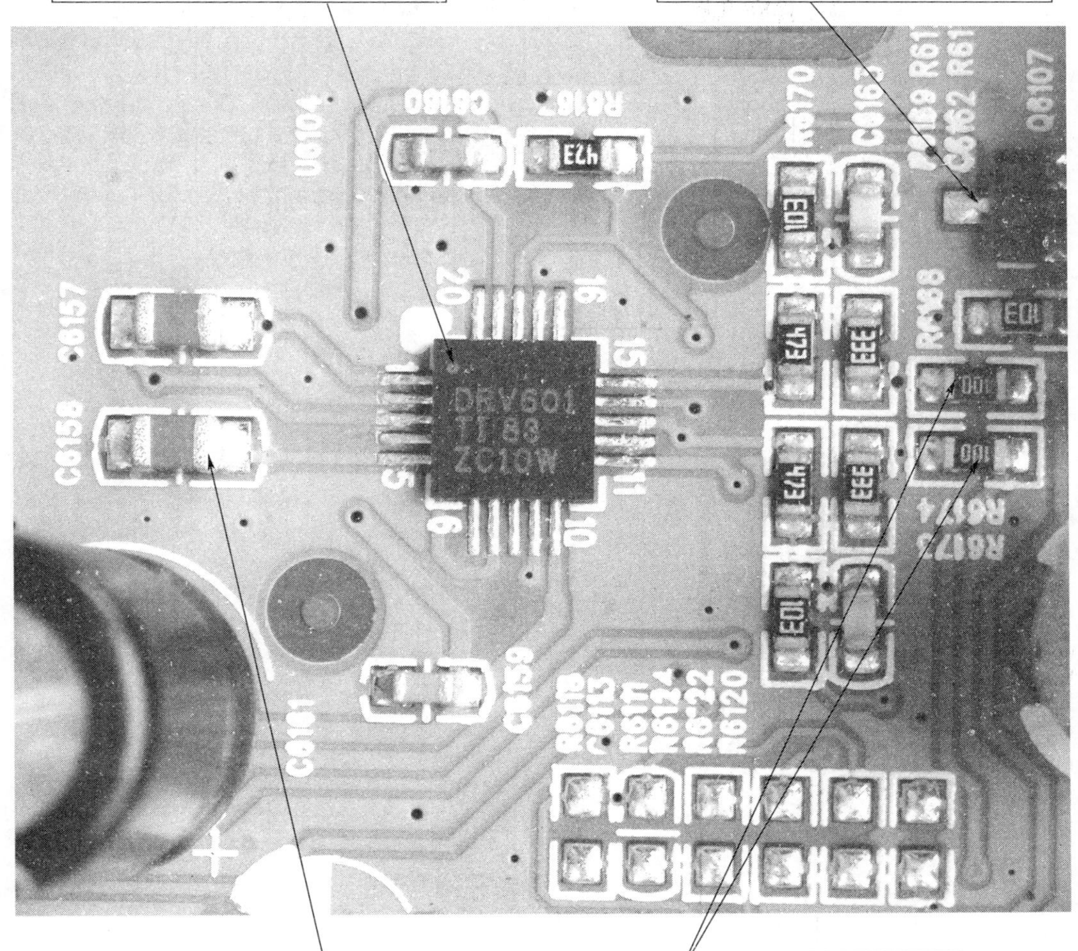

图 10-20　飞利浦 32PFL3403 机型中耳机音频驱动电路元件实物组装图

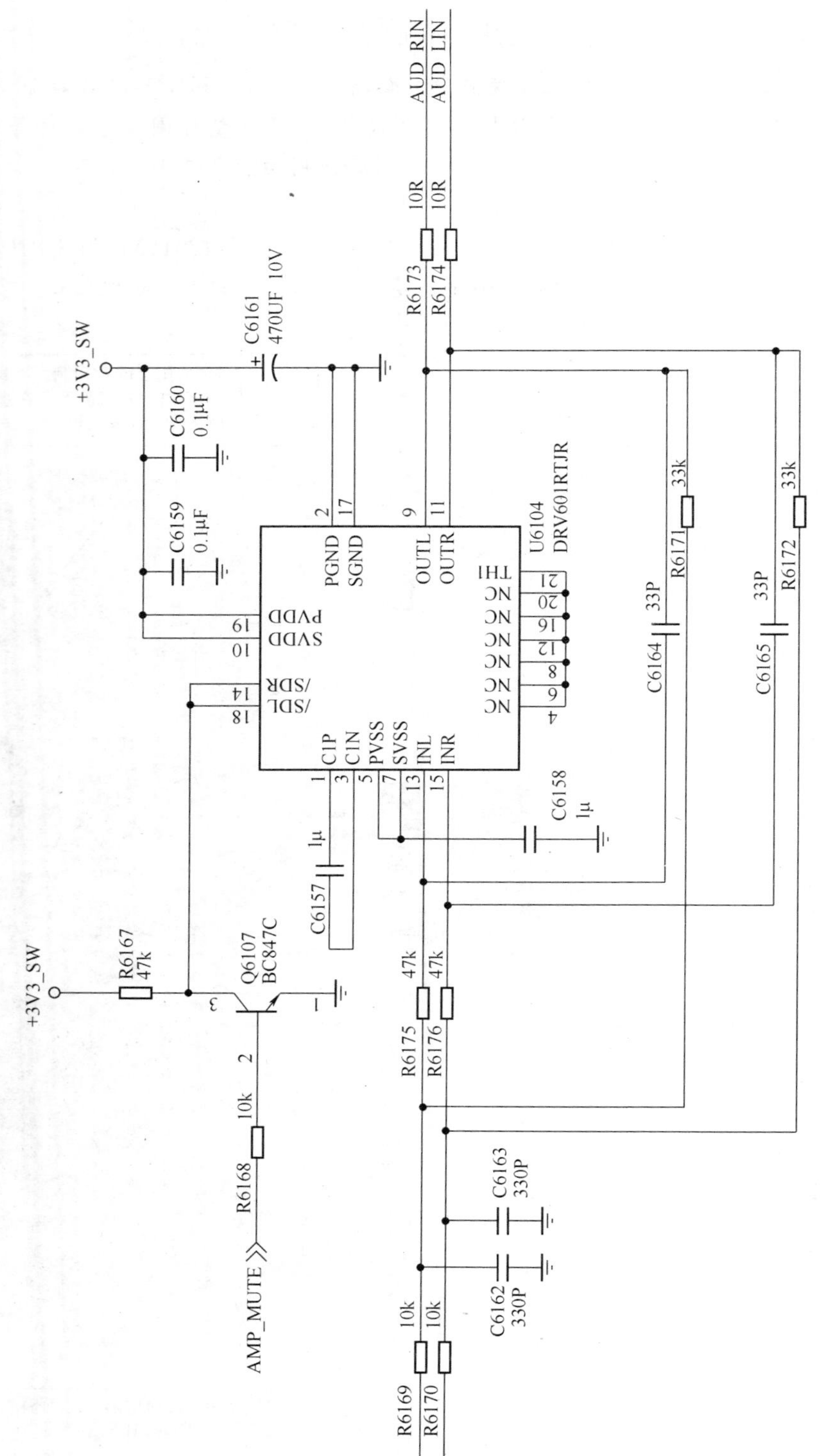

图 10-21 飞利浦 32PFL3403 机型中耳机音频功率驱动电路原理图

表 10-5　U6104(DRV601RTJR 耳机音频驱动电路)引脚使用功能

引脚	符号	使用功能	引脚	符号	使用功能
①	CIP	外接滤波电容(正极性)	⑪	OUTR	右声道音频信号输出
②	PGND	功率输出电路接地	⑫	NC	未用
③	CIN	外接滤波电容(负极性)	⑬	INL	左声道音频信号输入
④	NC	未用	⑭	SDR	右声道静音控制
⑤	PVSS	功率输出电路供电源接地端	⑮	INR	右声道音频信号输入
⑥	NC	未用	⑯	NC	未用
⑦	SVSS	音频信号输入电路供电源接地端	⑰	SGND	音频信号输入电路接地
⑧	NC	未用	⑱	SDL	左声道静音控制
⑨	OUTL	左声道音频信号输出	⑲	PVDD	功率输出端供电源(3.3V)
⑩	SVDD	音频输入电路供电(3.3V)	⑳	NC	未用

15. 飞利浦 32PFL3403 遥控功能失效,但遥控器正常,本机键控功能正常

检查与分析:根据故障现象及检修经验,故障在遥控接收电路,检修时可将遥控板拆下检查,其实物组装如图 10-22 所示,电路原理如图 10-23 所示。图 10-23 和 10-22 中,LED0201 为开机指示灯,整机进入工作状态时,LED0201 发绿光;LED0202 为待机指示灯,遥控关机时,LED0202 发红光;U0201 为红外线遥控接收头,当有遥控信号接收时,U0201 的①脚有 3.5～4.5V 的波动电压,且③脚有稳定的 4.5V 电压。经检查,发现 U0201③脚电压不足 3.0V,但检测 R0202 输入端电压 5.0V 正常,因而怀疑 U0201 不良或损坏,但将其换新后,故障依旧。进一步检查,发现 C0201 漏电,将其换新后,故障排除。

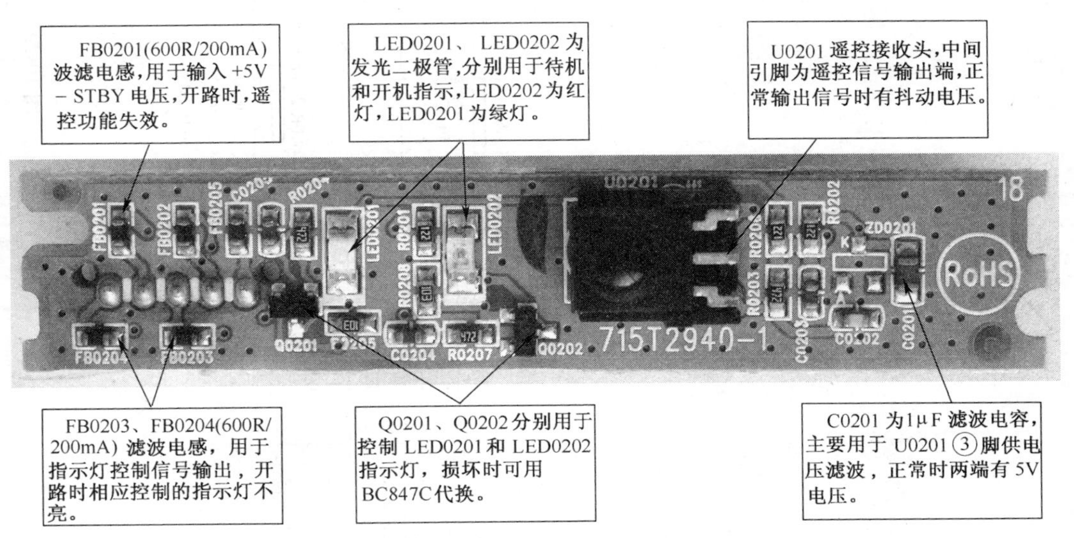

图 10-22　飞利浦 32PFL3403 机型中遥控板实物图

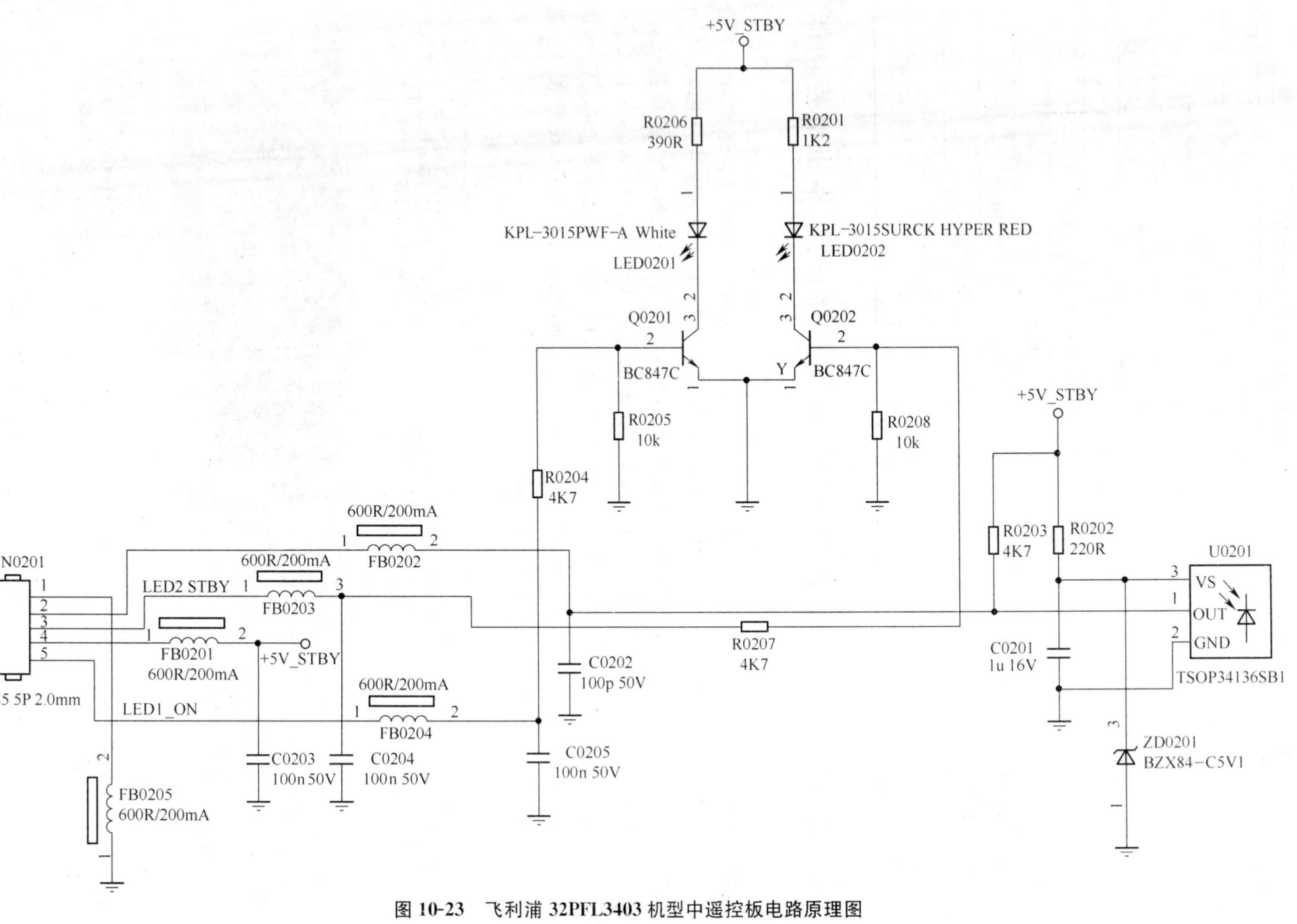

图 10-23 飞利浦 32PFL3403 机型中遥控板电路原理图

小结：图 10-22 中，C0201 为贴片式电容，用于 U0201 的③脚供电压滤波，不良或损坏时，会造成 U0201 供电不足，导致遥控功能失效故障。在维修更换 C0201 时可用 10μF/16V 电解电容器代换。

16. 飞利浦 32PFL3403 不开机，但待机指示灯亮

检查与分析：在该机中，待机指示灯点亮，说明微控制器、+5V 电源等基本正常，检修时可首先注意检查 DC-DC 直流电压变换电路。经检查发现 Q6105 的⑤、⑥、⑦、⑧脚无输出，但①、②、③脚电压正常（+24V），说明 2V-SW 电源输出电路有故障，其电路元件实物组装如图 10-24 所示，电路原理如图 10-25 所示。

Q6105(S14835BDY)为内含单 P 沟道场效应管的开关输出电路，用于输出+24V 电压。在正常工作时，Q6105 的④脚（内部场效应管栅极）为高电压；待机时为低电平，+24V 电压无输出。因此，当无+24V 输出时，应注意检查Q6105 的④脚，必要时将 Q6105 换新。

Q6101(1GA8) 和 Q6106(0485) 组成 +24V 开关控制电路，不良或损坏时 Q6105 不工作，但检修时还应进一步检查主芯片电路是否有正常的 24V-PWR-SW 控制信号输出，若无输出或输出异常，则需芯片级或板级维修。

图 10-24　飞利浦 32PFL3403 机型中+24V-SW 输出电路元件实物图

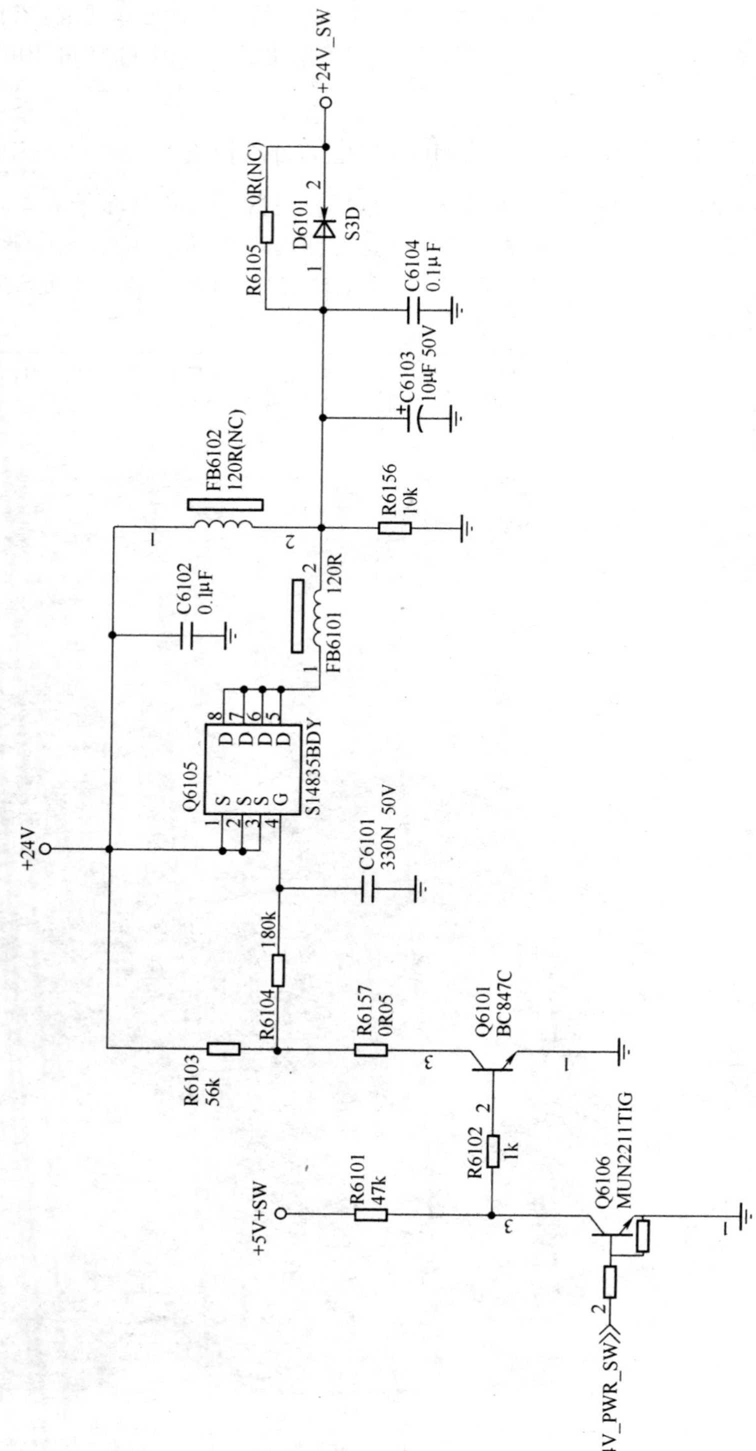

图 10-25 飞利浦 32PFL3403 机型中+24V-SW 电源输出电路原理图

经检查，发现 Q6101 不良，将其换新后，故障排除。

小结：图 10-25 和图 10-24 中，Q6101 与 Q6106 组成 24V-PWR-SW 开关控制电路，只有在 Q6106 导通，Q6101 截止时，Q6105 的⑤、⑥、⑦、⑧脚才有＋24V 电压输出。因此，检修时应重点检查 Q6106 和 Q6101，必要时将其直接换新。在维修时可用 BC847C 代换 Q6101，用 MUN2211TIG 代换 Q6106。

17. 飞利浦 32PFL3403 电源熔断器熔断，Q901 击穿，但更换 Q901 后，故障重现

检查与分析：根据初步检查结果，说明功率因数校正电路有潜在故障，检修时应认真检查功率因数校正的控制部分电路。在该机中，功率因数校正的控制部分电路主要由 IC901 及少量外围元件等组成，其实物组装如图 10-26 所示，电路原理如图 10-27 所示，引脚使用功能见表 10-6。

经检查，更换 IC901 后，故障彻底排除。

IC901(SG6961) 的⑦脚用于输出 PWM 调宽脉冲，控制 Q901 电源开关管的导通与截止时间。当该脚无输出时，Q901 不工作，B+ 电压为 295V；正常输出时，B+ 电压为 395V；当该脚输出 PWM 脉冲的占空比增大时，易使 Q901 击穿损坏；当该脚输出 PWM 脉冲的占空比严重改变时，在开机瞬间将击穿 Q901。

IC901(SG8961) 的④脚用于过电流检测信号输入，在正常状态下，该脚检测电压低于 0.1V。当该脚电压升高到大于 0.5V 时，IC 内部的过电流保护功能动作，使 IC901⑦脚无输出，以避免 Q901 电源开关管损坏，从而起到保护作用。

图 10-26　飞利浦 32PFL3403 机型中功率因数校正控制部分电路元件实物组装图

小结:图 10-26 和图 10-27 中,IC901 为 PWM 调宽脉冲输出电路,其输出脉冲的占空比决定 Q901 的导通与截止时间。当其输出脉冲的占空比发生严重改变时,会使 Q901 在开机瞬间击穿损坏。检修时,若未见外围元件损坏或不良,应将 IC901 直接换新。

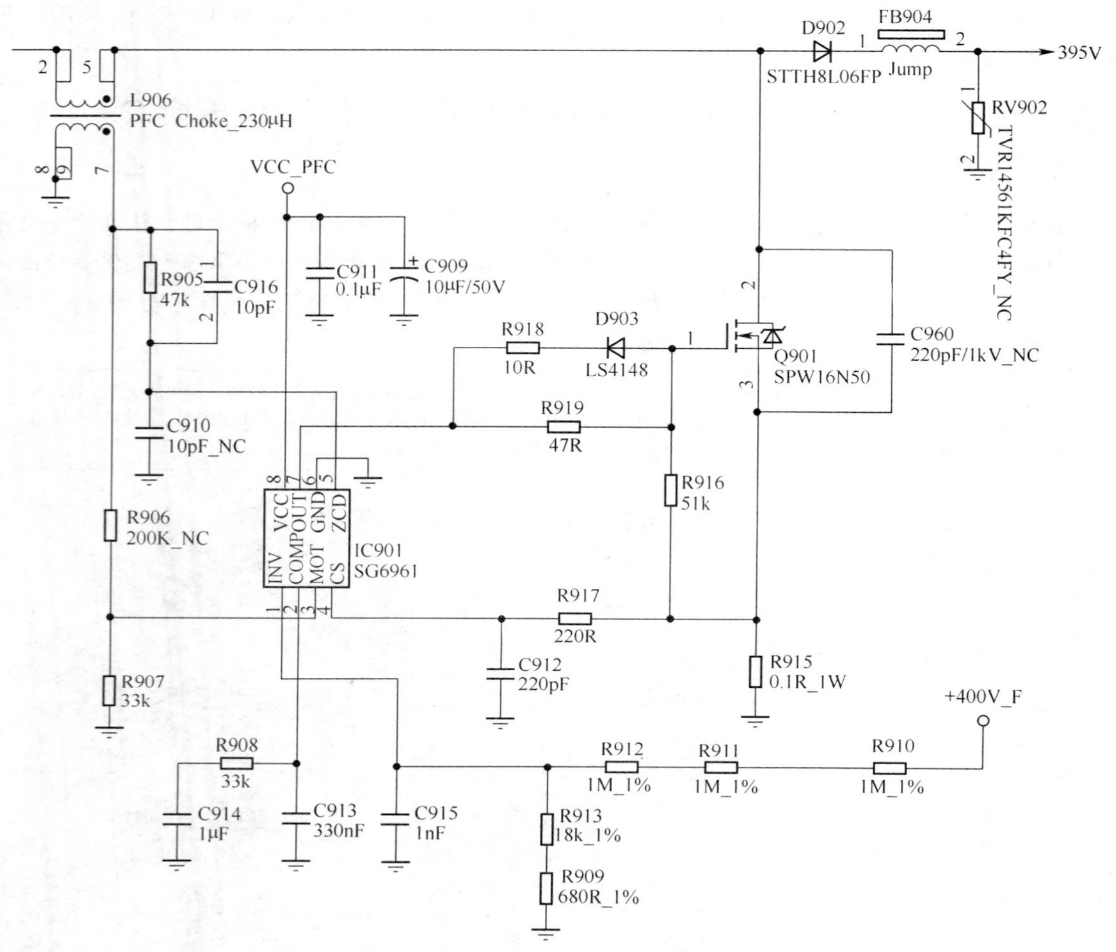

图 10-27 飞利浦 32PFL3403 机型中功率因数校正控制电路原理图

表 10-6 IC901(SG6961 功率因数校正控制电路)引脚使用功能

引脚	符号	使用功能	引脚	符号	使用功能
①	INV	+400V-F 反馈电压输入	⑤	ZCO	零电流检测输入
②	COMP	放大器补偿滤波	⑥	GND	接地
③	MOT	乘法器输入端,用于过电流控制	⑦	OUT	PWM 调宽脉冲输出,用于激励电源开关管
④	CS	过电流检测输入	⑧	VCC	电源

18. 飞利浦 32PFL3403 无光栅,但待机指示灯亮

检查与分析:无光栅,但待机指示灯亮,说明+5V 电源电路正常,应注意检查+24V 和+12V电压是否输出正常。经检查+24V 和+12V 电压均为零,说明+24V 和+12V 稳压电路有故障。在该机中,+24V 和+12V 稳压输出电路主要由 IC951 和 T902、D955、D956 等组成,其电路原理如图 10-28 和图 10-29 所示。

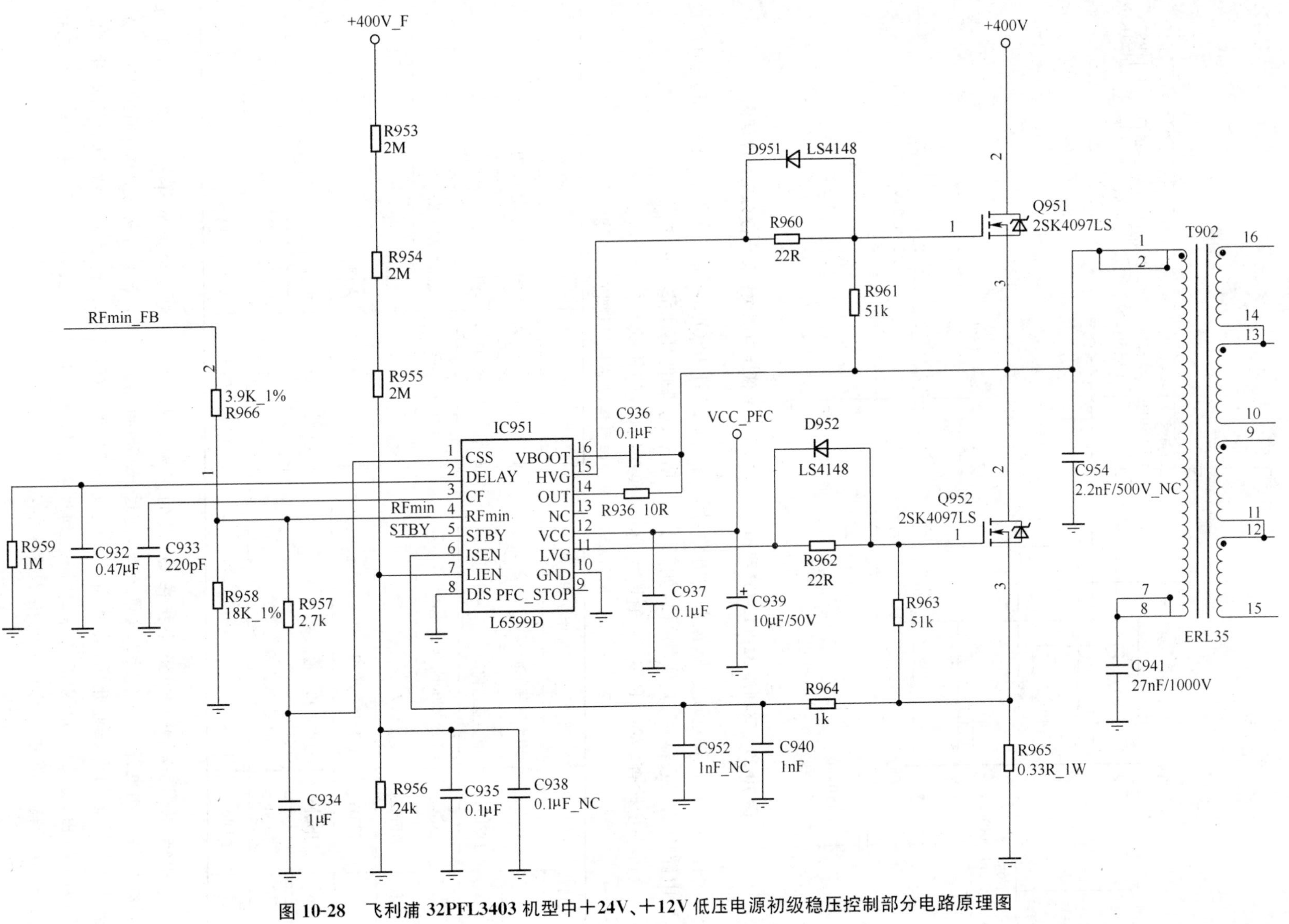

图 10-28　飞利浦 32PFL3403 机型中+24V、+12V 低压电源初级稳压控制部分电路原理图

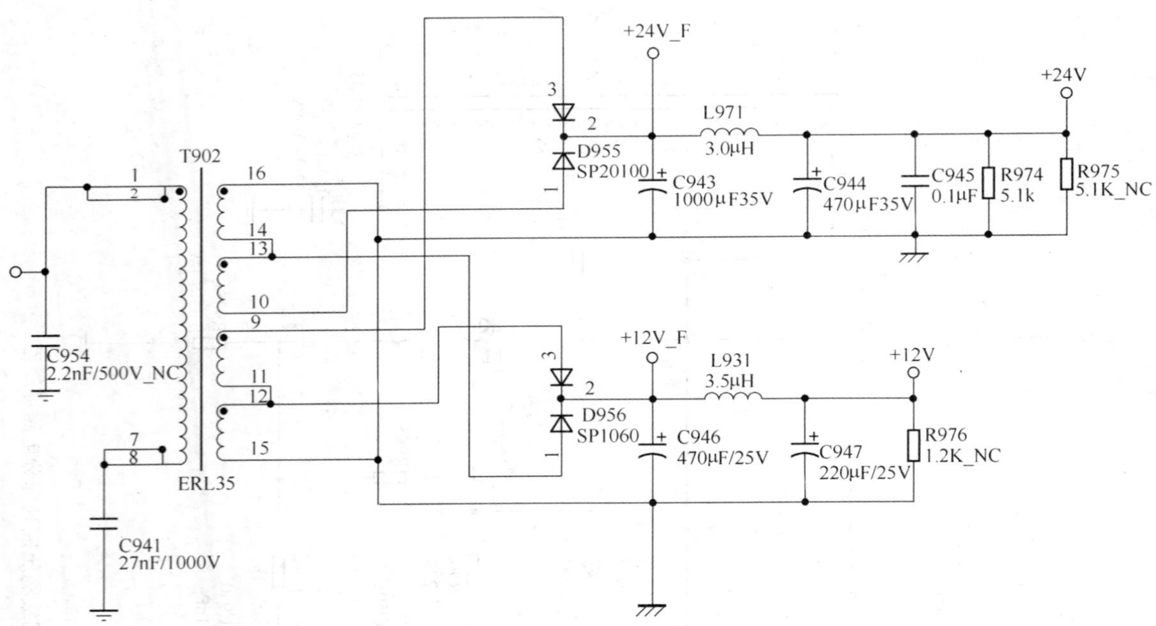

图 10-29　飞利浦 32PFL3403 机型中＋24V、＋12V 低压电源次级输出部分电路原理图

图 10-28 中，IC951 为脉宽调制电路，用于控制 Q951 和 Q952，是＋24V、＋12V 低压电源稳压电路中的核心器件，其实物组装如图 10-30 所示，引脚使用功能见表 10-7。

进一步检查，发现 R965 阻值增大，将其换新后，故障排除。

表 10-7　IC951(L65990 开关电源控制芯片)引脚使用功能

引脚	符　号	使用功能	引脚	符　号	使用功能
①	CSS	用于软起动滤波	⑨	PFC-STOP	PFC 停止控制，未用
②	DELAY	用于延迟控制	⑩	GND	接地
③	CF	外接 2200pF 滤波电容	⑪	LVG	低压控制输出
④	RFmin	反馈输入	⑫	VCC	电源
⑤	STBY	电源开关控制	⑬	NC	未用
⑥	ISEN	过电流检测输入	⑭	OUT	电源输出
⑦	LINE	400V-F 取样输入	⑮	HVG	高压控制输出
⑧	DIS	接地	⑯	VBOOT	外接滤波电容

小结：图 10-28 中，R965 串接在 Q952 的③脚与地之间，主要起电流取样作用，为 IC951 的⑥脚提供检测电压。当 Q952 过电流时，通过 R965 的电流增大，其两端电压升高；通过 R964 加到 IC951⑥脚的电压也升高，其升高电压超过 0.5V 时，IC951 内部的过电流保护功能动作，⑪、⑮脚无输出，Q951、Q952 不工作，从而起到过电流保护作用。因此，当＋24V、＋12V 电压无输出时，注意检查 IC951 的⑥脚电压是否升高。

IC951(L6599D)的⑪、⑮脚用于 PWM 调宽脉冲输出，其中⑪脚输出脉冲用于控制 Q952 的导通与截止时间，⑮脚输出脉冲用于控制 Q951 的导通与截止时间，当⑪脚或⑮脚输出脉冲占空比异常时，均会引起过电流保护功能动作，或击穿 Q951、Q952。维修时应注意检查 IC951、必要时将其直接换新。

IC951(L6599D) 的⑥脚用于过电流检测电压输入，正常工作时，该脚电压低于 0.1V。当过电流保护功能动作时，该脚电压高于 0.5V，但检修时应首先注意检查⑥脚外接元件，必要时再将 IC951 换新。

图 10-30 飞利浦 32PFL3403 机型中低压电源控制电路元件实物组装图

19. 飞利浦 32PFL3403 无光栅，待机指示灯也不亮，但检查 B+电压(395V)正常

检查与分析：根据检修经验，在该机无光栅，待机指示灯也不亮时，一般是开关电源板电路有故障。根据初步检查，B+电压(395V)正常，检查时应重点检查+5V 稳压电源电路，其电路原理如图 10-31 所示。

图 10-31 中，IC931(TNY277)为内含场效应开关管的稳压控制器，是+5V 稳压电源中的核心器件，其实物组装如图 10-32 中所示，引脚使用功能见表 10-8。

经检查，发现 IC931①脚对地正反向阻值均为零。将其焊下检查，①脚与⑧脚之间呈短路状态，但④脚与⑤、⑥、⑦、⑧脚间阻值为无穷大，说明 IC931 内电路局部损坏；进一步检查外围元件，均正常后，将 IC931 换新，故障排除。

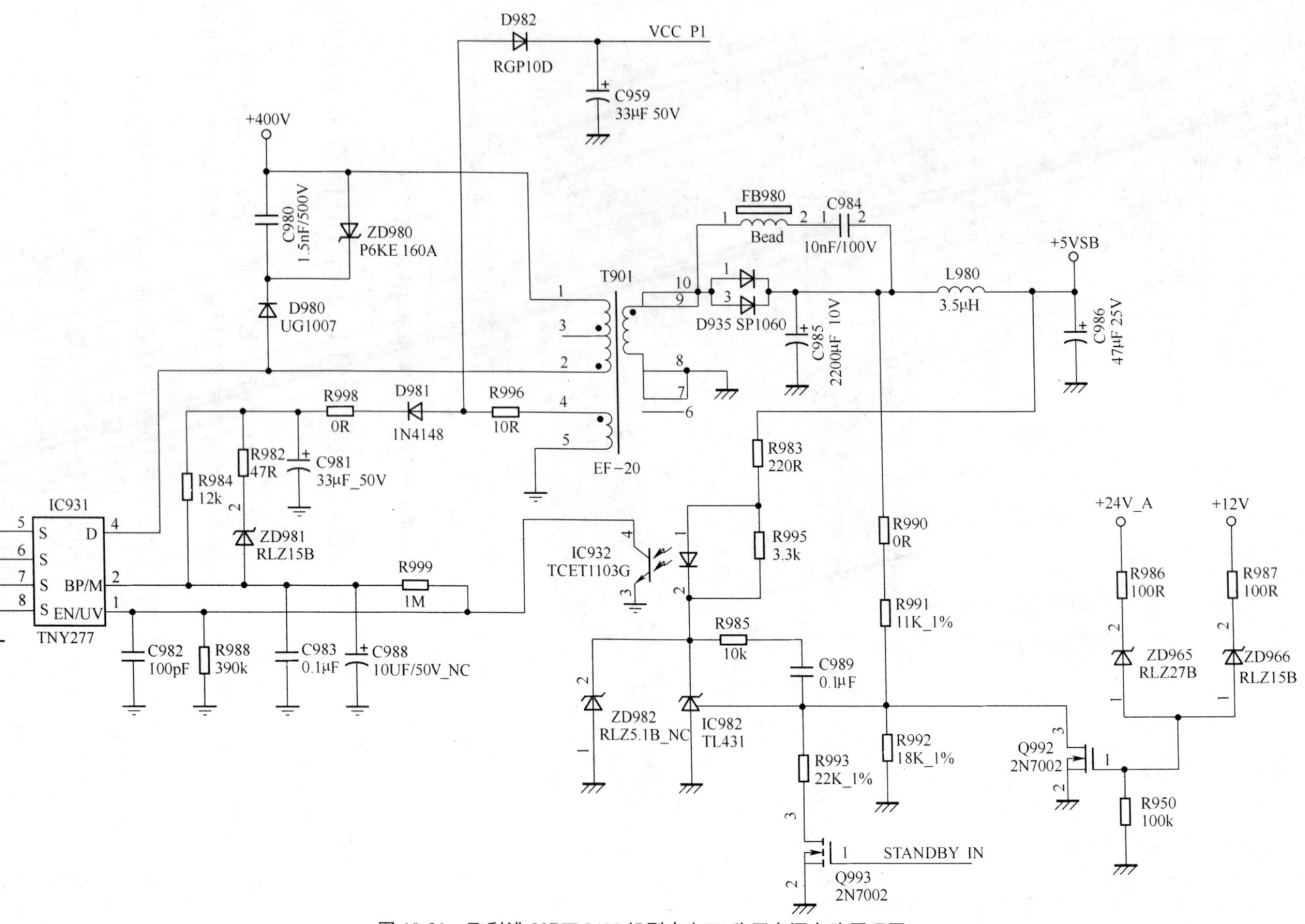

图 10-31 飞利浦 32PFL3403 机型中+5V 稳压电源电路原理图

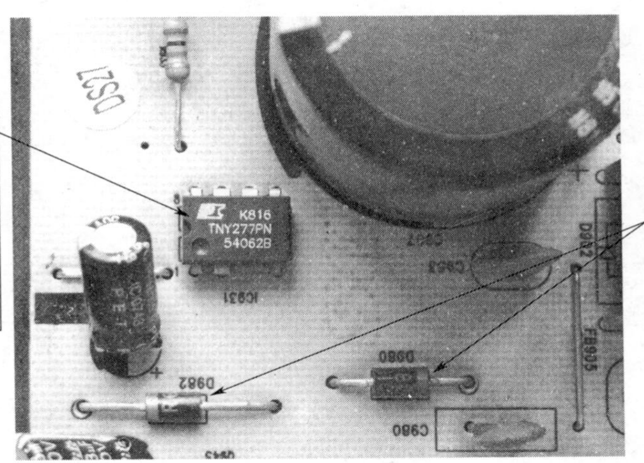

图 10-32　飞利浦 32PFL3403 机型中+5V 稳压控制元件实物组装图

表 10-8　IC931(TNY277PN 脉冲调制开关电路)引脚使用功能

引脚	符　号	使用功能	引脚	符　号	使用功能
①	EN/UV	环路控制输入	⑤	S	内置场效应开关管源极，接地
②	BP/M	初级控制电路参考输入	⑥	S	内置场效应开关管源极，接地
③	—	未用	⑦	S	内置场效应开关管源极，接地
④	D	内置场效应开关管漏极	⑧	S	内置场效应开关管源极，接地

小结：图 10-31 和图 10-32 中，IC931 的故障率较高，检修时应首先注意检查①、④脚对地正反向阻值，正常时，①脚对地正向阻值约 8.0kΩ，反向阻值约 9.5kΩ；④脚对地正向阻值约 5.5kΩ，反向阻值约 800kΩ。当①、④脚对地正反向阻值异常时，应将其直接换新，一定注意检查外围元件是否正常。